装备科技译著出版基金

U0866776

时空视频数据的无监督学习

——基于图技术和深度神经网络的计算机视觉领域数据处理新方法

Unsupervised Learning in Space and Time

A Modern Approach for Computer Vision using Graph-based Techniques and Deep Neural Networks

[美] 马里乌斯·勒奥尔德阿努（Marius Leordeanu）著

郭小红　周轩　程富强　袁线　译

国防工业出版社

·北京·

著作权合同登记号　图字：01-2023-0331 号

图书在版编目（CIP）数据

时空视频数据的无监督学习：基于图技术和深度神经网络的计算机视觉领域数据处理新方法 /（美）马里乌斯·勒奥尔德阿努（Marius Leordeanu）著；郭小红等译．-- 北京：国防工业出版社，2025.8. -- ISBN 978-7-118-13208-3

Ⅰ. TP302.7；TP181

中国国家版本馆 CIP 数据核字第 2025S8379Y 号

※

国防工业出版社出版发行

（北京市海淀区紫竹院南路 23 号　邮政编码 100048）

三河市天利华印刷装订有限公司印刷

新华书店经售

*

开本 710×1000　1/16　**插页** 8　**印张** 19¼　**字数** 332 千字

2025 年 8 月第 1 版第 1 次印刷　**印数** 1—1500 册　**定价** 138.00 元

（本书如有印装错误，我社负责调换）

国防书店：（010）88540777　书店传真：（010）88540776

发行业务：（010）88540717　发行传真：（010）88540762

译者序

在机器学习、计算机视觉和机器人研究中，人们对无监督学习的兴趣逐步提高。传统的无监督学习属于机器学习的一种训练方式，常用于数据挖掘、图像识别、视频分割等任务，包括聚类、主成分分析、支持向量机等算法。这些算法大部分基于统计学方法，缺少反馈能力，一旦更换训练数据集，学习效果就会不尽人意；另外，在真实环境下无法提供学习过程中所需要的训练集和测试集比例结构，导致方法的适应性较差。从 1996 年 Bruno 和 David 认为编码理论可应用于视觉皮层感知，形成自动编码器技术开始，到目前深度视觉嵌入学习的最新进展已经开始利用数据分离和聚类等简单而强大的启发式方法迭代地提炼特征，从而更好地捕捉微妙的自然图像统计特征，该领域研究成果在人脸识别、视频分类与聚类、动作识别和视频字幕等任务中得到了广泛应用。

本书着重研究基于图技术和深度神经网络的计算机视觉研究领域中的时空视频数据无监督学习技术，涵盖了该领域研究中最先进的理论成果和科学发现。本书用足够清晰和直观的语言，阐述了无监督学习需要遵循的十个原则，并将读者带入目前视频图像处理中备受关注的几个任务（图/超图匹配、聚类、运动与外观结合的特征选择、视频对象分割、多代师生网络无监督训练学习等）形成由简单到复杂的解决方案构建场景。按照逻辑循序结合理论与实际需求，递进式地建立各种任务相应的解决方案，形成一系列实用的算法工具，并采用 DAVIS2016、Seg Track v2 以及 YouTube 目标三大数据库中的图像与视频资料进行算法有效性和收敛特性的验证，最终综合全书的研究成果，构建了一个通用的视觉故事网络系统。本书描述了视频图像处理中无监督学习所涉及的所有元素，引领读者去探索无监督学习的原理，系统化地提出了解决无监督学习这一人工智能领域中的难题的思路和方法。本书深入浅出、图文并茂、概念清楚、通俗易懂，可以让计算机视觉和机器学习、图像处理、图像分割、电子科学与技术、信息工程、自动化、生物工程等领域的学生、科技工作者以及工程技术人员从学习基本原则开始，了解针对不同任务构建的模型和计算方案，最终得到统一的无监督学习技术的全貌。

本书的出版得到装备科技译著出版基金的资助，出版过程中也得到了国防工业出版社肖姝编辑的大力支持和协助，深表感谢。另外，西安卫星测控中心的郭荣、李卫平、许静文、林海晨、李智对本书的翻译工作给予了大力支持，在此也对他们的无私帮助表示感谢。

由于译者水平有限，译文中一定会有许多不足存在，难以保持原作的风姿达到“化境”，只能尽量做到译文正确、风格一致，不妥之处，请批评指正。

译 者

2025 年 1 月

前言

本书主要解决一个在人工智能领域最为重要但仍悬而未决的问题，即大量可公开获取的时空视频数据的无监督学习技术。本书涵盖了作者团队的主要科学发现和研究结果，同时与该领域的最新研究进展紧密结合。本书结构连贯，针对许多不同的无监督学习任务，按照逻辑顺序将基本数学公式和有效的计算方法深入地结合到各层次任务中，如图和超图的匹配与聚类、特征选择、分类学习、目标发现与识别，以及视频分割等。本书将这些不同层次的任务，以人脑中可能出现的统一画面进行呈现，将不同层面的不同任务联系在一起，并收敛至更为通用的无监督学习问题中。本书开始引出一组直观的无监督学习原则，然后逐渐建立相应任务的数学模型，并形成必要的算法工具，最终获得汇集了图表和深层神经网络无监督学习的通用计算模型。总的来说，本书源于作者团队的一些科学工作。卡内基梅隆大学机器人研究所、英特尔和谷歌研究院、罗马尼亚科学院的“Simion Stoilow”数学研究所以及布加勒斯特大学的教授和博士生组成强大的作者团队，共同完成本书所涉及的研究工作。2014 年，作者及其团队在无监督学习研究方面的成果，获得了罗马尼亚科学院颁发的最高数学奖——Gigore Moisil 奖。

本书分为 8 章，读者将从无监督学习的基本认识和常识原则出发，逐步综合理解不同任务、计算模型和计算方案，各章内容如下：

第 1 章介绍无监督学习的七个原则，并简要描述在后续章节中出现的与无监督学习的基本原则和概念密切相关的主题。本章构建了本书的结构图，但没有覆盖最后一章的概念和模型。

第 2 章介绍无监督学习的图匹配和超图匹配，从最优化无监督学习的基本目的与基本知识出发，推导出高效的设计算法，提出了光谱图匹配算法，这种算法与无监督目标分割视频的方法（第 6 章）有关。本章还展示了整数投影固定点（IPFP）算法，其扩展方法后续将用于超图聚类

(第3章)、无监督特征选择和分类学习（第4章）以及视频中的描述符学习和目标发现（第5章）等任务中。比较了本书方法与其他方法在图和超图匹配任务中的应用效果，并展示了本书方法的高性能优势。最后说明了无监督学习下的图匹配任务的匹配效果显著提高的原因。

第3章介绍如何将第2章介绍的算法应用到图和超图聚类的无监督学习任务中。图和超图聚类紧密相关，相似的模型和算法也可以同时解决这两个问题。本章提出一个有效的基于IPFP的聚类算法。基于IPFP的聚类算法将在第4章和第5章所涉及的任务中进行应用效果展示。

第4章提出一个有效的解决线性分类学习问题的方法，即将分类学习公式表达为聚类问题，从而实现特征自动选择和自动分类，并可提供无监督学习的解决方案。本章还介绍了特征标志的概念，通过运用这个标志，读者可以在无样本标签的情况下进行学习。这种无监督学习算法同第3章介绍的IPFP算法相同。本章比较了这种算法与其他多种线性分类方法（包括支持向量机（SVM）算法）在视频分类任务应用的效果。结果显示这种算法应用在有限的训练数据上具有更为强大的泛化能力。

第5章收集了迄今为止形成的计算模型程序模块，创建了针对视频分割问题的完全无监督学习系统，该系统遵循第1章中提出的基本无监督学习原则。这个系统在过去几代分类器基础上进行学习，采用的特征涵盖了从简单像素点到整体图像的所有特征。大量实验结果说明，在处理一些颇具难度的数据集上，本书介绍的方法相比前人公开的其他方法更为有效和准确。

第6章继续探索视频中无监督的目标发现技术，并呈现了作为时空图片中分段目标发现的原始表达方法，其中所涉及的每个视频像素点都是一个节点。本章介绍了一种新颖的特征运动（feature-motion）矩阵，它将运动与表现和谐地耦合在一起，同时论证了作为一种时空维度图片中的强簇来处理的主要目标，可以通过有效地计算特征运动矩阵的特征向量来发现的结论。其数学公式和算法能够与第1章介绍的光谱图匹配算法相关联。本章介绍的光谱聚类算法能够快速实现并且是完全无监督学习的，它可以成功用于时空维度的目标发现任务。这种算法也可以根据需要与任意类型的预训练特征相适应。本章对三种颇具挑战性的数据集做了这种算法的应用测试，其效果优于其他无监督学习方法。另外，通过将其他无监督方法的输出引入到特征运动表达式，能够提升原来算法的性能。

第7章研究无监督学习中的更高层次的多代师生网络无监督学习方法。本章介绍了一种以自监督方式进行学习的师生系统，即某一代“学生”卷积网通过一次迭代训练形成下一代的“老师”。这种算法建立在以往所收集的素材的基础上，但系统是原创的，它可以在视频中进行无监督的学习，最终将视频分割成单一的图像对象。本章之前的各章主要关注经典图模型，而本章研究的重点是深度学习技术。

第8章将图和神经网络模型结合生成一种新式的递归时空图（RSTG）神经网络模型，这种模型充分利用两者的特征和优点，包括在深层特征和多规模上学习，以及间歇性地在空间和时间之间发送信息的能力。RSTG神经网络模型全面利用了时空维度的优点，其有效性在多层次任务上得到了证明。这些任务包括学会识别运动和人类活动的复杂模式。最后介绍了视觉故事网络（Visual Story Network）概念，即一种通用无监督学习机，这种学习机可以利用多预测途径进行学习，通过优化自身达到一致性，具备在不同环境下解释的能力。

读者对象

本书可以为正在学习或者已经工作在计算机视觉和机器学习领域的年轻学生或有经验的研究人员、工程师和教授提供参考。本书从介绍无监督学习的一些基本原则开始，到建立一个完全通用的无监督学习机器终止，可以满足读者的好奇心，并给他们展现一幅统一的无监督学习技术全景。为了能充分地掌握本书中复杂的技术细节，读者应当具有扎实的数学和计算机科学基础，并熟悉大多数计算机视觉和机器学习概念。如果要完全理解并掌握更多的技术内容，包括汇集了许多图算法和深层神经网络模型，以及许多计算机视觉技术中的问题，那么读者需要掌握线性代数、概率论和统计学、最优化理论以及深度学习的基本知识。

Marius Leordeanu

致谢

如果没有我亲爱的教授、导师、同事和学生们为我们的研究付出的大量努力，这本书就不可能完成。他们给了我充分的信任和支持，对此我永远心存感激。我们不仅有共同的理想、激情和价值观，我们还分享了对知识和迷人的视觉世界的热爱。如何让计算机学会像我们一样看待世界，是一个非常困难的问题。但这一挑战是吸引人的，对智力的回报可能是巨大的，它值得我们投入所有的专注、激情和创造力的火花。无监督学习是当今科学技术的终极探索之一，它有可能打开通往现在想象不到的其他领域的大门。我们只能希望，目前所理解的自然世界中无监督学习方式，将有助于人们创造和使用资源，并最终过上向往的生活。

通过在许多领域（从数学、计算机科学到神经科学、心理学、哲学和艺术）之间架起桥梁，可以更好地理解和学习世界，将使人们更好地了解自己。最后，它会使人们对自己存在的意义和目的有更清晰的认识。为了这个崇高的目标，我献上这本书，并希望朝着这个目标继续努力。

首先，我要将最深切、最真诚的感激给我的教授和导师们，多年来，他们给了我在研究和成长中找到研究的道路的机会。

我非常感谢我最亲爱的博士导师 Martial Hebert，在我攻读博士学位期间，他指导我成为卡内基梅隆大学（Carnegie Mellon University，CMU）计算机视觉和机器人研究员。我从他那里学到了很多，也非常喜欢和他一起做研究。本书中的许多核心思想和研究结果都是在他的指导下创建和实现的。我还想对我的博士生涯中另一位导师 Robert xi Collins 教授表达我最深切的谢意，在和他一起工作、创造和讨论想法的过程中，我完成了第一篇关于目标跟踪和无监督学习的论文。

我非常感谢我最亲密的朋友之一 Rahul Sukthankar，我在卡内基梅隆大学读博士期间认识了他，他也是我整个职业生涯的导师。无论是在科学上还是在精神上，我都能从中学到很多。我的一些高质量论文都是和 Sukthankar 一起撰写的。出于对科学的向往与热爱，我们进行最大胆的智力之旅，并找到最令人惊讶的解决方案。

我还要感谢我的第一位计算机视觉老师，纽约城市大学亨特学院的 Ioannis Stamos 教授，是他把我带进这个充满幻想的奇妙世界，让我有生以来第一次有机会做我一直梦想的事。我与计算机视觉研究的第一次接触以及我的第一篇论文都是和他一起写的。遇见他是一种幸运，从此我开始了探索视觉和思维如何运作的旅程，并在多年以前我的梦想变成了我的职业。

我也要向我亲爱的导师和朋友 Cristian Sminchisescu 致以最深切的感谢，是他给了我在自己国家罗马尼亚从事顶级计算机视觉研究工作的难得机会。在他的指导下，我开始了独立的研究生涯，我们的合作成果丰硕。

我也将我最深切的希望、钦佩和爱献给我非凡的朋友和导师 Leon Zagrean，他是布加勒斯特卡罗尔·达维拉大学的医学和神经科学教授，是罗马尼亚神经科学研究的真正先驱，是一个具有高尚道德情操的人。他以对生命的热爱和对时空和谐的无尽追求，用自己的方式塑造和影响了本书的核心思想。

我还要感谢布加勒斯特理工大学、罗马尼亚学院数学研究所和布加勒斯特大学的同事、导师和朋友们，他们通过多次讨论、交换意见、总结项目和论文等方式，积极参与本书的创作。Adina Florea，Ioan Dumitrache，Stefan Trausan Matu，Emil Slusanchi，Traian Rebedea，Elena Ovreiu，Nirvana Popescu，Mihai Dascalu，Lucian Beznea，Vasile Brinzanescu，Dan Timotin，Cezar Joita，Cristodor Ionescu，Sergiu Moroianu，Liviu Ignat，Ionel Popescu，Bogdan Ichim，Bogdan Alexe，Radu Ionescu，Viorica Patraucean，Razvan Pascanu，Gheorghe Stefanescu 等人和我们参与了在罗马尼亚和东欧建立一个由人工智能研究人员、专业人员和工程师组成的团队，并为这一研究领域带来希望和变革之风。我从心底感谢他们的坚定的支持。

最后，我要感谢我的博士和研究生们。这本书中的大部分内容来自于他们对知识探索的努力和热情。Ioana Croitoru，Vlad Bogolin，Andrei Zanfir，Mihai Zanfir，Emanuela Haller，Otilia Stretcu，Alexandra Vieru，Iulia

Duta, Andrei Nicolicioiu, Elena Burceanu, Alina Marcu, Dragos Costea, Nicolae Cudlenco, Mihai Pirvu, Iulia Paraicu, Cristina Lazar 等人参与了本书所涉及的大量成果研究，并且在写作过程中不断地给我反馈。我必须感谢他们的全力支持和出色的工作。他们让我相信下一代终将超越上一代，世界将在他们手中变得更好。

资料来源

本书大多数章节中引用的材料是已发表的作品，如下所示：

第 2 章：

Leordeanu, Marius, and Martial Hebert. "A spectral technique for correspondence problems using pairwise constraints", IEEE International Conference on Computer Vision (ICCV), 2005.

Leordeanu, Marius, Martial Hebert, et al. "An integer projected fixed point method for graph matching and map inference", In Advances in Neural Information Processing Systems (NIPS), 2009.

Leordeanu, Marius, Rahul Sukthankar, et al. "Unsupervised learning for graph matching", International Journal of Computer Vision 96, no. 1 (2012): 28-45.

Leordeanu, Marius, Andrei Zanfir, et al. "Semi-supervised learning and optimization for hypergraph matching", IEEE International Conference on Computer Vision, 2011.

第 3 章：

Leordeanu, Marius, and Cristian Sminchisescu. "Efficient hypergraph clustering", In Artificial Intelligence and Statistics (AISTATS), 2012.

第 4 章：

Leordeanu, Marius, Alexandra Radu, et al. "Labeling the features not the samples: Efficient video classification with minimal supervision", In Thirtieth AAAI Conference on Artificial Intelligence (AAAI), 2016.

第 5 章：

Stretcu, Otilia, and Marius Leordeanu. "Multiple Frames Matching for Object Discovery in Video", British Machine Vision Conference (BMVC), 2015.

Haller, Emanuela, and Marius Leordeanu. "Unsupervised object segmentation in video by efficient selection of highly probable positive features", IEEE International Conference on Computer Vision (ICCV), 2017.

第 6 章:

Haller, Emanuela, Adina Magda Florea, et al. "Spacetime Graph Optimization for Video Object Segmentation", arXiv preprint arXiv: 1907.03326 (2019).

第 7 章:

Croitoru, Ioana, Simion-Vlad Bogolin, et al. "Unsupervised Learning of Foreground Object Segmentation", International Journal of Computer Vision (IJCV), 2019: 1-24.

Croitoru, Ioana, Simion-Vlad Bogolin, et al. "Unsupervised learning from video to detect foreground objects in single images", IEEE International Conference on Computer Vision (ICCV), 2017.

第 8 章:

Nicolicioiu, Andrei, Iulia Duta, et al. "Recurrent Space-time Graph Neural Networks", In Advances in Neural Information Processing Systems (NeurIPS), 2019.

推荐语

非常高兴能读到本书，它提供了解决无监督学习的有效策略。作者在第 8 章通过视觉故事图神经网络总结了他在过去 10 年中的工作，添加了许多新内容，并阐述了一个有趣的哲学观点。本书的一个关键机制是使用了一阶泰勒级数展开的整数投影固定点（IPFP）方法，使问题可以用线性规划的级联来解决。另一个返回的关键机制是通过“学习”邻接矩阵或特征运动矩阵的主特征向量拟合的光谱聚类算法。本书弥补了许多关于深度学习和无监督学习策略的书籍缺乏视频分析的缺点。多年来，作者一直是时空人工智能领域的研究先驱，他的研究成果对其他研究人员产生了重大影响。本书的章节按照逻辑顺序构建，从图和超图的匹配与聚类，到外观和运动，再到利用大量网络形成“学生”分支和“老师”分支，其复杂性不断增加。一种现实的处理方法是允许在计算过程的开始提供一些监督信息，比如分配少量的高概率正向特征（highly probable positive，HPP）和特征标志。作者将提出的方法与许多当前最先进的模型进行了详细地比较，结果显示书中所阐述的技术基本都优于当前最先进的技术水平，在准确性和处理速度上有着无可比拟的优势。此外，本书每章都对当前最新文献成果进行了深入和完整的概述。书中既有坚实的数学理论，又有丰富的案例和定量结果。正如作者所说，还有很多工作要做，但本书是前进道路中的重要一步，它的许多想法都被证明是有效的。总而言之，这是一本重要的图书。

Bart M. ter Haar Romeny①

荷兰，埃因霍温

① 埃因霍温理工大学生物医学工程系计算机视觉和生物医学图像分析名誉教授

我非常喜欢本书在分析无监督学习过程时所提出并解决问题的系统化和逻辑顺序。Marius Leordeanu 是一位出色的批判性思想家，他带领我们踏上了一段激动人心的旅程，分享了独到的见解，并将我们带进了一个由图像和视频构建的而非单纯的想象中的冒险故事里。我发现他在书中提出的方法很吸引人，他的论点坚实有力并且有很好的表述。我相信本书将成为计算机视觉领域研究人员的参考标准。

Alfred M. Bruckstein

以色列科技学院 Technion Ollendorff 科学部主席

以色列，海法

我非常喜欢本书！本书涉及的问题相当复杂，对该领域的研究非常活跃，很难在一章中完全捕捉到。Marius Leordeanu 并没有对最近的工作进行枯燥的评论，而是用一些精心设计并直观的原则引导读者进入一段奇妙的旅程。作者对这个主题的热爱在本书中体现得很明显——它将激励下一代的研究人员去实现更大的梦想！

Rahul Sukthankar

谷歌研究院杰出科学家

美国，加州，山景城，加利福尼亚

本书提出了解决当今计算机视觉研究领域中最复杂的开放性问题之一的途径。在实际世界中，与完成拼图游戏一样，在将碎片拼接起来之前，需要根据碎片的颜色、形态、大小和方向进行排序，在我们完成图片组装之前，Marius Leordeanu 将所有在无监督学习中涉及的附加任务和处理步骤完成了，这就让我们可以很愉悦地完成图片组装任务。这样，我们就可以用获得的知识去打开心灵之窗，从而使各种梦想的实现成为可能。

Emil Slusanschi

布加勒斯特理工大学计算机科学教授

罗马尼亚，布加勒斯特

在一种引人入胜的故事叙述方式中，Marius Leordeanu 通过展示如何进行碎片拼图来吸引读者的注意力，这些拼图的完成技术是计算机视觉领域中一个关键问题的答案：如何在无监督的方式下进行学习？

Bogdan Alexe
布加勒斯特大学计算机视觉学院副院长、副教授
罗马尼亚，布加勒斯特

在机器学习和计算机视觉研究领域，无监督学习一直是一个非常重要的课题，至今都还没有得到充分的研究。在解决计算机视觉领域的几个任务中，本书带领读者对无监督学习提出的最新技术和方法进行了深入的探索。这无论对于有经验的研究者，还是对于机器学习的初学者都是一次极好的学习体验。当 Marius Leordeanu 引入一种新的计算机视觉无监督学习模型时，提出的各种模型和理论逐渐收敛到视觉故事图神经网络，它基于弱信号的分类器，以老师-学生的方式训练，并及时在几个层面上相互加强对图像的解释。这个模型也为视觉语言任务提供了新的研究机会，但这可能是另一本书的主题！

Traian Rebedea
布加勒斯特大学计算机科学副教授
罗马尼亚，布加勒斯特

Marius Leordeanu，是他这一代中最多产和最有创造力的研究人员之一。他在本书中描述了视觉无监督学习的基本元素，涵盖了从图匹配、聚类、特征选择、应用实例到神经网络的各种主题。对于所有想要深入了解该领域的人来说，这些主题都必须涉猎。本书包含了 Marius Leordeanu 的研究过程，是该领域研究人员的必备品。本书倾注了 Marius Leordeanu 的激情和热情，反映了他卓越的学术直觉和见识。总之，本书在计算机视觉领域中很重要。

Ioannis Stamos
纽约市立大学亨特学院计算机科学教授
美国，纽约

目录

第1章 无监督视觉学习：从像素到“所见”

1.1 “所见”内涵

试着想象：当我第一次睁开眼睛直面世界的时候，我看到了什么？我能够清晰地看到每个像素的颜色。然而，我能看到万物和人类吗？当我看到母亲的时候，我能够了解些什么？似乎有一种暖意融融、一种熠熠生辉的力量靠近我，让我心情舒畅、无忧无虑。但当时的我，对她的了解有多少呢？我能看到她那双美丽而深邃的眼睛，还是她那一头乌黑的长发以及迷人的微笑？恐怕当时我已错过这一切！因为那时的我，还不知道什么是“眼睛”“鼻子”“嘴巴”和“头发”。当我还不了解我为何物、人类为何物时，我怎么能把她当成和我一样的人呢？

因为当时的我并不能把任何事情和过去的经历联系起来，所以也不能“认出”或“看到”某个物体的样子。那时的我确实没有“可看到的东西”，因为我还不能在图像的不同部分之间建立起联系。我所能看到的东西除了像素，还是像素。虽然能观察到一些像素组里有相似的颜色，但这并不意味着我可以看到“真实的”它们。任何事物都没有“过去”时，就无法将事物联系起来，从而无法赋予它们意义，并保留它们作为事物的“真实性”。

如今，当我看着我的母亲，我就知道她是谁，因为有如此多的经历，将我们联系在一起。在我生命的不同阶段都有很多关于她和我的影像。这些记忆都在时空中穿梭着，组成一个我和她的故事。母亲在我生命中独特的轨迹和我对母亲所有的印象奇迹般地联系在一起，成为我的世界里形象生动的她。正是这些深深刻在我脑子里的印象，让我一眼就能认出母亲。

当我看到母亲脸上的一个像素时，其实我看到了很多东西。我看到一个皮肤像素、一张脸，还有一个人类像素单元。我也看到了母亲的像素——在我的生命中那个最特别、最重要的人。站在时空的更高层次上看，这个像素也是母亲和儿子的一部分。这种联系可以追溯到我出生的那一刻，从那一刻起我们就有着千丝万缕、不可分割的联系。另外，我可以通过母亲看到一个属于人类、属于生命和地球的像素，毕竟在更高层面上，地球是绕着太阳运行的。直到现在，我才看到这些现实中相互联系的层面，因为这种联系需要经历数年才能形成。

与我出生那一瞬间相比，如今我的视野更深刻和宽广。我意识到，所有视觉层所包含的对象、对象的组成部分、部分之间的交互关系，以及当下的活动都是真实存在的。回到我第一次睁开眼睛的那一刻，世界就已开始移动。我感觉到了：一种深切而强烈的力量，带我走向一个（以动人心魄的舞姿在舞动的）完全意想不到的光的区域。但是，当时的我完全不知道接下来会发生什么事情。我看到的每件事物都是我们的故事。随着我不断成长，我能够更好地看到各种事物，并想象它们的过去和未来，这就是作为世界一分子的我的视觉故事。

1.2 无监督视觉学习的内涵

我的母亲总是陪伴在我身边，教会我人生中一些最重要、最需要掌握的课程。但，在我的人生生涯第一年，她绝对不是那个教会我如何去看事物的人，因为她不可能将我眼中事物的每个像素不同层次的意义转达给我。

实际上，是我的大脑教会我如何看这个世界。而通过学习，我认识到我所学的知识大部分来自我在这个世界的经历而形成的经验，这些经验却是源自一种自然而无人监督的方式。没错，是我的大脑把我感知到的每个像素赋予了意义和价值，是我的大脑将所有像素变为现实中的事物，把所有像素复制并分布在不同的、或高或低的、同时又能看到的空间层和时间层上。从这些现在的和过去的时间层的像素中找到共通点并形成一个连贯的故事，并在这个故事里将我所看到的时空世界定义成“此时此地”。

从这个基本观点出发，无监督视觉学习会帮助人们了解这个世界还有很多需要了解的事物，还有许多需要用视觉去观察的事物，以期更好地关爱这个世界，并改善人们的生活。出于同样的原因，自然世界中的无监督视觉学习也是如此，它是理解智能、理解大脑如何运作的基础，以及如何建立真正智能系统的基础。智能系统能够像人类一样学会观察，再学会像人类一样与自己和谐相处。

无监督学习是人工智能研究者最感兴趣并致力研究的问题之一。如何才能了解这个世界，包括了解这个世界的所有属性，了解世界上这么多不同类型的物体如何以简单或非常复杂的方式相互作用。其中，最重要的是，在不了解真相的情况下如何认知它们。这些问题至今没有答案，人们知道父母尽管干预得少，但孩子仍可以认知世界。当父母或老师介入孩子的教育时，他们不会明确地告诉孩子所有的事情，也绝对不会用语义标签标记孩子视野中的每个像素。从孩子生命的第一个月开始，大脑就开始自主学习，将像素排列和分组到相应的区域中。随着孩子不断积累经验，开始赋予这些像素实际意义。至少从一开始，孩子的经历并不涉及与世界的复杂物理现实之间的互动，他们的视觉学习主要来源于观察。

虽然与世界互动对于学习至关重要，但毕竟时空就在眼前，所以本书主要关注通过观察时空中的世界来认知。在本书最后一章，简明扼要地谈及互动的话题，讨论应该如何从中吸取教训采取行动。首先人们应该关注没有受到人类影响的时空数据，因为这些数据没有过多的约束条件，能够让人们更好地理解无监督学习的基本约束条件。那么应该做哪些假设？需要收集什么类型的数据？需要多少数据？可以学习什么类型的课程，并形成什么样的概念？什么类型的计算模型可以解答无监督学习的原理？

本书所讨论的无监督学习基本问题的通用性模型，会成为计算机视觉和机器人技术应用中的一种实用工具。本书在最后一章，将设想形成一个统一的、可以在时空中自行学习的通用计算机视觉系统。首先本书为无监督学习建立一套通用原则，然后逐章通过特定的任务、算法和广泛的实验来评估论证这些原则，最后展示如何使用这些基本原则构建一个通用系统，使人们可以利用这样的一个统一的视觉故事网络，通过自身学习对时空世界进行多层次阐释。

读完本书，人们将会更好地理解无监督学习的原理。无监督学习就是在正常世界中通过对海量的输入数据自发产生的一种认知学习。如果没有自然界中海量数据的输入，这种学习则不会产生。这些海量数据的产生应遵循物理和经验统计规则。无监督学习是快速且高效的算法或某种特定的计算模型，但它无法脱离存在的世界而独立运行。读完本书，读者会达到融入外界互动因素干扰的学习体系水平。从这个角度来看，计算机视觉中的无监督学习已成为一种新的学习方式：学习如何了解人类自己、了解人类是如何成长的、发现并“看到”周围的世界。

1.3 时空视觉学习

视觉如此丰富，一幅画能有多层面的理解。视觉是人们看世界的第一扇窗，也是人类产生最重要感觉的第一扇窗。视觉发生在时空中，创造出人类所看到的一切（从一个静止或运动的物体，到一场把所有的演员和他们之间复杂互动关系都调动起来的活动）。视觉几乎拥有一切，从最简单的像素颜色，到最狂野和最深刻的想象，并可以对普通的物理对象进行尝试，去创造和反映人们生活的世界。视觉必须考虑到物理和经验统计规则，因为这些规则给出了世界在时空上的连贯性和一致性。因此，它必须建立在反映这种一致性的某些分组属性和统计原则基础上。如果人们想有一个真正的机会，以一种无监督或不受约束的方式学习，就必须理解这些原则，并将其用于学习的计算模型构建过程中。

时空思维有一定的优势，因为人们周围的万事万物都存在于时间和空间中，没有什么事物是真正静止的。迄今为止，计算机视觉研究领域主要专注于单幅图像的处理和识别，几乎没有直接对视频图像进行处理的案例。这是因为计算机处理单个图像的成本较低，并且人类在一个特定的时间内识别单个图像的能力被证实合理可行。所以，对于人类而言，单幅图像的处理和识别成本更低。

本书认为单幅图像任务在受监督的环境中更有意义。如果想进行无监督学习，应该更全面地考虑现实世界中存在于时间和空间中的所有事物，包括观测的对象和更高层次的实体、实体的行为和互动、复杂的活动和完整的故事等，毕竟时间和空间是紧密相连的。

在不同的时刻，每个物体在外观或位置上都有一些变化，从中可以了解到：在每个地方都有元素在发生变化，即时空的振动。物体的移动方式通常与周围环境不同，也不同于它们的背景。一开始，物体的变化在时间和空间维度上共存，物体本身在时间和空间上是一致的、连贯的。它们的动作通常非常平稳，之间的互动也遵循一定的模式。它们的外观也平稳变化，并遵循一定的几何和对称的颜色变化模式。因此，在学习之初有必要将视频作为学习的输入。

只有考虑将真实的时空纳入学习过程，这些物质世界的属性才可以被人们所用。如果想要从根本上解决无监督学习的难题，就必须抓住机遇，好好利用自然界中普遍适用的信息和资源。

从一开始就考虑在输入端采用视频分析的第二个实际存在的优势是：存在大量的可免费提供无标签的视频数据，并能够自动对其进行标签注释。这相对于那些需要昂贵的手动注释，而且严格监督的解决方案具有巨大的优势。因此，无监督学习的能力对于研究和工业领域而言都是极其宝贵的。

此外，与单幅图像相比，可用视频数据量的增加极大地提高算法的泛化能力，并允许从一开始就学习对象的交互关系。对象类别通常由它们在更大型的故事中扮演的角色来定义。一个物体在其局部水平上的属性，和它在全局时空环境中所扮演的角色之间存在某些一致性，因此，只有从一开始就考虑时空域，人们才能利用这种一致性。

1.3.1 无监督学习的发展趋势

在机器学习、计算机视觉和机器人研究中，人们对无监督学习的兴趣正在稳步增长。基于对现实世界中事物的观察，根据那些与颜色、纹理、形式或形状等相关的某一主要核心固有属性，人们自然地将事物分门别类。因此，如果现实事物的同一属性具有相似性，这些事物就属于同一组或者类簇，而不相似的事物则归类到不同的类簇中。

机器学习中聚类这一研究领域非常广阔。Gan 等[1]阐述了在过去的 50 年中该领域学者提出的大量算法，主要分为以下四类：

（1）与 K-均值算法相关的方法（Lloyd[2]），以及 Dempster 等[3]提出的期望最大化（EM）等方法，都有明确的概率表达公式，并采用概率最大化作为分类的标准。

（2）直接优化簇密度的方法，如 Comaniciu 和 Meer[4]以及 Fukunaga 和 Hosteller[5]提出的均值漂移算法，Ester 等[6]提出的基于密度的空间聚类（DBSCAN）等方法。

（3）Day 和 Edelsbrunner[7]、Ward Jr[8]、Sibson[9]、Johnson[10]提出的由较小的子集群形成集群的贪婪聚类算法，以及由 Kaufman 和 Rousseeuw[11]提出的分裂聚类算法（DIANA），都始于巨大的类，迭代式地将较大的类划分为较小的类。

（4）由 Cheeger[12]、Donath 和 Hoffman[13]、Meila 和 Shi[14]、Shi 和 Malik[15]、Ng 等[16]提出的基于邻近矩阵特征向量和特征值，或与数据点相关的拉普拉斯算子的光谱聚类算法。而本书所提出的算法和应用于不同计算机视觉难题的聚类算法通常与光谱聚类算法的类别有关。

因为大多数无人监督的学习任务都隐式或显式地要求进行某些聚类，Duda 等[17]提出对大多数无监督学习的研究基本都集中在各种聚类算法及构建的观点，并给出了充足的论证。整个世界的实体都在以不同的方式移动，并被分成许多类别，相互之间或多或少会发生某些关联并存在相互作用。机器学习的研究者希望，这个世界实体自然地存在于一个纯粹的无监督学习环境中，并具有良好的结构和关联关系的体系框架，可以直接进行数据聚类。此外，具有强洞察力的读者在通读本书后一定会发现，书中涉及方法的核心也基于聚类原则。

相比20年前通用的聚类算法，目前对无监督学习的研究更加灵活和多样化，也更为复杂。然而，无监督学习仍处于起步阶段，依然有很多未解决的问题，以及其他一些尚未被涉及的问题。在进行聚类时，学者发现时空层面能够带来重要的前后时序支撑信息，因此人们开始意识到研究时空域图像比研究单幅图像具有更大的优势。物体之间的区别不仅限于它们的外观，在运动方式上也不尽相同。属于一类的事物不仅看起来很相似，运动规律也大致相同，而不属于一类的事物则会在时间和空间上表现不同。时间维度加强了世界结构的一致性和连贯性，成为解决无监督学习难题中的关键。

毫无疑问，最初专门用于无监督学习的计算机视觉的现代技术都集中在时空和视频领域。在 Sivic 和 Zisserman[18] 撰写的一篇经典的开创性论文中提出了一种在视频中查找对象的算法，该算法基于匹配给定对象的关键点来发现视频中的目标，这些关键点在后续帧中的外观和几何形状都保持稳定。这些稳定的关键点可称为“类簇”，并与单个物理对象相关联。然而，该论文并非专门用于无监督学习和聚类，它的重点在于完成从视频中检索对象的任务。在早期关于视频中对象发现的研究中，Leordeanu 等[19] 采用了类似的方法，将对象转换为关键点“类簇”（这些关键点“类簇”能够在足够长的时间内保持几何稳定），并与视频帧中的疑似对象进行匹配。在实验中可以注意到一个有趣的现象：当一组关键点在特定的时间内呈几何稳定时，随着时间的推移，它们属于一个对象的概率就会增加，即突然从接近 0 增加到接近 1。这再次表明，在无监督学习中，时间可以为人们提供很强的线索，表明事物的类型归属。

自第一批以无监督方式发现视频中对象的方法问世以来，有一部分研究人员也开始关注这一研究方向。Kwak 等[20]、Liu 和 Chen[21]、Wang 等[22] 也对此领域进行了相应的研究。针对视频对象发现的任务，目前大多数方法都是在既定的深度学习背景下构建。采用无监督方法从视频中发现对象的研究领域，包括很多研究方向，其中有一个方向主要以从繁杂的视频中发现隐藏的对象这一目标而展开。目前，已经有几种用于视频分割的常用基准（如 DAVIS 数据集[23]），这些基准使用的方法包含了完全无监督的学习案例[24-28]，还有那些对给定的数据集实行无监督学习但对其他数据集做了大量的预训练[29-42]，或者仅对第一个视频帧做人工阐释[23] 的模型。有一种方法通过预先训练不同数据集得到预训练特征，而后利用这些预训练特征学习一个新的数据集合，这种学习方法对无监督学习具有重要的启发作用，但它本身并不属于无监督学习范畴。然而，一旦人们拥有通过强大的预训练得到的特征，这些特征是采用哪种训练方式得到的就变得无足轻重。因此，应当考虑允许使用预训练特征作为学习环节中非常重要的一部分的情况。既然在实践中已经拥有大量可用的预训练模型和特征，就应当找到最佳和最有效的方法来使用它们，使新任务和数据集的无监督学习方案的数量能够不断增加、样式不断变化、规模不断扩大。

另一个研究方向是从视频中发现属于单个对象的特定关键点和特征，并对这些关键点和特征部分进行动力学建模[19, 43-45]。有一定数量的论文阐明了采用无监督学习匹配目标对象局部关键点的问题，并考虑了对象部件的局部外观和对象之间的几何关系[46-51]。这些论文的核心思想是对模型参数进行优化，以便在匹配过程中能够在关键点或密集对象区域之间找到在局部外观和拓扑（或几何）方面得到最强的一致性（或类簇）。

迄今为止，以上所讨论的方法仅限于发现目标，例如在图像或视频中可以看到的目标，但不考虑在三维（3D）世界中的空间结构。然而，正是3D空间这样稳定的结构产生了一致的视频、深度或RGB-D序列，一旦发现了属于某个物体的关键点或区域，就可以利用几何和相机成像约束（即使只是隐式地利用），以改善图像中的物体并推断它的3D结构[52-54]。此外，一旦世界影像与3D世界之间建立了联系，就可以考虑静态3D世界、运动对象以及相机运动等影响因素。实际上，在学习过程中可以同时考虑这些相互约束的因素，从而形成的预测运动的系统可能会受到预测深度系统的约束和“教导”，反之亦然[55-62]。这样，人们在无监督学习领域中的研究就达到了一个新的水平。当前，在无监督学习中，人们越来越习惯地将互补和协作分支组成的不同复杂系统组合在一起，起到相互加强和相互制约的作用。因此，人们可以在以无监督的方式学习的同时，从简单的RGB视频[55-62]中预测深度、相机运动轨迹及其特征固有参数。

虽然将多条分支组合成一个全局无监督学习系统的理念仍有待发展，但它随即引出了本书最后一章提出的通用无监督学习机的新概念，即视觉故事网络（VSN）。这种无监督学习机将通过自我监督和许多预测分支之间的共识进行学习，从而获取一个有关“万物”统一且连贯的故事，并可以感知、互动和预测故事的发展。关于VSN更为详细的描述，可以从第8章获得。

在讨论VSN之前，读者应注意到一种新的无监督式学习趋势，这种新的学习方式将多种模式和感官信息结合在一起。人们一旦有了使用多种信息源作为自我监督信号的想法，并且意识到拥有的信息源越多越好，就会立即跨越视觉的障碍，将触觉、听觉、平衡、温度、嗅觉或其他类型的感官信息纳入无监督学习过程中。目前，这种通过跨模态预测的无监督式学习研究方向，虽然并不是最新的潮流，但引起学者越来越多的关注[64-69]，它直接涉及更全面的原则，这些原则就是本书需要阐述并证实的原则。系统输入和预测的类型越来越多样化，且越独立越好，虽然很难达到完美的一致性和共识，但最终结果会更加可靠、稳健。事实上，可以开始想象，随着人们不断地在学习过程中添加信息和约束，无监督学习如何进行自我学习。应该认识到，在一开始的学习中人们仅有一些起步的、相对简单的、数量较少并且只有有限的数据集合预测方法的任务，这使人们无法从一开始就能学习到所有的东西。这涉及机器学习领域在过去 10 年中一直研究的课程学习的这一概念[70]。可以预料，无监督学习需要好几代师生的努力。在师生探索一个不断成长变化的世界的过程时，无监督学习会不断地迭代变得更加强大。在这一点，研究者的思绪不应跳得太超前，而是应该回到更基本的思想和原则上。本书的最后几章用这些基本思想和原则为无监督学习系统构建一个更有力的案例。

首先，研究者应该回溯到历史上最早关于建议人类无监督学习和分组的实践中。如果人们想看到遥远的未来，就应该先回到过去，做好深度探索的准备。

1.3.2 无监督视觉学习与格式塔心理学的关系

目前，无监督学习的许多方法都是密切相关的，有些方法甚至受到格式塔心理学学派的启发。格式塔心理学学派成立于 20 世纪初的奥地利和德国（Koffka[71]、Rock 和 Palmer[72]）。德语中，“格式塔”代表的是元素或模式的结构。这一学派引入并研究了一个主要思想：物体是由许多部分组成的整体，但不是这些部分的简单总和。这就是通俗所说的“整体大于部分之和”的由来。因此，格式塔认知科学家提出并研究了几个“分组法则”，大脑用这些“法则”来形成“完整的”实体。这种分组法则包括：邻近法则，即邻近的事物应属于一类；相似法则，即相似的事物应属于同一类别。同样，显示对称性、几何连续性或共性命运（相似运动）的事物也应属于同一类。除了研究“将较小的事物组合成更大的事物”的原则，格式塔心理学还研究了“有意识地将事物视为整个实体的方式，并结合过去的经验来解释它们”等原则。

以下介绍关于无监督学习的主要观察结果，可以将其归纳为一组原则，这些原则仅在统计意义上是正确的，而在其他意义上并不一定正确。这些原则与最初的格式塔原则密切相关，在某种意义上，它们可以看作在现代机器学习和计算机视觉中对格式塔原则的新一轮阐释。而格式塔原则主要涉及分组的初始阶段需要遵循的原则，本书从计算的角度进一步阐释了这些原则，最终建立人工智能系统，让该系统学会自己“看”东西。

1.4 无监督学习的原则

基于前面所阐明的动机和知识，在本书形成理论和实验之初，首先简明扼要地介绍本书研究工作的核心原则。本书所展示的结果和设计的计算模型均基于这些基本原则，它们旨在捕捉知识的本质，并构建无监督学习的通用方法。虽然这些无监督学习原则没用精确的数学语言来描述，但它们足够清晰和直观。在接下来的章节中将把这些常识性原则用明确的数学公式和算法表达出来。以下用简洁的自然语言表述这些原则，它们之间密切相关，可以将它们融入较小的精华版基本思想中，也可以逐步将它们从一个原则演化成另一个原则，从而更好地与本书的每一章节联系起来，更自然地遵循无监督的学习过程。

原则 1

目标是全局场景中的局部离群值时，具有较小的尺寸，与较大的背景相比，其外观和移动方式有所不同。

可以肯定的是，目标一般比包含它们的场景小。通常情况下，它们和直接背景的外在表现不同，能够形成直接对比。想象一下：一朵颜色鲜艳的花盛开在绿色的田野上；或是一颗等待采摘红色的果实挂在树上；甚至，天空中硕大的太阳发出非常强烈的黄色光芒，与更广阔的蓝天形成鲜明对比。事实上，人们所看到的物体的颜色是人们视觉系统的产物。然而，大脑的视觉部分产生了对颜色的感知，使这些物体与其周围环境形成对比，这一过程并非偶然。大脑视觉发现它们，了解它们，然后更容易识别它们。当然，该统计结果也有例外，比如拥有惊人伪装能力的变色龙，视觉系统对其的智能识别结果就会存在失误。如果所有目标总是被伪装起来，那么智能视觉和对象识别能力的发展提高将非常困难。

对于场景而言，目标有不同的运动模式。对于静态的背景，目标运动通常比较敏捷，以较为复杂和快速的方式移动。对于生物来说，体型越小，行动就越快、越复杂，如小鸟能够比大鸟更能快捷地改变飞行方向。生物的视觉系统被赋予了检测运动的能力绝非偶然。计算机视觉研究中的一个基本问题是对光流的估算，即影像中像素的视运动，也是任何机器人视觉系统必不可少的能力。大部分包含运动分析的任务离不开光流的使用。

原则 2

通常情况下，选择从属于单一对象或类别的高精度（不一定具有高召回率）数据样本具有可行性。

人们通常可以锁定场景的部分结构，或属于单个目标或实体的数据流。虽然目标类别或实体类型可能仍然未知，但是基于某些分组属性（后续章节中将详细讨论），人们可以确认样本（或像素、碎片、整个区域、其他数据样本组）分属的类别。

现在分析人们对一种首次见到的动物做研究的过程。当人们要了解这种动物的新特性从而掌握它的独特特征时，首先会自发地利用已有的知识去开展研究。人们会先把动物的形象分解成能够识别的碎片部分，能够分辨并识别它的腿部、毛皮、头部以及身体的其他部位，而后再将它的所有部分组合在一起。通过这一过程人们可以首次了解这种动物独特的整体外观。人们也可以通过同样的办法将其行为模式分解成可识别的片段，最终可以学习其独特的行为模式。最后，人们会根据它的外观、身体特征和行为来判定它属于哪个大的类别。

虽然最初人们对这种新动物一无所知，但通过识别几个同时聚集在一起的较小的碎片部分，可以认为在那个空间区域里存在一只单一的动物。可以思考一下：在一个空间中，腿部、身体和头部这些部分非常靠近，并且由一些毛皮将这些部分组合在一起，那么这些部分来自不同动物的概率有多大？可以肯定，这些部分组成了一个整体，而它们独特的外观和组合排列，可以使人们意识到，这是他们首次看到的一种新动物。

本书将介绍与上面例子类似的许多实例，在这些实例中，如果几个已知类同时和谐地出现在同一个时空区域中，就可以表明存在一个新类，并且这个类能够可靠地用于以无监督的方式训练一个新的分类器的案例中。

原则 3

目标在空间和时间上显示对称、连贯和一致的特性。基于外观、运动和行为的分组线索可用于高精度地收集正向对象样本。这样的线索很可能属于一个单一的对象或类别，称为高概率正向（hight probable positive，HPP）特征。

人类感知在视觉领域中用于形成对象的分组线索实际上是高概率正向特征——自觉将具有大概率属于同一场景的部分组合在一起。

场景区域中的像素具有相似的颜色分布、纹理和对称的形状。这种颜色、形状和外观上的一致性绝不可能偶然发生。同样地，这样一组相似的像素也不太可能平稳地一起开始运动、同时改变方向并明显与背景不相容。但当背景为负向训练的案例且较容易收集时，时空上分组可能无法提供有关目标的所有信息，但可以提供足够的、具有高精度（不一定具备高召回率）的正向训练案例去启动学习过程。

原则 4

对象在其时空邻域内形成运动轨迹和外观模式的强簇。

这一原则与原则 3 一脉相承，包括许多直觉和常识。在空间和时间中，一个物体应该具备某种连贯性和一致性。如果向空间添加第四个维度——时间维度，物体的各个部分将通过四维（4D）世界紧密地连接在一起。图像视频帧里的每帧都是目标物体在 3D［2D（图像空间）+1D（时间）］世界中的投影，因此图像视频帧里的目标物体也应该有相同的紧密连接关系。人们能够将物体描述为空间和时间的点集类簇，并将它们通过类似的轨迹和外观特征紧密连接起来。很明显，相对于给定规模和时间的邻域里，这些类簇能够被轻易发现。例如：汽车就是这样的强簇。在更大范围内，整个地球以及地球上的人类、动物和物体也是这样的强簇。再扩大范围，地球也是太阳系中的一个物体强簇。

原则 5

偶然的对齐很少见。当偶然对齐发生时，通常指示模型与图像之间的正确对齐。对齐方式可能是基于几何或外观的，尽管它们很少发生，但它们形成了一系列强有力的协议，这些协议以多种方式相互加强。

这个原则是无监督学习的核心。通过排列对齐（涉及复杂的对称性，及精细的几何形状对齐），许多独立分类器输出结果或诸多运动模式协议能够共存，并在给定的局部时空邻域中出现。这种排列可能是偶然发生的，是时空中罕见的事件，除非有某个实体才能引发这种事件发生。这就是该排列是高概率正向特性的原因，利用它可以了解新的对象和其他视觉类别的最初阶段。

原则 6

当几个弱的独立分类器一致触发时，表示存在更高级别的分类，可以从中学习更强的分类器。

与之前的原则类似，许多独立分类器不太可能一起触发，除非它们因同一事物触发，这种事物可以是表现在语义或抽象域等更高层次上潜在的未知类型。例如，不同的分类器可以因目标的不同部分而被触发，一个单独的分类器的触发却不会关联到整个目标。对于一只动物而言，一个分类器会因它的腿而触发，另一个分类器会因它的躯干而触发，其他的分类器会因它的头部或者皮毛而触发，但不存在一个分类器会触发这只动物整体的现象。当这种情况发生时，通过利用分类器组的共同作用，因整只动物而触发的更强大的一个分类器就可以被学习获得。

原则 7

为了改进或学习新的类型，需要增加训练数据的难度和数量，从而增强分类器的能力及其多样性。通过使用现有分类器之间的协议作为新分类器的监管信号，几代人都可以以无监督的方式学习。

这种当前无法确认的新类型比已知类型具有更高的语义层次。只能使用已经拥有的分类器去了解一个新类型。人们可以依靠这些分类器的一致触发（而这并不太可能实现）发现一个有可能存在新的目标或者类型的时空区域，即使这个区域无法被“看”到（因为人们还没有学会如何“看”它）。学习新的类型不仅需要现有的分类器共同触发，而且需要包含足够多新类型的数据。因此，必须增加新的、更具挑战性的数据（包含具有难度的案例或新类型数据）。此外，随着未标注的训练数据变得更具挑战性，提高分类器功能和多样性的水平使其与数据相匹配就显得很重要。可以通过几代人的学习，将旧的分类器联合触发，为新的且功能更强大的分类器提供监督。比如，社会分类器可以一代接一代地发展进化，从只认识非常简单和局部的物体，发展到认识一个几乎完整和连贯的视觉世界，进而成为一种通用的无监督学习系统，如在最后一章所讨论的视觉故事网络概念。

1.4.1 背景中的目标

下面举例说明如何使用1.4节中提出的无监督学习的原则1。本节简要提出一种相对简单的方法，用于快速发现视频中的对象掩码问题。有关详细信息参见第4章。无监督学习的第一个原则陈述见第9页。

以下提出的方法基于这一原则，即目标通常比包含它们的场景小，并且它们的外观和移动方式与周围的场景不同。这样就可将它们视为变化的微小元素、离群值、分离点，并与剩余的环境形成对比。

视频序列中的帧包含大量冗余信息，存在于比其（帧中的像素数）小得多的子空间中。因为背景环境涵盖了视频最大的部分，并占据了视频的主导地位，所以可以期望从子空间中得到环境的主要信息。因此，如果使用主成分分析（PCA）算法分析视频，将每帧看作一个数据点，则第一个主成分就应该是这个大背景的模型。当对象目标很小，且从一帧到下一帧变化较大时，它们大多可以视为相对于背景的噪声，并可以由最后一个具有更高的频率的特征向量进行表示。

视频PCA的简单算法最早发表于文献［73］。该算法可快速估算更可能属于前景对象的帧像素。

根据视频PCA算法，背景由在精简子空间中重建的图像表示。令主成分为$\boldsymbol{u}_i$，$i \in [1,2,\cdots,n_u]$，$n_u=8$，重建帧$\boldsymbol{f}$，$\boldsymbol{f}_r \approx \boldsymbol{f}_0 + \sum_{i=1}^{n_u}((\boldsymbol{f}-\boldsymbol{f}_0)^{\mathrm{T}}\boldsymbol{u}_i)\boldsymbol{u}_i$，图像误差项$f_{\mathrm{diff}} = |\boldsymbol{f}-\boldsymbol{f}_r|$。图像差异会增强前景对象的像素特征，或者增强由该对象移动所引起的闭塞像素（图1.1）。通过合适的高斯函数对这些区域进行平滑，再做阈值化处理，就可以得到对象的特征掩码像素而非背景。

图1.1中第一行是原始图像；第二行是采用PCA算法和排列在前面的8个主成分做的图像重组图像；第三行是原始图像与重组图像之间的误差图像，需要注意的是误差图像增强了前景对象的像素；第四行是前景对象软分割图像，这是从第三行的误差图像中采用色彩分配经验估计的前景对象和背景环境之间的滞后像素概率计算得出的结果。

1.4.2节将会进一步研究这一原则，并提出更成熟、更有效的方法来获取完整的对象掩码，这种方法使用视频PCA算法，并从具有高概率正向特征的对象像素入手开展研究。

图 1.1　PCA 算法计算结果图像

1.4.2　高概率正向特征学习

1.4.1 节展示了一种相对简单但有效的方法，这种方法基于观察不同于背景的对象的原则（原则 1），可以将前景对象视为相对于背景的异常值，从而发现属于给定视频序列中的前景对象的像素。本节将进一步探索这样的常规分组线索，以便发现对象并提出考虑使用原则 2 的方法（原则 2）。

本节所述的样本或特征是具有高正向性或积极性的样本或特征，正向性或积极性是指与待发现的有意义的对象类别有关联。这些样本或者特征并不需要覆盖所有的正向特性。研究人员可以以无人监督方式发现这些样本或特征，但是，认为人们能够高精度地发现这些特征的想法是不合理的。因为在这种情况下，无监督学习会完全陷入已知所有的负向和正向样本的有监督场景。这时需要做的是，至少以高精度模式发现一小部分正向样本或特征（因此召回率可能较低），并将这些正向样本或者特征作为学习第一个分类器的基础，从而启动无监督学习过程。

高概率正向特征构成的数据特征样本属于本书要研究的正向类别。本书提出的无监督学习原则表明：样本通常可以进行高精度检测，但不一定具备高的召回率。高召回率需要经过几代分类器的反复学习才能得到。

接下来简要介绍一种使用高概率正向特征样本发现对象掩码的有效方法。首先介绍一种简化的方法，第 5 章会详细讨论一种更通用的算法。

图 1.2 展示了一个示例：一个具有错误边界框的目标物体，此边界框包含具有被标记为高概率正向特征的目标，即如果知道目标物体上的一个点，在它周围的一个边界框就可能包含高概率正向样本。框内的像素作为正向像素，框外的像素作为负向像素，从而建立前景和背景的颜色模型。因为不涉及数学细节，所以这种方法的基本思想很简单。一旦学习了基于假设的边界框所建立的颜色模型，就可将它视作真实的对象掩码来使用这些模型，并获得基本相同的结果。从数学角度出发，如果这些假设具有直观意义，并且能经常在实际中遇到，那么这些假设都是真实的。第 5 章将充分验证这一观点。

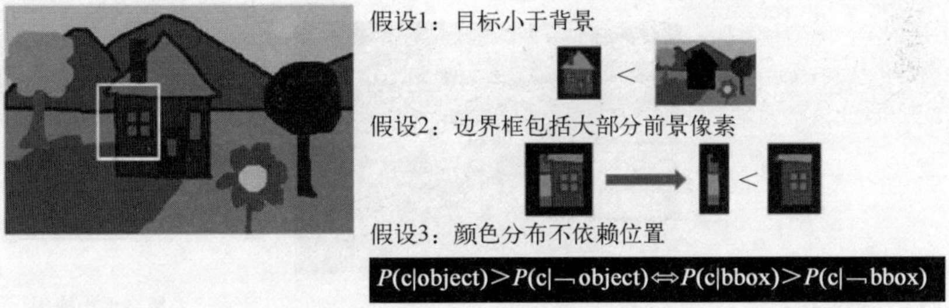

图 1.2 （见彩图）简单分割算法之后假设的可视化表示方式示意图

图 1.2 中的 3 个假设可应用于一般情况，经过深思熟虑选择任一视觉属性或更抽象的特征，而非颜色或边界框作为高概率正向特征样本。

根据对高概率正向特征的学习情况，使用颜色模型进行简单的分段处理，完成图 1.2 中所示主要假设。使用像素颜色作为高概率正向样本进行无监督学习有以下三个假设：

第一个假设目标小于背景。在一般情况下，一组真正的正向样本通常只是全部样本的一小部分。

第二个假设是边界框特有的，边界框（但不一定是真实的框）包含大部分前景像素。一旦知道对象区域的一个点，根据这个点在其周围取一个小的边界框的操作通常会很方便实现。这种情况下所考虑的高概率正向样本集一般包含正向样本（高精度）。因此可以选择一组（大部分）未受污染的正向样本。

第三个假设也是最强有力的，如果一种特定的颜色在对象上比在背景中更常见，那么这个属性属于目标而与其所在的位置无关。这个假设在直觉上是有意义的，即使它只是一个似是而非的假设，也可以在实践中有效地使用。基于这样的观察，如果对象相对于其背景通常具有特定的、独特的颜色模式，并且这些模式显示出一定的稳定性（颜色在对象表面的分布通常是稳定的），那么可以用颜色替换其他外观特性或者更高级别的特征。第三个假设要求有一小组高概率正向特征代表整体样本集，即在正向特征集中这种特定特性会经常出现，并在高概率正向特征样本集中相对更为频繁地出现。

图 1.3 展示了如何应用这些假设，并获得一种有效的前景对象分割方法。对于在研究对象上选择的给定点，选择不同大小（比例）的边界框。真实的对象比例是未知的，因此需要结合结果采用多种比例。图 1.3 显示的五个对象掩码是针对不同比例计算的对象掩码平均值。注意衡量在不同位置拍摄参考对象点时产生的掩码的鲁棒性。如果对象掩码在尺度上是稳定的，则表明以上的假设在这种情况下统计有效。

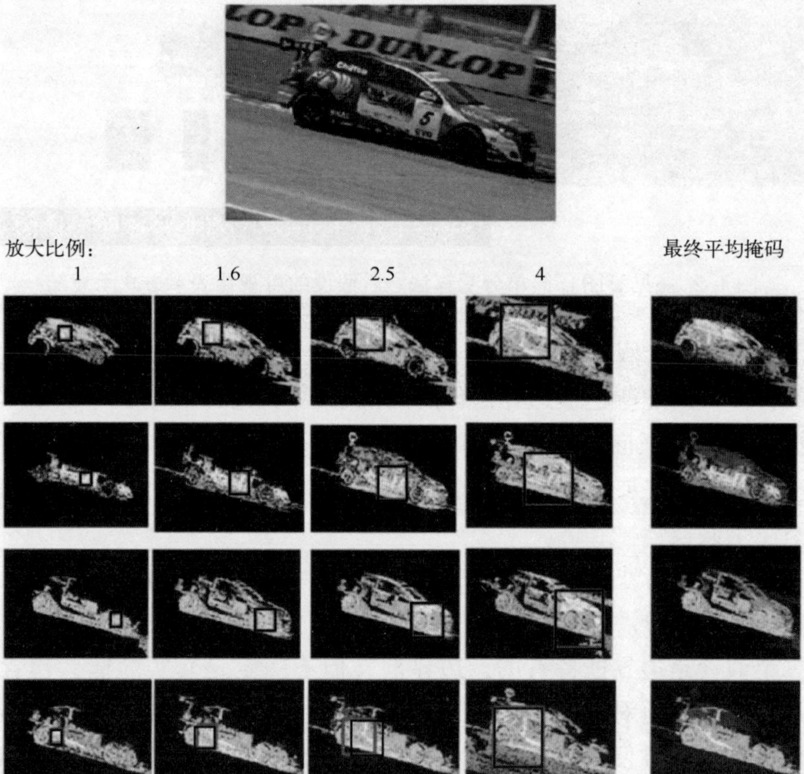

图 1.3 （见彩图）前景对象分割方法示意图

图 1.3 展示了一种非常简单的前景对象分割方法（背景和前景的像素颜色使用经验分布）将红色框内的像素作为前景计算其分布，其余框外像素均为背景。前景的后验概率提供了一个比初始框更接近正确目标的对象掩码。最终掩码是来自多个比例的所有掩码的平均值。注意：考量前景掩码的鲁棒性，需要考虑框的位置和大小。

原则 3 的观点与格式塔原理直接相关，指出在以无监督的方式学习时，这些特性能够可靠地用作 HPP 特征。创建许多不同的无监督学习任务时，在实践中这一观点通常是成立的。

正如上文所述，这些假设可以推广到一般情况。使用数据样本和集合 $\boldsymbol{S}$ 的边界框替换像素的概念，从中使用精选的样本。图 1.4 为高概率正向特征学习算法示意。第 5 章将详细介绍基于 HPP 特征学习算法。该算法从图像中已知的单个像素开始学习，而后扩展到方块，最后到整个图像进行学习。基本思路：第一次迭代时选择高精度的正向像素（使用视频 PCA 算法）构建像素级的前景对象分类器；在第二次迭代时选择精度更高的前景区域，构建方块级别的前景对象分类器；之后，使用这些基于方块级别的前景对象分类器获得新的且更精确的对象掩码，同时将第二次迭代分割与运动线索相结合，进一步分离前景和背景图像，获得更好的前景掩码；最后一步是训练一个深层的神经网络[74]，用于对先前的输出结果进行语义分割（这个输出结果作为监督真值存在）。根据相同的 HPP 理念选择具有更强的平均响应信号，从而得到高精度结果并作为网络训练案例。图 1.5 展示了一些具有代表性的视觉处理结果。

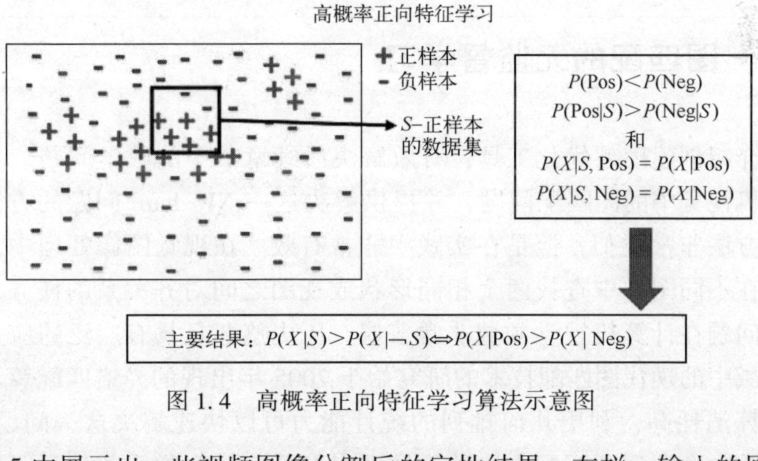

图 1.4　高概率正向特征学习算法示意图

图 1.5 中展示出一些视频图像分割后的定性结果。左栏：输入的原始图像。中间栏：使用 HPP 特征学习算法进行多次学习迭代后发现的对象掩码图像；右栏：由 U-Net 软分割产生的最后掩码结果图像。

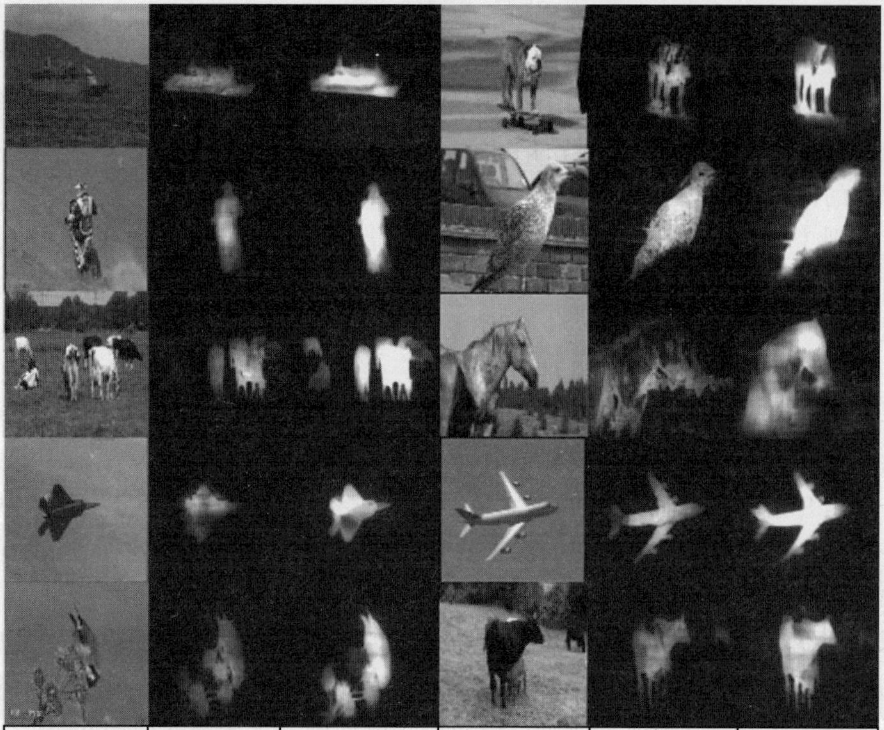

(a) 原始图像 | (b) 初始软分割 | (c) U-Net 软分割 | (d) 原始图像 | (e) 初始软分割 | (f) U-Net 软分割

图 1.5　以完全无监督的方式在视频中进行软分割示意图

1.5　图匹配的无监督学习

本节介绍创建模型优化工具，有效解决后续章节中的数学问题。首先介绍现代计算机视觉中的图匹配问题，并提供解决这一 NP-hard 问题的方法。尽管这些解决方法非常类似，但是在实践中非常有效。在视觉图像处理中，匹配方法完成了在不同图像中查找两个相同形状或视图之间对齐关系的任务。查找对齐关系的问题在计算机视觉领域非常普遍，历史悠久且具有广泛的应用。计算机视觉领域中的现代图匹配技术的研究始于 2005 年出现的光谱匹配算法，但是该算法计算消耗高，利用几何排列的统计能力可以快速解决这一问题。当时，研究人员首次意识到图匹配方法的稀缺性以及几何排列的重要性。偶然的对齐排列是罕见的，模板对象和图像中的目标对象之间存在一组正确的对齐关系时才会出现这样的对齐排列。此外，出现几何对齐时它们通常以多种方式排列，从而形成大量的几何排列，其表现为一组候选对象彼此之间的对齐关系。这一事实成为光谱匹配算法的核心，将其匹配解表示为由候选分配矩阵特殊的主特征向量映射的类。正确的一组候选对象之间存在概率高的协议，错误的一组候选对象之间存在概率低的协议，这两种协议构成了 Leordeanu 等提出的无监督学习方法的统计基础[47]。下面简要介绍图匹配优化和学习算法相应的数学公式和解决方案。第 2 章将会介绍更为深入的分析以及广泛的实验评估结果分析。

1.5.1 图匹配问题公式化

本节用常规的形式定义图匹配问题：任务目标是匹配两个带有属性的图像，分别为 $\boldsymbol{G}^P=(\boldsymbol{V}^P,\boldsymbol{E}^P,\boldsymbol{A}^P)$ 和 $\boldsymbol{G}^Q=(\boldsymbol{V}^Q,\boldsymbol{E}^Q,\boldsymbol{A}^Q)$，对于每个节点 $i\in\boldsymbol{V}^P$，存在一个关联的特征向量 $\boldsymbol{A}_i^P\in\boldsymbol{A}^P$，这个特征向量描述节点 i 处的局部外观。同理，对于每个节点 $a\in\boldsymbol{V}^Q$，存在关联特征向量 $\boldsymbol{A}_a^Q\in\boldsymbol{A}^Q$。对于每条边 $(i,j)\in\boldsymbol{E}^P$，存在相关向量 $\boldsymbol{A}_{ij}^P\in\boldsymbol{A}^P$，用于描述节点 i 和节点 j 之间成对的几何关系。类似地，对于每条边 $(a,b)\in\boldsymbol{E}^Q$，存在 $\boldsymbol{A}_{ab}^Q\in\boldsymbol{A}^Q$。对于每组对边 $(i,j)\in\boldsymbol{E}^P$ 和 $(a,b)\in\boldsymbol{E}^Q$，存在成对得分函数 $M_{ia;jb}=f(\boldsymbol{A}_i^P,\boldsymbol{A}_{ij}^P,\boldsymbol{A}_a^Q,\boldsymbol{A}_{ab}^Q)$，用于表征一阶局部特征（由 $\boldsymbol{A}_i^P$ 和 $\boldsymbol{A}_a^Q$ 定义）的一致性和成对候选关系相应点 (i,a) 和 (j,b) 之间的二阶关系（由 $\boldsymbol{A}_{ij}^P$ 和 $\boldsymbol{A}_{ab}^Q$ 定义）的一致性。同样，定义得分函数 $M_{ia;ia}=f(\boldsymbol{A}_i^P,\boldsymbol{A}_a^Q)$，这个得分函数的值构成矩阵 $\boldsymbol{M}$ 的对角线元素。这样，图匹配问题可以表示成整数二次规划（integer quadratic program，IQP）问题，包括找到代表某些映射约束（如一对一或多对一）且最大化二次得分函数 $S(\boldsymbol{x})$（图 1.9（a））的指示向量 $\boldsymbol{x}^*$。这个函数可以解释成群集内分数，表示正确的（由指示向量 $\boldsymbol{x}^*$ 解确定）候选分配群组，与局部外观和成对的几何或其他类型的二阶关系，达到一致的情况：

$$
\begin{aligned}
&\boldsymbol{x}^*=\arg\max_{\boldsymbol{x}} S(\boldsymbol{x})=\arg\max_{\boldsymbol{x}}\ (\boldsymbol{x}^{\mathrm{T}}\boldsymbol{M}\boldsymbol{x})\\
&\text{s.t.}\ \ \boldsymbol{A}\boldsymbol{x}=1,\boldsymbol{x}\in\{0,1\}^{\boldsymbol{n}}
\end{aligned}
\tag{1.1}
$$

给定一对一/多对一约束 $\boldsymbol{A}\boldsymbol{x}=1$，$\boldsymbol{x}\in\{0,1\}^{\boldsymbol{n}}$，$\boldsymbol{x}$ 是指标向量，如果来自一幅图像的特征 i 与从另一个图像中提取的特征 a 相匹配，则 $x_{ia}=1$；否则，$x_{ia}=$零。对 $\boldsymbol{x}$ 施加一对一的约束，使一个图像中的一个特征最多能与另一个图像中的相对应的特征匹配。二次匹配模型是计算机视觉中图匹配任务中的最新模型，它也可以适应早期经典模型，如精确、不精确和加权图匹配模型，其主要着眼点在于找到两个图像节点之间的映射，如尽可能保留图形边。

式（1.1）综合了图匹配的多数情况，用普适性公式的形式进行表示。本书讨论了根据不同程度的监管强度（用二阶项 $M_{ia,jb}$ 表示），如何设计和学习适用于不同的计算机视觉应用任务的图匹配方法，以及如何在发现式（1.1）的优化是 NP-hard 问题的前提下有效地逼近并优化目标函数。本节将展示“偶然性对齐是罕见”这个自然存在的原则，这也是无监督学习在图匹配问题中得到应用的关键元素。

1.5.2 光谱图匹配

光谱匹配算法于 2005 年由 Leordeanu 和 Hebert[75] 提出，旨在为图匹配问题提供近似解。该算法可应用于各种视频图像处理任务，因为它可以用最普通的公式，如整数二次方程处理匹配问题，它不会强加一个特定的变量和二阶项的数学公式，唯一的约束条件是变量和成对分数必须非负，并且应该随着匹配程度的提高，其分数值会相应变大。这些分数可以表示在外观和几何排列关系的对应水平，体现出任何类型的变形、变化、误差。当这种方式应用于计算机视觉领域时，处理图匹配问题的关键是正确对齐分配关系之间具有强大的、有价值的二阶分数。由于偶然的几何对齐罕见，因此在错误对齐分配关系中得到大分数的可能性极小。

二阶分数的以上得分概率属性给出了包含二阶项/分数的匹配关系对应矩阵 $\boldsymbol{M}$，它具有一个非常特殊的结构：具有由正确关系赋值形成的一个大分值模块，而其他大部分模块为零。这种结构允许在优化步骤中删除整数约束，并仅在施加二值化程序之后将这些整数约束作为一个二值化程序成为矩阵 $\boldsymbol{M}$ 的主特征向量。图 1.6 展示了光谱匹配算法基本原理。其中，红色汽车的图像分辨率很低，

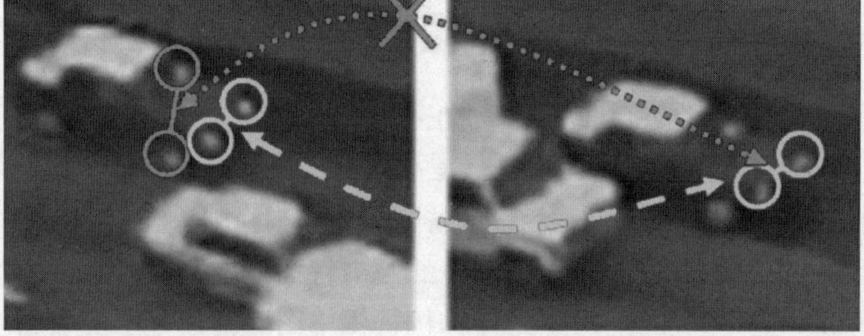

(a) (b)

图 1.6 （见彩图）光谱匹配算法原理示意图

因此其局部外观特征不足以在两个连续帧之间进行可靠且有效的匹配。绿色框所涉及的几何结构在帧之间保存得很好，这一几何图形的成对对齐关系正确概率极高。事实上，使用成对几何约束进行鲁棒匹配适用于很多计算机视觉应用实例。

将 $\boldsymbol{M}$ 当作候选对齐关系图像的加权邻接矩阵时，每个候选对齐关系（或对齐关系）(i,a)都可以看作该图像中的一个节点，包含了候选对齐对象之间局部外观一致性的信息。节点之间的连接强度可表示包含候选对齐对象之间的成对几何信息的一致性程度。图 1.7 展示了候选对齐关系实例。较大的节点对应较强的一元分数（在局部外观级别上具有更好的一致性），较粗的边对应更高的成对正确的对齐分配分数，反映了在二阶几何级别上具有更好的一致性。本书作者期望通过分析分配图的加权邻接矩阵 $\boldsymbol{M}$ 的主特征向量找到正确的对齐关系分配所形成的一个紧密连接类簇。可以认为特征向量的元素是每个候选对齐对象正确对齐关系的分数，并且整数约束可以用于对特征向量二值化，并获得图匹配问题的近似解。

图 1.7 中的正确对齐关系由创建较强的二阶一致关系（许多较粗的边）并且保留较好的特征局部外观（较大的节点）来表现。

图 1.8 是矩阵 $\boldsymbol{M}$ 的结构示意图。正确对齐关系对应的 $\boldsymbol{M}$ 矩阵中的成对元素会被赋予巨大的值形成一个强块，而错误的对齐关系所对应的成对矩阵元素会被赋值为 0。

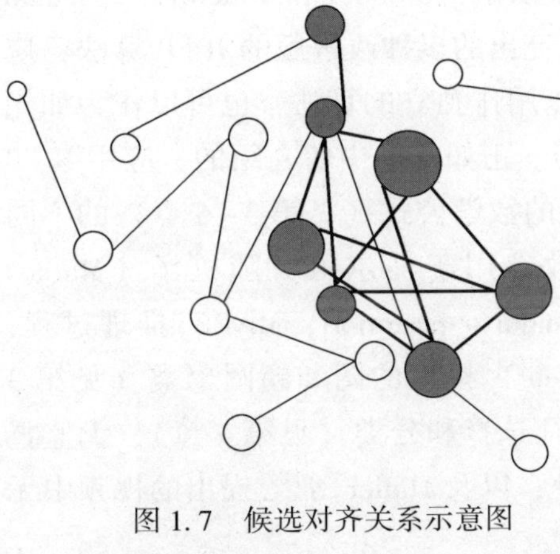

图 1.7 候选对齐关系示意图

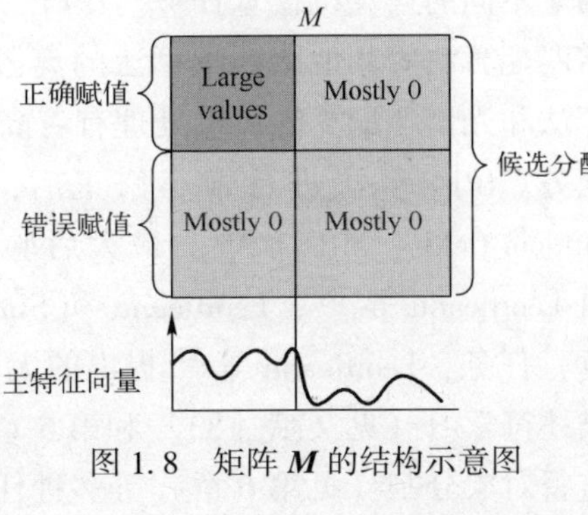

图 1.8 矩阵 $\boldsymbol{M}$ 的结构示意图

光谱匹配算法流程如下：

（1）创建候选任务图像。构建候选对齐关系 ia 的矩阵 $\boldsymbol{M}$，将模型中的特征 i 与图像中的特征 a 建立对应联系，例如使用非对角元素 $M_{ia;jb}$ 表示候选对齐关系

对 ia 和 jb 的一致性的级别，这可以有效衡量模型中的点对 (i,j) 的几何形状和外观，与图像中的点对 (a,b) 的几何形状和外观的匹配程度。矩阵 $\boldsymbol{M}$ 应具有非负元素，其值随着候选对齐关系对 ia 和 jb 匹配（一致）度越高，元素的分值越大。因此，每个候选对齐关系 ia 成为关系分值分配图中的一个节点。边 (ia,jb) 上的值 $M_{ia;jb}$ 可衡量候选对齐关系对 ia 和 jb 的一致性程度。

（2）有效优化。使用幂迭代算法计算 $\boldsymbol{M}$ 的主特征向量 $\boldsymbol{v}$。在实践中只需进行 10~20 次迭代。这个特征向量的大小与候选对齐关系对的数量相同，并且具有非负值。每个值 v_{ia} 将表示候选对齐关系点属于赋值图中最主要、最强的簇群的程度。置信度值是衡量对齐关系点对 ia 是否匹配正确的指标。

（3）获得最终离散解。通过贪婪算法快速获得最终离散解：第一步，选择具有最高置信度 v_{ia} 值的 ia^* 候选点对作为正确的候选对齐关系，在此之前没有选择 ia^* 也没有消除 ia^*；第二步，消除与 ia^* 点对冲突的所有剩余候选对齐关系点对（可能具有相同的源或目标特征）。随后重复第一步。该过程将持续进行，直到所有对齐关系点对都被选为正确或被消除。

1.5.3 图匹配的整数投影固定点算法

在介绍完光谱图匹配算法之后，引入另一种高效的图匹配算法——整数投影固定点（integer projected fixed point，IPFP）算法[76]，它的性能优于光谱匹配算法和其他最先进的方法。IPFP 算法自发表以来，Brendel 和 Todorovic[77]、Jain 等[78]，以及 Semenovich[79]、Monroy 等[80]研究出的多种改进版的 IPFP 算法已应用于不同的计算机视觉任务。IPFP 算法可以用作独立的算法，也可以作为如光谱匹配算法等其他图匹配算法的离散化过程。正如本书中所介绍的，应用 IPFP 算法和光谱匹配算法可以处理有着高度相似的数学公式（见第 3~6 章）的不同任务。IPFP 算法进行微小修正后，可有效地用于马尔可夫随机场（Markov random fields，MRF）中的最大后验（maximum a posteriori，MAP）推理过程，由 Leordeanu 等[76]、Leordeanu 和 Sminchisescu[81]提出的图和超图聚类（见第 3 章）任务，Leordeanu 等[82]提出的无监督特征选择和分类（见第 4 章）、无监督描述符学习（见文献［83］和第 5 章）任务；以及 Haller 等[84]提出的视频中无监督对象分割（见第 6 章）等多种任务中。

IPFP 算法有效地解决了式（1.1）中的 NP-hard 问题：

$$
\begin{aligned}
&\boldsymbol{x}^* = \arg\max_{\boldsymbol{x}} S(\boldsymbol{x}) = \arg\max_{\boldsymbol{x}} (\boldsymbol{x}^{\mathrm{T}}\boldsymbol{M}\boldsymbol{x}) \\
&\text{s.t.}\quad \boldsymbol{A}\boldsymbol{x} = \boldsymbol{1}, \boldsymbol{x} \geqslant 0
\end{aligned} \tag{1.2}
$$

式（1.2）和式（1.1）的唯一区别是式（1.2）允许解取连续值。IPFP 算法将任意初始解（软解或离散解）作为输入，并快速计算满足式（1.1）初始离散约束的解，所得分数通常显著高于初始值：

算法 1.1 用于图匹配任务的整数投影固定点算法

初始化	$\boldsymbol{x}^*=\boldsymbol{x}_0$，$S^*=\boldsymbol{x}_0^{\mathrm{T}}\boldsymbol{M}\boldsymbol{x}_0$，$k=0$，其中，$x_i \geqslant 0$，$\boldsymbol{x}\neq\boldsymbol{0}$
重复迭代	1）令 $\boldsymbol{b}_{k+1}=P_d(\boldsymbol{M}\boldsymbol{x}_k)$，$C=\boldsymbol{x}_k^{\mathrm{T}}\boldsymbol{M}(\boldsymbol{b}_{k+1}-\boldsymbol{x}_k)$，$D=(\boldsymbol{b}_{k+1}-\boldsymbol{x}_k)^{\mathrm{T}}\boldsymbol{M}(\boldsymbol{b}_{k+1}-\boldsymbol{x}_k)$
	2）如果 $D\geqslant 0$，令 $\boldsymbol{x}_{k+1}=\boldsymbol{b}_{k+1}$，$r=\min(-C/D,1)$，$\boldsymbol{x}_{k+1}=\boldsymbol{x}_k+r(\boldsymbol{b}_{k+1}-\boldsymbol{x}_k)$
	3）如果 $\boldsymbol{b}_{k+1}^{\mathrm{T}}\boldsymbol{M}\boldsymbol{b}_{k+1}\geqslant S^*$，设 $S^*=\boldsymbol{b}_{k+1}^{\mathrm{T}}\boldsymbol{M}\boldsymbol{b}_{k+1}$，$\boldsymbol{x}^*=\boldsymbol{b}_{k+1}$
	4）令 $k=k+1$
迭代结束条件	$\boldsymbol{x}_{k-1}=\boldsymbol{x}_k$
返回	$\boldsymbol{x}^*$

这里，重复迭代过程中步骤 1）中的 $P_d(\cdot)$表示离散域中有效解的投影函数。IPFP 算法是一种通用的方法，可以应用于许多不同的任务，在不同任务中 IPFP 算法有不同的数学表达公式，这里用 $P_d(\cdot)$表示有效解在实际离散域的投影函数。算法 1.1 的有效离散解由约束矩阵 $\boldsymbol{A}$ 定义。第 2 章将详细分析 IPFP 算法的理论特性，并在不同的特征匹配任务上进行实验验证。虽然上述算法看起来具有很强且复杂的技术性，但其实它很容易被解释为两个主要阶段，这两个阶段不断重复，直到算法收敛。具体步骤如下。

阶段 1：在步骤 1），$P_d(\cdot)$是有效解在离散原始域上的投影，由 $\boldsymbol{A}\boldsymbol{x}=1$，$\boldsymbol{x}\in\{0,1\}^n$定义。当光谱匹配使用幂迭代算法进行迭代时，每次迭代都在单位球面上执行类似的投影（通过标准化 $\boldsymbol{x}$ 以获得单位范数），并在连续域中进行有效解优化时，IPFP 算法在期望的离散域中将目标分数最大化。该投影旨在根据欧几里得距离，在离散域中找到最接近的可能向量。由于所有离散解都具有相同的范数（相同数量的有效分配关系），将 $P_d(\cdot)$归结为去寻找离散向量 $\boldsymbol{b}_{k+1}=\mathrm{argmax}_b(\boldsymbol{b}^{\mathrm{T}}\boldsymbol{M}\boldsymbol{x}_k)$，这里的 $\boldsymbol{b}_{k+1}$与 $\boldsymbol{M}\boldsymbol{x}_k$ 的点积将最大化。对于一对一的约束问题可以使用匈牙利方法有效地完成，多对一的约束问题投影可以在线性时间内实现。对于图像聚类任务，如 1.6.1 节和第 3 章所示，投影也可以在线性时间内快速完成。

阶段 2：接下来的步骤可以看作一个单独阶段，这个阶段在当前解 $\boldsymbol{x}_k$ 和离散解 $\boldsymbol{b}_{k+1}$之间的连线上，对其分配所得分数进行最大化处理。注意：$\boldsymbol{x}_k$ 可以有软值，遵循式（1.2）中稍微宽松的约束 $\boldsymbol{A}\boldsymbol{x}=1$，$\boldsymbol{x}\geqslant 0$，而 $\boldsymbol{b}_{k+1}$也同样满足这个约

束。因此，在当前解 $\boldsymbol{x}_k$ 和离散解 $\boldsymbol{b}_{k+1}$ 之间的连线上的任何点也能满足该约束条件。由于线性搜索可归结为单参数 r 的一个二次优化问题，因此线性最大化步骤可以封闭形式求得最优解。算法 1.1 提供了在 $\boldsymbol{x}_k$ 和 $\boldsymbol{b}_{k+1}$ 之间连线上寻找最优 $\boldsymbol{x}_{k+1}$ 的精确方程。该算法重复迭代，直到收敛，并返回找到的最优离散解 $\boldsymbol{x}^*$。当 $\boldsymbol{x}^*$ 非常接近离散解时，它通常会自行收敛到离散解。最终的离散解比初始解有了显著改善。

1. IPFP 算法与光谱匹配、幂迭代算法的关系

IPFP 算法与求取特征向量的幂迭代算法密切相关，并应用于光谱匹配任务。该算法用离散域上的投影 $P_d(\cdot)$ 代替单位球上的投影，然后用封闭方式求解线性优化解。根据指定任务的要求，离散域是任何有效解的域，因此 IPFP 算法是通用的，可以应用于图匹配、图像最大后验推理以及图形聚类等不同的视觉任务。第 2 章和第 3 章验证了 IPFP 算法极易适应于超图优化任务，能够高效应用在具有三个或多个连接节点的超边的超图匹配任务中。

2. IPFP 算法与一阶泰勒逼近算法的关系

IPFP 算法隐藏的另一个知识关系是，在每次迭代中，二次得分项 $\boldsymbol{x}^{\mathrm{T}}\boldsymbol{M}\boldsymbol{x}$ 由当前解 $\boldsymbol{x}_k$：$\boldsymbol{x}^{\mathrm{T}}\boldsymbol{M}\boldsymbol{x}_k \approx \boldsymbol{x}_k^{\mathrm{T}}\boldsymbol{M}\boldsymbol{x}_k + 2\boldsymbol{x}_k^{\mathrm{T}}\boldsymbol{M}(\boldsymbol{x}-\boldsymbol{x}_k)$ 的一阶泰勒展开来逼近。在式（1.1）的离散域内，执行算法 1.1 中步骤 1）的过程中需要将一阶近似值最大化从而得到 $\boldsymbol{b}_{k+1}$。执行算法 1.1 中步骤 2）时，最大化原有的二阶分数值，这个二阶分数值存在于当前值与第一个离散解之间的直线上。由于它最终归结为单参数的最大化二次函数，因此最大化原有的二阶分数值在封闭形式下是可能实现的。在图 1.9（b）中，可将 IPFP 算法视为原始离散域中的一阶优化步骤，每个步骤后都紧跟着一个连续域中的二阶线优化步骤。

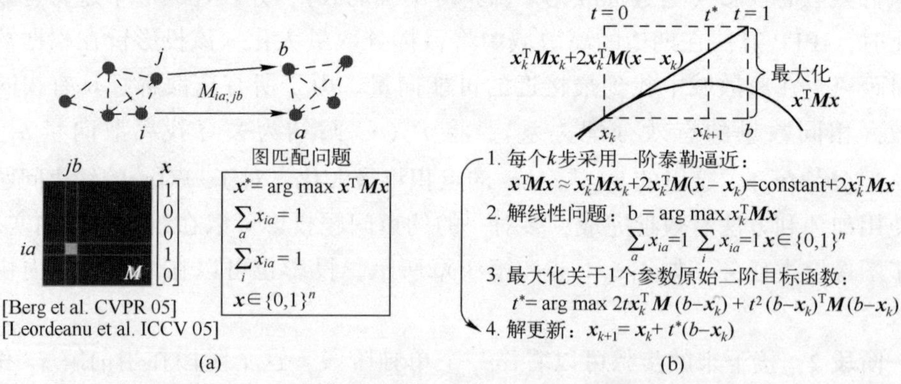

图 1.9 （a）图匹配的 IQP 公式可视化形式

（b）基于原始二阶分数的一阶泰勒逼近的 IPFP 算法步骤

3. IPFP 算法与迭代条件模式算法的关系

IPFP 算法也可以看作迭代条件模式（iterated conditional modes，ICM）算法的扩展和升级[85]，ICM 算法具有能够并行更新所有节点解的优点，同时保留了最优性和收敛性。虽然 ICM 算法的并行更新节点值的优点并不能保证随着迭代次数增加而得到性能改进，但 IPFP 算法允许采用软值，并允许这些软值在离散解之间移动，这些特点可以让原先的算法得到改进，并通过并行更新节点加速算法收敛。这使 IPFP 算法比 ICM 算法有了明显的计算优势。

4. IPFP 算法与 Frank-Wolfe 算法的关系

Frank 和 Wolfe[86] 指出 Frank-Wolfe（FW）算法与 IPFP 算法有关联性。从 1956 年起，FW 算法常用于运筹学领域研究。FW 算法可应用于线性约束的凸规划问题，与 IPFP 算法一样也是一种高级算法，但 FW 算法主要解决优化凸问题，而 IPFP 算法适用于处理凹问题。FW 算法的收敛速度很慢（因为凸函数变成接近最优的二阶方程），而 IPFP 算法的收敛速度很快，但解是次优等级。FW 算法在初始解和一阶函数逼近优化解之间进行线性搜索，而 IPFP 算法是在封闭情况下进行的。IPFP 算法是一种为解决特定问题而专门设计的离散的解决方案，并根据不同的特殊任务采用多种方式改造后加以利用，具有许多优势（这些将在第 2 章和第 3 章详细介绍）。FW 算法是非常普遍和高层次的算法，多用于连续域的凸优化问题。

1.5.4 图匹配学习

光谱匹配（spectral matching，SM）算法要求 $\boldsymbol{M}$ 矩阵中具有非负元素，但 IPFP 算法没有这个要求。候选对齐关系赋值的一元项可以存储在 $\boldsymbol{M}$ 矩阵的对角元素上，但在实践中一般直接将成对关系得分 $M_{ia;jb}$ 赋值到偏对角元素上，而对角线上的元素赋值为零，这样可以取得更好的效果。$M_{ia;jb}$ 本质上是由某个参数向量 $\boldsymbol{w}$ 定义的函数，可以将成对得分 $M_{ia;jb}$ 表示为

$$M_{ia;jb}=\exp(-\boldsymbol{w}^{\mathrm{T}}\boldsymbol{g}_{ia;jb}) \tag{1.3}$$

式中：$\boldsymbol{w}$ 为学习参数权重向量；$\boldsymbol{g}_{ia;jb}$ 为包含非负误差和变形系数的向量，用于将成对模型特征 (i,j) 匹配到成对图像特征 (a,b) 时，描述几何和外观的变化程度。

1.5.5 图匹配的监督学习

本节的目标是学习几何和外观参数 $\boldsymbol{w}$，最大化 $\boldsymbol{M}$ 的主特征向量和真值向量 $\boldsymbol{t}$

之间的期望相关性，在经验上，这两个向量之间的点积之和与相关性强弱成正比。对于所有的正在训练的图像对，存在

$$J(\boldsymbol{w})=\sum_{i=1}^{N}\boldsymbol{v}^{(i)}(\boldsymbol{w})^{\mathrm{T}}\boldsymbol{t}^{(i)} \tag{1.4}$$

式中：$\boldsymbol{t}^{(i)}$ 为第 i 个训练图像对应的真值向量。

通过梯度上升法最大化 $J(\boldsymbol{w})$：

$$\boldsymbol{w}_j^{(k+1)}=\boldsymbol{w}_j^{(k)}+\boldsymbol{\eta}\sum_{i=1}^{N}\boldsymbol{t}_i^{\mathrm{T}}\frac{\partial\boldsymbol{v}_i^{(k)}(\boldsymbol{w})}{\partial\boldsymbol{w}_j} \tag{1.5}$$

为简化符号，用 $\boldsymbol{F}'$表示关于 $\boldsymbol{w}$ 的某个元素的任意向量或矩阵 $\boldsymbol{F}$ 的偏导数。Magnus 和 Neudecker[87]、Cour 等[88]提出一种对称矩阵（$\boldsymbol{\lambda}$ 阶数为 1 时）特征向量取局部偏导数的方法。虽然这种方法适用于求任何特征向量的偏导数，但是不适用于本例中的具有大本征间隙矩阵的主特征向量 $\boldsymbol{v}$ 求导的情况。本节介绍的方法利用幂算法计算主特征向量逼近值的局部偏导数：

$$\boldsymbol{v}=\frac{\boldsymbol{M}^n\mathbf{1}}{\sqrt{(\boldsymbol{M}^n\mathbf{1})^{\mathrm{T}}(\boldsymbol{M}^n\mathbf{1})}}$$

式中：$\boldsymbol{M}^n\mathbf{1}$ 是由 $\boldsymbol{M}^{k+1}\mathbf{1}=\boldsymbol{M}(\boldsymbol{M}^k\mathbf{1})$ 递归计算的结果。因为幂算法是计算主特征向量 $\boldsymbol{v}$ 的最佳方法。因此，$\boldsymbol{v}$ 的偏导数计算式如下：

$$\boldsymbol{v}'=\frac{\|\boldsymbol{M}^n\mathbf{1}\|^2(\boldsymbol{M}^n\mathbf{1})'-(\boldsymbol{M}^n\mathbf{1})^{\mathrm{T}}(\boldsymbol{M}^n\mathbf{1})'(\boldsymbol{M}^n\mathbf{1})}{\|\boldsymbol{M}^n\mathbf{1}\|^3} \tag{1.6}$$

式（1.6）中的 $\boldsymbol{M}^n\mathbf{1}$ 的导数可以由式（1.7）递归计算获得：

$$(\boldsymbol{M}^n\mathbf{1})'=\boldsymbol{M}'(\boldsymbol{M}^{n-1}\mathbf{1})+\boldsymbol{M}(\boldsymbol{M}^{n-1}\mathbf{1})' \tag{1.7}$$

正如 Leordeanu 和 Hebert[75]所证明的结果一样，$\boldsymbol{M}$ 矩阵存在一个很大的本征间隙（第一特征值和第二特征值的差异），从而使上述方法在实践中被证明是稳定并有效的。

1.5.6 图匹配的无监督学习

在图匹配的任务中，无监督学习方法的思路是用最大化 $\boldsymbol{v}_i^*$ 取代 $\boldsymbol{v}_i$。这可以通过最大化特征向量和从特征向量获得的二元解两者之间的点积来实现，而不基于真值。因此，在无监督训练期间可以最大化以下函数：

$$J(\boldsymbol{w}) = \sum_{i=1}^{N} \boldsymbol{v}^{(i)}(\boldsymbol{w})^{\mathrm{T}} \boldsymbol{b}(\boldsymbol{v}^{(i)}(\boldsymbol{w})) \tag{1.8}$$

第 2 章将基于理论和统计原理，把式（1.8）中的函数提供的离散解作为无监督学习过程中使用的伪真值。其关键思想：对于任何合理的起点（参数 $\boldsymbol{w}$ 的初始化值，只用于学习过程），当前的离散解 $\boldsymbol{b}$ 应该是正确的对齐关系赋值，而不是错误的赋值。完全可以找到这样一个合理的起点，如由人工挑选一些正向（正确）和反向（错误）的成对例子作为候选对齐关系对，并学习将 $\boldsymbol{w}$ 作为区分正向和反向的成对候选对齐关系对的最佳分类器。再通过实验证明，只要给定正确的对齐关系赋值（与反向任务相比，正向任务被选为正确对齐关系进行赋值的机会更大），选出的正确对齐关系赋值随即形成一个强大的类簇协议，这个类簇会在候选对齐关系子图中得到离散解 $\boldsymbol{b}$。另外，与由错误对齐关系赋值形成的噪声链路相比，这个类簇更加强大，并通过梯度上升法将式（1.8）中的参数向量推向正解。

这里数值上的困难之处在于 $\boldsymbol{b}(\boldsymbol{v}^{(i)}(\boldsymbol{w}))$ 不是连续函数，并且不可能显式地表示为 $\boldsymbol{w}$ 的函数，因为 $\boldsymbol{b}(\boldsymbol{v}^{(i)}(\boldsymbol{w}))$ 是迭代离散过程的结果。然而，$\boldsymbol{b}(\boldsymbol{v}^{(i)}(\boldsymbol{w}))$ 是分段常数，并且除了不连续点的有限组之外，在任何地方都为零导数。可以预期，评估梯度的工作仅在 $\boldsymbol{b}$ 为常数且导数为零的点上进行，因此在实践中 $\boldsymbol{b}$ 的不连续性不是障碍。同样，可以通过梯度上升法来学习：

$$\boldsymbol{w}_j^{(k+1)} = \boldsymbol{w}_j^{(k)} + \boldsymbol{\eta} \sum_{i=1}^{N} \boldsymbol{b}(\boldsymbol{v}_i^{(k)}(\boldsymbol{w}))^{\mathrm{T}} \frac{\partial \boldsymbol{v}_i^{(k)}(\boldsymbol{w})}{\partial \boldsymbol{w}_j} \tag{1.9}$$

注意：如果已知一些正确的对齐关系赋值，则可以通过简单地设置和保持离散解 $\boldsymbol{b}$ 中的相应值（真值已知）来自然地组合监督和无监督学习案例。第 2 章将提供更多的理论依据，通过深入的实验分析说明无监督方法有效性背后的统计方面的原因。需要强调的是，这些统计观测结果完全基于相同的对应能力——只有少数候选对齐关系 N_c 需要正确分配对应程度赋值，以便通过它们的 $O(N_c^2)$ 成对几何协议，形成一个强大的类簇，让学习回归到正确的方向。这个过程一旦朝着正确的方向开始，将不可返回。如果定义矩阵 $\boldsymbol{M}$ 的元素 $\boldsymbol{w}$ 接近真值向量，那么在下一次迭代学习时标记为正确的对齐关系的真正候选赋值数量将增加。因此，$\boldsymbol{b}$ 越接近真值，并且下一次参数更新会更有效，随着迭代次数的增加 $(\boldsymbol{b}(\boldsymbol{w}),\boldsymbol{w})$ 会更接近真值。

1.6 满足分类器学习的无监督聚类算法

本节首先介绍如何将进行过微小修改后的 IPFP 算法应用于图聚类任务案例中。第 3 章还将详述 IPFP 算法用于高阶边缘聚类任务的情况（对超图聚类任务也同样适用）。

本书后续会将线性分类器的任务当作 IPFP 算法能够立即适用的聚类问题，采用公式表述线性分类器学习过程。因此，可以使用 IPFP 算法学习线性分类器，这种线性分类器具备两个重要属性：一是该分类器针对不足的标记训练数据具有鲁棒性，在对其输入特征了解不够多的情况下（只要知道分类器输入数据的最小化特征知识），也可以在无监督情况得到训练。这些输入特征称为特征符号，本节将具体阐释这种特征符号。二是用 IPFP 算法找到的最佳分类器，即一组自动选取特征的稀疏平均值。这个分类器也是一个特征选择器，通过它可以得到特征的平均值（或较低级分类器的集合），同时也是完成线性分类器学习任务的最佳选择。

1.6.1 图形聚类的整数投影固定点算法

第 3 章将详细介绍 IPFP 算法应用于更普遍的超图聚类任务案例。为了与之前内容衔接，本书将案例限制在节点之间具有成对对齐关系的图像。例如，有一组 N 个节点，形成图 G 中的成对相似链，采用对称邻接矩阵 $\boldsymbol{M}$ 表示这些成对关系。类似于图匹配的情况，二次聚类分数函数 $S(\boldsymbol{x})=\boldsymbol{x}^{\mathrm{T}}\boldsymbol{M}\boldsymbol{x}$，其目标是在特定的聚类约束条件下的解向量 $\boldsymbol{x}$ 上，令以上分数函数数最大化。同样，这里 $\boldsymbol{x}$ 是指示向量，每个节点 i 有一个唯一的索引，如果节点 i 是最终形成的类簇的一部分，则有 $x_i=1$；否则 $x_i=0$。$M_{i;j}$代表节点对(i,j)之间成对相似性程度，它们的边 $M_{i;j}$值越大，节点对(i,j)属于同一类簇的可能性越大。

找到好的类簇需要找到具有高聚类得分 S 的特征子集。即使知道类簇中元素的数量，要最优且最大化 S 仍是一个消耗巨大的复杂问题。在实际应用中希望快速找到好的近似解，因此，一般会放宽问题约束条件，允许 $\boldsymbol{x}$ 在连续域$[0,\varepsilon]$中取值，这里 ε 作为聚类得分的上边限：

$$\begin{aligned}\boldsymbol{x}^{*} &= \arg\max S(\boldsymbol{x})\\ \text{s.t.} \quad &\sum x_i = 1, \boldsymbol{x} \in [0,\varepsilon]^n\end{aligned} \tag{1.10}$$

在 $\varepsilon=1$ 的情况下，对齐关系赋值取 $\{0,1\}$ 之间的值（对应无加权图形），该方法与最经典的主流计算方法效果相同[89-90]。

式（1.10）中的L1范数约束有利于求出稀疏解，并且偏向于成对对齐关系正确的元素分配较高的分类值。这使将解离散化并找到对应的类簇变得更加容易。如式（1.10）所示，该解决方案会在图中产生一个单一的强类簇。为了发现多个类簇主要有如下两种方法：一种方法[91]是移除属于被发现的类簇的点，并在剩余的点上重新开始寻找属于该类簇的新点；另一种方法[92]是从不同类簇的不同初始解的临近值出发，并局部最大化聚类得分结果。

聚类情况下的离散域不同于图匹配任务，只要改变 IPFP 算法的投影函数 $P_d(\cdot)$ 就可以很好地解决问题（式（1.10））。为了更好地了解 IPFP 算法，首先定义 $\boldsymbol{d}(\boldsymbol{x})=\boldsymbol{M}\boldsymbol{x}$，然后从一阶泰勒展开的角度给定第 t 次迭代时围绕当前解 $\boldsymbol{x}_t$ 的聚类得分，即

$$S(\boldsymbol{x}) \approx 2\boldsymbol{d}(\boldsymbol{x}_t)^{\mathrm{T}}\boldsymbol{x}-S(\boldsymbol{x}_t) \tag{1.11}$$

在式（1.10）的连续域中最大化一阶逼近值，使用当前解 $\boldsymbol{x}_t$ 定义以下线性方程：

$$\begin{aligned} \boldsymbol{y}^* &= \arg\max \boldsymbol{d}(\boldsymbol{x}_t)^{\mathrm{T}}\boldsymbol{y} \\ \text{s.t.}\ \sum y_i &= 1, \boldsymbol{y} \in [0,\varepsilon]^n \end{aligned} \tag{1.12}$$

注意：这个线性问题与投影函数 $P_d(\cdot)$ 相同，详见 2.4.2 节中 IPFP 算法介绍。在第 t 次迭代时，满足 $\boldsymbol{y}^*=P_d(\boldsymbol{d}(\boldsymbol{x}_t))=P_d(\boldsymbol{M}\boldsymbol{x})$，离散解 $\boldsymbol{y}^*$ 表示一个可能存在的聚类解，与 2.4.2 节中图匹配任务的案例中的离散解 $\boldsymbol{b}$ 有相同的意义。在图匹配任务的情况下，离散解 $\boldsymbol{b}$ 可以通过匈牙利算法得到。在图聚类任务的情况下，更容易通过以下算法获得线性方程（1.12）的最优解 $\boldsymbol{y}^*$：

算法 1.2 优化问题式（1.12）

$\boldsymbol{d} \leftarrow \boldsymbol{d}(\boldsymbol{x}_t)$

$c \leftarrow \lfloor 1/\varepsilon \rfloor$

将 $\boldsymbol{d}$ 中元素按降序排列：$d_{i_1} \geqslant \cdots \geqslant d_{i_c} \geqslant \cdots \geqslant d_{i_n}$

对于所有 $l \leqslant c$，$y_{i_l} \leftarrow \varepsilon$

$y_{i_{c+1}} \leftarrow 1-c\varepsilon$

对于所有 $l>c+1$，$y_{i_l} \leftarrow 0$

返回 $\boldsymbol{y}$

上述方法能够返回式（1.12）的全局最优值。一旦知道如何得到 $\boldsymbol{y}^*$，就可以把 IPFP 算法应用于图聚类任务中。

算法 1.3 用于图聚类的 IPFP 算法	
初始化	$\boldsymbol{x}_0$，$t \leftarrow 0$
重复迭代	第 1 步：$\boldsymbol{y}^* = \arg\max \boldsymbol{d}(\boldsymbol{x}_t)^{\mathrm{T}}\boldsymbol{y} \quad \text{s. t.} \quad \sum y_i = 1, \boldsymbol{y} \in [0, \varepsilon]^n$， 如果 $\boldsymbol{d}(\boldsymbol{x}_t)^{\mathrm{T}}(\boldsymbol{y}-\boldsymbol{x}_t) = 0$，则终止循环 第 2 步：$\alpha^* \leftarrow \arg\max S((1-\alpha)\boldsymbol{x}_t + \alpha \boldsymbol{y}^*)$，$\alpha \in [0,1]$ 第 3 步：$\boldsymbol{x}_{t+1} \leftarrow (1-\alpha^*)\boldsymbol{x}_t + \alpha^* \boldsymbol{y}$，$t \leftarrow t+1$
直到	算法收敛
返回	$\boldsymbol{x}_t$

在图匹配和图聚类两种任务的背景下，本节不仅介绍了 IPFP 算法，同时还展示了两种算法数学表达形式（算法 1.1 和算法 1.3)，并给出了两条理论依据(一是 IPFP 算法和幂迭代算法之间存在的映射关系，这个关系主要用在匹配问题的求解上；二是使用一阶泰勒展开方法获取目标对象近似得分，这个方法与 IPFP 算法的关系相比与 FW 算法的关系更为密切)。为了更好地理解 IPFP 算法这种相对简单、在现代计算机视觉中有很大的应用领域的方法，可以采用以下表述。

IPFP 算法表述如下：

(1) 开始于进行一阶泰勒逼近获取原始对象近似得分。

(2) 优化一阶逼近值作为离散解，通常归结为原始离散域上的投影，即目标的线性逼近值和原始离散域中的解两者之间点积的最大化值。

(3) 优化当前解和在上一步中得到的离散解之间的原始对象得分。在此步骤中采用新发现的解更新解决方案。这一步通常以封闭的形式完成。

(4) 反复迭代步骤 (2) 和步骤 (3)，直到算法收敛。

1.6.2 作为图聚类问题的特征选择

本节介绍如何将特征选择问题表述为图聚类问题，并提出有监督和无监督的二次模型，这样，IPFP 算法可以不做任何修改就能用于图聚类任务。如图 1.10所示，相关类簇通常由几个关键的输入特征触发（这些特征可能是其他分类器的输出，4.4 节将详细说明这种算法实验验证的细节)。每个这样的特征充当一个弱分类器，与要研究的目标类别有弱相关性。仅通过这样一个单独的特征或者有关的分类器正面输出结果不足以发现目标类别。然而，当很多类似的关键输出同时触发时，综合呈现出强大的信号，其平均输出结果会变成一种强分类器。本节将这种特征选择任务的分类器学习过程公式化，在特征选择任务中将自动选择与给定分类问题相关的分类器子集。本书还将被选择的特征（或分类器）的平均响应设定为问题公式的最优解，它与图聚类公式具有同等地位。因此，IPFP 算法就成为解决此特征选择任务的一种有效方法。这一研究结论是由 Leordeanu 等[82]首次提出，它揭示了无监督学习的特殊用法，本节介绍的这项工作，将在第 4 章详细阐述。

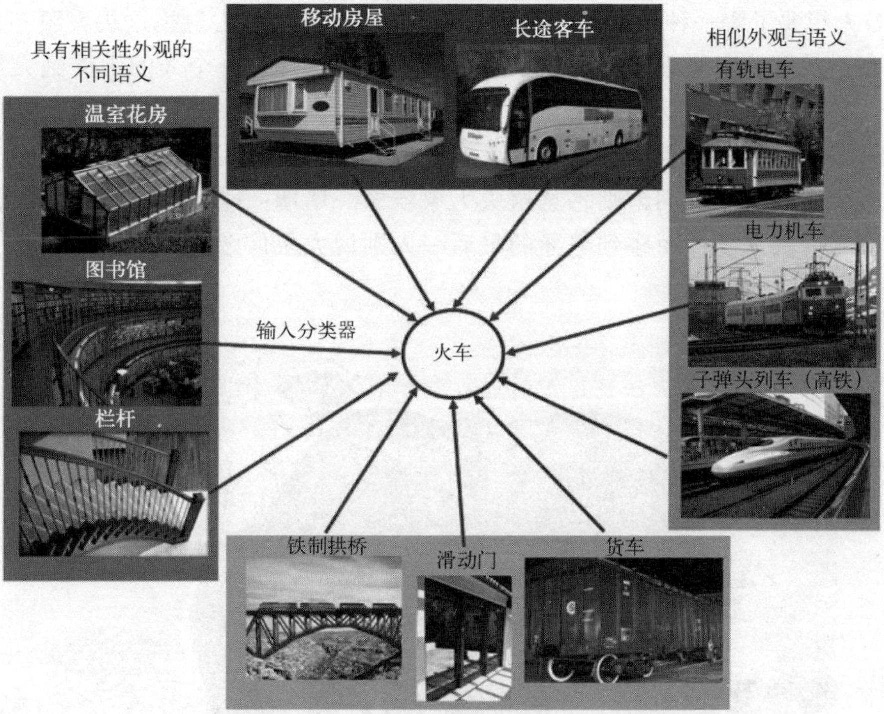

图 1.10　与“火车”相关的类关联性示意图

图 1.10 展示了与“火车”相关的类关联性示意。特征选择运行过程中，使用了 Jia 等[93]提出的图像级 CNN 分类器，并在 ImageNet 图像数据集上进行了预训练，使用 Perst 等[94]提出的方法从 YouTube 目标数据集的视频帧中识别出火车。就监督信号而言，能够知道 CNN 分类器与所关注类别（火车）是如何建立关联性的，即监督信号在正确的火车图像上的平均输出值是否比在错误的火车图像上的平均输出值大。这是无监督学习方法所需的唯一一条信息，而在训练过程中并不需要知道哪些训练图像包含火车，哪些训练图像不包含火车。本书提出的方法以这种几乎不受监督的方式，从 6000 个经过预训练的 CNN 分类器中迅速发现相关的特征组，这些分类器共同构成了“火车”这一强大的分类

器。由于每个分类器都对应一个 ImageNet 概念（通常与“火车”概念非常不同），因此在 30 多次实验中，即使被应用在不同的或未被标记正确和错误案例的训练数据集上，本书提出的方法每次也能够一致地选择出图 1.10 中所展示的分类器。

1. 盲人与大象

图 1.11 展示的实验会让人联想起古印度《盲人摸象》的故事，故事讲述了 6 个盲人想要了解一种新奇的动物——大象的特性。他们去触摸这头大象，并基于对触摸的部分有限感知，形成了新动物的外观描述。一个人的手碰到大象的躯干，他说这头大象就像一条粗大的蛇；一个人碰到大象的耳朵就认为大象就像大蒲扇；一个人将手放在大象的大腿，他说这头大象就像一根树干；而另一个人摸到它的身体侧面，则感觉这头大象就像一堵墙；碰到大象尾巴的人认为大象就像一根绳子；而碰到象牙的最后一人则说大象像矛一样光滑而坚硬，如图 1.11 所示。

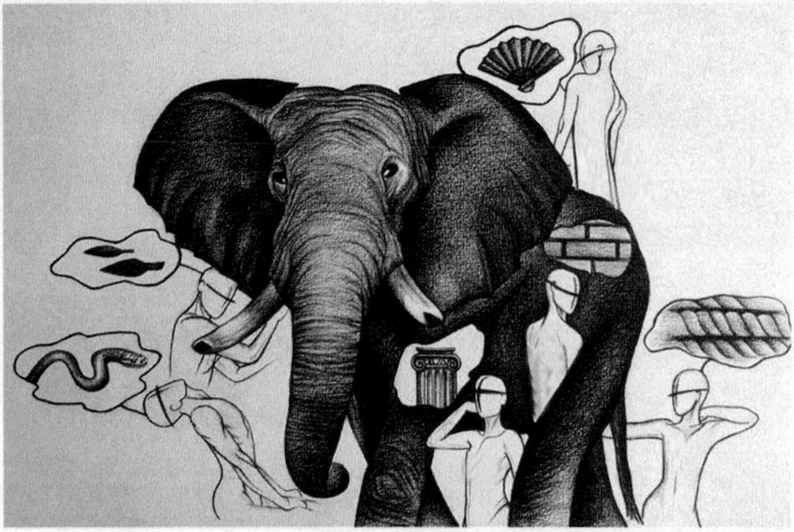

图 1.11　6 个盲人和大象的寓言

这则寓言可以有多种解释，实际上它是一个适于学习并形成关于世界图像的非常普遍的案例。人类的感知能力（基于有限的感官）和理解能力（基于有限的经验）有限，因此人们固有地形成了非常主观且有限的世界图像。但这个寓言完美地描述了原则 6 所提及的情况，这在图 1.11 中也得到了例证。图 1.10 中每个分类器都以自己的方式对“火车”做出响应：一个分类器将其视为图书馆，另一个分类器将其视为铁制拱桥、货车、滑动门或温室花房。没有分类器将其视为“火车”，因为它们没有被训练去认识“火车”。它们有限的经验和能力阻止了每个分类器对“火车”做出反应，而且只对“火车”做出反应。相反，它们对与“火车”不同的类别做出反应，就像盲人摸到的“类别”与大象不同一样。分类器有限的经验和感知能力超出了它们需要感知的范围，这使每个分类器都无法对“火车”做出正确的反应。取而代之的是，它们对不同于“火车”的类别做出反应，就像盲人摸到的不同于大象的“类别”一样。

然而，在无监督学习的背景下，对这则寓言的不同的、全新的认识发生了变化，即使没有一个盲人能够独立地“看到”大象，但当他们同时声称他们“看到”物体时，很可能他们面前就是一头大象而不是其他动物。如原则 6 所述，它们的弱分类器（输出错误的类别，但与大象正相关）共同出现时，就会形成一个强分类器，可以准确地检测到大象。

2. 图聚类中的特征选择和聚类学习

设有 N 个图像样本，每个图像样本第 i 个像素点的 n 个特征组成列向量 $\boldsymbol{f}_i$，这些特征是分类器的输出，范围为$[0,1]$。这里用$[0,1/k]$内的元素值和单位 l^1-范数确定向量 $\boldsymbol{w}$（这些约束主要用来强制设定被选定的特征数量，为 k），使得当图像样本第 i 个像素点来自正向类时，$\boldsymbol{w}^{\mathrm{T}}\boldsymbol{f}_i\approx\mu_P$，否则为 $\boldsymbol{w}^{\mathrm{T}}\boldsymbol{f}_i\approx\mu_N(0\leqslant\mu_N<\mu_P\leqslant1)$。

对于已标记的训练图像样本 i，如果是正数，则确定真正目标值 $t_i=\mu_P=1$；反之 $t_i=\mu_N=0$。在 $\boldsymbol{w}$ 上施加类簇类型约束，用于限制每个单个特征 $\boldsymbol{f}_j$ 的影响程度，从而强化组合式特征选择功能，使单独的特征不起主要作用。本书算法寻找的解决方案是具有整体响应的加权特征平均值，对正值的响应要强于负值的响应。为此，希望任何特征 $\boldsymbol{f}_j$ 对正样本的期望值 $E_P(\boldsymbol{f}_j)$ 大于其对负样本的期望值 $E_N(\boldsymbol{f}_j)$。另外，从已标记的样本中估计特征符号 $\mathrm{sign}(\boldsymbol{f}_j)=E_P(\boldsymbol{f}_j)-E_N(\boldsymbol{f}_j)$（或者认为它是给定的），如果它为负，则只需翻转特征即可，$\boldsymbol{f}_j\leftarrow1-\boldsymbol{f}_j$。

1）有监督学习

将有监督学习任务描述为具有最小二乘约束的最小化问题。给定大小为$N\times n$的特征矩阵 $\boldsymbol{F}$，第 i 行为 $\boldsymbol{f}_i^{\mathrm{T}}$，实际真值向量为 $\boldsymbol{t}$，寻找使 $\|\boldsymbol{Fw}-\boldsymbol{t}\|^2=\boldsymbol{w}^{\mathrm{T}}(\boldsymbol{F}^{\mathrm{T}}\boldsymbol{F})\boldsymbol{w}-2(\boldsymbol{F}^{\mathrm{T}}\boldsymbol{t})^{\mathrm{T}}\boldsymbol{w}+\boldsymbol{t}^{\mathrm{T}}\boldsymbol{t}$ 最小化并遵守所需约束的 $\boldsymbol{w}^*$。去掉最后一个常数项 $\boldsymbol{t}^{\mathrm{T}}\boldsymbol{t}$，得到以下凸极小化问题：

$$\begin{aligned}\boldsymbol{w}^* &= \arg\min_{\boldsymbol{w}} J(\boldsymbol{w})\\ &= \arg\min_{\boldsymbol{w}} \boldsymbol{w}^{\mathrm{T}}(\boldsymbol{F}^{\mathrm{T}}\boldsymbol{F})\boldsymbol{w}-2(\boldsymbol{F}^{\mathrm{T}}\boldsymbol{t})^{\mathrm{T}}\boldsymbol{w}\\ &\text{s. t.}\ \sum_j \boldsymbol{w}_j=1, w_j\in[0,1/k]\end{aligned}\tag{1.13}$$

最小二乘公式与 Lasso、Elastic Net 等正规化方法相关，区别在于在例子中 $\boldsymbol{w}$ 的各个元素是在$[0,1/k]$范围内取值。这产生了矩阵稀疏性的这个重要属性，并直接影响了算法的泛化能力。实际上，对 $\boldsymbol{w}$ 的约束是关键，这是将上述问题转化为特征选择和图聚类的最重要因素。

2）几乎无人监督的情况

从有限的已标记的样本中得到或估算出这些特征符号，根据这些特征符号实现符号特征库的正确赋值。假设正向样本和负向样本的符号特征期望值，分别接近真实目标值(μ_P,μ_N)，在实践中通过适当的近似标准化方法来实现该假设。

给定样本 i 及遵循约束的任意一个 $\boldsymbol{w}$，则其中加权平均值 $\boldsymbol{w}^{\mathrm{T}}\boldsymbol{f}_i$ 的期望值接近真实目标 t_i：

$$E(\boldsymbol{w}^{\mathrm{T}}\boldsymbol{f}_i) = \sum_j \boldsymbol{w}_j E(\boldsymbol{f}_i(j)) \approx (\sum_j \boldsymbol{w}_j)\boldsymbol{t}_i = \boldsymbol{t}_i$$

对于所有样本，存在期望值 $E(\boldsymbol{Fw})\approx\boldsymbol{t}$，任何可行的解决方案都会产生接近正确的解。可以将监督学习方案视为以降低特征集合输出的偏差为目的，因为它们的期望值很接近真实目标值。如果将 $E(\boldsymbol{Fw})\approx\boldsymbol{t}$ 近似为目标 $J(\boldsymbol{w})$，可以通过以下学习方案得到一个新的无真实值的目标函数 $J_u(\boldsymbol{w})$，即一旦知道特征符号，就无须在监督下学习。这里 $\boldsymbol{M}=\boldsymbol{F}^{\mathrm{T}}\boldsymbol{F}$：

$$\begin{aligned}
\boldsymbol{w}^* &= \arg\min_{\boldsymbol{w}} J_u(\boldsymbol{w}) \\
&= \arg\min_{\boldsymbol{w}} \boldsymbol{w}^{\mathrm{T}}(\boldsymbol{F}^{\mathrm{T}}\boldsymbol{F})\omega - 2[\boldsymbol{F}^{\mathrm{T}}(\boldsymbol{Fw})]^{\mathrm{T}}\boldsymbol{w} \\
&= \arg\min_{\boldsymbol{w}} (-\boldsymbol{w}^{\mathrm{T}}(\boldsymbol{F}^{\mathrm{T}}\boldsymbol{Fw})) = \arg\max_{\boldsymbol{w}} (\boldsymbol{w}^{\mathrm{T}}\boldsymbol{Mw}) \\
\text{s.t.} \quad & \sum_j w_j = 1, w_j \in [0,1/k]
\end{aligned} \tag{1.14}$$

由于矩阵 $\boldsymbol{M}$ 的符号变化，尽管有监督的情况归结于凸最小化问题，但无监督学习方案是一个凹极小的 NP-hard 问题。由于矩阵 $\boldsymbol{M}$ 在（几乎）无监督的情况下可以由大量未标记的数据创建，因此 $J_u(\boldsymbol{w})$的噪声比 $J(\boldsymbol{w})$少，并会产生更好的局部最优解，这一点经过了实验验证。

3. 直观和整体方法

第 4 章将更详细地讨论式（1.13）和式（1.14）的内在意义。从一开始就看到这两个公式非常适合优化 IPFP 算法，并且与之前介绍的聚类算法相同。当存在具有由正定（或半正定）矩阵 $\boldsymbol{F}^{\mathrm{T}}\boldsymbol{F}$ 形成的二次项时（几乎是无监督的情况下），聚类的关系变得更清楚。矩阵 $\boldsymbol{F}^{\mathrm{T}}\boldsymbol{F}$ 包含成对的样本特征响应之间的点积，并与特征的协方差矩阵密切相关，这个协方差矩阵反映了成对特征值的相关性。

很明显，最大化二次项可以解释为一个具有成对约束的聚类任务。如第 3 章所描述，在聚类约束下，当所有非零权重等于 $1/k$ 时，问题的最优解是稀疏的。无论是从直观的角度看还是从理论的角度看，都可以认为分类学习任务在（几乎）无监督的情况下，也仅仅是一个聚类问题。可以通过寻找具有最强类簇内得分（最大协方差）的特征组来解决该问题。当该协议是表明某一个新类别存在的鲁棒性监督信号时，在随机情况下不可能出现分类器单独触发或不同时触发这一协议的情况。

在没有真值标签的情况下，假设特征池中的特征通常是符号正确且不冗余，那么其最大协方差是在隐藏的类簇标签发生变化时，由集体平均值变化最大的特征计算获得。

因此，（几乎）无监督的变量寻求统一的、组合式的响应方式的特征，这种方式对不同两个类之间的自然变化相当敏感。换言之，由两个类之间的自然差异引起的良好特征响应的二阶信号（由协方差矩阵捕获）变化应该是最强烈的，且与嘈杂的或多或少的噪声变化相比这种二阶信号的变化是独立的并可以相互抵消。

特征选择和聚类问题的分类器学习的整体算法如算法 1.4 所示。

算法 1.4　通过聚类的特征选择与分类器学习算法

第 1 步：从有标签的一小组样本中学习特征符号

第 2 步：从无标签数据中构建带有翻转特征的矩阵 $\boldsymbol{F}$

第 3 步：令 $\boldsymbol{M} \leftarrow \boldsymbol{F}^{\mathrm{T}}\boldsymbol{F}$

第 4 步：计算寻找 $\boldsymbol{w}^* = \arg\max_{\boldsymbol{w}} \boldsymbol{w}^{\mathrm{T}}\boldsymbol{M}\boldsymbol{w}$，s. t. : $\sum_j w_j = 1, w_j \in [0, 1/k]$

第 5 步：返回 $\boldsymbol{w}^*$

综上所述，图聚类任务可以应用 IPFP 算法，因为算法 1.4 的第 4 步与聚类式（1.10）要解决的问题类似：$\boldsymbol{w}$ 扮演指标向量 $\boldsymbol{x}$ 的角色，$1/k$ 具有与 ε 相同的作用。因此，算法 1.4 是一个聚类任务，IPFP 算法可直接适用。

1.7　视频对象分割的无监督学习

至此，本书已介绍了无监督学习的基本元素、思想与算法，并在视频中建立了迈向时空视频数据无监督学习的基本步骤。在无人监督的前提下发现视频中移动的新对象是视觉学习中的一种最有趣和最具挑战性的话题。仅仅通过观看视频能学习多少知识？当有海量视频数据可用，但无任何真实标签时，观察者学习的极限又是什么？在这种情况下学习似乎是最难的，而这正是研究它的目的，从而可以更好地理解在时空域中学习的局限性。本节中引入的方法会在第6章中详细介绍，其观察结果符合无监督视觉学习的原则之一，即1.4节介绍的无监督视觉学习的原则4。

人们通常认同在给定空间和时间上的某个特定区域的视频镜头中哪个对象是主要对象，但目前尚不清楚人们是如何做到这一点的。还有许多有趣的问题有待解答：在给定的视频序列中哪些特定的特征使一组像素成为单一的主要对象出现？是根据端点轨迹的模式、普通的外观还是与背景的对比情况，使一个物体作为单一的实体出现？这些因素的组合方式，以及组合它们的最佳方式是什么？是否需要大量的预培训，以及是否存在某些先天性的、更高层次的“对象”特征（Alexe 等[95]）以方便学习的特征集或依据原则从头开始学习？

世界在空间与时间上是一致的和连贯的，如早期心理学家认识到的那样：世界被构造成具有许多分组属性的对象[71]。由于视频是4D世界在时空上的投影，故其继承了许多属性，那么研究人员的思维方式也要与之相适应才能更好地研究视频。最初由 Haller 等[84]提出了在空间和时间中发现对象的方法。通过实验（见第6章）验证了使用非常简单的运动和外观的特征，在空间和时间中发现对象的类簇的可能性。这种方法很普遍，可以很自然地进行扩展，从而合并更强大的预先训练的特性。

本书的方法基于对象时空的双重视图，以互补的方式将空间和时间维度耦合在一起：①对象的同一点在不同时刻由不同像素表示，并通过长距离运动链连接这些像素，可将空间轨迹作为时间函数；②占据不同空间位置的同一对象的不同点，具有相似的运动模式和外观模式；③对象的运动模式和外观模式通常可以相互预测，并且在时空上该对象的外观和运动轨迹是一致的，可以从运动轨迹中估算出的值，也应该能从外观中估算出。因此，外观和运动可以相互提供监视信号并协同工作。在本书的最后一章进一步分析了基于不同类型的信息（如运动与外观）沿着不同的预测途径寻找协议的思路，提出了一种新的视觉故事概念，旨在为无监督学习提供一种通用方法。只有通过相互协议，才能最终在自然环境中实现无监督学习。在自然环境中，由于空间和时间的连贯性和一致性，这种协议是先天存在的。

本书在1.8节提出一种新的时空图结构，这种时空图结构将视频分割描述为一个具有运动和外观约束的光谱聚类问题。然后将分割作为特征运动矩阵的主特征向量。在数学上，该算法与图匹配公式直接相关。图匹配公式具有非负元素的对称矩阵的主特征向量，反映与其相关联图的主要最强类簇。在概念上，视频中的每个像素都是图像中的一个节点，但是无法显式计算该对称矩阵。本书提出了一种有效的方法，无须实际构造矩阵便可确定矩阵的前导特征向量。给定一个 m 帧的视频序列，提取 m 个软分割（每帧一个），用于定义视频序列中主要对象的掩码。在概念上，整个视频就是每个像素一个节点的图像。

1.8 时空图

在深入研究算法的数学公式化和优化之前，首先需要定义和理解一些基本术语：

（1）时空像素图：定义时空图 $\boldsymbol{G}=(\boldsymbol{V},\boldsymbol{E})$，每个节点 $i\in\boldsymbol{V}$ 与视频序列的像素相关联。

（2）光流链：由光流定义的轨迹，始于两个方向上一个给定的像素，逐帧移动，穿过时空体（图 1.12（a））。当且仅当两个节点（像素）之间至少有一条链存在时，才由光流链连接两个节点（像素）。这些像素应表示对象上的同一物理点。

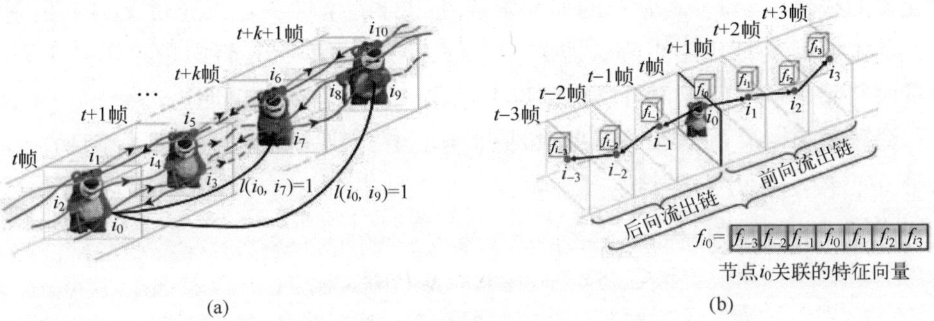

图 1.12 （见彩图）创建时空图的可视化表达示意图

图 1.12（a）中 i_0 到 i_{10} 是图像节点，对应于不同帧的像素点。彩色线表示光流链，沿着光流向前或向后从一帧到下一帧依次形成。因此，如果存在中间连续帧能够连接两个节点的光流向量链，则这两个节点是连接的。一个给定的节点总有两条光流流出，每个方向一条，但可能没有或有多条链进入（如节点 i_7）。黑线是对应于由至少一条光流链连接的节点之间的图形边缘。图 1.12（b）光流链也用于构建节点特征。对于给定的节点 i_0，形成特征向量 $\boldsymbol{f}_{i_0}$ 的特征被收

集在输出流链上，表示沿链的运动和外观模式。

（3）运动矩阵：$\boldsymbol{M}\in\mathbb{R}^{n\times n}$，$\boldsymbol{M}_{i,j}=l(i,j)\cdot k(i,j)$，其中 $k(i,j)$ 是高斯核，是节点 i 和 j 之间的当时距离的函数，如果节点 i 和 j 如上所述方式连接，则 $l(i,j)=1$，否则为零。$\boldsymbol{M}$ 是对称的、半正定有限矩阵，有非负元素，是稀疏矩阵。

（4）节点特征：每个节点 i 也可由其外观特征描述，由向量 $\boldsymbol{f}_i\in\mathbb{R}^{1\times d}$ 表示，汇集始于节点 i 的沿着输出运动链的各种特征，每个方向一个［图 1.12（b）］。将所有外观特征堆叠到特征矩阵 $\boldsymbol{F}\in\mathbb{R}^{n\times d}$ 中。

（5）节点标签：每个节点 i 都有一个关联的（软）掩码标签 $x_i\in[0,1]$，它表示该节点是目标对象的一部分。因此，对于第 i 个视频像素（图形节点），可将整个视频的时空分解表示为带有标签 x_i 的指标向量 $\boldsymbol{x}\in\mathbb{R}^{n\times 1}$。注意：表示方法与之前的图匹配和图聚类公式有相似之处。

如果将主要研究目标视为时空图中的最强类簇，属于主要目标的像素就可以通过运动链连接在一起，也可以从目标的外观特征进行预测。另外，运动链模型并不总是被期望精确建立，但属于同一对象的像素在 $\boldsymbol{M}$ 中将会形成一个强大的运动类簇。与之前讨论的图匹配和图聚类的情况一样，用标签指示向量 $\boldsymbol{x}$ 表示时空聚类，如果节点 i 属于这个类簇，则 $x_i=1$，否则，$x_i=0$。类簇集群得分表示为 $S_C=\boldsymbol{x}^{\mathrm{T}}\boldsymbol{M}\boldsymbol{x}$，允许标签 $\boldsymbol{x}$ 取软值，满足单位范数 $\|\boldsymbol{x}\|_2=1$（只有它们的相对值非 0，才进行对象和背景分割操作），并存在于特征子空间（特征矩阵 $\boldsymbol{F}$ 列元素的线性组合）。$\boldsymbol{x}$ 是 $\boldsymbol{F}$ 的列元素线性组合的条件，可以通过 $\boldsymbol{x}=\boldsymbol{P}\boldsymbol{x}$ 强制执行，其中 $\boldsymbol{P}$ 是特征投影矩阵，即 $\boldsymbol{P}=\boldsymbol{P}^{\mathrm{T}}=\boldsymbol{F}(\boldsymbol{F}^{\mathrm{T}}\boldsymbol{F})^{-1}\boldsymbol{F}^{\mathrm{T}}$，它将向量投影到 $\boldsymbol{F}$ 的列向量所跨越的子空间上。可以得到以下结果（将在第 6 章证明）。

命题 1.1　$\boldsymbol{x}^*$ 在约束 $\boldsymbol{x}=\boldsymbol{P}\boldsymbol{x}$ 和 $\|\boldsymbol{x}\|_2=1$ 下，使 $\boldsymbol{x}^{\mathrm{T}}\boldsymbol{M}\boldsymbol{x}$ 最大化；并且在约束 $\|\boldsymbol{x}\|_2$ 下，使 $\boldsymbol{x}^{\mathrm{T}}\boldsymbol{P}\boldsymbol{M}\boldsymbol{P}\boldsymbol{x}$ 最大化。

最终优化问题为：

$$\begin{aligned}\boldsymbol{x}^* &= \arg\max_{\boldsymbol{x}} \boldsymbol{x}^{\mathrm{T}}\boldsymbol{P}\boldsymbol{M}\boldsymbol{P}\boldsymbol{x}\\ \text{s. t.}\ & \|\boldsymbol{x}\|_2=1\end{aligned}\tag{1.15}$$

（6）特征运动矩阵：$\boldsymbol{PMP}$ 称为特征运动矩阵，通过特征空间上的投影 $\boldsymbol{P}$ 将对象的时空运动及其外观特征 $\boldsymbol{F}$ 进行耦合。

1.8.1　优化算法

$\boldsymbol{PMP}$ 的主特征向量 $\boldsymbol{x}^*$ 可以使式（1.15）得到最优解。式（1.15）是光谱聚类的经典案例[96]，并且在图匹配任务中与光谱聚类算法有关[97]。根据 Perron-

Frobenius 定理，x^* 必须具有非负值，所以 PMP 具有非负元素。式（1.15）通过幂迭代法可以有效收敛到 x^*，该算法不能显式计算 PMP，它利用时空视频图来完成计算。算法 GO-VOS 利用运动链（由 M 中的光流链定义）传播的标签 x 通过 P 映射到 F 的特征列空间上（图 1.13），同时满足 $\|x\|_2=1$。

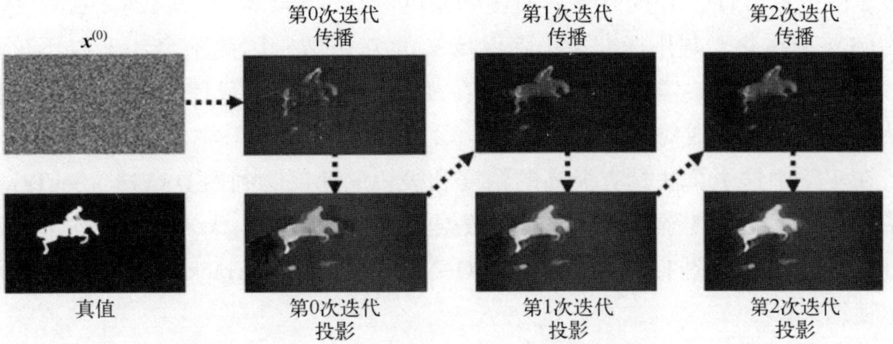

图 1.13　本章算法在前三次迭代中的结果

图 1.13 展示的是随机变量初始化时，采用本书的算法在三次迭代中的定性结果软分割掩码，并且仅使用无监督特征（沿光流链对运动着色，见 6.4.2 节）。

算法 1.5　GO-VOS：视频对象无监督分割（Unsupervised Video Object Segmention）。下文将提出对象无监督分割谱算法的 3 个主要步骤，这些步骤通过幂迭代法计算主特征向量。注意：本书提供的算法包含以下 3 个步骤，无须明确构造矩阵 M，it 表示迭代次数。

步骤 1. 传播：$x^{(it+1)} \leftarrow Mx^{(it)}$

步骤 2. 投影：$x^{(it+1)} \leftarrow Px^{(it+1)}$

步骤 3. 标准化：$x^{(it+1)} \leftarrow x^{(it+1)} / \|x^{(it+1)}\|_2$

注意：算法 1.5 GO-VOS 与图匹配的光谱匹配算法之间存在直接关系。该算法简化为寻找特征运动矩阵 $P^{\mathrm{T}}MP$ 的主要特征向量。该算法还与 IPFP 算法有关，因为在传播步骤之后，是在特征子空间上的投影步骤。第 2 个步骤直接在单位球面上进行投影。该算法的 3 个步骤与应用于矩阵 $P^{\mathrm{T}}MP$ 的幂迭代法等效。这 3 个步骤可以阐释如下：

（1）传播：传播的是矩阵 M（仅对运动进行编码）仅执行幂迭代后的运动信息。仅此步骤不足以发现目标对象，因为外观特征对于增强通过运动传输的分组信息也很重要。通过投票过程可以有效地实现该步骤，这种投票过程是视频像素数量的线性化过程（光流链限制在每个节点周围的固定邻域），并且不需要显式构造 M。

（2）特征投影：确保获得的解存在于特征矩阵 $\boldsymbol{F}$ 的列空间中，这意味着像素标签在特征子空间上具备线性回归特征，即每个软标签基本上是对应节点特征值的线性组合。通过此投影步骤，运动和外观信息以互补的方式耦合在一起，并彼此增强，使得对象发现过程更加顺利。通过逐帧单独应用该步骤，能够提高该步骤的有效性，并提高计算速度和精度。

（3）标准化：利用标准化步骤保持 $\boldsymbol{x}$ 的 L_2 范数，因此不会让 $\boldsymbol{x}$ 以不可预测的方式增长或收缩。需要注意的是，在视频分割案例中只用相关的软像素标签评估将软掩码分离成对象和背景区域。

在实践中这个算法具有极高的精度和极快的速度，利用 DAVIS、SegTrack 和 YouTube 目标数据集等当前基准测试数据集产生最新的计算结果，将在第 6 章详细分析这些结果。图 1.14 是无监督 GO-VOS 算法在 SegTrack 数据集测试的可视化定性结果。

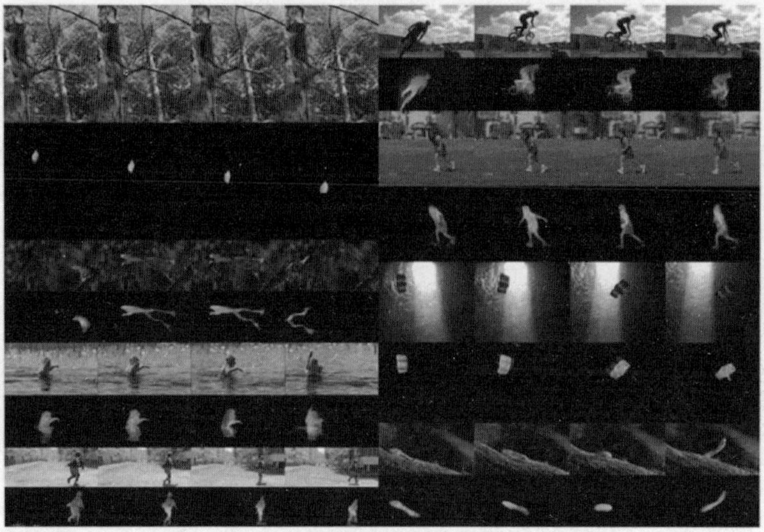

图 1.14 （见彩图）无监督 GO-VOS 算法在 SegTrack 数据集测试的可视化的定性结果

1.8.2 多代师生的无监督分割学习

本节将结合截至目前所提出的所有观点，引入以无监督方式学习的系统，该系统可以将学习对象分割成多个师-生代中的单个图像。其核心是以下将介绍的方法以及第 7 章将详细介绍 Croitoru 等[98-99] 提出的相关内容，这些内容结合了本章中所讨论的许多主要观点，特别是无监督学习原则 7。

该系统由两条主要分支组成：一条分支执行视频或大图像集中的无监督对象发现，即老师分支；另一条分支是学生分支，从老师那里学习分割单幅图像中的前景对象的方法并执行。无监督的学习将持续经历几代学生和老师。算法 1.6 给出了该方法的高级别描述，其中确保其性能一代比一代强的关键点在于：①存在一个无监督的选择模块，该模块能够提取老师生成的高质量掩码结果，并将其传递给下一代学生进行训练；②培训不同体系架构的多个学生，通过他们的多样性为下一次迭代训练更好的选择模块，并在下一次迭代中选择构成一个更强大的老师分支；③随着训练结果一代比一代强，将访问数量更大且更复杂、更实用的无标记数据。

算法 1.6 前景目标分割的无监督学习

步骤 1：沿着老师分支（图 1.15 模块 B）完成无标签视频（或图像集，在后一步迭代中）对象发现

步骤 2：自动过滤由上一步产生的质量不好的软掩码（图 1.15 模块 C）

步骤 3：沿着学生分支（图 1.15 模块 A）将剩余的掩码作为监督信号训练一个或多个学生网络

步骤 4：下一次迭代，将当前代（新模块 B）作为一个新老师或几个学生网络，并学习形成一个更强大的软掩码选择器（新模块 C）

步骤 5：扩展无标签视频和图像数据集，并返回步骤 1 开始训练下一代（注意：从第一次迭代后，训练数据集可以扩展到无标签图像，而不仅仅是视频）

大体上，在本书提供的方法中学生或老师分支并不依赖一个特定的神经网络架构或执行机构。第 7 章将通过大量的实验验证这一算法，并与现有先进算法进行比较，证明该算法适用于计算机视觉领域中的不同任务，如视频中的目标发现、无监督图像分割、显著性检测和迁移学习等。

图 1.15 中的师生系统，主要是为了分割图像中的前景对象，其功能如算法 1.6 所述。该算法有两个分支：沿着老师分支，对象发现器可以在视频或图像集（模块 B）中检测到前景目标；之后基于无监督的数据选择程序（模块 C）对生成的软掩码进行过滤，最终的成对集合［输入图像（或视频帧）和特别帧的软掩码（用作无监督标签）］用于训练学生分支（模块 A）。整个过程可以重复迭代数代。每代中，多个学生的 CNN 接受了训练，之后共同训练了功能更强大的选择模块 C（由深度神经网络建模），并形成下一次迭代中整体功能更强大的老师分支。

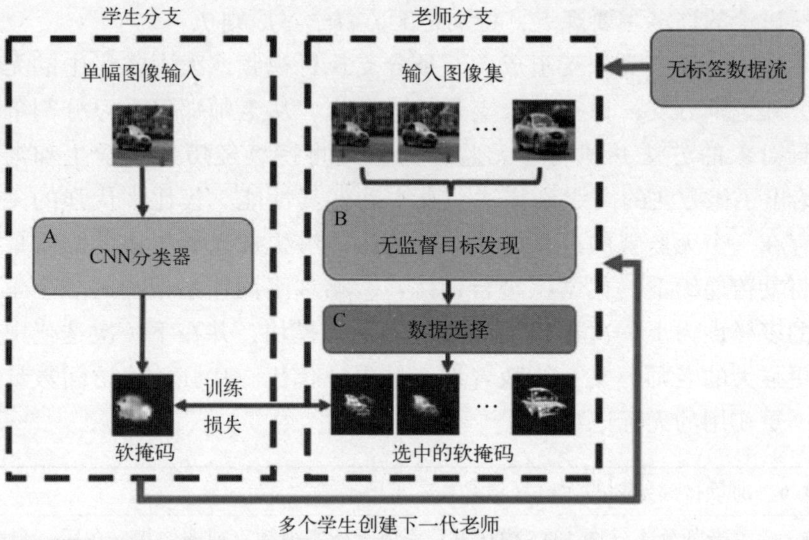

图 1.15　无监督学习师生系统示意图

图 1.15 展示了这个算法整个系统的运作方式和流程。在无监督训练阶段，学生网络（模块 A）逐帧学习从无监督老师分支（模块 B 和模块 C）得到的选择结果，最终生成相似的单个图像的对象掩码。模块 B 用于发现图像或视频中的对象，模块 C 用于选择从模块 B 产生的足够好的掩码，并传递给模块 A 进行训练。因此，学生分支尝试根据模块 C 选择的软掩码结果，仿制模块 B 的输出，学生分支的输入仅是单幅图像（当前帧），而老师分支可以访问整个视频序列。

受过训练的学生分支（模块 A）的性能取决于模块 B 的表现。但是，正如在实验（见第 7 章）中所得到结果一样，选择模块 C 实际上有助于让新学生超越初始老师模块 B。因此，将模块 B 作为初始“老师”，将模块 B 和 C 统称完整的“老师分支”。算法 1.6 遵循这个系统的主要步骤，完成从一代迭代学习到另一代迭代学习的过程。第 7 章中将详细讨论完整的系统和步骤。

在算法 1.6 的第一次迭代过程中，无人监督老师（模块 B）可以随时间访问信息（视频）。相比之下，学生处于系统结构的更深层中，它只能访问当前视频帧的单个图像。因此，学生能够在附加的抽象神经层上捕获老师及时发现的信息。在第一代迭代时，系统会训练几个具有不同体系结构的学生网络。为了仅将高质量的掩码用作监视信号，应用了模块 C 无监督的掩码选择过程（在迭代 1 中非常简单），如 7.4 节所示。一旦几个学生网络被训练，就能在下一轮迭代中形成（以各种方式，如 7.4.1 节和 7.5.1 节中所述）具备能力更强的无监督选择模块 C 的老师分支。这个无监督选择模块 C 由深度神经网络（EvalSeg-

Net）表示，其训练过程将在7.4.3节详细介绍。简而言之，EvalSeg-Net学会预测多样化的学生之间的输出掩码协议，在统计学上这种情况通常在掩码质量良好时才可能学会。因此，EvalSeg-Net可以用作一个无监督的掩码评估程序和一个强选择模块。这样，下一代迭代过程中可以在大量无标签的视频或图像数据集合上运行新形成的老师分支（模块B和模块C），从而为下一代学生提供监督信号。实验证明：在下一次迭代中对模块B和模块C进行改进，以及增加学习数据量，对提高下一代的准确性都很重要，但并非必要。

需要注意的是，虽然在第一次迭代时老师分支需要接收视频序列作为输入，但从第二代迭代开始它也可以接收作为输入的大型图像集合。由于训练期间需要很高的计算和存储成本，因此本书的实验仅限于两代人的学习，但算法是通用的，完全可以进行多次迭代。实验表明，本书提供的算法即使仅进行两代学习形成的产品，也足以胜过视频和图像中目标识别方面的最新技术的运行结果。实验结果还证明了所涉及的每个组成部分（单个学生（模块A）、老师（模块B）以及选拔模块C）每一代的性能可以有效并可靠得到改进。

图1.16展示了不同迭代次数中用作学生网络（包括他们的网络集成）的不同模型的视觉计算效果比对情况。从一代迭代到下一代迭代的性能改进很明显，平均精度提高了5%（*F*量度）。第7章对本书提出的系统进行了详细的描述和实验性分析。这里仅介绍迭代分析结束时一些总结性评论和意见。

如图1.16所示，Multi-Net代表之前五个模型之间的像素相乘的结果。第二代学生较好的掩码，比第一代掩码具有更好的形状、更少的孔和更锐利的边缘；另外，Multi-Net产生了较小的受腐蚀掩码，因此召回率相对较低。

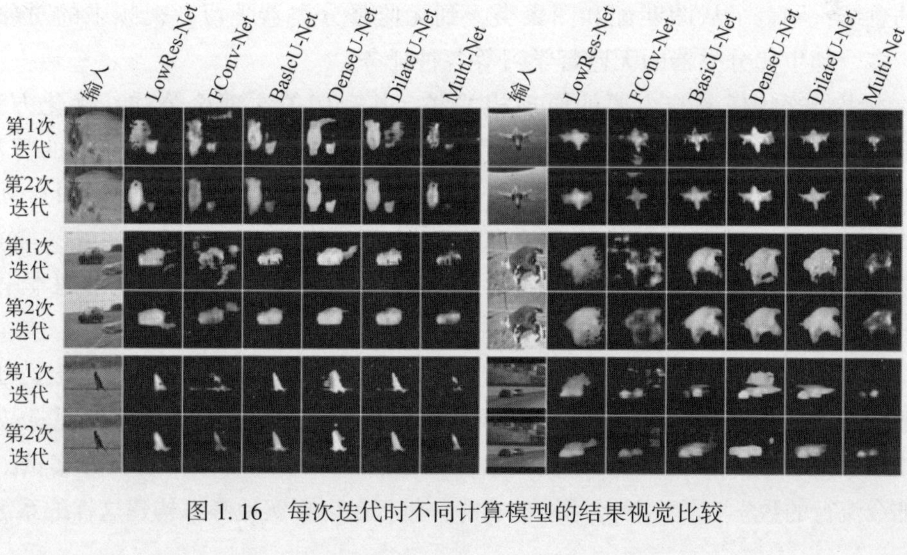

图1.16 每次迭代时不同计算模型的结果视觉比较

1.8.3 小结

本书第 7 章的实验结果和分析可得到结论：系统能够将第一次迭代的结果用于改善第二次迭代的结果。这个结论涉及几个方面的因素，这些因素与以下内容相关。

(1) 多个不同体系结构的学生确保了多样性并能够发现一些独立的错误；

(2) 第 (1) 点使学习预测一致性协议的掩码选择模块的无监督训练成为可能；

(3) 第 (2) 点中的掩码选择模块成为良好的掩码评估网络；

(4) 一旦第 (3) 点的掩码评估网络可用，在下一次迭代过程中就可将数量更多且更复杂的数据添加到一个更大的具有更有趣案例的目标掩码的数据集中；

(5) 第 (4) 点可确保下一次迭代结果得到改进，这样可以返回到第 (1) 点。

1.9 后续章节安排

本章介绍的内容奠定了在空间和时间中视频数据无监督学习方法的基础。从一些直观的见解和目标开始提出了一套简明有效的无监督学习原则，这些原则基于在进行时空中视频数据无监督学习这一主题的研究中所获得的理论和经验的总结，涵盖了从图匹配和图聚类，到无监督分类器学习、视频中的对象发现、多个师生代分类器的无监督学习等各种任务。

本书将这些任务与主要的原理相关联，并密切关注理论公式、优化方法、图形表示和解决方法的发展，从相对简单的算法开始，发展到更通用的算法，例如 HPP 特征的学习、应用于不同任务中的光谱匹配技术，以及整数投影固定点算法。本书接下来几章将从理论和实验层面详细介绍以上所有算法。至此，希望读者已经熟悉书中的大多数概念，这样可以更轻松、更深入地掌握本书后续各章讲述的内容。

本书最后一章将重申并综合书中涵盖的所有观点，畅想未来无监督学习的问题。本书的最终目标是构建一台能够学会自己观察的通用机器，即视觉故事网络 (visual story network)。那么，怎样构建这样一个网络？结合实际案例，疏理如今流行的数学工具和神经网络的功能，是否足以现实地考虑构建这样的系统。

希望热衷于人工智能及其学习的读者，能深入研究本书中介绍的算法和系统，探索本书算法的奥秘。在探索的过程中，读者会产生许多有趣的想法，他们的创造性思维将得到意想不到的成长。读者能够在本书描述的无监督学习世界中进行创造性研究，在阅读过程中不断更新自己的领域知识。最终，新一代的研究者将会超越本书作者的认知范围，在本研究领域中作出令人惊叹的成就。

参考文献

[1] Gan G, Ma C, Wu J (2007) Data clustering: theory, algorithms, and applications, vol. 20. Siam.

[2] Lloyd S (1982) Least squares quantization in pcm. IEEE Trans Inf Theory 28 (2): 129-137.

[3] Dempster AP, Laird NM, Rubin DB (1977) Maximum likelihood from incomplete data via the em algorithm. J Roy Stat Soc: Ser B (Methodol) 39 (1): 1-22.

[4] Comaniciu D, Meer P (2002) Mean shift: a robust approach toward feature space analysis. Pattern Anal Mac Intell 24 (5).

[5] Fukunaga K, Hostetler L (1975) The estimation of the gradient of a density function, with applications in pattern recognition. IEEE Trans Inf Theory 21 (1): 32-40.

[6] Ester M, Kriegel HP, Sander J, Xu X et al (1996) A density-based algorithm for discovering clusters in large spatial databases with noise. In: Kdd, vol 96, pp 226-231.

[7] Day WH, Edelsbrunner H (1984) Efficient algorithms for agglomerative hierarchical clustering methods. J Classif 1 (1): 7-24.

[8] Ward JH Jr (1963) Hierarchical grouping to optimize an objective function. J Am Stat Assoc 58 (301): 236-244.

[9] Sibson R (1973) Slink: an optimally efficient algorithm for the single-link cluster method. Comput J 16 (1): 30-34.

[10] Johnson SC (1967) Hierarchical clustering schemes. Psychometrika 32 (3): 241-254.

[11] Kaufman L, Rousseeuw PJ (2009) Finding groups in data: an introduction to cluster analysis, vol 344. Wiley.

[12] Cheeger J (1969) A lower bound for the smallest eigenvalue of the laplacian. In: Proceedings of the Princeton conference in honor of Professor S. Bochner, pp 195-199.

[13] Donath WE, Hoffman AJ (1972) Algorithms for partitioning of graphs and computer logic based on eigenvectors of connection matrices. IBM Tech Discl Bull 15 (3): 938-944.

[14] Meila M, Shi J (2001) Learning segmentation by random walks. In: Advances in neural information processing systems, pp 873-879.

[15] Shi J, Malik J (2000) Normalized cuts and image segmentation. PAMI 22 (8).

[16] Ng A, Jordan M, Weiss Y (2002) On spectral clustering: analysis and an algorithm. In: NIPS.

[17] Duda RO, Hart PE, Stork DG (2012) Pattern classifification. Wiley.

[18] Sivic J, Zisserman A (2003) Video google: a text retrieval approach to object matching in videos. In: CVPR.

[19] Leordeanu M, Collins R, Hebert M (2005) Unsupervised learning of object features from video sequences. In: IEEE computer society conference on computer vision and pattern recognition, IEEE computer society; 1999, vol 1, p 1142.

[20] Kwak S, Cho M, Laptev I, Ponce J, Schmid C (2015) Unsupervised object discovery and tracking in video collections. In: Proceedings of the IEEE international conference on computer vision, pp 3173-3181.

[21] Liu D, Chen T (2007) A topic-motion model for unsupervised video object discovery. In: CVPR.

[22] Wang L, Hua G, Sukthankar R, Xue J, Niu Z, Zheng N (2016) Video object discovery and co-segmentation with extremely weak supervision. IEEE transactions on pattern analysis and machine intelligence.

[23] Perazzi F, Pont-Tuset J, Mc Williams B, Van Gool L, Gross M, Sorkine-Hornung A (2016) A benchmark dataset and evaluation methodology for video object segmentation. In: Computer vision and pattern recognition.

[24] Lao D, Sundaramoorthi G (2018) Extending layered models to 3d motion. In: Proceedings of the European conference on computer vision (ECCV), pp 435-451.

[25] Papazoglou A, Ferrari V (2013) Fast object segmentation in unconstrained video. In: Proceedings of the IEEE international conference on computer vision, pp 1777-1784.

[26] Keuper M, Andres B, Brox T (2015) Motion trajectory segmentation via minimum cost multicuts. In: Proceedings of the IEEE international conference on computer vision, pp 3271-3279.

[27] Faktor A, Irani M (2014) Video segmentation by non-local consensus voting. In: BMVC, vol2, p8.

[28] Haller E, Leordeanu M (2017) Unsupervised object segmentation in video by effificient selection of highly probable positive features. In: Proceedings of the IEEE international conference on computer vision, pp 5085-5093.

[29] Luiten J, Voigtlaender P, Leibe B (2018) Premvos: proposal-generation, refinement and merging for the davis challenge on video object segmentation 2018. In: The 2018 DAVIS challenge on video object segmentation-CVPR workshops.

[30] Maninis K K, Caelles S, Chen Y, Pont-Tuset J, Leal-Taixé L, Cremers D, Van (2017) Video object segmentation without temporal information. arXiv preprint arXiv: 170906031.

[31] Voigtlaender P, Leibe B (2017) Online adaptation of convolutional neural networks for the 2017 davis challenge on video object segmentation. In: The 2017 DAVIS challenge on video object segmentation-CVPR workshops, vol 5.

[32] Bao L, Wu B, Liu W (2018) Cnn in mrf: video object segmentation via inference in a cnn-based higher-order spatio-temporal mrf. In: Proceedings of the IEEE conference on computer vision and pattern recognition, pp 5977-5986.

[33] Wug Oh S, Lee J Y, Sunkavalli K, Joo Kim S (2018) Fast video object segmentation by reference guided mask propagation. In: Proceedings of the IEEE conference on computer vision and pattern recognition, pp 7376-7385.

[34] Cheng J, Tsai YH, Hung WC, Wang S, Yang MH (2018) Fast and accurate online video object segmentation via tracking parts. In: Proceedings of the IEEE conference on computer vision and pattern recognition, pp 7415-7424.

[35] Caelles S, Maninis KK, Pont-Tuset J, Leal-Taixé L, Cremers D, Van Gool L (2017) One-shot video object segmentation. In: Proceedings of the IEEE conference on computer vision and pattern recognition, pp 221-230.

[36] Perazzi F, Khoreva A, Benenson R, Schiele B, Sorkine-Hornung A (2017) Learning video object segmentation from static images. In: Proceedings of the IEEE conference on computer vision and pattern recognition, pp 2663-2672.

[37] Chen Y, Pont-Tuset J, Montes A, Van Gool L (2018) Blazingly fast video object segmentation with pixel-wise metric learning. In: Proceedings of the IEEE conference on computer vision and pattern recognition, pp 1189-1198.

[38] Song H, Wang W, Zhao S, Shen J, Lam KM (2018) Pyramid dilated deeper convlstm for video salient object detection. In: Proceedings of the European conference on computer vision (ECCV), pp 715-731.

[39] Tokmakov P, Alahari K, Schmid C (2017) Learning video object segmentation with visual memory. arXiv preprint arXiv: 170405737.

[40] Jain SD, Xiong B, Grauman K (2017) Fusionseg: learning to combine motion and appearance for fully automatic segmention of generic objects in videos. arXiv preprint arXiv: 170105384 2 (3): 6.

[41] Yang Z, Wang Q, Bertinetto L, Hu W, Bai S, Torr PH (2019) Anchor diffusion for unsupervised video object segmentation. In: Proceedings of the IEEE international conference on computer vision, pp 931-940.

[42] Wang W, Song H, Zhao S, Shen J, Zhao S, Hoi SC, Ling H (2019) Learning unsupervised video object segmentation through visual attention. In: Proceedings of the IEEE conference on computer vision and pattern recognition, pp 3064-3074.

[43] Kulkarni TD, Gupta A, Ionescu C, Borgeaud S, Reynolds M, Zisserman A, Mnih V (2019)

Unsupervised learning of object keypoints for perception and control. In: Advances in neural information processing systems, pp 10, 723-10, 733.
[44] Minderer M, Sun C, Villegas R, Cole F, Murphy K, Lee H (2019) Unsupervised learning of object structure and dynamics from videos. NeurlPS.
[45] Thewlis J, Bilen H, Vedaldi A (2017) Unsupervised learning of object landmarks by factorized spatial embeddings. In: Proceedings of the IEEE international conference on computer vision, pp 5916-5925.
[46] Roufosse JM, Sharma A, Ovsjanikov M (2019) Unsupervised deep learning for structured shape matching. In: Proceedings of the IEEE international conference on computer vision, pp 1617-1627.
[47] Leordeanu M, Sukthankar R, Hebert M (2009) Unsupervised learning for graph matching. IJCV 96 (1).
[48] Halimi O, Litany O, Rodola E, Bronstein AM, Kimmel R (2019) Unsupervised learning of dense shape correspondence. In: The IEEE conference on computer vision and pattern recognition (CVPR).
[49] Vo HV, Bach F, Cho M, Han K, LeCun Y, Perez P, Ponce J (2019) Unsupervised image matching and object discovery as optimization. In: The IEEE conference on computer vision and pattern recognition (CVPR).
[50] Pei Y, Huang F, Shi F, Zha H (2011) Unsupervised image matching based on manifold alignment. IEEE Trans Pattern Anal Mach Intell 34 (8): 1658-1664.
[51] Leordeanu M, Zanfifir A, Sminchisescu C (2011) Semi-supervised learning and optimization for hypergraph matching. In: ICCV.
[52] Rezende D J, Eslami S A, Mohamed S, Battaglia P, Jadcrbcrg M, Heess N (2016) Unsupervised learning of 3d structure from images. In: Advances in neural information processing systems, pp 4996-5004.
[53] Cha G, Lee M, Oh S (2019) Unsupervised 3d reconstruction networks. In: International conference on computer vision.
[54] Nunes UM, Demiris Y (2019) Online unsupervised learning of the 3d kinematic structure of arbitrary rigid bodies. In: Proceedings of the IEEE international conference on computer vision, pp 3809-3817.
[55] Chen Y, Schmid C, Sminchisescu C (2019) Self - supervised learning with geometric constraints in monocular video: connecting flflow, depth, and camera. In: Proceedings of the IEEE international conference on computer vision, pp 7063-7072.
[56] Godard C, Mac Aodha O, Firman M, Brostow GJ (2019) Digging into self-supervised monocular depth estimation. In: Proceedings of the IEEE international conference on computer vision, pp 3828-3838.

[57] Zhou T, Brown M, Snavely N, Lowe DG (2017) Unsupervised learning of depth and egomotion from video. In: Proceedings of the IEEE conference on computer vision and pattern recognition, pp 1851–1858.

[58] Ranjan A, Jampani V, Balles L, Kim K, Sun D, Wulff J, Black MJ (2019) Competitive collaboration: joint unsupervised learning of depth, camera motion, optical flow and motion segmentation. In: Proceedings of the IEEE conference on computer vision and pattern recognition, pp12, 240–12, 249.

[59] Bian J, Li Z, Wang N, Zhan H, Shen C, Cheng MM, Reid I (2019) Unsupervised scale-consistent depth and ego-motion learning from monocular video. In: Advances in neural information processing systems, pp 35–45.

[60] Gordon A, Li H, Jonschkowski R, Angelova A (2019) Depth from videos in the wild: unsupervised monocular depth learning from unknown cameras. arXiv preprint arXiv: 190404998.

[61] Yang Z, Wang P, Wang Y, Xu W, Nevatia R (2018) Lego: learning edge with geometry all at once by watching videos. In: Proceedings of the IEEE conference on computer vision and pattern recognition, pp 225–234.

[62] Yang Z, Wang P, Xu W, Zhao L, Nevatia R (2018) Unsupervised learning of geometry from videos with edge-aware depth-normal consistency. In: Thirty-Second AAAI conference on artificial intelligence.

[63] de Sa VR (1994) Unsupervised classification learning from cross-modal environmental structure. PhD thesis, University of Rochester.

[64] Hu D, Nie F, Li X (2019) Deep multimodal clustering for unsupervised audiovisual learning. In: The IEEE conference on computer vision and pattern recognition (CVPR).

[65] Li Y, Zhu JY, Tedrake R, Torralba A (2019) Connecting touch and vision via cross-modal prediction. In: The IEEE conference on computer vision and pattern recognition (CVPR).

[66] Zhang R, Isola P, Efros AA (2017) Split-brain autoencoders: unsupervised learning by cross channel prediction. In: CVPR, vol 1, p 5.

[67] Pan JY, Yang HJ, Faloutsos C, Duygulu P (2004) Automatic multimedia cross-modal correlation discovery. In: Proceedings of the tenth ACM SIGKDD international conference on Knowledge discovery and data mining, ACM, pp 653–658.

[68] He L, Xu X, Lu H, Yang Y, Shen F, Shen HT (2017) Unsupervised cross-modal retrieval through adversarial learning. In: 2017 IEEE International conference on multimedia and expo (ICME), IEEE, pp 1153–1158.

[69] Zhao H, Gan C, Rouditchenko A, Vondrick C, McDermott J, Torralba A (2018) The sound of pixels. In: Proceedings of the European conference on computer vision (ECCV), pp 570–586.

[70] Bengio Y, Louradour J, Collobert R, Weston J (2009) Curriculum learning. In: Proceedings of the 26th annual international conference on machine learning, ACM, pp, 41–48.

[71] Koffka K (2013) Principles of Gestalt psychology. Routledge.
[72] Rock I, Palmer S (1990) Gestalt psychology. Sci Am 263: 84-90.
[73] Stretcu O, Leordeanu M (2015) Multiple frames matching for object discovery in video. In: BMVC, pp 186-1.
[74] Ronneberger O, Fischer P, Brox T (2015) U-net: convolutional networks for biomedical image segmentation. In: International conference on medical image computing and computer-assisted intervention. Springer, pp 234-241.
[75] Leordeanu M, Hebert M (2005) A spectral technique for correspondence problems using pair-wise constraints. In: ICCV.
[76] Leordeanu M, Hebert M, Sukthankar R (2009) An integer projected fifixed point method for graph matching and map inference. In: NIPS.
[77] Brendel W, Todorovic S (2010) Segmentation as maximum-weight independent set. In: NIPS.
[78] Jain A, Gupta A, Rodriguez M, Davis L (2013) Representing videos using mid-level discriminative patches. In: Computer vision and pattern recognition, pp 2571-2578.
[79] Semenovich D (2010) Tensor power method for efficient map inference in higher-order mrfs. In: ICPR.
[80] Monroy A, Bell P, Ommer B (2014) Morphological analysis for investigating artistic images. Image Visi Comput 32 (6).
[81] Leordeanu M, Sminchisescu C (2012) Efficient hypergraph clustering. In: International conference on artificial intelligence and statistics.
[82] Leordeanu M, Radu A, Baluja S, Sukthankar R (2015) Labeling the features not the samples: efficient video classification with minimal supervision. arXiv preprint arXiv: 151200517.
[83] Haller E, Leordeanu M (2017) Unsupervised object segmentation in video by efficient selection of highly probable positive features. In: The IEEE international conference on computer vision (ICCV).
[84] Haller E, Florea AM, Leordeanu M (2019) Spacetime graph optimization for video object segmentation. arXiv preprint arXiv: 190703326.
[85] Besag J (1986) On the statistical analysis of dirty pictures. J Roy Stat Soc 48 (5): 259-302.
[86] Frank M, Wolfe P (1956) An algorithm for quadratic programming. Naval Res Logistics Q3 (1-2): 95-110.
[87] Magnus J R, Neudecker H (1999) Matrix differential calculus with applications in statistics and econometrics. Wiley.
[88] Cour T, Shi J, Gogin N (2005) Learning spectral graph segmentation. In: International conference on artificial intelligence and statistics.
[89] Ding C, Li T, Jordan M (2008) Nonnegative matrix factorization of combinatorial optimization: spectral clustering, graph matching, and clique finding. In: IEEE international conference on

data mining.

[90] Motzkin T, Straus E (1965) Maxima for graphs and a new proof of a theorem of turan. Canad J Math.

[91] Bulo S, Pellilo M (2009) A game-theoretic approach to hypergraph clustering. In: NIPS.

[92] Liu H, Latecki L, Yan S (2010) Robust clustering as ensembles of affifinity relations. In: NIPS.

[93] Jia Y, Shelhamer E, Donahue J, Karayev S, Long J, Girshick R, Guadarrama S, Darrell T (2014) Caffe: convolutional architecture for fast feature embedding. In: ACM multimedia.

[94] Prest A, Leistner C, Civera J, Schmid C, Ferrari V (2012) Learning object class detectors from weakly annotated video. In: CVPR.

[95] Alexe B, Deselaers T, Ferrari V (2012) Measuring the objectness of image windows. IEEE Trans Pattern Anal Mach Intell 34 (11): 2189-2202.

[96] Meila M, Shi J (2001) A random walks view of spectral segmentation. In: AISTATS.

[97] Leordeanu M, Sukthankar R, Hebert M (2012) Unsupervised learning for graph matching. Int J Comput Vis 96: 28-45.

[98] Croitoru I, Bogolin SV, Leordeanu M (2017) Unsupervised learning from video to detect foreground objects in single images. In: 2017 IEEE international conference on computer vision (ICCV), IEEE, pp 4345-4353.

[99] Croitoru I, Bogolin SV, Leordeanu M (2019) Unsupervised learning of foreground object segmentation. Int J Comput Vis: 1-24.

第 2 章
无监督学习的图匹配和超图匹配

2.1 引言

图匹配与超图匹配是视觉研究领域的重要问题，广泛应用于需要二维和三维特征匹配的各种任务，如图像对齐、三维重建、对象或动作识别。图匹配通常考虑局部特征上常规编码几何和外部关系成对约束；另外，超图匹配包含在特征集合上计算的高阶关系，可以同时捕获几何特征和外观信息。因此，使用高阶约束可以对尺度变化、非刚性变形和异常值等实现更为稳健甚至不变的匹配（图 2.1）。

(a) 超图匹配精确度100%　　(b) 图匹配精确度64%

图 2.1 （见彩图）超图匹配与图匹配效果对比

本章资料大部分来自以下论文：

Leordeanu, Marius, and Martial Hebert. "A spectral technique for correspondence problems usingpairwise constraints". IEEE International Conference on Computer Vision (ICCV), 2005.

Leordeanu, Marius, MartialHebert, andRahul Sukthankar. "An integer projected fixed point methodfor graph matching and map inference". In Advances in neural information processing systems (NIPS), 2009.

Leordeanu, Marius, Rahul Sukthankar, andMartial Hebert. "Unsupervised learning for graph matching". International journal of computer vision 96, no. 1 (2012): 28-45.

Leordeanu, Marius, Andrei Zanfir, and Cristian Sminchisescu. "Semi-supervised learning and optimizationfor hypergraph matching". IEEE International Conference on Computer Vision, 2011.

从图2.1中可以看出，与应用简单的成对模型相比，当规模变化较为剧烈时，应用高阶约束匹配算法完成的几何和外观尺度不变模型匹配的效果更佳。

时空域中的许多对象或其他实体（如人类活动）可以用具有节点局部信息和多边或超边全局信息的图来表示。在许多计算机视觉任务中会出现寻找两个图模型之间对应关系的问题，其特征类型随实际应用的不同而有明显区别。图匹配算法可用于记录形状、识别对象类别或处理复杂问题，如识别视频中的运动，其最终目的是发现采用局部层面提取的特征和采用边或超边（使用超图匹配的情况下）提取出的信息具有一致性。这种高阶协议将节点的局部信息从一个邻域传递到下一个邻域，确保两个图模型之间的全局一致性。图匹配过程通常是迭代的，在匹配过程中节点的对应信息可能通过边或超边进行传递，最终传播到两个图之间的整个潜在节点分配集合，达到节点对节点的匹配收敛。注意，考虑成对的边之外的有序信息，在节点或类簇的级别上的匹配效果中超图匹配算法对几何和外形的大小比例、旋转或其他变换的变化过程中的匹配效果更为稳健。

近年来，图匹配方面的研究持续发展[1-15]，大多数新方法使用或者衍生于初始整数二次方程[2,16]。目前，国内外关于图匹配模型参数的研究较少，但对该课题的研究兴趣日益增加[17-21]。具有高阶约束的图匹配称为超图匹配。超图匹配具有强大的几何建模能力、相似甚至仿射不变匹配能力，以及在更高级别的聚类中日益强大的不变信息捕获能力，其在计算机视觉研究中受到越来越多的关注[22-29]。图匹配算法在原始的离散域中能够非常高效地直接求得最终解[6,27,30-31]，这是图匹配算法另一个相关性很强的应用方向。关于该主题早期的一篇论文中的大量实验表明[6]，直接在正确的离散域中使用简单的二值化步骤进行次优优化效果，通常会大大优于松弛、连续域中的全局优化效果。图匹配的另一个方向是寻找多个图之间的节点的对应关系，实现多个图像或对象模型之间的图匹配。在文献［32-33］中，多图匹配任务有一些值得注意的方法，包括初始张量公式[34]。

本章介绍的素材源于文献［19，35］，包括一系列用于图匹配和超图匹配与学习的方法，这些方法在精度、计算速度和整体效率方面达到了先进水平。据了解，书中提出的图匹配和超图匹配的无监督和半监督学习方法在计算机视觉文献中尚属首次出现。

本章将讨论本书对计算机视觉领域中图和超图匹配的作用。本书提出了图匹配和超图匹配、优化和学习方法，从一个全面、统一的视角来考察这些密切相关的问题。本书提出的学习和优化的方法是基于二阶图匹配情况的自然扩展的高阶公式这一核心思想。首先给出了 Leordeanu 和 Hebert[16] 介绍的图匹配的一般 QAP 公式；然后将图匹配一般 QAP 公式扩展到超图匹配[36]；最后把初始谱匹配算法的幂迭代解算法推广到高阶场景[22]。

本书提出了两种主要的图匹配算法，即光谱匹配（spectral matching, SM）[16] 和用于条件随机场图匹配以及最大后验概率推断的整数投影固定点（the integer projected fixed point, IPFP）算法[6]。第一种光谱匹配算法为松弛问题提供了最优解，第二种整数投影固定点算法提供了强大的离散化步骤，在爬升性和收敛性方面具有重要理论保证，这两种算法结合使用效果很好。之后，提出利用原有的有监督和无监督学习的图匹配算法引入一个强大而高效的梯度下降算法。

具有高阶几何和外观约束的超图匹配算法的进步，为成对约束的图匹配问题的学习与优化提供了理论和实践基础，本书将此算法推广至高阶案例，大量实验表明，无论在合成图像还是真实图像方面该算法都体现出先进的性能。本章提出了一个统一的学习和优化观点，有效的图匹配与超图匹配将在第 3 章扩展到图聚类和超图聚类。

下面重申第 1 章介绍的无监督学习原则（原则 5），该原则与图匹配最具相关性，并有助于理解图匹配关键问题。

对图匹配来说上述原则在推理和学习方面非常重要，在图匹配背景下对齐通常是指两个图的节点和边（或超边）在几何或外观上的一致性，也可能指更高层次的语义抽象的相似性，这种一致性在自然界中并不经常产生。事实上，偶然的一致性很少发生，即使出现也非常稀少，在时空维度上并没有形成大规模一致性。例如，一个对象的某些部分可能意外地与另一个无关对象的某些部分相似，在动态变化的现实世界中偶然的一个随机形态可能类似于一些常见的物体（如云的结构类似于小狗）。但是，如果在时空维度上稳定的两个结构体没有任何有意义的联系，那么在整个物体层面上的相似是不可能的。当两个实体在形状、外观和整体结构层面具有无可辩驳的一致性时，通常表明两个实体之间存在有意义的联系，这种联系可以是身份层面（比如，从不同的角度，或者在两个不同的时刻看到的同一个对象）或者语义范畴层面（比如，具有相似的目的或意义同一种类的对象）。

如同在本章中即将展示的，在两个图的节点之间的候选分配的特殊图中，节点和边级别上的对齐建立了强连接（第 1 章讨论过）。通过这样的强一致性连接，正确性最强的候选任务对象会形成一个强聚类，找到正确的赋值就变成聚类问题。该问题通常遵守一定的匹配约束条件，使一个图中的一个节点最多只能匹配另一个图中的一个节点，所以图匹配和聚类之间具有天然的联系，这就是为什么为某一特定问题设计的算法（如光谱聚类或图匹配的整数投影固定点算法）可以很容易地解决另一个具有微小修改的问题（通常解向量约束级别）。

本书后续会提出图匹配的数学公式，在此的基础上会引入光谱图匹配算法和整数投影固定点算法。在第 3 章这些算法会被进一步扩展到高阶匹配案例(超图匹配)，并应用于高阶约束的聚类任务。必须注意，本书介绍的所有推理或学习方法都与聚类的一般概念有着根本的联系，聚类则是所有无监督学习的核心。

2.2　图匹配

带成对约束的图匹配问题包括求解具有特定映射约束的二次得分函数最大化的指标向量：

$$\begin{aligned} \boldsymbol{x}^* &= \arg\max\ (\boldsymbol{x}^{\mathrm{T}}\boldsymbol{M}\boldsymbol{x}) \\ \text{s.t.}\ \ & \boldsymbol{A}\boldsymbol{x}=\boldsymbol{1},\ \boldsymbol{x}\in\{0,1\}^n \end{aligned} \tag{2.1}$$

式中：$\boldsymbol{x}$ 为指示向量，如果一幅图像（或图形）的特征 i 与另一幅图像（或图形）的特征 a 匹配，则 $x_{ia}=1$，否则 $x_{ia}=0$；$\boldsymbol{A}\boldsymbol{x}=\boldsymbol{1}$，$\boldsymbol{x}\in\{0,1\}^n$ 是指对 $\boldsymbol{x}$ 实施一对一约束，即一幅图像中的一个特征最多可以与另一幅图像中的另一个特征相匹配。在 $\boldsymbol{M}$ 是一个包含成对得分函数的正元素矩阵，例如 $M_{ia;jb}$ 度量了一幅图像的一对特征(i,j)与另一幅图像的一对特征(a,b)在几何和外观方面（如局部外观描述符的差异、成对特征距离、角度等）的一致程度。

光谱匹配（SM）算法要求 $\boldsymbol{M}$ 具有非负元素，然而整数投影固定点算法并没有这种要求。需要注意的是，候选赋值的局部一元项可以作为矩阵 $\boldsymbol{M}$ 的对角元素；实际任务中考虑成对分数值 $M_{ia;jb}$ 和在对角线上设零值的这种局部一元信息会产生更好的结果；也可能有一个略有差别的匹配目标，它结合了线性和二次项 $\boldsymbol{d}\boldsymbol{x}+\boldsymbol{x}^{\mathrm{T}}\boldsymbol{M}\boldsymbol{x}$，向量 $\boldsymbol{d}$ 的元素表示一元得分，$\boldsymbol{M}$ 包含了成对约束。注意，此公式不适用于光谱图匹配算法（2.4.1 节），但对 IPFP 算法（2.4.2 节）有效，该公式类似于成对马尔可夫网络中最大后验概率（MAP）推理问题的二次公式[37-39]。主要区别在于，对于 MAP 推理任务，解的约束条件 $\boldsymbol{A}\boldsymbol{x}=1$，$\boldsymbol{x}\in\{0,1\}^n$ 通常是多对一：图中的多个节点可以具有相同的标签。许多算法，包括 IPFP 算法，只需稍加修改就可以处理这两个问题。本章介绍可用于图匹配和 MAP 推理这两个任务的相似的学习算法，强调这两类任务密切相关，并给出关于优化和学习方法的通用观点。

回到主要的 QAP 图匹配公式，$M_{ia;jb}$本质上是具有确定参数向量 $\boldsymbol{w}$ 定义的函数。使用的成对得分 $M_{ia;jb}$函数也与应用于超图匹配的关系类型密切相关：

$$M_{ia;jb}=\exp(-\boldsymbol{w}^{\mathrm{T}}\boldsymbol{g}_{ia;jb}) \tag{2.2}$$

式中：$\boldsymbol{w}$ 为学习参数权重的向量；$\boldsymbol{g}_{ia;jb}$为包含非负的误差和变形向量，用于描述将特征对(i,j)匹配到(a,b)时几何和外观的变化。

2.3 超图匹配

将式（2.1）扩展到包含高阶约束的张量公式，由图匹配算法可推导出超图匹配算法。计算机视觉处理中最早的超图匹配算法是概率方法[24]和基于张量的高阶幂算法[22]。式（2.1）适用于任意阶超图模型。实践发现，在效率、捕捉目标对象外观和几何形态的能力之间，三阶约束提供了一个很好的折中方案。经典的图匹配算法能够匹配出在相似、仿射或射影变换下可变特征之间的成对关系。使用三阶约束可以使这种变换保持不变[22]。三阶关系是能够被有效处理的，同时还能对高阶几何和外观进行建模。待处理对象可以用三角网格来描述，这个三角网格具备角的局部特征和在三角形的内部计算出的外在表现。本章仅讨论三阶超图匹配，原则上同样的公式能够扩展到任意阶关系的匹配任务。

给定两组特征，一组来自模型图像 $\boldsymbol{I}_m$，另一组来自测试图像 $\boldsymbol{I}_t$，用三阶（超图）匹配模型寻找这两个集合之间的对应关系，从而使作为候选匹配三元组之和的匹配分数最大化。这个匹配分数是三元组上的几何信息和外观信息的潜在赋值，能够扩展用于图匹配的成对分数。

给定一个候选赋值列表 $L_{ia}=(i,a)$，每个潜在对应关联关系对(i,a)都有一个唯一的索引 ia（$\boldsymbol{I}_m$ 中的特征 i 和 $\boldsymbol{I}_t$ 中的特征 a），用一个指标向量 $\boldsymbol{x}$（长度与 L 相同）表示一个可能的解，如果模型中的特征 i 与测试图像中的特征 a 匹配，则 $x_{ia}=1$；否则，$x_{ia}=0$。通常会施加一对一的映射约束，使一幅图像的一个特征与另一幅图像的一个特征相匹配，反之亦然：$\sum_i x_{ia}\leqslant 1$，$\sum_a x_{ia}\leqslant 1$，$\boldsymbol{x}\in\{0,1\}^n$。映射约束以矩阵形式表示：$\boldsymbol{Ax}\leqslant\boldsymbol{1}$，$\boldsymbol{x}\in\{0,1\}^n$，$\boldsymbol{A}$ 是一个二元矩阵。三级

匹配分数为

$$S(\boldsymbol{x}) = \sum_{ia;jb;kc} H_{ia;jb;kc} x_{ia} x_{jb} x_{kc} \tag{2.3}$$

式中：$\boldsymbol{H}$ 为具有非负元素的超对称张量，它们随着特征元组之间匹配的质量增加而增加；$H_{ia;jb;kc}$ 为模型图像中的特征（i,j,k）在外观和几何方面与测试图像的特征（a,b,c）的匹配程度。求解超图匹配意味着在一对一映射约束下找到使 $S(\boldsymbol{x})$ 最大化的解决方案：

$$\boldsymbol{x}^* = \arg\max_{\boldsymbol{x}} \sum_{ia;jb;kc} H_{ia;jb;kc} x_{ia} x_{jb} x_{kc} \tag{2.4}$$

在实践中可以使用任何类型的信息来设计分数 $H_{ia;jb;kc}$，多数研究人员专注研究简单的几何关系[23-24]，例如由特征三元组构成的三角形的角度 β_i 的差异（图 2.2）。研究表明，通过学习包含几何和外观信息的强大分数，可以显著提高匹配性能。使用的分数表达式如下：

$$H_{ia;jb;kc} = \exp(-\boldsymbol{w}^{\mathrm{T}} \boldsymbol{g}_{ia;jb;kc}) \tag{2.5}$$

式中：$\boldsymbol{w}$ 为要学习的权重/参数向量；$\boldsymbol{g}_{ia;jb;kc}$ 为包含非负误差/变形的向量。当模型图像 $\boldsymbol{I}_m$ 中由特征（i,j,k）定义的三角形与测试图像 $\boldsymbol{I}_t$ 中的三角形（a,b,c）匹配时，$\boldsymbol{w}$ 与 $\boldsymbol{g}_{ia;jb;kc}$ 对几何和外观的变化进行建模，见图 2.2。

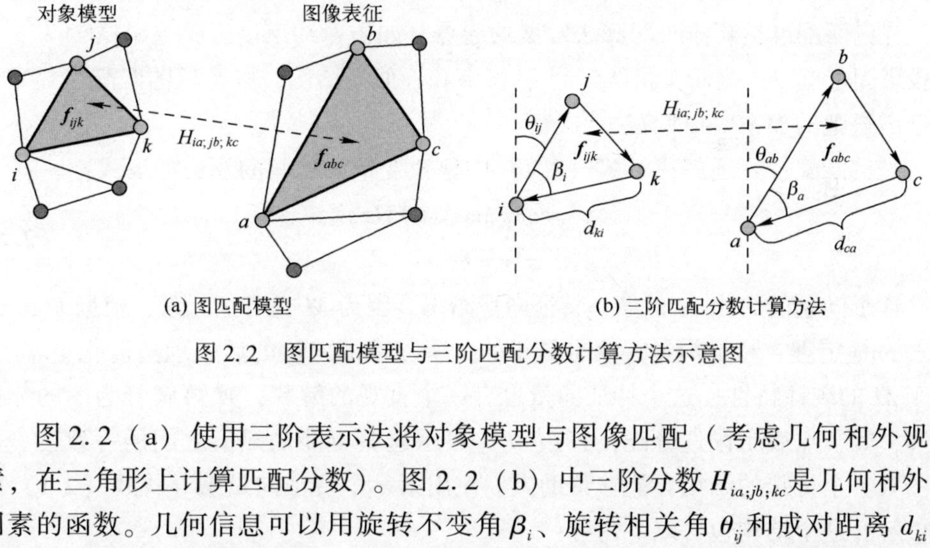

(a) 图匹配模型　　(b) 三阶匹配分数计算方法

图 2.2　图匹配模型与三阶匹配分数计算方法示意图

图 2.2（a）使用三阶表示法将对象模型与图像匹配（考虑几何和外观因素，在三角形上计算匹配分数）。图 2.2（b）中三阶分数 $H_{ia;jb;kc}$ 是几何和外观因素的函数。几何信息可以用旋转不变角 β_i、旋转相关角 θ_{ij} 和成对距离 d_{ki} 来表示，如果除以周长，d_{ki} 可以视为尺度不变；外观可以用特征向量 $\boldsymbol{f}_{ijk}$、编码梯度、颜色或纹理信息来表示。各线索在训练期间可自主学习，其重要程度取决于应用。

2.4 图匹配求解

图匹配与超图匹配都是 NP-hard 问题，必须寻找有效的方法。本节简要回顾图匹配、光谱匹配[16]和整数投影固定点[6]等算法，这些算法与本书后续研究的超图匹配有关，本章会进一步讨论。

2.4.1 光谱匹配

自光谱匹配算法提出以来，已成功用于计算机视觉领域，对研究工作和商业专利都产生了重大影响。本书列举了光谱图匹配在各个科学领域中一些有代表性的研究方向，如视频对象交互的动作识别与建模[40-44]、对象类别的发现与建模[45-50]、三维人体行为捕捉[51]、三维场景采集[52]、二维物体匹配[53]、对称性检测与分析[54-55]、三维形状集自动注释[56]、医学影像中的沟脑皮层模式检测[57-59]、医学图像注册[60]、多蛋白质相互作用网络的对齐[61]、基于 Wi-Fi 的室内定位[62]、人的重识别[63]、监控视频总结[64]、皮肤病变检测和跟踪[65]。

光谱匹配也是其他匹配算法发展的起点，如仿射约束谱匹配（SMAC）[3]、整数投影固定点[6]、高阶张量匹配[22]、概率和近似光谱图，以及超图匹配[8,24,66-68]、基于谱松弛的 MAP 推理算法[37-38]。

光谱匹配较好地解决了式（2.1）中松弛变量的求解问题，如下式：

$$\begin{aligned} \boldsymbol{x}^* &= \arg\max\ (\boldsymbol{x}^{\mathrm{T}}\boldsymbol{M}\boldsymbol{x}) \\ \text{s.t.}\ \ & \boldsymbol{x}^{\mathrm{T}}\boldsymbol{x}=\mathbf{1} \end{aligned} \tag{2.6}$$

这个问题的解由 $\boldsymbol{M}$ 的第一特征向量给出。因为 $\boldsymbol{M}$ 只有正元素，根据 Perron-Frobenius 定理，特征向量元素也是正的，所以特征向量的后处理离散化更容易。由于 $\boldsymbol{M}$ 的统计特性，这个特征向量也有一个直观的解释，$\boldsymbol{M}$ 可解释为图的邻接矩阵，其节点表示候选分配，其边 $M_{ia;jb}$ 表示这些可能的赋值之间的一致性。这个图有一个特殊的结构，能够帮助人们使用第一个特征向量来寻找式（2.1）的近似解。这个结构包含以下内容：

(1) 强连接簇主要是由正确的分配形成的，这些分配倾向于在彼此之间建立一致的连接（强边）。当成对赋值在它们所对应的特征之间的两两成对关系（如几何）水平上一致时，就形成了一致连接（图 2.3）。

图 2.3（a）中的每个节点都表示一个潜在的赋值，如 ia，其中一个图中的

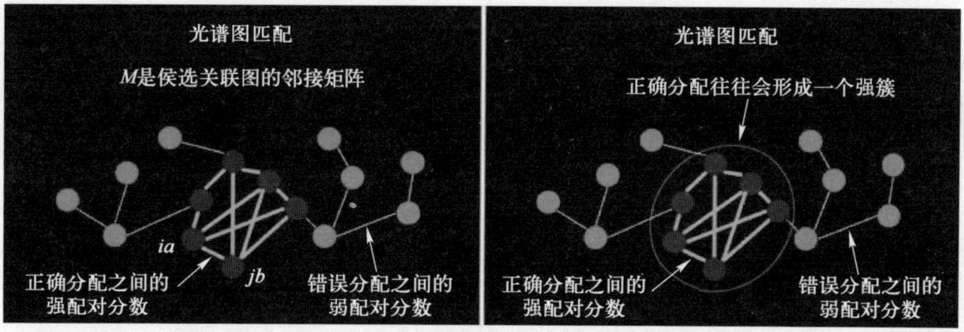

(a) (b)

图 2.3 （见彩图）强连接簇配对情况示意图

节点 i 可能与另一个图中的节点 a 潜在地匹配。将图匹配定义为整数二次规划式（2.1）的矩阵 $\boldsymbol{M}$ 变成候选赋值图的邻接矩阵；图 2.3（b）中正确的匹配更有可能建立稳固的一致连接（图中蓝色粗线），然后才是不正确的匹配建立连接。因此，由正确的候选赋值可以组成一个自然簇，而这些候选赋值可以通过光谱算法得到，因为这些候选赋值对应于 $\boldsymbol{M}$ 的主特征向量中的高值。同其在 $\boldsymbol{M}$ 中表现的一样，这个难题很容易利用数据的自然统计特性来解决。

（2）许多不正确的赋值大多在该簇之外或是该簇的弱连接（通过弱边），由于弱连接建立协议连接的概率很小，并且一般是以随机、非结构化的方式形成这些连接，因此不会形成强连接簇。

该问题呈现的统计特性宜采用光谱算法来解决这个问题。对应于给定赋值的特征向量值表示该赋值与主簇的关联程度，一般使用各种离散化程序来寻找近似解。一种方法是应用匈牙利方法，它可以有效地找到满足一对一映射约束的二元解，并使特征向量为 $\boldsymbol{M}$ 的点积最大化。另一种方法是使用 Leordeanu 和 Hebert[16] 提出的离散化贪婪算法：将 $\boldsymbol{M}$ 的主特征向量 $\boldsymbol{v}$ 的每个元素解释为相应赋值是正确的置信度，从 $\boldsymbol{v}$ 中选择最大置信度的元素认定是正确的元素，然后删除（从 $\boldsymbol{v}$ 中剔除零值）所有冲突的赋值（参考一对一映射约束），并选择正确的赋值，不断重复这个过程，直到所有赋值都被标记为正确或不正确。结合离散化贪婪过程，图匹配问题的特征向量松弛化，光谱匹配成为成对约束匹配最有效的算法之一。

2.4.2 整数投影固定点算法

Leordeanu 等[6] 提出了另一个有效的图匹配算法——整数投影固定点

（IPFP）算法，这个算法比其他优秀算法更为高效。IPFP 算法的改进版本已应用于分割[69]、更高层次的视频呈现[70]、超阶 MRF[71]、艺术图像分析[72]、离群点检测（泛化 IPFP 算法[73]）和大规模图匹配（快速 IPFP 算法[74]）等领域。Zaslavskiy 等研究了一种在不同公式中共享 IPFP 算法许多特性的算法[75-76]。

IPFP 算法可以作为独立的算法使用，也可以作为其他图匹配算法（如光谱匹配）的离散化过程。此外，IPFP 算法还可以作为二次整数规划问题用于 MRF 和 CRF 的 MAP 推理过程。该算法不是最优，但有效地（尽管不一定是最优的）解决了式（2.1）的某个更严格的松弛问题，也就是 NP-hard 问题：

$$\begin{aligned} \boldsymbol{x}^* &= \arg\max\ (\boldsymbol{x}^{\mathrm{T}}\boldsymbol{M}\boldsymbol{x}) \\ \text{s. t.}\ & \boldsymbol{A}\boldsymbol{x}=\boldsymbol{1},\ \boldsymbol{x}\geqslant 0 \end{aligned} \tag{2.7}$$

式（2.7）和式（2.1）的唯一区别是式（2.7）允许解取连续值。整数投影固定点算法将任意初始解（连续或离散）作为输入，并快速找到一个满足式（2.1）初始离散约束条件的解，该解的得分通常明显好于初始解：

算法 2.1 序列二阶展开高阶匹配算法（同算法 1.1）

初始化 $\boldsymbol{x}^*=\boldsymbol{x}_0$，$S^*=\boldsymbol{x}_0^{\mathrm{T}}\boldsymbol{M}\boldsymbol{x}_0$，$k=0$，此处 $x_i\geqslant 0$ 且 $\boldsymbol{x}\neq 0$

重复迭代

步骤 1）令 $\boldsymbol{b}_{k+1}=P_d(\boldsymbol{M}\boldsymbol{x}_k)$，$\boldsymbol{C}=\boldsymbol{x}_k^{\mathrm{T}}\boldsymbol{M}(\boldsymbol{b}_{k+1}-\boldsymbol{x}_k)$，$\boldsymbol{D}=(\boldsymbol{b}_{k+1}-\boldsymbol{x}_k)^{\mathrm{T}}\boldsymbol{M}(\boldsymbol{b}_{k+1}-\boldsymbol{x}_k)$

步骤 2）如果 $\boldsymbol{D}\geqslant\boldsymbol{0}$，设置 $\boldsymbol{x}_{k+1}=\boldsymbol{b}_{k+1}$，否则令 $r=\min(-C/D,1)$ 并设置 $\boldsymbol{x}_{k+1}=\boldsymbol{x}_k+r(\boldsymbol{b}_{k+1}-\boldsymbol{x}_k)$

步骤 3）如果 $\boldsymbol{b}_{k+1}^{\mathrm{T}}\boldsymbol{M}\boldsymbol{b}_{k+1}\geqslant S^*$ 则设置 $S^*=\boldsymbol{b}_{k+1}^{\mathrm{T}}\boldsymbol{M}\boldsymbol{b}_{k+1}$ 和 $\boldsymbol{x}^*=\boldsymbol{b}_{k+1}$

步骤 4）设置 $k=k+1$

直至 $\boldsymbol{x}_{k-1}=\boldsymbol{x}_k$

返回 $\boldsymbol{x}^*$

在重复迭代过程中的 $P_d(\cdot)$ 表示对离散域的投影。

1. IPFP 与幂迭代算法的关系

该算法与特征向量的幂迭代算法有松散的相关性，也可用于光谱匹配：在重复迭代过程，它取代了幂方法 $\boldsymbol{v}_{k+1}=P(\boldsymbol{M}\boldsymbol{v}_k)$ 的不动点迭代（$P_d(\cdot)$ 表示单位球面上的投影），伴有类似的更新 $\boldsymbol{b}_{k+1}=P_d(\boldsymbol{M}\boldsymbol{x}_k)$（$P_d(\cdot)$ 表示一对一（用于图匹配）或多对一（用于 MAP 映射推理）离散约束上的投影）。既然所有可能的离散解具有相同的范数，$P_d(\cdot)$ 归结为求离散向量 $\boldsymbol{b}_{k+1}=\arg\max_b(\boldsymbol{b}^{\mathrm{T}}\boldsymbol{M}\boldsymbol{x}_k)$。一对一的约束可以使用匈牙利法有效地实现，多对一的约束在线性时间内很容易实现投影。

2. IPFP 与泰勒近似算法的关系

IPFP 算法的直观含义：在每次迭代中，二次分数 $\boldsymbol{x}^{\mathrm{T}}\boldsymbol{M}\boldsymbol{x}$ 可以用当前解的一阶泰勒展开来逼近 $\boldsymbol{x}_k$：$\boldsymbol{x}^{\mathrm{T}}\boldsymbol{M}\boldsymbol{x} \approx \boldsymbol{x}_k^{\mathrm{T}}\boldsymbol{M}\boldsymbol{x}_k + 2\boldsymbol{x}_k^{\mathrm{T}}\boldsymbol{M}(\boldsymbol{x}-\boldsymbol{x}_k)$。$\boldsymbol{b}_{k+1}$ 在重复迭代过程中求解得到，使这个近似值 $\boldsymbol{x}_k$ 在式（2.1）中的离散域内最大化。

从命题 2.1[6] 得知，同样的离散值 $\boldsymbol{b}_{k+1}$ 也使式（2.7）的连续域中的线性逼近最大化。$\boldsymbol{b}_{k+1}$ 的作用是同时在连续域和离散域中提供一个在一阶近似的情况下最大可能增加（或上升）的方向。沿着这个方向在式（2.7）（只要 $\boldsymbol{b}_{k+1} \neq \boldsymbol{x}_k$）的连续域内，原二次得分可以进一步最大化。在步骤 3）中，沿着这个方向找到最佳点，该点也在式（2.7）的连续域内。该算法将收敛到离散解，或者接近式（2.7）的最大值，这一结论在实践中得到了证实。正如 Leordeanu 等[6] 所阐述的，对于最大后验概率推理问题，IPFP 算法总是收敛到离散解，而对于图匹配算法，尽管它通常也会收敛到离散解，但并非总是收敛到离散值。

3. IPFP 与迭代条件模式算法的关系

IPFP 也可以看作迭代条件模式（iterated conditional modes，ICM）算法的扩展[77]，它的优点是能够并行更新所有节点的解，同时保持最优性和收敛性。

4. IPFP 与 Frank-Wolfe 算法的关系

IPFP 与 Frank-Wolfe（FW）算法[78] 有关，后者是自 1956 年以来常用于运筹学的经典优化算法[79]，也应用于具有线性约束的凸规划问题。由于目标函数的凸性，FW 算法在最优解附近的收敛速度很慢，这就是该算法在求近似解的实际应用过程中过早停止迭代的原因。与之相反，在图匹配任务应用 IPFP 算法（通常用于非凸问题）的情况下，局部最优解通常是离散的（对于 MAP 任务，它总是离散的）。当解为离散时，在线性逼近的优化过程中找到离散点意味着实际上找到了最优解，因此收敛是即时的。实验证明了 IPFP 算法通常很快收敛。由于 IPFP 算法的问题域具有特殊的一对一或多对一约束特性，因此 IPFP 算法在一般的 FW 算法案例中具有良好的能力处理，即可以采用一个简单的优化算法求解出投影函数（算法 2.1 重复迭代过程）的离散解，并把这个离散解直接用于离散域。另外，作为线性搜索步骤参数的二次函数存在一个封闭形式的最优解，这是 IPFP 算法的另一个重要特性，可以有效地应用于图匹配步骤中。

2.5 理论分析

命题 2.1 对任意向量 $\boldsymbol{x} \in \mathbb{R}^n$，在式（2.2）中的 $\boldsymbol{x}^{\mathrm{T}}\boldsymbol{M}\boldsymbol{y}$ 存在一个全局最优解

$\boldsymbol{y}^*$，其具有二元元素（因此它也是式（2.1）解的一种形态）。

证明：当 $\boldsymbol{Ay}=1$ 且 $\boldsymbol{y}>0$ 时，关于 $\boldsymbol{y}$ 的 $\boldsymbol{x}^{\mathrm{T}}\boldsymbol{My}$ 最大化是线性规划问题，由于约束矩阵 $\boldsymbol{A}$ 是完全幺模的，因此存在整数最优解[9]。对于一对一约束和多对一约束都是如此。

在原离散域中，从算法 2.1 中 $\boldsymbol{b}_{k+1}=\arg\max\ \boldsymbol{b}^{\mathrm{T}}\boldsymbol{Mx}_k$ 获取的最大解，也使式（2.2）的连续域中的相同点积最大化，其松弛约束 $\boldsymbol{Ax}=\boldsymbol{1}$，$\boldsymbol{x}=0$。这确保了算法始终朝着某个离散的解决方案求解，也使式（2.2）中二次函数的线性逼近最大化。在实践中这种离散解在连续域中通常沿着相同方向，且使二次分数最大化，因此 $\boldsymbol{x}_k$ 在每一步可能都是离散的。

命题 2.2 二次分数 $\boldsymbol{x}_k^{\mathrm{T}}\boldsymbol{Mx}_k$ 随着迭代次数 k 增加而增加，序列 $\boldsymbol{x}_k$ 收敛。

证明：对于给定的迭代次数 k，如果满足 $\boldsymbol{b}_{k+1}=\boldsymbol{x}_k$，则收敛。如果 $\boldsymbol{b}_{k+1}\neq\boldsymbol{x}_k$，令 $\boldsymbol{x}$ 为 $\boldsymbol{x}_k$ 和 $\boldsymbol{b}_{k+1}$ 两点连线上的一个点，则 $\boldsymbol{x}=\boldsymbol{x}_k+t(\boldsymbol{b}_{k+1}-\boldsymbol{x}_k)$。对于 $0\leqslant t\leqslant 1$，x 在式（2.2）的可行域内。令 $S_k=\boldsymbol{x}_k^{\mathrm{T}}\boldsymbol{Mx}_k$，定义二次函数 $f(t)=\boldsymbol{x}^{\mathrm{T}}\boldsymbol{Mx}=S_k+2tC+t^2D$，该函数是式（2.2）域中 $\boldsymbol{x}_k$ 和 $\boldsymbol{b}_{k+1}$ 两点连线的原始函数。由于 $\boldsymbol{b}_{k+1}$ 使离散（和连续）域中 $\boldsymbol{x}_k^{\mathrm{T}}\boldsymbol{M}$ 的点积最大化，因此 $C\geqslant 0$。存在两种情况：当 $\boldsymbol{x}_{k+1}=\boldsymbol{b}_{k+1}$（算法 2.1 中步骤 3））和 $S_{k+1}=\boldsymbol{x}_{k+1}^{\mathrm{T}}\boldsymbol{Mx}_{k+1}=f_q(1)\geqslant S_k=\boldsymbol{x}_k^{\mathrm{T}}\boldsymbol{Mx}_k$ 时，$D\geqslant 0$；当二次函数 $f_q(\boldsymbol{t})$ 为凸函数，且式（2.2）域中的最大值在点 $\boldsymbol{x}_{k+1}=\boldsymbol{x}_k+r(\boldsymbol{b}_{k+1}-\boldsymbol{x}_k)$ 处获得时，$D<0$。故再一次得到 $S_{k+1}=\boldsymbol{x}_{k+1}^{\mathrm{T}}\boldsymbol{Mx}_{k+1}=f_q(r)\geqslant S_k=\boldsymbol{x}_k^{\mathrm{T}}\boldsymbol{Mx}_k$。因此，该算法保证了每步都能提高分数。由于得分函数在可行域上有界，因此当 $C=0$ 时它必须收敛。

随着不断提高连续域中的二次分数，式（2.1）将持续获得更合适的离散解。

式（2.2）的最大值在离散域[11-13]，对于多对一约束（最大后验概率推理），算法基本上会收敛到一个离散解。这是与 ICM 的另一个相似之处，也是收敛到最大值。因此，将这种算法与 ICM 相结合并不能提高 ICM 的性能。

命题 2.3 如果 $\boldsymbol{M}$ 是带正元素的半正定矩阵，则该算法将在有限迭代次数下收敛到一个离散解，该解是式（2.2）的最大值。

证明：因 $\boldsymbol{M}$ 是半正定的，恒有 $D\geqslant 0$，故对于任意 k 值，$\boldsymbol{x}_k$ 总是离散的。由于离散解的数目有限，因此算法必须在有限迭代步数内收敛到局部（或全局）最大值，这个最大值必须是离散的。对于一对一和多对一两种约束，这个结果是正确的。

当 $\boldsymbol{M}$ 为半正定矩阵时，式（2.2）是一个凹极小化问题，可知其全局最优解具有整数元，因此也是式（2.1）的全局最优解。在这种情况下，此算法仅能确保在有限迭代次数下找到局部的最优解。凹极小化问题的全局最优性是一个众所周知的难题，因为其可能有一个局部最优的指数数据。事实上，如果在 $\boldsymbol{M}$ 的对角元素上加一个足够大的常数，解的初始域中的每一点可能会成为一对一问题的局部最优解。因此，即使全局最优值不变，增加一个大常数来解凹极小化的难题也不是一个好主意。在实际应用中 $\boldsymbol{M}$ 很少是半正定的，但是如果第一个特征值比其他特征值大得多，$\boldsymbol{M}$ 就可以接近 1。这就是光谱匹配算法所做的假设。

命题 2.4 如果 $\boldsymbol{M}$ 具有非负元素且秩为 1，则算法将在第一次迭代后收敛并返回原问题的全局最优解。

证明： 设 $\boldsymbol{v}$、$\boldsymbol{\lambda}$ 是矩阵 $\boldsymbol{M}$ 的主要特征对，由于 $\boldsymbol{M}$ 有非负元素，则 $\boldsymbol{v}$ 和 $\boldsymbol{\lambda}$ 都是正的。因为 $\boldsymbol{M}$ 的秩为 1，所以有 $\boldsymbol{M}\boldsymbol{x}_0=\boldsymbol{\lambda}(\boldsymbol{v}^{\mathrm{T}}\boldsymbol{x}_0)\boldsymbol{v}$。因为 $\boldsymbol{x}_0$ 和 $\boldsymbol{v}$ 都有正元素，所以第一次迭代后的 $\boldsymbol{x}_1$ 是使主特征值点积最大化的指示解向量（在实践中从未发生过 $\boldsymbol{v}^{\mathrm{T}}\boldsymbol{x}_0=0$ 这种情况）。很明显，这个向量是全局最优的，因为在秩为 1 的情况下，对于任意 $\boldsymbol{x}$，$\boldsymbol{x}^{\mathrm{T}}\boldsymbol{M}\boldsymbol{x}=\boldsymbol{\lambda}_1(\boldsymbol{v}^{\mathrm{T}}\boldsymbol{x})^2$。

以上两个算法使用了 $\boldsymbol{M}$ 逼近秩为 1 的假设[16,24]。光谱匹配[16]算法在假设加入少量噪声的秩为 1 的理想矩阵的情况下也会返回最优解。概率图匹配[24]通过假设 $M_{ia;jb}$ 的每个二阶元素是特征 i 匹配到 a 和特征 j 匹配到 b 的概率的乘积完成秩 1 近似。然而，这两个算法没有最大化二次得分函数，而是利用成对项的概率解释，并根据 KL 散度寻找与 $\boldsymbol{M}$ 最逼近的秩为 1 的矩阵然后求解。如果完全满足 Zass 和 Shashua[24]所做的假设，那么光谱匹配、概率图匹配和本书的算法都将返回相同的解。这些算法实际实验效果的比较情况见 2.9 节中的实验部分。

2.6 超图匹配求解

超图匹配和图匹配一样，都是 NP-hard 问题，因此通常需要高效的算法来寻找好的近似解。在二阶匹配向高阶匹配的过渡过程中，复杂度急剧增加，故而设计快速准确的算法变得越来越困难。现有的一些方法[22-24]利用秩为 1 近似（rank-one approximation，ROA）来降低计算复杂性，导致要么放宽原始问题的一对一匹配约束[22]，要么根据概率表示来修改公式[23-24]。

在现实世界的计算机视觉应用中，关于高阶匹配算法的论文屈指可数，其中有一个例子是在医学图像中发现皮肤病变[80]。尽管高阶势函数具有理论上的优势，但是超图匹配消耗相当高，这可以解释在这个问题上发表的论文数量有限的现象。即使在图匹配的情况下，矩阵 $\boldsymbol{M}$ 也可能很大。只有利用匹配问题的内部统计信息的精心设计有效的方法，通过构造和处理稀疏矩阵，或在算法层面降低问题的复杂性，才能处理这个问题。这可以通过分解矩阵[9]或利用某些局部几何变换约束的代数操作来实现[81]。应注意，在研究超图匹配 NP-hard 问题时，无论是在存储方面还是在计算方面，处理任务的消耗巨大。

本节将介绍一种新的超图匹配算法，该算法既可以从统一的初始解开始独立使用，也可以作为从另一个算法返回的解开始改进过程。与其他算法相比，该算法的目标是最大化原始目标得分，同时尽可能地保留原始离散的一对一匹配约束。实验表明，在原始域中的局部优化比松弛域中的全局优化更有效。这一点在 Leordeanu 等[6]提出的二阶匹配的实例中得到了验证。

本章提出的算法（算法 2.2）是一个迭代过程，在每个步骤 k，通过其当前解 $\boldsymbol{x}_k$ 的二阶泰勒展开来近似高阶分数 $S(\boldsymbol{x})$。这样围绕当前解 $\boldsymbol{x}_k$，将超图匹配问题转化为整数二次规划（integer quadratic program，IQP）问题。反之，二阶逼近可以局部优化，在连续域 $\boldsymbol{Ax}=\boldsymbol{1}$，$\boldsymbol{x}\in[0,1]^n$ 中尤为有效。

给定连续域 $\boldsymbol{Ax}=\boldsymbol{1}$，$\boldsymbol{x}\in[0,1]^n$ 中的一个可能解 $\boldsymbol{x}$，设矩阵 $\boldsymbol{M}(\boldsymbol{x})$ 是 $\boldsymbol{x}$ 的函数，该矩阵通过对张量 $\boldsymbol{H}$ 进行边缘化处理得到：

$$\boldsymbol{M}(\boldsymbol{x})_{ia;jb} = \sum_{kc} H_{ia;jb;kc} x_{kc} \tag{2.8}$$

同样，定义列向量：

$$\boldsymbol{d}(\boldsymbol{x})_{ia} = \sum_{jb;kc} H_{ia;jb;kc} x_{jb} x_{kc} \tag{2.9}$$

定义 $\boldsymbol{M}$ 和 $\boldsymbol{d}$ 后，可得出三阶匹配分数的二阶泰勒逼近公式：

$$S(\boldsymbol{x}) \approx S(\boldsymbol{x}_0) + 3[\boldsymbol{x}^{\mathrm{T}}\boldsymbol{M}(\boldsymbol{x}_0)\boldsymbol{x} - \boldsymbol{d}(\boldsymbol{x}_0)^{\mathrm{T}}\boldsymbol{x}] \tag{2.10}$$

在连续域 $\boldsymbol{Ax}=1$，$\boldsymbol{x}\in[0,1]^n$ 中，因式（2.10）的第一项 $S(\boldsymbol{x}_0)$ 是常数，通过优化二次分配成本 $\boldsymbol{x}^{\mathrm{T}}\boldsymbol{M}(\boldsymbol{x}_0)\boldsymbol{x}-\boldsymbol{d}(\boldsymbol{x}_0)^{\mathrm{T}}\boldsymbol{x}$ 可以局部提高 $\boldsymbol{x}_0$ 附近点的分数。注意，在实践中矩阵 $\boldsymbol{M}$ 通常接近半正定。这种情况下，二次逼近是一个凹的最小化问题，通常很难求得全局解（正好与凸最小化相反）。由于在每次迭代中局部最大化足够，因此使用 Leordeanu 等[6]的方法就可以有效解决该问题（算法 2.2 的内环）。

算法 2.2 在 $\boldsymbol{x}_0$ 处初始化，$\boldsymbol{x}_0$ 可以是统一向量，也可以是另一种超图匹配算法（如 HOPM[22]）给出的解。内部循环（Leordeanu 等[6]的方法）围绕当前解，局部优化超图匹配模型的二次逼近解。这个内部循环可以看作一个局部逼近原始超图匹配问题的图匹配问题。这与 Chertok 和 Keller[23]提出的算法有关，该算法通过将张量边缘化为矩阵，从而归结为一个图匹配问题。与 Chertok 和 Keller 提出的算法[23]不同，本章的算法基于二阶泰勒逼近而不是张量的 ROA 算法。这种算法在实验中给出了更好的客观分数，并且不同于概率算法[24]，概率算法将张量边缘化为向量，从而将高阶问题转化为线性问题，这也解释了为什么概率算法[24]的性能不如本章提出的两种算法[23]。内环由 $\boldsymbol{b}\leftarrow\pi(2\boldsymbol{Mx}-\boldsymbol{d}^{\mathrm{T}}\boldsymbol{x})$ 组成，它是离散域上的一个投影，然后具有闭式解[6]的线性最大值 $t^*=\arg\max\ \boldsymbol{x}(t)^{\mathrm{T}}\boldsymbol{Mx}(t)+\boldsymbol{d}^{\mathrm{T}}\boldsymbol{x}(t),\ t\in[0,1]$。也有类似的算法应用到图像分割[69]和高阶 MRF 的最大后验概率推理[82]的解算过程中。

算法 2.2 高阶匹配序列二阶展开

$\boldsymbol{x}\leftarrow\boldsymbol{x}_0$

$\boldsymbol{x}^*\leftarrow\boldsymbol{x}_0$

$S^*\leftarrow\sum_{ia;jb;kc}H_{ia;jb;kc}x_{ia}x_{jb}x_{kc}$

重复迭代

$\boldsymbol{M}_{ia;jb}\leftarrow\sum_{kc}H_{ia;jb;kc}x_{kc}$

$\boldsymbol{d}_{ia}\leftarrow\sum_{jb;kc}H_{ia;jb;kc}x_{jb}x_{kc}$

重复迭代

$\boldsymbol{b}\leftarrow\pi(2\boldsymbol{Mx}-\boldsymbol{d}^{\mathrm{T}}\boldsymbol{x})$

$S\leftarrow\sum_{ia;jb;kc}H_{ia;jb;kc}b_{ia}b_{jb}b_{kc}$

如果 $S>S^*$，那么

$S^*\leftarrow S$

$\boldsymbol{x}^*\leftarrow\boldsymbol{b}$

结束于

$t^*=\arg\max\ \boldsymbol{x}(t)^{\mathrm{T}}\boldsymbol{Mx}(t)+\boldsymbol{d}^{\mathrm{T}}\boldsymbol{x}(t),\ t\in[0,1]$

此处 $\boldsymbol{x}(t)=\boldsymbol{x}+t(\boldsymbol{b}-\boldsymbol{x})$

$\boldsymbol{x}\leftarrow\boldsymbol{x}+t^*(\boldsymbol{b}-\boldsymbol{x})$

直至收敛

直至 S^* 无改善

返回 $\boldsymbol{x}^*$

通过跟踪最佳离散解 $\boldsymbol{x}^*\leftarrow\boldsymbol{b}$，算法 2.2 总能返回至少与起始解一样好的解。由于分数 $\boldsymbol{S}$ 有上界，且离散解的数目有限，因此该算法可以保证在有限次迭代后提高匹配得分并停止迭代。如果内循环的前一次迭代没有改进匹配得分，则该算法将停止。在实验中要达到收敛，外循环次数平均少于五次。

2.7 图匹配学习

本节将介绍图匹配算法的监督、半监督和无监督等学习形态，以及条件随机场的详细参数学习。

2.7.1 理论分析

本节提出的学习方法是由矩阵 $\boldsymbol{M}$ 及其主特征向量 $\boldsymbol{v}$ 的统计特性驱动的，主特征向量 $\boldsymbol{v}$ 是由光谱图匹配算法给出的连续解[16]。为了从理论上分析 $\boldsymbol{M}$ 的性质，需要做一些假设和近似，而这些假设是从直观角度提出的，未必严密，大量实验也证实了这一点。每个匹配问题的实例都是唯一的，因此不能绝对确定 $\boldsymbol{M}$ 及其特征向量 $\boldsymbol{v}$，也不能确定返回的解的质量。应当关注 $\boldsymbol{M}$ 的平均（或期望）性质，而非无限考虑过多的特殊情况。书中提出了一个 $\boldsymbol{M}$ 模型（图 2.4），并通过实验验证了这个模型。

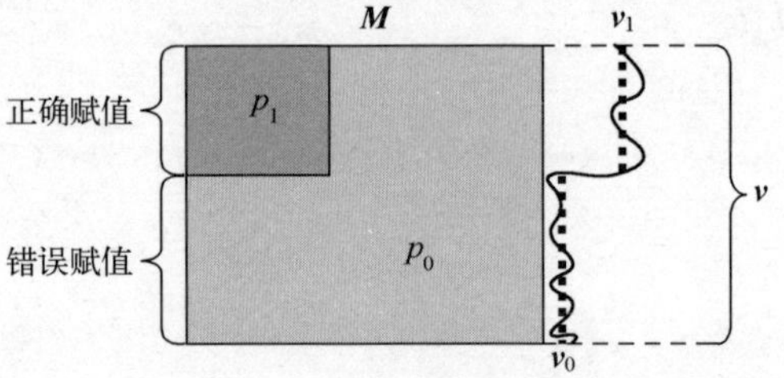

图 2.4 正确赋值与错误赋值关系示意图

对于给定的匹配实验与其对应的矩阵 $\boldsymbol{M}$，设 $p_1>0$ 为任意正确赋值对（ia，jb）的正确赋值函数 $E(M_{ia;jb})$之间二阶分数的平均值。类似地，如果至少有一个赋值 ia 和 jb 错误，则令 $p_0=E(M_{ia;jb})\geqslant 0$。正确的赋值应该在外观和几何上都一致，并且具有很强的二阶分数，而错误的赋值只在偶然的情况下才会有如此高的成对分数，因此 p_1 应该高于 p_0。直观上期望 p_1 越高，p_0 越低，匹配率越高；期望性能取决于它们的比值 $p_r=p_0/p_1$ 而非它们的绝对值，因为 $\boldsymbol{M}$ 乘以一个常数不会改变主特征向量。同样，定义在正确赋值 ia 上的平均特征向量值 $v_1=E(v_{ia})$，在错误赋值 jb 上定义 $v_0=E(v_{jb})$。光谱匹配算法假设正确的赋值对应于特征向量 $\boldsymbol{v}$ 的高值，而错误的赋值对应于 $\boldsymbol{v}$ 的低值，因此 v_1 越高，v_0 越低，匹配率越好。与 p_r 的情况一样，如果能够在学习所有图像对训练序列的平均比例

$v_r = v_0 / v_1$（因为特征向量的范数无关）的过程中实现最小化，就能优化总体训练匹配率。虽然这个模型假设图是完全连通的，但是实验结果可以证明得到的结果对弱连通图也是有效的。

图 2.4 中正确赋值之间的成对得分（匹配矩阵 $\boldsymbol{M}$ 的元素）比至少有一个错误赋值的元素（得分平均值为 p_0）具有更高的期望值 p_1。这将反映在特征向量 $\boldsymbol{v}$ 中，正确赋值的平均值 v_1 高于错误赋值的平均值 v_0。

对于给定的图像对，研究 v_r 和 p_r 之间的关系很重要。因为存在 $\boldsymbol{\lambda} v_{ia} = \sum_{jb} \boldsymbol{M}_{ia;jb} v_{jb}$，为了清晰地展示，假设对于给定图像 1 中的 n 个特征，给定图像 2 中有 k 个候选点对应。由于 $\boldsymbol{M}$ 规模很大，考虑到任意 v_{jb} 几乎都独立于任何特定的 $\boldsymbol{M}_{ia;jb}$，故有如下逼近：

$$E\left(\sum_{jb} M_{ia;jb} v_{jb}\right) \approx \sum_{jb} E(M_{ia;jb}) E(v_{jb})$$

实际上，逼近值是一个“≥”不等式，正是因为相关关系被期望为正值(但非常小)。对于给定的矩阵 $\boldsymbol{M}$，称其第一特征值为 $\boldsymbol{\lambda}$。因此，对于正确的对应关系 ia，存在

$$\boldsymbol{\lambda} E(v_{ia}) = \boldsymbol{\lambda} v_1 \approx n p_1 v_1 + n(k-1) p_0 v_0$$

同样，如果 ia 是错误的对应，则

$$\boldsymbol{\lambda} E(v_{ia}) = \boldsymbol{\lambda} v_0 \approx n p_0 v_1 + n(k-1) p_0 v_0$$

将这两个方程除以 $p_1 v_1$ 并取两者之比，得到：

$$v_r \approx \frac{p_r + (k-1) p_r v_r}{1 + (k-1) p_r v_r} \tag{2.11}$$

求解 v_r 的二次方程得到：

$$v_r \approx \frac{(k-1) p_r - 1 + \sqrt{[1-(k-1) p_r]^2 + 4(k-1) p_r^2}}{2(k-1) p_r} \tag{2.12}$$

通过式（2.11）和式（2.12）可以证明，当 $k>1$ 时，v_r 是 p_r 的单调递增函数。事实上，$p_r = p_0 / p_1$ 越小，$v_r = v_0 / v_1$ 越小，特征向量 $\boldsymbol{v}$ 就越接近二元真值 $\boldsymbol{t}$，错误赋值的元素值越接近 0。在实践中这个逼近值很精确（如 2.9 节图 2.6～图 2.8 结果所示)。而且 v_r 越小，期望匹配率越高（匹配率为正确匹配的特征数除以特征总数)。为了清晰起见，在分析过程中设两个图像中的特征数量相等，并假设给定图像 1 中的每个特征在给定图像 2 中都有一个正确对应匹配，实验结果显示出本章的算法对于离群值具有鲁棒性。

最小化 v_r 的一种方法是最大化 $\boldsymbol{v}$ 与真值指示器向量 $\boldsymbol{t}$ 之间的相关性，同时确保给定图像 1 中的一个特征与给定图像 2 中的一个特征对应匹配。本章将在训练

时在 $\boldsymbol{t}$ 未知的情况下采用这种无监督方式最小化 v_r，提出的解决方案是将 $\boldsymbol{v}$ 与其匹配算法返回的二元解之间的相关性最大化。那么如何确认这个过程最终会给出一个接近真实的 $\boldsymbol{v}$ 的二元版本（匹配算法返回的二元解）？下面将解释这个问题。

设 $\boldsymbol{b}(\boldsymbol{v})$ 是根据一对一映射约束从 $\boldsymbol{v}$ 得到的二元解，由给定的一对图像的光谱匹配算法返回。假设已知最大化相关 $\boldsymbol{v}^{\mathrm{T}}\boldsymbol{b}(\boldsymbol{v})$ 的方法，期望能够将比值 $v_r^*=E(v_{ia}\mid b_{ia}(\boldsymbol{v})=0)/E(v_{ia}\mid b_{ia}(\boldsymbol{v})=1)$ 最小化。设错误分类的分配数为 n_m，正确的分配数（与特征数相同，在两幅图像中相等）为 n，每个特征的候选分配数为 k，得到：

$$E(v_{ia}\mid b_{ia}(\boldsymbol{v})=0)=\frac{n_m v_1+[n(k-1)-n_m]v_0}{n(k-1)}$$

$$E(v_{ia}\mid b_{ia}(\boldsymbol{v})=1)=\frac{n_m v_0+(n-n_m)v_1}{n}$$

将以上两式除以 v_1 并取两者之比，可得到：

$$v_r^*=\frac{m/(k-1)+[1-m/(k-1)]v_r}{1-m+mv_r} \tag{2.13}$$

式中：m 为错误匹配率，$m=n_m/n$。

合理地假设 $v_r<1$（正确赋值的平均特征向量值，高于错误赋值的平均特征向量值）和 $m<(k-1)/k$（错误率低于随机率），那么 m 和 v_r 的函数都具有严格的正偏导数。由于 m 也随着 v_r 而增加，通过最大化 $\boldsymbol{v}^{\mathrm{T}}\boldsymbol{b}(\boldsymbol{v})$ 使 v_r^* 最小化，使得 v_r 和真实错误率 m 都最小化，这样无监督算法就能够正确完成任务。在实验中，得到了 p_r、v_r、v_r^* 和 m 所有的解，这些解都非常接近零，虽然基于梯度的方法不一定找到全局最小值，但是这在实践中已经足够。

在本节中得到矩阵 $\boldsymbol{M}$ 的模型和公式在 2.9 节得到了实验验证。在训练序列中最大化 $\boldsymbol{v}$ 和 $\boldsymbol{b}(\boldsymbol{v})$ 之间的相关性降低了真正的误分类率 m，最大化 $\boldsymbol{v}^{\mathrm{T}}\boldsymbol{t}$ 降低了 p_r、v_r 和 v_r^*。

2.7.2 图匹配的监督学习

在经验上要找到几何和外观参数 $\boldsymbol{w}$ 使 $\boldsymbol{M}$ 的主特征向量和真值 $\boldsymbol{t}$ 之间设定的相关性最大化（在监督情况下），该参数与所有训练图像对之和成比例：

$$J(\boldsymbol{w})=\sum_{i=1}^{N}\boldsymbol{v}^{(i)}(\boldsymbol{w})^{\mathrm{T}}\boldsymbol{t}^{(i)} \tag{2.14}$$

式中：$\boldsymbol{t}^{(i)}$ 为第 i 个训练图像对的真值指示向量。

通过升高坐标梯度来最大化 $J(\boldsymbol{w})$：

$$w_j^{(k+1)} = w_j^{(k)} + \boldsymbol{\eta} \sum_{i=1}^{N} t_i^{\mathrm{T}} \frac{\partial v_i^{(k)}(\boldsymbol{w})}{\partial w_j} \tag{2.15}$$

为了简化本章其余部分的符号，用 $\boldsymbol{F}'$表示任意向量或矩阵 $\boldsymbol{F}$ 相对于 $\boldsymbol{w}$ 的某个元素的导数的向量或矩阵的导数。Magnus 和 Neudecker[83] 给出了求解对称矩阵（$\boldsymbol{\lambda}$ 为 1 阶时）特征向量偏导数的一种方法，Cour 等[84] 在光谱聚类的文章中也有涉及

$$\boldsymbol{v}' = (\boldsymbol{\lambda I} - \boldsymbol{M})^{\dagger}(\boldsymbol{\lambda}'\boldsymbol{I} - \boldsymbol{M}')\boldsymbol{v} \tag{2.16}$$

式中：$\boldsymbol{A}^{\dagger}$ 为 $\boldsymbol{A}$ 的伪逆矩阵；$\boldsymbol{\lambda}'$为

$$\boldsymbol{\lambda}' = \frac{\boldsymbol{v}^{\mathrm{T}}\boldsymbol{M}'\boldsymbol{v}}{\boldsymbol{v}^{\mathrm{T}}\boldsymbol{v}} \tag{2.17}$$

这些等式是由 $\boldsymbol{M}$ 是对称矩阵的客观设定以及 $\boldsymbol{v}^{\mathrm{T}}\boldsymbol{v}'=0$ 和 $\boldsymbol{Mv}=\boldsymbol{\lambda v}$ 得到的。然而这种方法是通用的，没有充分利用 $\boldsymbol{v}$ 是具有大特征差异矩阵的主特征向量这一客观条件，因为 $\boldsymbol{M}-\boldsymbol{\lambda I}$ 较大且秩亏，所以在实际中计算其伪逆意义不大。使用幂方法计算主特征近似向量的偏导数来取代其伪逆

$$\boldsymbol{v} = \frac{\boldsymbol{M}^n\mathbf{1}}{(\boldsymbol{M}^n\mathbf{1})^{\mathrm{T}}(\boldsymbol{M}^n\mathbf{1})}$$

这一结果与 Bach 和 Jordan 等[85] 的文章有关联性，但在他们的文章中该算法用于分割，在这种情况下可能非常不稳定。Cour 等[84]，指出在分割和典型的聚类问题中，前两个特征值之间的差距并不大。

$\boldsymbol{M}^n\mathbf{1}$ 通过 $\boldsymbol{M}^{k+1}=\boldsymbol{M}(\boldsymbol{M}^k\mathbf{1})$ 进行递归计算。由于幂方法是计算前导特征向量的首选，因此使用同样类似的方法进行学习。因为 $\boldsymbol{v}$ 本身就是基于幂方法得到的近似值，所以估计的导数是精确值。$\boldsymbol{v}$ 的偏导数计算式如下：

$$\boldsymbol{v}' = \frac{\|\boldsymbol{M}^n\mathbf{1}\|^2(\boldsymbol{M}^n\mathbf{1})' - [(\boldsymbol{M}^n\mathbf{1})^{\mathrm{T}}(\boldsymbol{M}^n\mathbf{1})'](\boldsymbol{M}^n\mathbf{1})}{\|\boldsymbol{M}^n\mathbf{1}\|^3} \tag{2.18}$$

为了得到 $\boldsymbol{v}$ 的导数，首先需要计算 $\boldsymbol{M}^n\mathbf{1}$ 的导数，可以由递归得到：

$$(\boldsymbol{M}^n\mathbf{1})' = \boldsymbol{M}'(\boldsymbol{M}^{n-1}\mathbf{1}) + \boldsymbol{M}(\boldsymbol{M}^{n-1}\mathbf{1})' \tag{2.19}$$

如 Leordeanu 和 Hebert[16] 指出，由于矩阵 $\boldsymbol{M}$ 具有较大的本征间隙，这种算法是稳定和有效的，图 2.5 证明了这一点。该算法迭代 n 次以上时是线性的，但对 n 的定性方面不敏感，因为 n 在低至 5 次时与其他所有值表现差不多。这些结果是在 900×900 矩阵上的 70 个实验平均值（稍后描述）。

图 2.5 中显示了不同递归迭代次数 n（用于计算特征向量的近似导数）的特征向量与真值解之间的归一化相关性（70 次实验的平均值）。即使 $n=5$，学习方法也以同样的方式收敛，返回相同的结果。

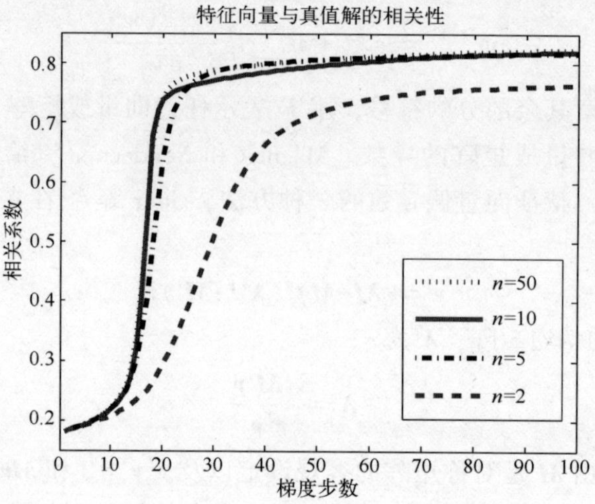

图 2.5　住宅序列的实验示意图

为了更好地了解这一结果，与式（2.16）相比，对住宅和酒店数据集的 900×900 数据矩阵进行计算，用 Matlab（使用函数 pinv）计算式（2.16），所有的时间比采用本章算法设定 $n=10$ 进行计算所使用的时间长 1500 倍。在所有实验中手动选择一次梯度步长。

2.7.3　图匹配的无监督和半监督学习

无监督学习的思想（在 2.7.1 节中介绍）是最大化 $\boldsymbol{v}_r^*$ 而不是 $\boldsymbol{v}_r$，这可以通过特征向量和从特征向量得到的二元解之间的点积最大化来实现。因此，在无监督训练期间需要求最大值：

$$J(\boldsymbol{w}) = \sum_{i=1}^{N} \boldsymbol{v}^{(i)}(\boldsymbol{w})^{\mathrm{T}} \boldsymbol{b}(\boldsymbol{v}^{(i)}(\boldsymbol{w})) \tag{2.20}$$

求上式的困难在于 $\boldsymbol{b}(\boldsymbol{v}^{(i)}(\boldsymbol{w}))$ 不是一个连续函数，而且不可能用 $\boldsymbol{w}$ 来表示封闭形式，因为 $\boldsymbol{b}(\boldsymbol{v}^{(i)}(\boldsymbol{w}))$ 是迭代离散过程的结果。然而，$\boldsymbol{b}(\boldsymbol{v}^{(i)}(\boldsymbol{w}))$ 是分段常数，并且除了一组有限的不连续点外，其他地方都有零阶导数。可以期望只在 $\boldsymbol{b}$ 是常数且导数为零的点上计算梯度。因为 $\boldsymbol{b}$ 变化（当梯度更新通过 $\boldsymbol{b}$ 中的不连续点时）不会影响 $\boldsymbol{v}_r$ 值，所以在这些点上梯度步数增加会降低 v_r 的值（式（2.13））。降低 v_r 值既能提高 $\boldsymbol{v}^{\mathrm{T}}\boldsymbol{t}$ 值又能降低 m 值，并且不必担心 $\boldsymbol{b}$ 中的不连续点的影响，从而达到预期的目的，这在实验中每次都可以得到验证。这样，学习阶跃函数变成以下形式：

$$\boldsymbol{w}_j^{(k+1)} = \boldsymbol{w}_j^{(k)} + \boldsymbol{\eta} \sum_{i=1}^{N} \boldsymbol{b}(\boldsymbol{v}_i^{(k)}(\boldsymbol{w}))^{\mathrm{T}} \frac{\partial \boldsymbol{v}_i^{(k)}(\boldsymbol{w})}{\partial \boldsymbol{w}_j} \tag{2.21}$$

在实际应用中，用户常有一些正确分配的先验知识，此时更适合使用半监督方法。通过自然地结合有监督和无监督的学习步骤，算法很容易适应这种半监督的情况：对于有基本真实信息的有效赋值，每个步骤的离散解 $\boldsymbol{b}$ 具有固定值，而对于其余的未标记赋值（如在无监督的情况下），可以使用图匹配算法返回解；该算法的另一个优点是能够以某种原则将有监督和无监督的情况结合起来。

2.7.4 成对条件随机场学习

Leordeanu 和 Hebert[37] 提出的光谱推理方法是基于一种类似于特征向量幂方法的不动点迭代方式，它在 L2 范数约束 $\sum_{b=1}^{L} v_{ib}^{*\,2} = 1$ 下使二次得分最大化。这些约束要求每个位置 i 的候选标签对应的子向量具有范数 1：

$$\boldsymbol{v}_{ia}^{*} = \frac{\sum_{jb} \boldsymbol{M}_{ia;jb} \boldsymbol{v}_{jb}^{*}}{\sqrt{\sum_{b=1}^{L} \boldsymbol{v}_{ib}^{*\,2}}} \tag{2.22}$$

这个方程与特征方程 $\boldsymbol{Mv}=\lambda\boldsymbol{v}$ 有一些类似。这里并非把全局 L2 规范化应用于特征向量求解，而是应用了位置级 L2 规范化。从具有正元素的向量开始，上述具有正元素的方程的不动点 $\boldsymbol{v}^*$ 是唯一的，并且由于 $\boldsymbol{M}$ 具有非负元素[86]，因此在 $\sum_{a} \boldsymbol{v}_{ia}^2 = 1$ 的约束下这个不动点 $\boldsymbol{v}^*$ 是二次得分的全局最大值。

这里提出的最大后验概率问题的学习方法是基于梯度上升的学习方法，类似于图匹配的学习方法，它要求对参数 $\boldsymbol{w}$ 求 $\boldsymbol{v}$ 的导数。

设 $\boldsymbol{M}_i$ 是 $\boldsymbol{M}$ 的非平方子矩阵，其大小为 nLabels×nLabels * nSites，对应于一个特定的位置 i。设 v_i 为 $\boldsymbol{v}$ 的相应子向量，n 为一个特定的迭代数，通过以下迭代过程计算 $\boldsymbol{v}_i$：

$$\boldsymbol{v}_i^{(n+1)} = \frac{\boldsymbol{M}_i v_i^{(n)}}{\sqrt{(\boldsymbol{M}_i v_i^{(n)})^{\mathrm{T}} (\boldsymbol{M}_i v_i^{(n)})}} \tag{2.23}$$

设 $\boldsymbol{h}_i$ 为在每次迭代中定义的辅助向量 $\boldsymbol{h}$ 的相应子向量，如下所示：

$$\boldsymbol{h}_i = \frac{\boldsymbol{M}_i' \boldsymbol{v}_i^{(n)} + \boldsymbol{M}_i' (\boldsymbol{v}_i^{(n)})'}{\sqrt{(\boldsymbol{M}_i \boldsymbol{v}_i^{(n)})^{\mathrm{T}} (\boldsymbol{M}_i \boldsymbol{v}_i^{(n)})}} \tag{2.24}$$

在步骤 $n+1$，通过迭代以下更新规则，作为步骤 n 处 $\boldsymbol{v}_i^{(n)}$ 的导数的函数可以递归地获得步骤 $n+1$ 处 $\boldsymbol{v}_i^{(n+1)}$ 对 $\boldsymbol{w}$ 的某个元素的导数：

$$(\boldsymbol{v}^{(n+1)})'=\boldsymbol{h}-(\boldsymbol{h}^{\mathrm{T}}\boldsymbol{v}^{(n+1)})\boldsymbol{v}^{(n+1)} \tag{2.25}$$

这种更新规则与计算特征向量导数的方法相似，易于验证。

矩阵 $\boldsymbol{M}$ 的单个元素对 $\boldsymbol{w}$ 的单个元素的偏导数的计算是根据定义这些成对潜在可能性的等式（式（2.31））而完成的，当然其他微分函数也可以用来定义这些潜在的可能性。

在有监督和无监督的情况下，学习更新步骤与用于学习图匹配的步骤相似。在这里介绍有监督情况的案例。在最大后向概率问题的例子中，无监督学习只能成功地应用于较为简单的问题，如 2.9.3 节中的实验所示。这是因为在 MAP 问题中很容易找到支持一个标签的参数，并使松弛问题的解几乎离散化。MAP 问题的监督学习规则为

$$w_j^{k+1} = w_j^k + \eta \sum_{i=1}^{N} \boldsymbol{t}_i^{\mathrm{T}} \frac{\partial \boldsymbol{v}_i^{(k)} \boldsymbol{w}}{\partial w_j} \tag{2.26}$$

式中：$\boldsymbol{t}_i$ 为第 i 个训练图像的基本真实标记。

2.8 超图匹配学习

最新的超图匹配算法[22-24]大多是基于张量 $\boldsymbol{H}$ 的秩为 1 近似（ROA）的情况，$\boldsymbol{H}$ 的 ROA 是基于分配的概率独立的假设求得的。定义与候选赋值列表 L 的长度相同的概率赋值向量为 $\boldsymbol{p}$，其中 $\boldsymbol{p}_{ia}\in[0,1]$ 是 $\boldsymbol{I}_m$ 中的特征 i 与 $\boldsymbol{I}_t$ 中的特征 a 匹配的概率。在统计独立性假设下，张量 $\boldsymbol{H}$ 可以通过使用外积进行如下分解来逼近[23-24]：

$$\boldsymbol{H} \approx \prod_{i=1,2,3} \otimes \boldsymbol{p} \tag{2.27}$$

这种近似也与 Duchenne 等[22]使用的对称高阶幂算法（S-HOPM，算法 2.3）有关，其驻点 $\boldsymbol{v}$ 是赋值概率向量的近似值并给出了 $\boldsymbol{H}$ 的秩为 1 的近似值。对称高阶幂算法[87]适用于超对称张量计算，在单位范数约束 $\|\boldsymbol{x}\|=1$ 的情况下，这种算法能保证收敛到三阶分数的一个平稳点（式（2.5））。在实验中，S-HOPM 能够收敛且数值稳定。由于超对称张量 $\boldsymbol{H}$ 有非负元素，因此 S-HOPM 的稳定驻点 $\boldsymbol{v}$ 也有非负元素。S-HOPM 的平稳点 $\boldsymbol{v}$ 与赋值概率 $\boldsymbol{p}$ 之间的关系进一步证明了 $\boldsymbol{v}$ 的离散化[22]，从而获得满足初始约束的整数解。

算法 2.3 对称高阶幂算法（S-HOPM）

$\boldsymbol{v} \leftarrow 1$

循环迭代

$$v_{ia} \leftarrow \sum_{ia, jb, kc} H_{ia;jb;kc} v_{jb} v_{kc}$$

$\boldsymbol{v} \leftarrow \boldsymbol{v} / \|\boldsymbol{v}\|$

直至收敛结束循环

返回 $\boldsymbol{v}$ 值

当三阶分数 $H_{ia;jb;kc}$ 能够正确反映潜在问题的结构和相似性时，$\boldsymbol{p}$ 的近似值 $\boldsymbol{v}$ 才有效。本书建议学习参数 $\boldsymbol{w}$（式（2.5）），$\boldsymbol{w}$ 能够使 $\boldsymbol{v}$ 和二元解向量 $\boldsymbol{b}$ 之间的点积最大化。对于已知赋值，$\boldsymbol{b}$ 中的对应元素等于真值，对于未知赋值，$\boldsymbol{b}$ 中的对应元素等于超图匹配算法生成的赋值。这种算法扩展了前面章节和 Leordeanu 等[19]提出的图匹配学习算法。学习过程中目标函数最大化是图像对训练集上每个 $\boldsymbol{v}$ 与相应 $\boldsymbol{b}$ 之间的点积之和：

$$\boldsymbol{w}^* = \arg\max_{w} \sum_i \boldsymbol{b}_i^{\mathrm{T}} \boldsymbol{v}_i(\boldsymbol{w}) \tag{2.28}$$

注意，$\boldsymbol{v}(\boldsymbol{w})$ 是参数 $\boldsymbol{w}$ 的函数，因为它依赖张量 $\boldsymbol{H}$，张量 $\boldsymbol{H}$ 的元素都是 $\boldsymbol{w}$ 的函数，故可以通过梯度上升更新优化目标，如下式：

$$w_j \leftarrow w_j + \eta \sum_{i=1}^{N} \boldsymbol{b}_i(\boldsymbol{w})^{\mathrm{T}} \frac{\partial \boldsymbol{v}_i(\boldsymbol{w})}{\partial w_j} \tag{2.29}$$

S-HOPM 的每次迭代都计算更新 $\boldsymbol{v} \leftarrow \boldsymbol{v} / \|\boldsymbol{v}\|$，$k+1$ 次迭代处 $\boldsymbol{v}$ 的估计的梯度可以表示为上一步梯度的函数，因此，梯度可以与 $\boldsymbol{v}$ 的计算相结合进行递归。基于以上思想可以得出递归算法 2.4。

算法 2.4 计算 $\boldsymbol{v}$ 的梯度 $\mathrm{d}\boldsymbol{v}$

$\boldsymbol{v} \leftarrow 1$

$\mathrm{d}\boldsymbol{v} \leftarrow 0$

$$\mathrm{d}\boldsymbol{H} \leftarrow \frac{\partial \boldsymbol{H}}{\partial w_j}$$

重复迭代

$$h_{ia} \leftarrow \sum_{jb;kc} \mathrm{d}H_{ia;jb;kc} v_{jb} v_{kc} + 2H_{ia;jb;kc} v_{jb} \mathrm{d}v_{kc}$$

$$v_{ia} \leftarrow \sum_{jb;kc} H_{ia;jb;kc} v_{jb} v_{kc}$$

$$\boldsymbol{h} \leftarrow \frac{\boldsymbol{h}}{\|\boldsymbol{v}\|}$$

$$\boldsymbol{v} \leftarrow \frac{\boldsymbol{v}}{\|\boldsymbol{v}\|}$$

$$\mathrm{d}\boldsymbol{v} \leftarrow \boldsymbol{h} - (\boldsymbol{v}^{\mathrm{T}}\boldsymbol{h})\boldsymbol{v}$$

直至收敛

返回 $\mathrm{d}\boldsymbol{v}$

2.9 图匹配实验

在图匹配案例中需要关注以下两个目标：

第一个目标是验证式（2.12）的理论结果，建立了 v_r 和 p_r 的关系；另外验证式（2.13）将 v_r^* 与 v_r 和错误率 m 建立起关联关系。每个 p_r 都是根据训练序列上的单个矩阵 $\boldsymbol{M}$ 进行经验估计的，同样，每个 v_r^* 与 v_r 也来自每个单独的特征向量。式（2.12）表明了相对于正确赋值之间的成对一致性，不正确赋值之间的成对一致性的可能性更高（如 p_r 所反映的），特征向量 $\boldsymbol{v}$ 越接近二元真值 $\boldsymbol{t}$（如 v_r 所反映的），匹配性能越好。式（2.12）验证了匹配矩阵 $\boldsymbol{M}$ 的模型，匹配矩阵 $\boldsymbol{M}$ 分别由平均值 p_0 和 p_1 定义。式（2.13）解释了为什么通过最大化 $\boldsymbol{v}^{\mathrm{T}}\boldsymbol{b}(\boldsymbol{v})$ 的相关性（并隐式地最小化 v_r^*），实际上可以最小化 v_r 和匹配误差 m。式（2.13）基本上说明了为什么无监督算法确实会最大限度地提高与实际情况的相关性。匹配率/性能是指正确匹配的特征的比例（在匹配的特征总数中），而错误率是 1 减去匹配率。

图 2.6、图 2.7 和图 2.8 分别利用住宅、酒店、人脸、汽车和摩托车进行了相关实验，实验结果验证了本章算法的有效性。

在四个实验中，需考虑一些相关的结果。即使真值未知，$\boldsymbol{v}$ 和真值 $\boldsymbol{t}$ 之间的相关性在每个梯度步也会相应增加，在匹配率提高的同时，相关性的相似度也以相同的速度提高，这表明最大化这种相关性也可以使最终性能最大化。图 2.7 中展示了一对脸图像的特征向量的典型例子，在训练过程中这个案例朝二元化发展。如果在第一次迭代之后特征向量几乎不变化，那么在最后一次迭代中它将非常接近二元真值，并且所有正确的赋值都比任何错误的赋值具有更大的置信度。此外，在所有单独的实验中，式（2.12）和式（2.13）中的近似值随着梯度步数的增加而变得越来越精确，从第一次迭代时不到 10% 的精度，到最后一次迭代的误差小于 0.5%。在所有的学习实验中都是从一组参数 $\boldsymbol{w}$ 开始，它不支持任何赋值（$\boldsymbol{w}=0$，这意味着在第一次迭代之前，矩阵 $\boldsymbol{M}$ 中的所有非零分数都等于 1)。这些结果既激励了所提出的 ***M*** 模型（式（2.12)），也触发了支持无监督学习方案的结果（式（2.13))。

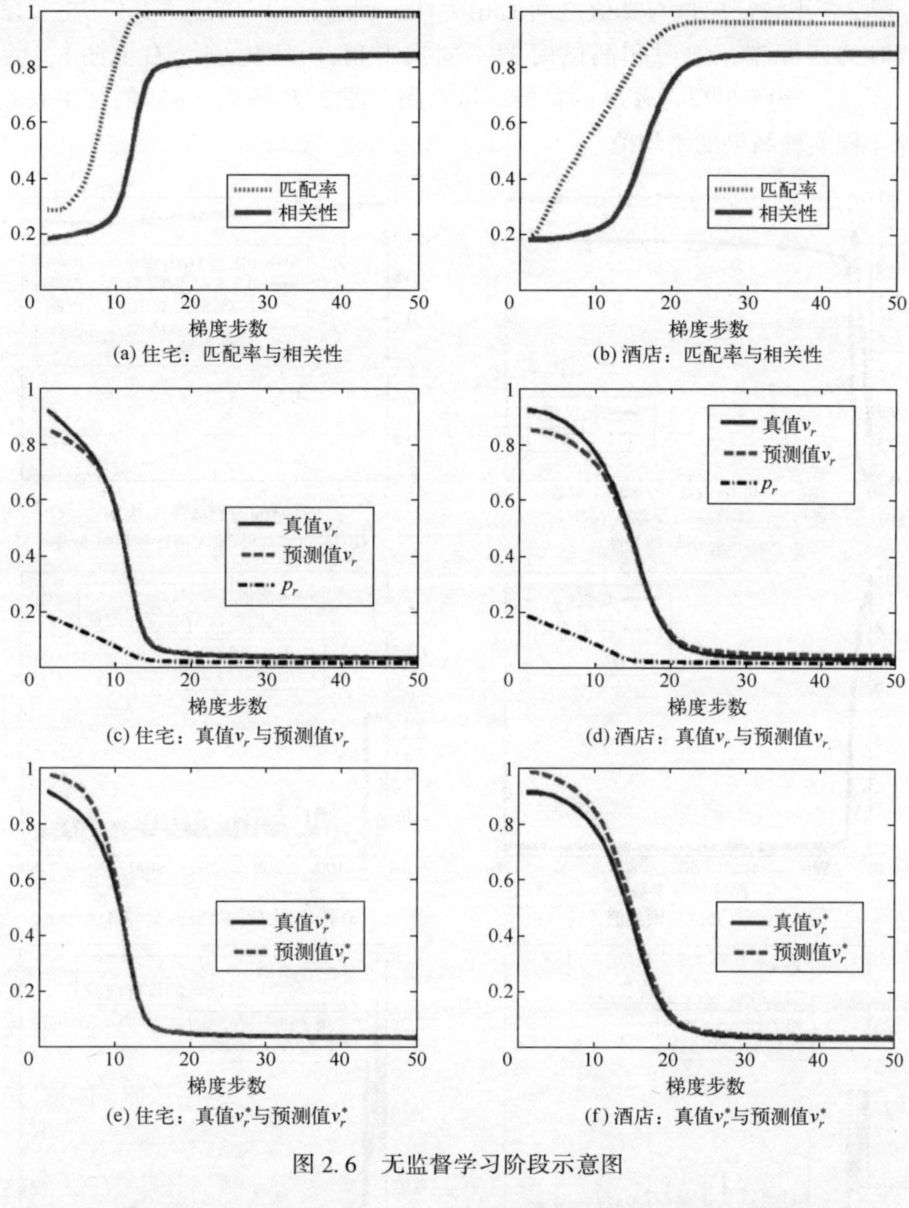

图 2.6　无监督学习阶段示意图

第二个目标是对新的测试图像学习前后的匹配性能评估。其目的是表明在测试时，学习后的匹配性能明显优于没有学习的情况。

图 2.6 中第一行为每个梯度步训练时真值特征向量匹配率与相关性；其余的曲线图显示，根据每个图像对获得的特征向量的经验估计值（即式（2.12)

和式（2.13）左侧 v_r^* 与 v_r）如何与其预测值一致（式（2.12）和式（2.13）右侧）。结果取自超过 70 个不同的实验结果的平均值。

图 2.7 中特征向量与真值之间的相关性、训练过程中的匹配率（左上角）、测试时的匹配率、学习和测试时的不同离群值/内线比例（右上角），验证式（2.12），为不同学习步骤的特征向量示例。图 2.7（a）~（c）的结果是超过 30 个不同实验结果的平均值。

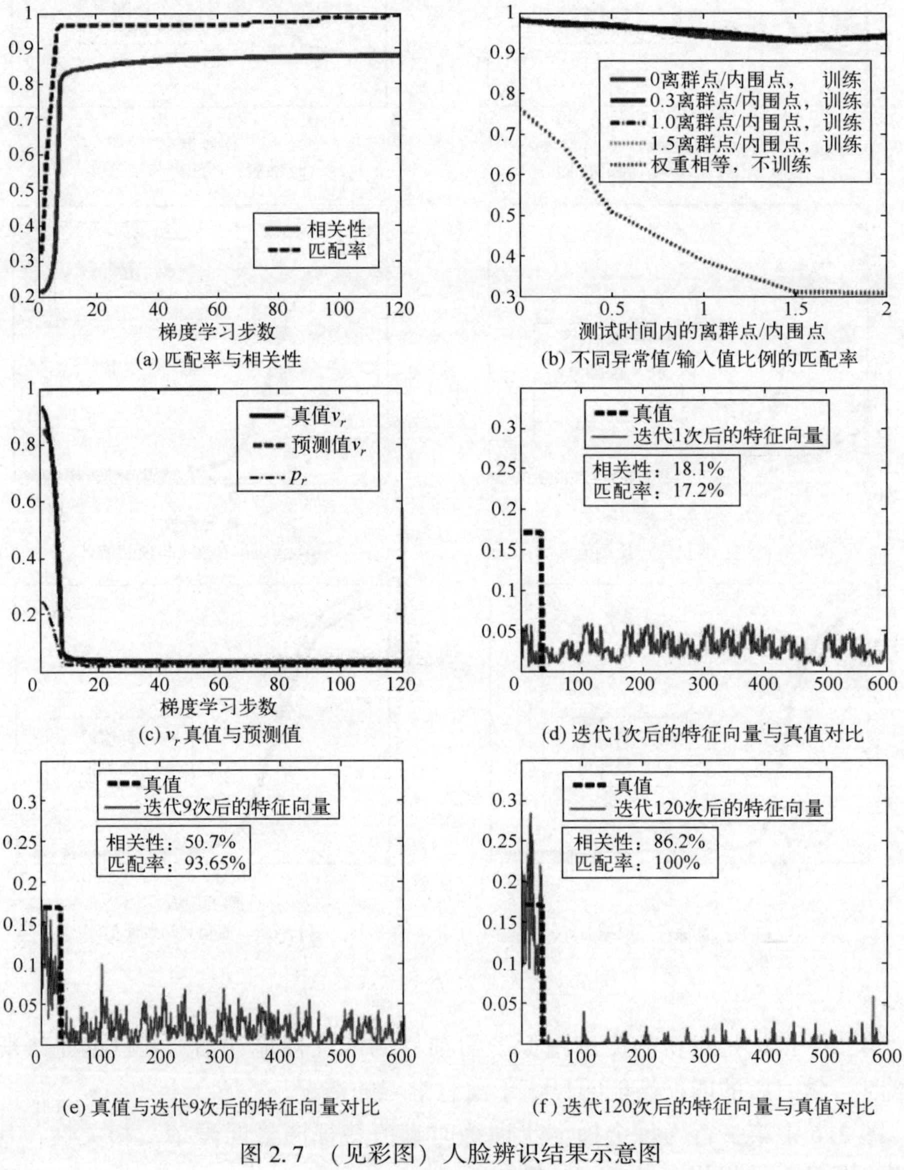

(a) 匹配率与相关性

(b) 不同异常值/输入值比例的匹配率

(c) v_r 真值与预测值

(d) 迭代1次后的特征向量与真值对比

(e) 真值与迭代9次后的特征向量对比

(f) 迭代120次后的特征向量与真值对比

图 2.7 （见彩图）人脸辨识结果示意图

图 2.8（a）是帕斯卡 2007 挑战赛中汽车和摩托车在无监督学习过程中的真值的相关率和匹配率。根据模型的预测，真值和预测值 v_r 变小，通过对超过 30 个不同实验结果进行平均得到上述结果；图 2.8（b）是在无监督学习过程中，经过几次迭代，归一化特征间隙（特征间隙除以 $\boldsymbol{M}$ 的平均值）开始增大，表明主特征向量变得越来越稳定，通过对超过 70 个随机实验的住宅和酒店数据集的结果取平均值得到上述结果。

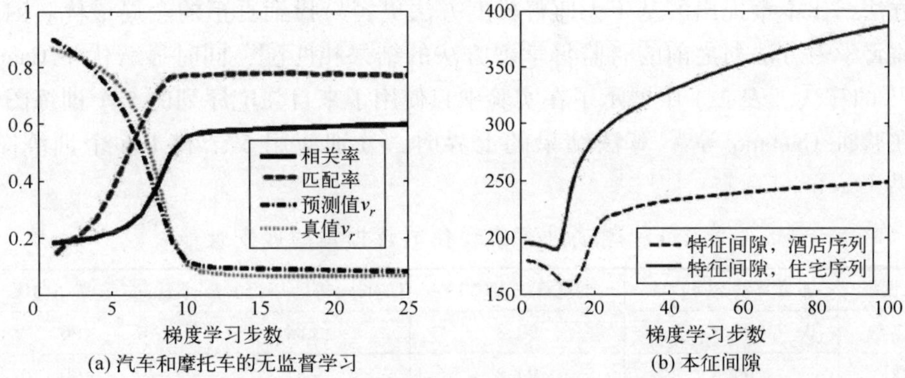

图 2.8　汽车和摩托车比赛学习结果

2.9.1　无标签对应学习

1. 在透视变换下匹配刚性对象

首先对两个任务进行实验，这两个任务与 Caetano 等[17]的实验以及本书之前的工作[18]相同。使用几乎相同的图像序列（住宅，110 幅图像；酒店，100 幅图像）进行训练和测试，并使用相同的特征，这些图像和特征都是由 Caetano 等人手动选择的。测试过程使用剩余图像中的所有成对图像。成对得分 $\boldsymbol{M}_{ia;jb}$ 与 Leordeanu 和 Hebert[18]使用的相同，使用形状上下文描述符[88]表示局部外观，使用成对距离和角度表示二阶关系。这样就可以衡量一幅图像的特征（i,j）在几何和外观方面与候选图像对应的特征（a,b）一致程度。更明确地说，成对得分的表达式为

$$\boldsymbol{M}_{ia;jb}=\exp(-\boldsymbol{w}^{\mathrm{T}}\boldsymbol{g}_{ia;jb})$$

式中

$$\boldsymbol{g}_{ia;jb}=\left[\,|s_i-s_a|,|s_j-s_b|,\frac{|d_{ij}-d_{ab}|}{d_{ij}+d_{ab}},|\alpha_{ij}-\alpha_{ab}|\,\right]$$

其中：s_a 为特征 a 的上下文形状描述符；d_{ij} 为特征 (i,j) 之间的距离；α_{ij} 为水平轴和向量 $\overrightarrow{\boldsymbol{ij}}$ 夹角。

学习过程包括寻找使训练序列的匹配性能最大化的参数 $\boldsymbol{w}$ 向量。

正如 Caetano 等[17] 以及 Leordeanu 和 Hebert[18] 所述，当且仅当 (i,j) 和 (a,b) 在其对应的三角剖分中都连通时，首先得到狄洛尼三角剖分，同时确认非零成对分数 $M_{ia;jb}$。本章之前所展示的算法[18] 是基于全局优化方案有监督的学习方法，比本章提出的基于无监督梯度方法更容易找到真正的全局最优。因此，无监督学习方法与之前的有监督学习方法的结果相匹配，同时显著优于 Caetano 等[17] 的算法。表 2.1 中展示了在实验中只使用了来自住宅序列的 5 个训练图像，而在验证 Caetano 等[17] 算法结果的上界时，分别使用 5 个和 106 个训练图像结果。

表 2.1　测试时酒店和住宅数据集的匹配性能

数据集	本章算法 S(5)/%	本章算法 U(5)%	Caetano 等[17] S(5)/%	Caetano 等[17] S(106)/%
住宅	99.8	99.8	<84	<96
酒店	94.8	94.8	<87	<90

注：S 和 U 分别表示监督和无监督。

本章提出的算法和 Caetano 等[17] 提出的算法在性能上存在显著差异，主要原因在于：Caetano 等[17] 提出的算法在成对分数 $M_{ia;jb}$ 中不太重视二阶几何关系，只使用 0-1 德劳内三角剖分的信息，而没使用成对距离和角度的信息；本书提出的算法强调二阶关系的重要性，因为在实验中即使完全忽略形状描述符，并只使用成对的几何信息，算法的性能也不会降低。需要强调的是，Caetano 等[17] 的算法是在有监督的情况下完成参数学习，而本书介绍的算法是第一个以无监督的方式进行参数学习。

接下来将对无监督学习方法的学习和测试阶段的表现与基本事实分配已知情况下它的监督变体进行比较。实验使用这两个数据集进行 70 个不同的实验，随机选择 10 组训练图像（使用训练集中的所有图像对），并将所有剩余图像对用于测试。实验结果表明，学习的参数基本相同，但使用无监督方法学习速度的平均值低于有监督学习方法。图 2.9 针对有监督学习和无监督学习的情况导出了所有训练对和实验的每一梯度步的特征向量和真值之间平均相关性和匹配率。虽然无监督版本的收敛速度较慢，但在多次迭代之后两种算法的性能（包括参数）能够收敛到相同值。在测试过程中这两种算法在匹配性能方面表现完全相同（70 个不同实验中正确匹配特征的平均百分比）。与没有学习参数的相同匹配算法相比，这两种算法的性能更好（表 2.2）。在没有学习的情况下，设

定 $\boldsymbol{w}$ 矩阵元素全部相等。

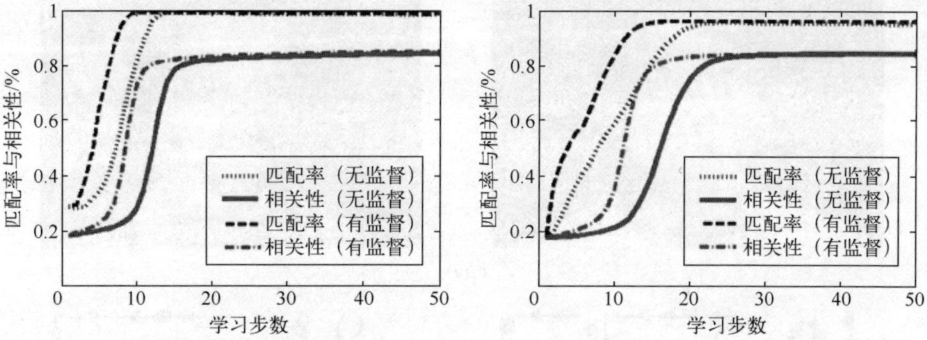

(a) 住宅：匹配率和相关性　　(b) 酒店：匹配率和相关性

图 2.9　有监督学习和无监督学习结果比对

图 2.9 中展示了所有训练图像对上的平均匹配率、特征向量与真值间的相关性，在 70 个不同的实验中，分别从住宅和酒店数据序列中各随机选择 10 个图像进行训练，注意无监督学习如何收敛到与有监督学习相同的相关性和匹配率。表 2.2 中比较了无监督学习和不学习的匹配性能情况，无监督学习和不学习都选择默认等权重 $\boldsymbol{w}$。

表 2.2　70 个不同实验（10 个训练图像，其余用于测试）的房屋和酒店数据集测试时的平均匹配性能比较

数 据 集	无监督学习	不 学 习
住宅+酒店/%	99.14	93.24

2. 可变形 2D 形状与离群值的匹配

用于评估的第三个数据集由加州理工学院 4 号（Caltech-4）人脸数据集中随机选择的 30 个图像对组成。在这个数据集上的实验与之前的实验不同，原因是这些人脸图像不仅包含人脸而且包含背景杂波。同时，这些脸属于不同人，包括女性和男性，并且有不同的面部表情，因此必须匹配面部图像之间明显的非刚性变形。与之前的工作[50]相似（图 2.10），实验采用轮廓采样的定向点作为特征，这种采样方式是沿着图像提取。对于每个点，考虑的方向是轮廓在该特定点的法向量。需要做匹配的脸部点（内点）是研究者手动选择的，而离群值（背景中的特征）是随机选择的，同时确保每个离群点与任何其他点都不能太近（15 像素点的距离）。对于每对面部图像，仅为内点手动选择真值（正确匹配）。成对分数仅包含成对的距离和角度的几何信息：

$$\boldsymbol{M}_{ia;jb}=\boldsymbol{e}^{-\boldsymbol{w}^{\mathrm{T}}\boldsymbol{g}_{ia;jb}} \tag{2.30}$$

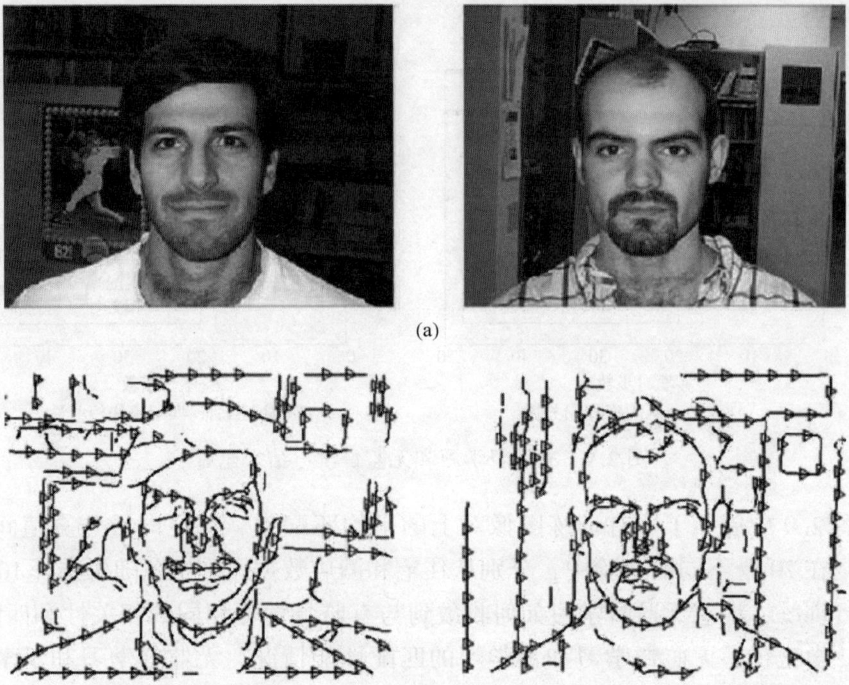

(a)

(b)

图 2.10　实验中使用的来自加州理工学院 4 号（Caltech-4）数据集的一对人面部以及提取的轮廓和作为特征选择的点示意图

这里的 $\boldsymbol{w}$ 是包含需要被学习的 7 个参数的向量，并且有

$$\boldsymbol{g}_{ia;jb}=[\,|d_{ij}-d_{ab}|/d_{ij},|\theta_i-\theta_a|,|\theta_j-\theta_b|,|\sigma_{ij}-\sigma_{ab}|,|\sigma_{ji}-\sigma_{ba}|,|\alpha_{ij}-\alpha_{ab}|,|\beta_{ij}-\beta_{ab}|\,]$$

式中：d_{ij}为特征 (i,j) 之间的距离；θ_i 为特征 i 的法线与水平轴之间的角度；σ_{ij}为向量$\overrightarrow{\boldsymbol{ij}}$在点 i 的法线与该向量的夹角；α_{ij}为向量 $\overrightarrow{\boldsymbol{ij}}$ 和水平轴的夹角；β_{ij}为 i 和 j 的法线之间的角度。

随机抽取 10 对图像进行训练，剩下的 20 对图像用于测试，共做了 30 组实验。30 组实验的平均值曲线如图 2.7 所示。与之前的实验一样，图 2.7（a）的曲线显示了相关性 $\boldsymbol{v}^{\mathrm{T}}\boldsymbol{t}$ 和训练中的匹配性能这两个参数如何随着每个学习步骤提高的结果。在训练和测试期间，实验使用不同百分比的离群值来评估该算法的鲁棒性（图 2.7（b））。该学习方法对离群值具有鲁棒性，这是因为测试过程中的匹配性能并不依赖训练过程中引入的离群值百分比（左、右图像中离群值的百分比始终相同），而只取决于测试时出现的离群值的百分比。在没有学习的情况下（虚线），当选择的默认参数都相等时，匹配性能会更差；并且随着测试时间的延长，随着离群值百分比的增加算法匹配性能下降得更快。这表明，学习不仅提高了匹配率，而且使其对离群值的存在更具鲁棒性。

2.9.2 不同图匹配算法的学习

这里对2007年帕斯卡挑战赛（图2.11）中汽车和摩托车数据的五种最先进的图匹配算法进行无监督学习，与文献［19］中使用的算法相同。本书中使用与前面描述的相同的特征（从轮廓碎片中选择的定向点）。这些算法分别是光谱匹配（SM）[16]、仿射约束谱匹配[3]（SMAC）、分级分配[1]（GA）、概率图匹配[24]（PM），以及整数投影固定点[6]（IPFP）算法。

图2.11 （见彩图）2007年帕斯卡挑战赛图像对在形状、视点和比例的匹配结果

对于每种算法进行 30 个不同的学习和测试实验，并对实验结果进行平均。每个实验随机抽取 10 组图像对进行学习（有离群值），剩下的 20 组图像对用于测试（有或没有离群值）。在训练过程中将离群值添加到每组图像对中的其中一个图像中，这样野值与内点的比例为 0.5，另一幅图像不包含离群值。在训练过程中引入适量的离群值，用于测试无监督学习方法在实际实验中的鲁棒性。特别是在无监督的情况下，在每对图像中执行相同数量的特征是非常耗时的。测试过程中存在两种情况：一是在两种图像中都没有离群值；二是只允许在其中一种图像中出现所有离群值。实验中引入的离群值非常多，汽车类离群值与内点的比例在 1.4~8.2（平均值为 3.7），摩托车类的离群值与内值的比例为 1.8~10.5（平均值为 5.3）。在其他测试中，内点指的是根据真值在另一个图像中存在对应关系的特征，而离群值没有这种正确的对应关系。与先前实验中使用的方法相同，内点是手动选取的，而离群值则是在图像块轮廓碎片上随机选择的，这样任何离群值与被选择的任意其他特征值之间的距离都超过 15 个像素。

图 2.12 展示了每种算法在学习过程中的行为：在每个学习步骤中，特征向量与真值的平均匹配率和平均相关性。有需要注意：对于所有的算法，特征向量和真值之间的相关性随着梯度步数的增加而增加；而 SMAC 算法的收敛速度比其他算法快得多，并且 SMAC 算法的匹配率相对于其他算法来说增长得更快。因为所有算法的匹配率在多次迭代后都会显著提高，所以全部算法都受益于学习。将参数 $\boldsymbol{w}$ 的向量初始化设为零，对于所有算法而言最终学习到的 $\boldsymbol{w}$ 都是相似的。GA 和 SMAC 算法在前 10 个步骤中匹配率快速提高，余下的迭代中会伴随小的下降并停滞。这意味着，对于 GA 和 SMAC 算法来说只需在最初几个迭代中执行即可。对于其他三种算法，在训练过程中学习会持续不断提高结果匹配率。

图 2.12 中第一行是对每种算法进行训练时每个梯度步数相对于真值的平均匹配率；第二行是在每个梯度步数下，每种算法学习过程中主特征向量与真值之间的平均相关性。相对于其他算法而言，在所有算法学习得到的最终参数相似的情况下，SMAC 算法收敛速度最快。

表 2.3 给出了引入离群值时对两个数据集有学习和无学习步骤算法的测试结果。在无学习步骤的所有算法中，两个数据集使用相同的参数向量 $\boldsymbol{w}=[0.2,0.2,0.2,0.2,0.2]$。实验表明，在测试过程引入的离群值越多，学习就越有益，这与图 2.7 的实验结果一致。表 2.3 展示了在存在大量离群值情况下有学习和无学习的结果（如前面所述，一个图像中没有离群值，而另一个图像中含有所有可能的离群值）。显然，学习可以显著提高所有算法的性能。本节结果特别表明，存在大量离群值的情况下，无监督学习策略可以显著提高其他算法在困难数据处理方面的性能（如帕斯卡 2007 年数据库中的汽车和摩托车数据）。

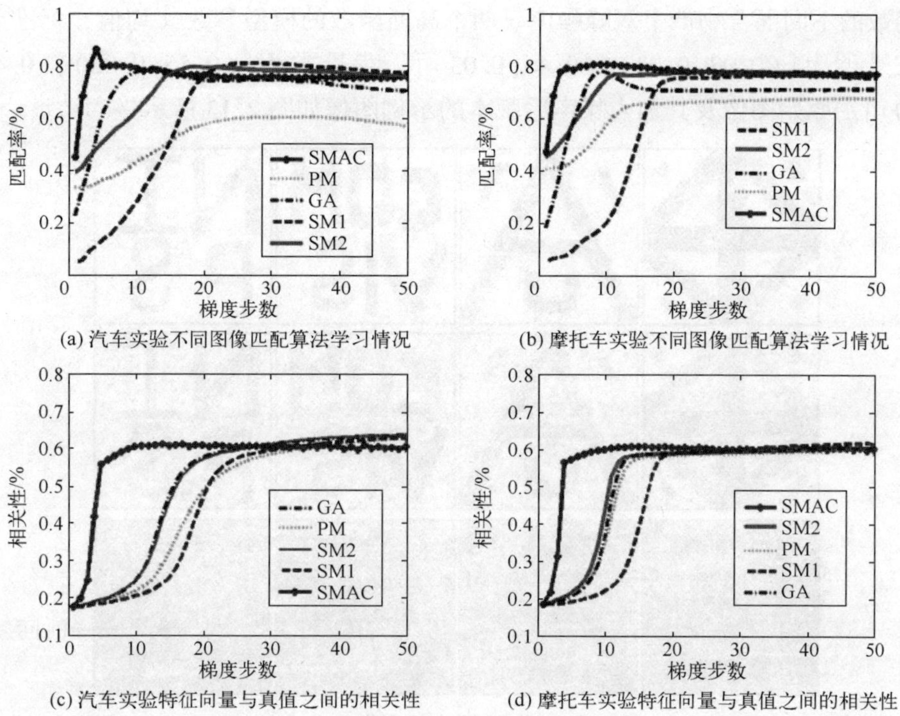

(a) 汽车实验不同图像匹配算法学习情况　(b) 摩托车实验不同图像匹配算法学习情况

(c) 汽车实验特征向量与真值之间的相关性　(d) 摩托车实验特征向量与真值之间的相关性

图 2.12　不同算法在学习过程中的行为比较

表 2.3　对帕斯卡 2007 年数据库中汽车和摩托车数据学习结果的比较

数据集		IPFP/%	SM/%	SMAC/%	GA/%	PM/%
汽车	NL	**50.9**	26.3	39.1	31.9	20.9
	WL	**73.1**	61.6	64.8	46.6	33.6
摩托车	NL	32.9	29.7	**39.2**	34.2	26.1
	WL	**55.7**	54.8	52.4	46.8	42.2

注：NL—无学习；WL—有学习。

2.9.3　条件随机场实验

为了将本章的算法与之前在 CRF 做的工作进行比较，本章实验严格遵循了 Kumar 在图像去噪方面的实验原则，比如 Kumar 提供的实验实现细节和测试数据[89]。要处理的任务是从损坏的 64×64 的二进制图像中获取去噪后的图像。实验使用了相同的四幅图像和相同的噪声模型。对于相对简单的任务，噪声模型可以选择高斯模型，可以在 0-1 二值图像中加入平均值 $\mu=0$ 和标准差 $\sigma=0.3$ 的噪声。对于相对困难的任务，Kumar[89] 对每个类使用了两个混合权重相等的高斯函数的不同混合物产生双峰噪声。两个高斯函数的模型参数（均值，标准差）在前景类为[(0.08,0.03),(0.46,0.03)]，背景类为[(0.55,0.02),(0.42,0.10)]。原始图像及其加入噪声后版本的示例图像如图2.13所示。

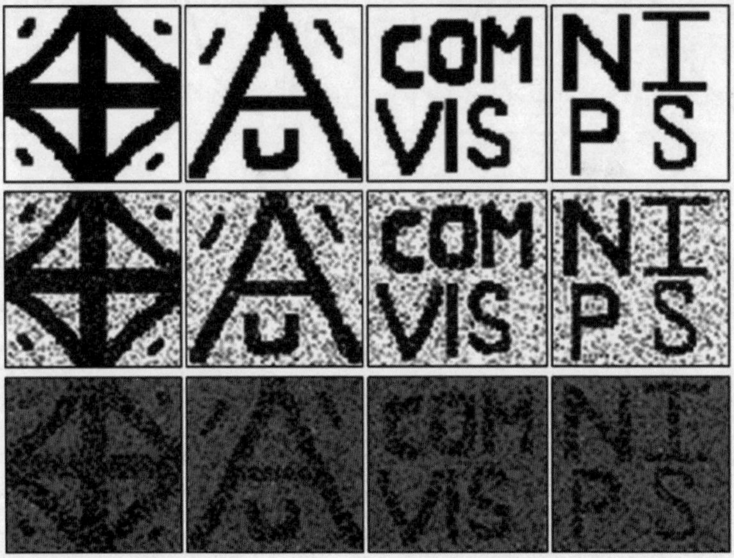

图2.13　加入噪声的图像示意图

图2.13中第一行是原始二进制图像（第一幅图用于训练，后三幅图用于测试）；第二行是因单峰噪声而损坏的图像；第三行是因双峰噪声而损坏的图像。

Kumar的算法[89]使用50个随机生成的噪声版本的第一幅图像进行训练，而本书的实验只使用了5幅这样的图像。对于更简单的任务，本书实验还进行了完全无监督的学习，得到了几乎相同的结果（表2.4）。表2.4中根据Kumar[89]实验利用第一幅图像的50个噪声版本进行训练，实验只使用了第一个图像的5个噪声版本用于训练；为了测试这两种算法，使用剩余3幅图像的50个噪声版本作为测试对象。无监督学习与有监督学习的性能是能够匹配的。Kumar[89]使用的推理方法是图像切割方法，学习方法是最大伪似然（PL）和最大惩罚伪似然（PPL）。

表2.4　IPFP算法与Kumar[89]所提算法，对相同实验的结果比较

算　法		L2QP/%	IPFP/%	Kumar：PPL/%	Kumar：PL/%
单峰	有监督	0.75	**0.73**	2.3	3.82
	无监督	0.85	**0.69**	—	—
双峰（有监督）		7.15	15.94	**6.21**	17.69

对于更简单的噪声模型，本书实验的结果明显更好；而对于更困难的噪声模型，本书实验的结果与 Kumar[89] 的结果相匹配。此外，本书的学习方法更容易实现并提高了 IPFP 算法的性能（图 2.14），而不仅是 L2QP（光谱 MAP 推理算法，来自 Leordeanu 和 Hebert[37] 的最初设计）。使用的成对势的表达式如下：

$$M_{ia;jb}=\sigma(\boldsymbol{w}^{\mathrm{T}}[t_a;t_aI_i;t_b;t_bI_j;t_at_b|I_i-I_j|]) \tag{2.31}$$

式中：I_i 为图像中像素 i 的值；$|I_i-I_j|$ 为连接点 i 和 j 的图像像素值之差的绝对值。

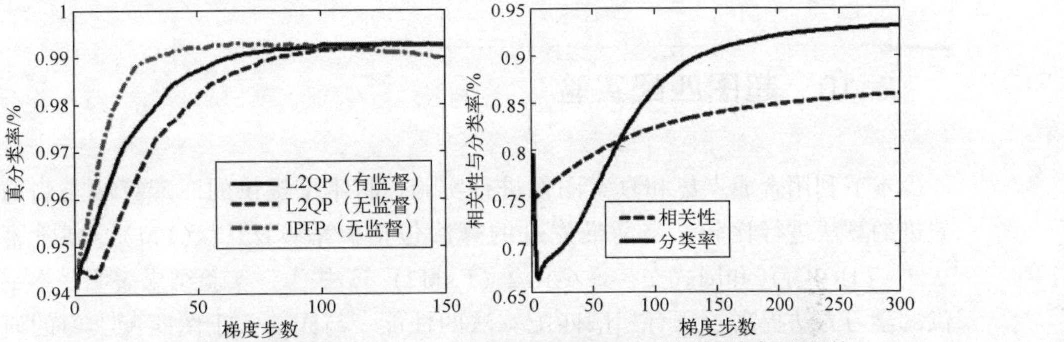

(a) 训练期间的分类率　(b) 训练期间的分类率和相关性

图 2.14　单双峰有监督学习和无监督学习平均结果比较

根据 Kumar[89] 的研究，本书的实验中使用了 4 个连通格，并对 8 个连通格进行了实验，算法在性能上没有显著差异。

所有学习实验的参数值如下。

（1）初始：

$$\boldsymbol{w}=[0.5;-1;0.5;-1;-0.5;1]$$

（2）无监督，单峰噪声：

$$\boldsymbol{w}=[1.27;-2.55;1.27;-2.55;-2.50;0.47]$$

（3）有监督，单峰噪声：

$$\boldsymbol{w}=[1.27;-2.55;1.26;-2.55;-2.63;0.26]$$

（4）有监督，双峰噪声：

$$\boldsymbol{w}=[1.98;-5.24;1.98;-5.24;-2.99;0.22]$$

图 2.14（a）是使用单峰噪声时有监督学习和无监督学习结果，图 2.14（b）是使用双峰噪声时的有监督学习结果，两幅图的结果均是每个学习梯度步数的 5 个训练图像结果的平均值。

本书的学习方法避免了大多数概率逼近算法（如最大似然法和伪似然法）的计算瓶颈，这些方法需要对归一化函数 $\boldsymbol{Z}$ 进行估计。无监督学习在最大后验概率问题求解的表现不如在图匹配问题求解的表现，主要原因是矩阵 $\boldsymbol{M}$ 的不同结构。在图匹配的情况下，矩阵 $\boldsymbol{M}$ 包含一个主要由正确的赋值形成的单个强簇，而在最大后验概率问题中，矩阵 $\boldsymbol{M}$ 可以包含多个这样的强簇，这些簇对应于完全不同的标号。偶然对齐的思想不适用于大多数最大后验概率问题的求解，因此学习方法可以收敛到多个参数向量，这些向量会将连续解二值化，这种情况下需要有监督学习。此外，即使在有监督学习的情况下，最大后验概率问题的训练对初始值也是敏感的。

2.10 超图匹配实验

本节利用合成点集和真实图像进行实验，将本书提供的匹配算法与当前最先进的算法进行比较，当前最先进的算法包括概率算法[24]（PM）、高阶幂算法[22]（HOPM）和因式交替最小化 2（FAM2）算法[23]。实验结果表明，本书提供的学习方法提高了所有超图匹配算法的性能。与先前关于图匹配学习的研究相似[90]，监督程度并不影响学习质量（详见 2.10.4 节）。实验结果还表明，无论单独使用还是组合使用，新的超图匹配算法（算法 2.2）结果优于现有的最先进技术。在实验中对三角剖分使用了完整的三角形，这些三角形是通过将每个点连接到它的 7 个最近的邻居而形成的。此外，还添加了德劳内（Delaunay）三角剖分，这些设置用于模型和测试图像。对于没有学习过程的测试，使用统一的参数向量 $\boldsymbol{w}$，令 $w_i=1$，梯度上升学习法开始于参数 $\boldsymbol{w}$ 统一向量。

2.10.1 合成数据

本节中涉及的合成实验遵循了类似于 Chertok 和 Keller[23]、Zass 和 Shashua[24] 设置的实验条件。模型集 I_m 包含 20 个点，这些点在区间$[0,1]^2$内均匀生成二维位置。测试集 I_t是通过在区间［0.01，0.1］以 σ_p 为方差进行高斯噪声随机扰动模型点的位置而生成的。离群值只添加到测试集中，在区间$[0,1]^2$内具有相同均匀分布的（x,y）位置。离群值是测试集中的额外点，在模型集中没有正确的对应关系。离群率 o_r 是离群点与内在点的比例，范围为 0~1（当离群值的数目等于内在点的数目时），将测试集按比例因子 s 进行缩放，并旋转一个角度 α，该角度由具有 $\sigma_a \in [0,45°]$的高斯分布得出。

本章提出的算法允许模型图像中的每个点在测试图像中都能找到匹配的对应点，这一做法与 Chertok 和 Keller[23] 的做法截然相反。Chertok 和 Keller[23] 认为模型图像中的每个点，仅仅从测试图像中选择有限的候选点，确保提出的算法总是能够选到正确的匹配结果。本章提出的算法在比例和旋转状态方面保持不变，这与 Chertok 和 Keller[23] 的设置不同。本章的算法着眼于三阶分数的比例和旋转状态不变以及比例不变两种类型，但对旋转状态敏感。

对每个三角形（i,j,k），定义以下几何描述符（见图 2.2）：

$$\boldsymbol{b}_{ijk}=[\beta_i,\beta_j,\beta_k],\ \boldsymbol{t}_{ijk}=[\theta_{ij},\theta_{jk},\theta_{ki}],\ \boldsymbol{d}_{ijk}=[d_{ij},d_{jk},d_{ki}]/p_{ijk}$$

式中：p_{ijk}为三角形的周长。

注意$\boldsymbol{b}_{ijk}$和$\boldsymbol{d}_{ijk}$具有相似变换不变性，而$\boldsymbol{t}_{ijk}$对旋转较为敏感。对于旋转不变匹配，通过三阶得分［式（2.5）］得到的变形矢量：

$$\boldsymbol{g}_{ia;jb;kc}=\left[\sum|\boldsymbol{b}_{ijk}-\boldsymbol{b}_{abc}|,\max|\boldsymbol{b}_{ijk}-\boldsymbol{b}_{abc}|,\sum|\boldsymbol{d}_{ijk}-\boldsymbol{d}_{abc}|,\max|\boldsymbol{d}_{ijk}-\boldsymbol{d}_{abc}|\right]$$

对于旋转敏感得分，本书算法用另外两个项$\left[\sum|\boldsymbol{t}_{ijk}-\boldsymbol{t}_{abc}|,\max|\boldsymbol{t}_{ijk}-\boldsymbol{t}_{abc}|\right]$将向量$\boldsymbol{g}_{ia;jb;kc}$扩展到 6 个维度。

进行训练时，通过在三阶分数中引入（或不引入）全局旋转角 α 来使用两种不同的学习设置。$\sigma_p=0.03$、$o_r=0$ 和 $\sigma_r=5°$，共使用了 5 个训练点集对(I_m，I_t)。在图 2.15（b）中，注意相对于旋转不变情况，旋转敏感匹配的学习速度更快，并且匹配率更高。对于所有算法，在学习过程中匹配精度都会提高。与其他参与测试算法相比，本章介绍的算法具有更好的收敛性（使用非信息统一解 $\boldsymbol{x}_0$ 进行算法初始化）。

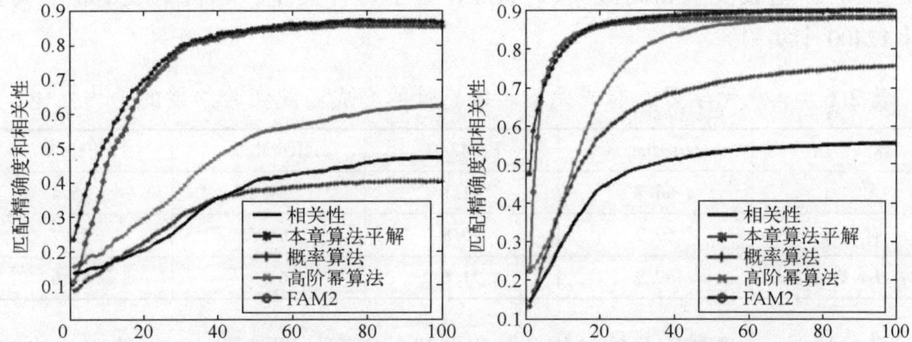

图 2.15 （见彩图）合成数据的学习结果示意图

注意，在训练过程中特征向量和真值之间的相关性如何最大化。同时，在学习过程中，所有算法对训练数据的匹配精度都会提高。图 2.15 显示了 60 个不同学习实验结果的平均值，训练期间未产生异常值，位置噪声 $\sigma_p=0.03$，旋转角噪声 $\sigma_r=5°$。

为了进行测试，实验中均匀地改变 $\sigma_p \in [0.01, 0.1]$、$\sigma_r \in [0, 45°]$ 和 $o_r \in [0,1]$ 从而生成成对的点集 (I_m, I_t)。有关结果见表 2.5、表 2.6 和图 2.17。表 2.5 中的实验结果是通过均匀地改变 $\sigma_p \in [0.01, 0.1]$、$\sigma_r \in [0, 45°]$ 和 $o_r \in [0,1]$，得出 412 种不同类型的合成匹配实验结果的平均值。对于每种类型，随机生成 100 个实验，共进行 41200 个实验。第一行：其他算法的客观得分 S 与利用书中的算法（Ours-flat）从平解计算得到的分数 S 的平均值比。第二行：用其他算法初始化的本章算法而获得的客观得分 S 与本章算法平解客观得分的平均值比。最后一行：本章算法平解客观得分的比其他算法的得分 S 高的频率。无论是单独使用还是与其他算法结合使用，本章介绍的算法在所有类型的实验中都能够提供明显更优异的分数。

表 2.5　合成匹配实验结果客观得分的比较

算　法	FAM2	HOPM	PM
S（其他）/S（本章+平解）	0.83	0.49	0.37
S（其他+本章）/S（本章+平解）	0.99	0.96	0.97
频率：S（本章+平解）>S（其他）	100%	100%	100%

表 2.6 中展现了有或无学习、有或无旋转敏感性的合成匹配实验中 124 种不同类型实验结果的平均性能。通过统一绘制 $\sigma_p \in [0.01, 0.1]$、$\sigma_r \in [0, 45°]$ 和 $o_r \in [0,1]$ 生成模型和测试集 (I_m, I_t)。对于每种类型，随机生成 100 个实验，总计 12400 个实验。

表 2.6　有或无学习、有或无旋转敏感性的合成匹配实验结果的平均性能

算　法	Ours-flat/%	FAM2/%	HOPM/%	PM/%
无学习	**66.7**	51.1	34.8	35.4
有学习	69.9	**70.8**	61.5	53.2
有学习本章的算法	69.9	**71.6**	66.3	67.6

图 2.16（a）是使用与旋转相关的得分进行匹配；图 2.16（b）使用与旋转无关的得分进行匹配；图 2.16（c）是不进行学习直接进行相似性不变匹配（所有参数均设置为 $w_i = 0.1$）；图 2.16（d）是学习后的相似性不变匹配；对于最后一行 $\sigma_p = 0.03$；所有图显示的是大于 100 次实验结果的平均值。图 2.16 的结果说明了当全局旋转角 α 较小时，旋转敏感匹配的适用性。在学习过程中，旋转参数适应于小旋转情况，因此当 α 较小时基于旋转的匹配具备出色的性能。即使 α 很大，与旋转无关的匹配也能保持高精度。图 2.17 中展示了随着噪声位置的不

同，所有算法的性能对比情况，作为最终离散化步骤，本章介绍的算法显著提高所有方法的准确性情况。

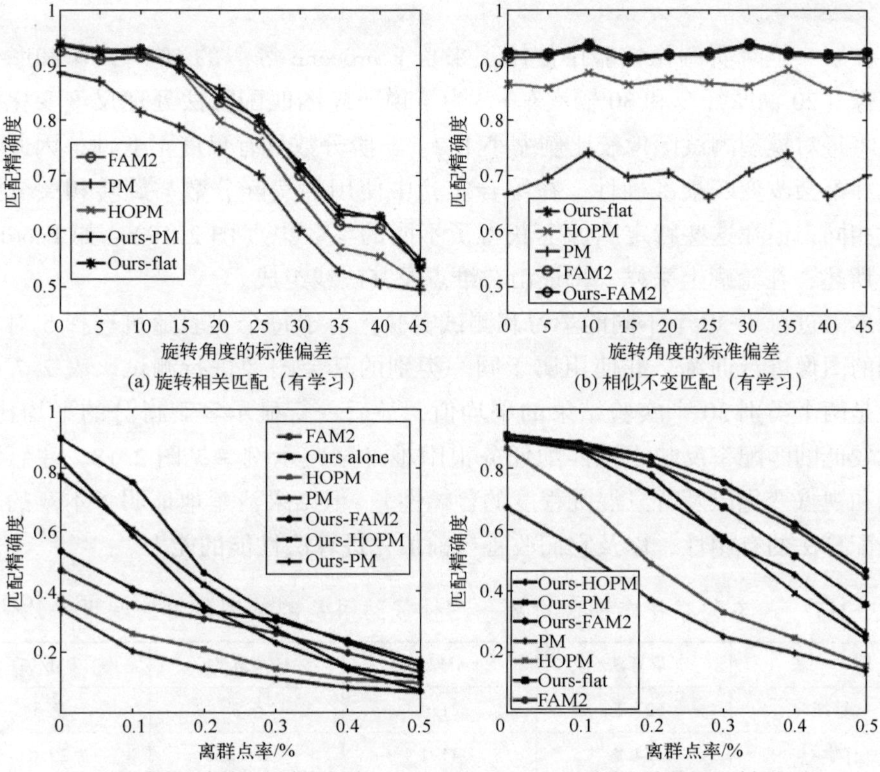

(a) 旋转相关匹配（有学习）　(b) 相似不变匹配（有学习）

(c) 相似不变量匹配（无学习）　(d) 相似不变匹配（有学习）

图 2.16　（见彩图）不同算法有无学习过程的效果比较

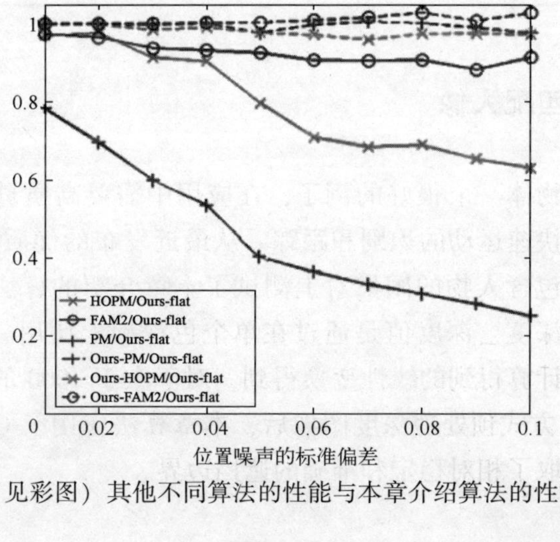

图 2.17　（见彩图）其他不同算法的性能与本章介绍算法的性能比较

2.10.2 真实图像实验

在第一组真实图像实验中使用了来自 Leordeanu 等[6]的 50 对汽车和摩托车的图像（20 辆摩托车和 30 辆汽车）。为了说明超图匹配算法处理尺度变化的能力，将每对模型测试图像按比例缩小 1/2。三阶分数具有尺度不变性，因此尺度变化并不会改变匹配准确性。在综合实验中使用的实际分数与旋转相关分数的形式相同，但在这些特定图像上获得了不同的参数集（图 2.19）。如 Leordeanu 等[6]所述，在轮廓上采样，特征由二维点及其法线组成。

本书进行了 30 个不同的学习和测试实验。对于每个实验随机选择 5 对相同类别的图像进行训练，并使用属于同一类别的其余图像进行测试。表 2.7 中的结果是两个类别 30 个实验结果的平均值，最后一行显示客观得分的平均比例。相对较低的匹配率反映出该匹配任务很困难（某些示例参见图 2.18，注意缩放比例和视点变化以及背景混乱程度的鲁棒性），但结果清楚地证明了本章的学习和匹配算法的有用性，以及它们改善当前最先进算法性能的能力。

表 2.7　汽车和摩托车图像对的平均性能结果是测试图像对的结果平均值

算　法	本章算法/%	FAM2/%	HOPM/%	PM/%
基线	**27.5**	21.4	6.3	7.6
有学习	**54.9**	41.1	51.8	29.0
有学习本章的算法	54.9	54.7	**56.3**	50.3
其他/本章	1	0.49	0.85	0.26

2.10.3 匹配人像

人是可变形物体一个很好的例子，在应用中需要高质量的匹配，包括具有较大帧间位移的快速运动的识别和跟踪。从最近发布的优质 RGB 深度相机拍摄的视频中提取的包含人物的图像对上测试了本章介绍的算法。首先对每帧图像用彩色图像记录深度，深度值是通过在单个色深帧上使用一次手动校正和 ICP 算法，利用一次计算得到的线性变换得到。对于大于 1000 的深度点，深度设置为 1000，以这种方式预处理深度图像后，本章算法应用了 Canny 边缘检测器深度处理图像，提取了相对稳定和准确的遮挡边界。

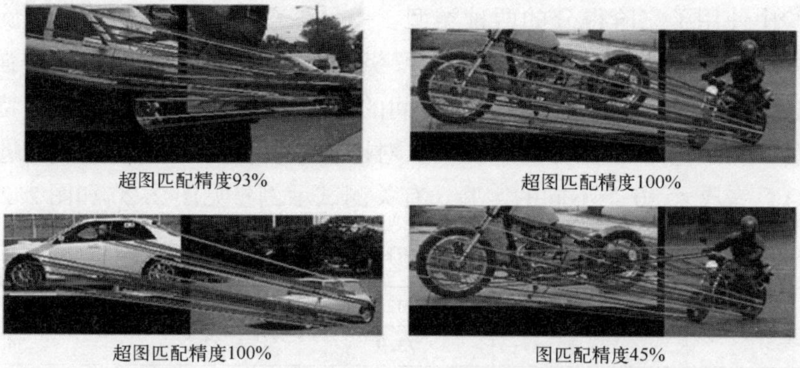

图 2.18　在汽车和摩托车图像对比例不变匹配的示例

为了进行训练（图 2.19）和评估，实验选择 30 对包含不同姿势的同一人的图像帧，这些帧相隔约 0.5s。与之前的实验一样，将测试图像缩小 1/2，手动选择真值在两个框架之间的对应点，对测试帧添加了从深度边界统一采样的离群值。图 2.19 是 30 个不同学习实验的平均值，结果表明使用外观和几何图形学习速度更快，并且匹配精度更高。

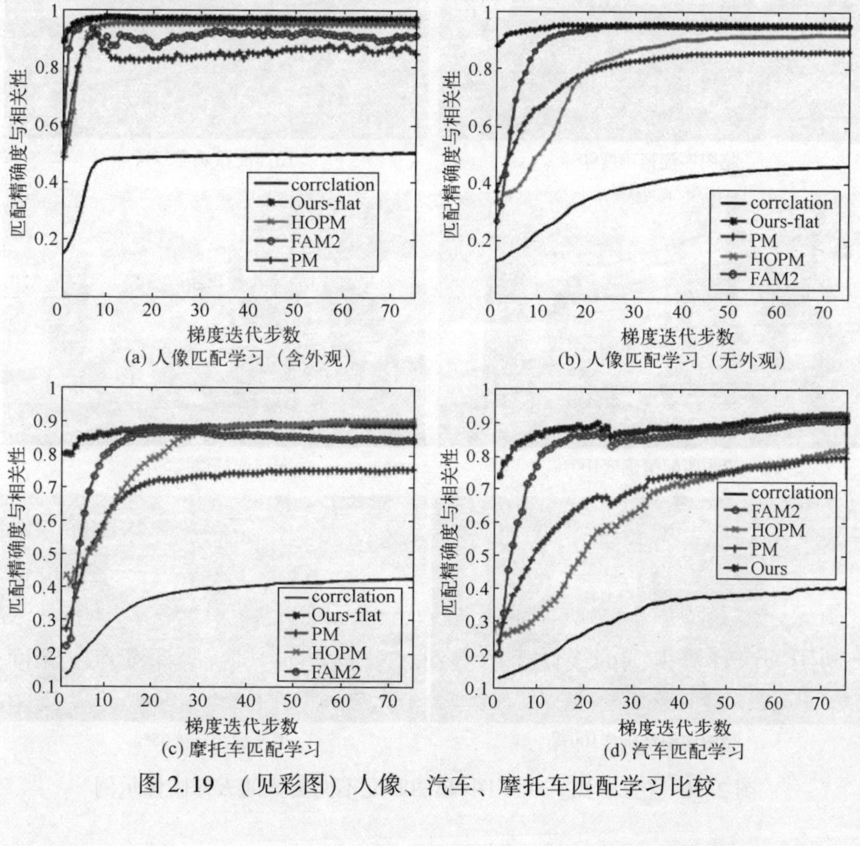

图 2.19 （见彩图）人像、汽车、摩托车匹配学习比较

实验中使用了三阶得分的两种类型：一是先前实验中得到的、与旋转相关的得分，其中 **w** 从 RGB-d 图像对中学习获得；二是几何图形的分数增强了外观信息（HSV 颜色空间中 40 维直方图之间的卡方距离），该信息是在由特征三元组定义的三角形内部计算得出。使用 5 对图像进行训练，其余图像对进行测试（表 2.8），完成了 30 个不同的实验。有关测试示例参见图 2.20 和图 2.21。

表 2.8　包含人像的 30 组图像对的匹配精度

算　法	本章算法/%	FAM2/%	HOPM/%	PM/%
无学习	73.4	**73.9**	23.2	24.6
有学习	**84.2**	83.5	81.5	65.4
有学习外观	**91.0**	86.3	89.7	84.7
有学习本章的算法	**91.0**	90.1	89.9	89.0

超图匹配精确度90%　　图匹配精确度37%

超图匹配精确度100%　　图匹配精确度64%

超图匹配精确度100%　　图匹配精确度65%

图 2.20　（见彩图）关于图/超图匹配不同姿势的人像图像示例

图 2.21　匹配不同比例和姿势的人像图像

本书作者在数百对没有真值对应关系的 RGB-d 帧上进一步测试了几何和外观超图模型算法（图 2.21）。并用 C ++实现了该算法，经过优化的代码能够在不到 1s 的时间以比例不变的方式匹配 2 帧图像，包括提取特征、构造张量 $\boldsymbol{H}$ 和匹配所消耗的时间。

2.10.4　有监督学习和无监督学习的比较

在本章的实验中，监督的数量不会影响学习的质量。基本类似于图匹配[90]的相应情况，即使在学习过程中没有给出正确的真值匹配，学习算法也能以非常接近的收敛速度估计出几乎相同的参数 $\boldsymbol{w}$（图 2.22）。图 2.22 展示了在学习过程中，对于从无监督（训练过程中正确的匹配未知）到完全监督的不同监督率，$\boldsymbol{v}$ 和真值的匹配率和相关性是如何上升的。图 2.22 中的值是 10 个学习实验结果的平均值。在每个实验中随机选择 7 对人的图像用于训练。在这些图中仅对三角形的三阶得分使用了：灰度外观变形、渐变外观变形和几何形状变形三个值，并通过一些常数（在所有实验中均保持不变）进行了归一化，使其平均值接近 1（数值稳定）。$\boldsymbol{w}$ 初始参数都等于[0.1,0.1,0.1]，学习后的参数在所有监督程度下都非常相似，例如，在无监督的情况下，学习得到的平均值 $\boldsymbol{w}$ = [3.0,2.2,1.6]，监督百分比为 40%时 $\boldsymbol{w}$ = [3.0,2.2,1.8]，对于完全监督，$\boldsymbol{w}$ = [2.9,2.1,1.7]。注意，监督程度和收敛速度之间几乎没有平均相关性。对于每个监督级别，训练对图像的选择是随机的。

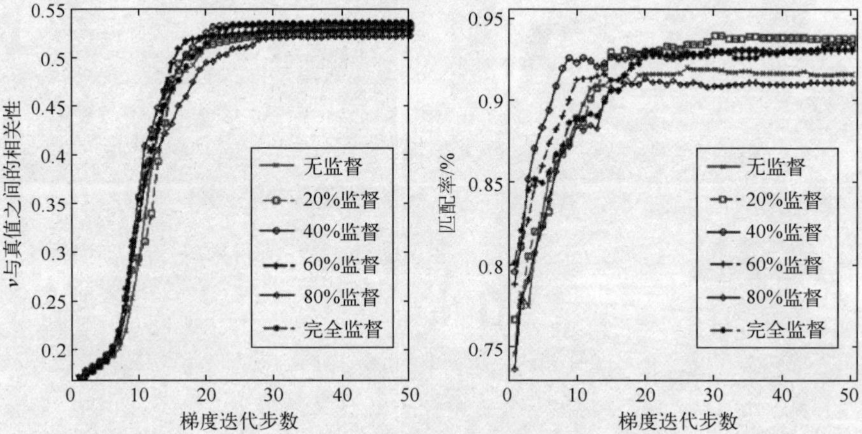

图 2.22 （见彩图）训练期间不同的监督程度

2.11 结论与未来工作

本章的整数二次规划（quadratic integer program，QAP）公式，介绍了用于图/超图匹配和最大后验概率推理问题的有效学习和优化方法。通过大量的实验证明了本章提出的算法具有显著提高匹配和推理准确性的潜力。作者希望为图匹配和超图匹配领域提供有价值的见解和方法，以期为进一步探索开辟新的道路，尤其是在有效匹配和无监督学习的方向上。本章处理了匹配的两个主要方面技术：一是在连续域中找到松弛问题的最优解；二是获得了具有重要理论特性的高质量离散解，这种获得离散解的算法不同于基于贪婪算法或经典匈牙利法获得最终硬分配的传统方法。

在二阶或更高阶约束条件下的匹配方面未来研究有很多途径。因为它们在缩放、旋转、透视或仿射变换，以及多样外观变化和非刚性变形等方面，性能更为健壮，所以在匹配性能方面显著增强。例如，在全局仿射变换案例中，就匹配精度而言，超图匹配胜过 SIFT 特征匹配的算法，参见图 2.23。

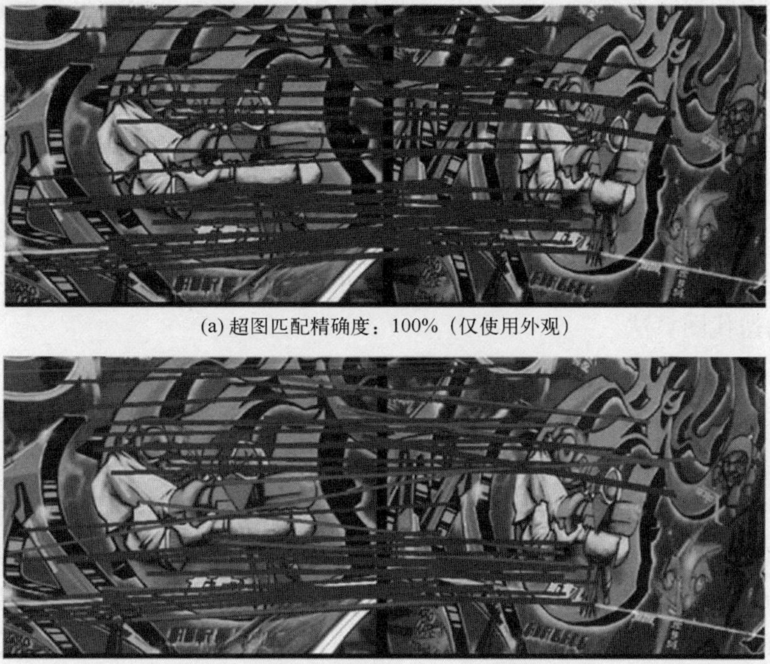

(a) 超图匹配精确度：100%（仅使用外观）

(b) 一阶匹配精确度：77%（采用SIFT）

图 2.23　仿射变换下的超图匹配与 SIFT 特征匹配效果对比

本书后续将进一步探讨的问题和方向具体如下：

（1）高效优化。

本章介绍的光谱匹配算法促进了基于图匹配的计算机视觉应用的发展，在医学成像，2D 和 3D 配准和重建，对象跟踪、建模、发现和学习等方面得到广泛的应用。在动作识别和视频理解领域，图匹配的应用扩展到了更高的解释水平。可以预见，在未来二阶或更高阶的几何和分类关系的使用将是必不可少的。按照这种思路，要解决的主要技术问题之一就是效率和计算成本。虽然作为一种优化方法的光谱匹配速度很快，但构造分配矩阵或张量（对于高阶情况）的速度很慢。因此，这个方向的研究需要进一步有实质性的进展。未来的研究计划包括在计算方面进行更深入的研究，研究如何在不损失准确性的前提下尽快构建/建立问题。神经网络深度学习成功影响了许多其他领域，目前在这些领域中深度算法不断被提出。对于深度学习和卷积神经网络在图匹配应用领域呈现增长趋势，本书作者并不感到惊讶[21,91-97]。

事实上，最近流行的光流估计、深度流 DeepFlow[98]、本书作者目前正在研究的递归图神经网络模型以及第 8 章中提出的更普遍的目标识别系统，也深深根植于使用图形进行匹配的模型中。

随着当前深层卷积网络模型的功能变得更加清晰和易于理解，经典图模型在机器学习和计算机视觉中越来越流行也就不足为奇。标准深度学习方法只有一次前馈，不可能返回并纠正错误以确保达到平衡。在不同处理阶段之间找到平衡的解决方案，通常需要使用迭代消息传递过程，该过程应该自然收敛到极限解。在更经典的概率图形模型和图匹配算法中，这种迭代算法是学习和推理过程的核心。因此，在不久的将来将会提出越来越多的结合前馈深层网络的优点算法，这些算法具备强大的学习功能，并且采用了经典的支持协商一致的解决方案的迭代图算法。

（2）高阶关系。

本章在三阶匹配上的实验结果说明高阶项比二阶项更强大，这种强大需要付出巨大的代价：很难找到快速逼近并且匹配精度高的优化算法，而建立问题、构建张量则会消耗更多的计算和内存资源。这就是为高阶匹配没有像图匹配那样成功的主要原因之一，尽管它具有理论上的吸引力。Leordeanu 等[81] 提出了一种基于局部仿射模型的优雅闭式解的运动和阻塞估计的强有效算法，该算法将高阶几何项简化为更易于计算和优化的二次能量。在接下来的几年里，高阶匹配、检测和推理等领域的研究会有惊人的增长，其重点在高效逼近和高阶计算模型上。这些高效的智能学习或手动设计应考虑外观、几何结构、分段和闭塞线索，以及更高级别的分类信息，以便在现实世界的图像处理领域中获得出色的性能。

后续在图匹配领域的建模、理论和最优性以及实际效率和应用方面，还有许多其他的方向可以进行研究和探索。在这方面有许多算法，应用这些算法的可能性更大。随着计算机视觉领域的飞速发展，以及从研究成果向工业、计算机视觉和机器人技术的快速转变，研究人员将有机会为这个领域研究设计许多有用的算法。

参考文献

[1] Gold S, Rangarajan A (1996) A graduated assignment algorithm for graph matching. PAMI 18 (4): 377-388.

[2] Berg A, Berg T, Malik J (2005) Shape matching and object recognition using low distortion correspondences. In: CVPR.

[3] Cour T, Srinivasan P, Shi J (2006) Balanced graph matching. In: NIPS.

[4] Schellewald C, Schnorr C (2005) Probabilistic subgraph matching based on convex relaxation. In: International conference on energy minimization methods in computer vision and pattern recognition.

[5] Torr P (2003) SolvingMarkov random fields using semidefinite programming. In: International conference on artificial intelligence and statistics.

[6] Leordeanu M, Hebert M, Sukthankar R (2009) An integer projected fixed point method for graph matching and map inference. In: NIPS.

[7] Cho M, Lee J, Lee KM (2010) Reweighted random walks for graph matching. In: ECCV.

[8] Egozi A, Keller Y, Guterman H (2013) A probabilistic approach to spectral graph matching. Pattern Anal Mach Intell 35 (1).

[9] Zhou F, la Torre FD (2012) Factorized graph matching. In: Computer vision and pattern recognition.

[10] Cho M, Lee K (2012) Progressive graph matching: making a move of graphs via probabilistic voting. In: Computer vision and pattern recognition.

[11] Tolias G, Avrithis Y (2011) Speeded-up, relaxed spatial matching. In: ICCV.

[12] Escolano F, Hancock E, Lozano M (2011) Graph matching through entropic manifold alignment. In: Computer vision and pattern recognition.

[13] Torresani L, Kolmogorov V, Rother C (2013) A dual decomposition approach to feature correspondence. Pattern Anal Mach Intell 35 (2).

[14] Liu Z, Qiao H, Yang X, Hoi S (2014) Graph matching by simplified convex-concave relaxation procedure. Int J Comput Vis 1-18.

[15] Zhou F, la Torre FD (2013) Deformable graph matching. In: Computer vision and pattern recognition, pp 2922-2929.

[16] Leordeanu M, Hebert M (2005) A spectral technique for correspondence problems using pairwise constraints. In: ICCV.

[17] Caetano T, Cheng L, Le Q, Smola AJ (2007) Learning graph matching. In: ICCV.

[18] Leordeanu M, Hebert M (2008) Smoothing-based optimization. In: CVPR.

[19] Leordeanu M, Sukthankar R, Hebert M (2009) Unsupervised learning for graph matching. IJCV 96 (1).

[20] Cho M, Alahari K, Ponce J (2013) Learning graphs to match. In: International conference on computer vision, pp 25-32.

[21] Zanfir A, Sminchisescu C (2018) Deep learning of graph matching. In: Proceedings of the IEEE conference on computer vision and pattern recognition, pp 2684-2693.

[22] Duchenne O, Bach F, Kweon I, Ponce J (2009) A tensor-based algorithm for high-order graph matching. In: CVPR.
[23] Chertok M, Keller Y (2010) Efficient high order matching. IEEE Trans Pattern Anal Mach Intell 32: 2205-2215.
[24] Zass R, Shashua A (2008) Probabilistic graph and hypergraph matching. In: CVPR.
[25] Çeliktutan O, Wolf C, Sankur B, Lombardi E (2014) Fast exact hyper-graph matching with dynamic programming for spatio-temporal data. J Math Imaging Vis 1-21.
[26] Wang J, Chen S, Fuh C (2014) Attributed hypergraph matching on a Riemannian manifold. Mach Vis Appl 25 (4).
[27] Yan J, Zhang C, Zha H, Liu W, Yang X, Chu SM (2015) Discrete hyper-graph matching. In: Proceedings of the IEEE conference on computer vision and pattern recognition, pp 1520-1528.
[28] Nie W Z, Liu A A, Gao Z, Su Y T (2015) Clique-graph matching by preserving global and local structure. In: Proceedings of the IEEE conference on computer vision and pattern recognition, pp 4503-4510.
[29] Liu A A, Nie W Z, Gao Y, Su YT (2016) Multi-modal clique-graph matching for view-based 3d model retrieval. IEEE Trans Image Process 25 (5): 2103-2116.
[30] Adamczewski K, Suh Y, Mu Lee K (2015) Discrete Tabu search for graph matching. In: Proceedings of the IEEE international conference on computer vision, pp 109-117.
[31] Jiang B, Tang J, Ding C, Luo B (2017) Binary constraint preserving graph matching. In: Proceedings of the IEEE conference on computer vision and pattern recognition, pp 4402-4409.
[32] Shi X, Ling H, Hu W, Xing J, Zhang Y (2016) Tensor power iteration formulti-graphmatching. In: Proceedings of the IEEE conference on computer vision and pattern recognition, pp 5062-5070.
[33] Yan J, Cho M, Zha H, Yang X, Chu SM (2015) Multi-graph matching via affinity optimization with graduated consistency regularization. IEEE Trans Pattern Anal Mach Intell 38 (6): 1228-1242.
[34] Leordeanu M D (2010) Spectral graph matching, learning, and inference for computer vision. PhD Thesis, Carnegie Mellon University.
[35] Leordeanu M, Zanfir A, Sminchisescu C (2011) Semi-supervised learning and optimization for hypergraph matching. In: IEEE international conference on computer vision.
[36] Leordeanu M, Zanfir A, Sminchisescu C (2011) Semi-supervised learning and optimization for hypergraph matching. In: ICCV.
[37] Leordeanu M, Hebert M (2006) Efficient map approximation for dense energy functions. In: International conference on machine learning.

[38] Cour T, Shi J (2007) Solving Markov random fields with spectral relaxation. In: International conference on artificial intelligence and statistics.

[39] Ravikumar P, Lafferty J (2006) Quadratic programming relaxations for metric labeling and Markov random field map estimation. In: International conference on machine learning.

[40] Yan P, Khan S M, Shah M (2008) Learning 4D action feature models for arbitrary view action recognition. In: CVPR.

[41] Gaur U, Zhu Y, Song B, Roy-Chowdhury A (2011) A string of feature graphs model for recognition of complex activities in natural videos. In: International conference on computer vision, pp 2595-2602.

[42] Liu J, Luo J, Shah M (2009) Recognizing realistic actions from videos "in the wild". In: CVPR.

[43] Nayak N, Sethi R, Song B, Roy-Chowdhury A (2011) Motion pattern analysis for modeling and recognition of complex human activities. In: Guide to video analysis of humans: looking at people.

[44] Zhu Y, Nayak N, Gaur U, Song B, Roy-ChowdhuryA (2013) Modeling multi-object interactions using string of feature graphs. Comput Vis Image Underst 117 (10).

[45] Kim G, Faloutsos C, Hebert M (2008) Unsupervised modeling of object categories using link analysis techniques. In: CVPR.

[46] Kim G, Faloutsos C, Hebert M (2008) Unsupervised modeling and recognition of object categories with combination of visual contents and geometric similarity links. In: ACM international conference on multimedia information retrieval.

[47] Leordeanu M, Collins R, HebertM (2005) Unsupervised learning of object features from video sequences. In: CVPR.

[48] Parikh D, Chen T (2007) Unsupervised learning of hierarchical semantics of objects (hSOs). In: CVPR.

[49] Parikh D, Chen T (2007) Unsupervised identification of multiple objects of interest from multiple images: discover. In: Asian conference on computer vision.

[50] Leordeanu M, Hebert M, Sukthankar R (2007) Beyond local appearance: category recognition from pairwise interactions of simple features. In: CVPR.

[51] de Aguiar E, Stoll C, Theobalt C, Ahmed N, Seidel HP, Thrun S (2008) Performance capture from sparse multi-view video. In: SIGGRAPH.

[52] Huhle B, Jenke P, Straer W (2008) On-the-fly scene acquisition with a handy multi-sensor system. Int J Intell Syst Technol Appl 5 (3-4): 255-263.

[53] Ren X (2007) Learning and matching line aspects for articulated objects. In: CVPR.

[54] Chertok M, Keller Y (2010) Spectral symmetry analysis. PAMI 32 (7): 1227-1238.

[55] Hays J, Leordeanu M, Efros A, Liu Y (2006) Discovering texture regularity as a higher-order

correspondence problem. In: ECCV.
[56] Yi L, Kim VG, Ceylan D, Shen I, Yan M, Su H, Lu C, Huang Q, Sheffer A, Guibas L et al (2016) A scalable active framework for region annotation in 3d shape collections. ACM Trans Graph (TOG) 35 (6): 210.
[57] Im K, Raschle NM, Smith SA, Ellen Grant P, Gaab N (2015) Atypical sulcal pattern in children with developmental dyslexia and at-risk kindergarteners. Cereb Cortex 26 (3): 1138-1148.
[58] Im K, Pienaar R, Lee JM, Seong JK, Choi YY, Lee KH, Grant PE (2011) Quantitative comparison and analysis of sulcal patterns using sulcal graph matching: a twin study. Neuroimage 57 (3): 1077-1086.
[59] Im K, Guimaraes A, Kim Y, Cottrill E, Gagoski B, Rollins C, Ortinau C, Yang E, Grant PE (2017) Quantitative folding pattern analysis of early primary sulci in human fetuses with brain abnormalities. Am J Neuroradiol 38 (7): 1449-1455.
[60] Sotiras A, Davatzikos C, Paragios N (2013) Deformable medical image registration: a survey. IEEE Trans Med Imaging 32 (7): 1153.
[61] Singh R, Xu J, Berger B (2008) Global alignment of multiple protein interaction networks with application to functional orthology detection. Proc Natl Acad Sci 105 (35): 12, 763-12, 768.
[62] Jiang Z P, XiW, Li X, Tang S, Zhao J Z, Han J S, Zhao K, Wang Z, Xiao B (2014) Communicating is crowd sourcing: Wi-Fi indoor localization with CSI-based speed estimation. J Comput Sci Technol 29 (4): 589-604.
[63] Hu Y, Liao S, Lei Z, Yi D, Li S (2013) Exploring structural information and fusing multiple features for person re-identification. In: Proceedings of the IEEE conference on computer vision and pattern recognition workshops, pp 794-799.
[64] Zhang S, Zhu Y, Roy-ChowdhuryA K (2016) Context-aware surveillance video summarization. IEEE Trans Image Process 25 (11): 5469-5478.
[65] Mirzaalian H, Lee T K, Hamarneh G (2016) Skin lesion tracking using structured graphical models. Med Image Anal 27: 84-92.
[66] Kang U, Hebert M, Park S (2013) Fast and scalable approximate spectral graph matching for correspondence problems. Inf Sci 220: 306-318.
[67] Park S, Park S K, Hebert M (2013) Fast and scalable approximate spectral matching for higher order graph matching. IEEE Trans Pattern Anal Mach Intell 36 (3): 479-492.
[68] Yang X, Liu C K, Liu Z Y, Qiao H, Wang B F, Wang Z D (2014) A probabilistic spectral graph matching algorithm for robust correspondence between lunar surface images. In: Proceeding of the 11th world congress on intelligent control and automation. IEEE, pp 385-390.
[69] Brendel W, Todorovic S (2010) Segmentation as maximum-weight independent set. In: NIPS.

[70] Jain A, Gupta A, Rodriguez M, Davis L (2013) Representing videos using mid-level discriminative patches. In: Computer vision and pattern recognition, pp 2571-2578.

[71] Semenovich D (2010) Tensor power method for efficient map inference in higher-order MRFs. In: ICPR.

[72] Monroy A, Bell P, Ommer B (2014) Morphological analysis for investigating artistic images. Image Vis Comput 32 (6).

[73] He L, Yang X, Liu Z Y (2018) Generalizing integer projected graph matching algorithm for outlier problem. In: 2018 IEEE 3rd international conference on image vision and computing (ICIVC). IEEE, pp 50-54.

[74] Lu Y, Huang K, Liu C L (2016) A fast projected fixed-point algorithm for large graphmatching. Pattern Recognit 60: 971-982.

[75] Zaslavskiy M, Bach F, Vert J P (2008) A path following algorithm for graph matching. In: ICSP.

[76] Zaslavskiy M (2010) Graph matching and its application in computer vision and bioinformatics. PhD thesis, lEcole nati6nale superieure des mines de Paris.

[77] Besag J (1986) On the statistical analysis of dirty pictures. J R Stat Soc 48 (5): 259-302.

[78] Frank M, Wolfe P (1956) An algorithm for quadratic programming. Nav Res Logist Q 3 (1-2): 95-110.

[79] Le Blanc L J, Helgason R V, Boyce D E (1985) Improved efficiency of the frank-wolfe algorithm for convex network programs. Transp Sci 19 (4): 445-462.

[80] Mirzaalian H, Lee T, Hamarneh G (2012) Uncertainty-based feature learning for skin lesion matching using a high order MRF optimization framework. In: Medical image computing and computer-assisted intervention, pp 98-105.

[81] Leordeanu M, Zanfir A, Sminchisescu C (2013) Locally affine sparse-to-dense matching for motion and occlusion estimation. In: ICCV.

[82] Semenovich D, Sowmya A (2010) Tensor power method for efficient map inference in higher-order MRFs. In: ICPR.

[83] Neudecker Magnus (1999) Matrix differential calculuswith applications in statistics and econometrics. Wiley.

[84] Cour T, Shi J, Gogin N (2005) Learning spectral graph segmentation. In: International conference on artificial intelligence and statistics.

[85] Bach F, Jordan M (2003) Learning spectral clustering. In: NIPS.

[86] Baratchart L, Berthod M, Pottier L (1998) Optimization of positive generalized polynomials under lp constraints. J Convex Anal 5 (2): 133.

[87] Kofidis E, Regallia PA (2002) Onthe best rank-1 approximation of higher-order supersymmetric tensors. SIAM J Matrix Anal Appl 23 (3).

[88] Belongie S, Malik J, Puzicha J (2002) Shape matching and object recognition using shape context. PAMI 24 (4): 509-522.
[89] Kumar S (2005) Models for learning spatial interactions in natural images for context-based classification. PhD thesis, The Robotics Institute, Carnegie Mellon University.
[90] Leordeanu M, Hebert M (2009) Unsupervised learning for graph matching. In: CVPR.
[91] Guo M, Chou E, Huang DA, Song S, Yeung S, Fei-Fei L (2018) Neural graph matching networks for Fewshot 3d action recognition. In: Proceedings of the European conference on computer vision (ECCV), pp 653-669.
[92] Li Y, Gu C, Dullien T, Vinyals O, Kohli P (2019) Graph matching networks for learning the similarity of graph structured objects. arXiv: 190412787.
[93] Martineau M, Raveaux R, Conte D, Venturini G (2018) Learning error-correcting graph matching with a multiclass neural network. Pattern Recognit Lett.
[94] Wang R, Yan J, Yang X (2019) Neural graph matching network: learning Lawler's quadratic assignment problem with extension to hypergraph and multiple-graph matching. arXiv: 191111308.
[95] Xu K, Wang L, Yu M, Feng Y, Song Y, Wang Z, Yu D (2019) Cross-lingual knowledge graph alignment via graph matching neural network. arXiv: 190511605.
[96] Nowak A, Villar S, Bandeira A S, Bruna J (2018) Revised note on learning quadratic assignment with graph neural networks. In: 2018 IEEE data science workshop (DSW). IEEE, pp 1-5.
[97] Wang W, Song H, Zhao S, Shen J, Zhao S, Hoi S C, Ling H (2019) Learning unsupervised video object segmentation through visual attention. In: Proceedings of the IEEE conference on computer vision and pattern recognition, pp 3064-3074.
[98] Weinzaepfel P, Revaud J, Harchaoui Z, Schmid C (2013) DeepFlow: large displacement optical flow with deep matching. In: ICCV.

第3章
图与超图聚类的无监督学习

3.1 引言

聚类是数据挖掘、机器学习和计算机视觉中的一个基本问题[1]。学术界对聚类问题并没有明确的表述，一般认为属于同一个类簇的对象会展示彼此间的关联关系，反之不应该表现出相应的关联关系。许多流行的聚类算法是在假设每个数据点都属于一个类簇的前提下的基于分割[2-6]的算法。虽然这些算法对解决这种假设下的问题积极有效，但在大多数实际应用中任何类簇都存在大量不属于任一类簇的离群点。Liu[7]、Bulo 和 Pellilo [8]等指出，确定一个点是否为离群点是一项艰巨工作，基于分割的聚类算法在数据存在离群值时表现不佳。大多数经典的数据聚类算法的另一个局限性是，它们是通过关联图的权重给出的数据点之间的成对关联关系的方式来完成聚类。在某些应用中仅体现成对关联关系不足于完成任务，因此开发出能够处理数据点之间高阶关系的算法非常重要。由于阶数的增加，聚类问题变得越来越难，算法的效率变成解决问题的一个至关重要的因素。

目前对超图聚类的研究方向主要集中在两个方向：一个是通过将高阶关系映射到成对关系，将超图转换为图[9-11]；另一个是从成对聚类中衍生出普适性的方法，如归一化切割[3]和非负矩阵分解到超图及其相应的张量的算法[12-13]。本章的公式与超图聚类算法[7-8]有关联。文献［8］中提出了一个基于博弈论的算法，并利用 Baum-Eagon 增长转化的结果优化了目标函数[14]。这些算法和本

本章资料大部分来自以下论文：

Leordeanu, Marius and Cristian Sminchisescu. “Efficient hypergraph clustering”. In Artificial Intelligence and Statistics (AISTATS), 2012.

章提出的算法一样，在迭代过程中并行更新所有节点的类簇成员，令算法加快收敛速度。实验证明，本章的算法通过求最大值使收敛速度显著加快，并且精度略有提高。Liu 等[7]提出的算法，采用节点更新方式使得算法收敛速度缓慢，实验表明他们的算法比本章使用的算法收敛速度至少慢一个数量级。

虽然很多学者致力于超图处理研究，但该领域论文的数量是有限的，在计算机视觉和机器学习方面更高阶聚类的使用依然存在着许多问题。这些文章中给出了一些具有代表性的应用例子，例如基于高阶模型和光谱聚类的运动建模[15]、基于超图切割的视频对象分割[16]、基于超图匹配的目标识别[17-20]（见第 2 章），通过组合社交媒体信息、用户行为、新闻和音乐内容[21-22]等不同来源信息实现基于超图学习的音乐和新闻自动推荐，采用超图排名的图像修复[23]、基于超图切割的图像分类[24]，以及通过结合了视觉和文本模型[25]的超图学习方法进行社交图像搜索等。超图学习和建模功能强大，因为它可以将多种信息源和特征整合到统一的高阶关系中，其应用场景多种多样，重要的是设计出在真实场景中能够有效运行的算法。大多数基于超图的问题是聚类问题的特例，这些特例推动了这一领域的研究工作开展。正如将在本章后半部分所述的，超图匹配与超图聚类密切相关，可以将超图匹配看作更普通的聚类问题的一种特定情况。

本章将提出一种有效的聚类算法[26]，这种算法不是基于分割的算法，它可以处理数据点集之间的二阶或更高阶关系。该算法具有重要的理论特性，如收敛性并满足一阶必要最优条件。在实验中具有同样精度的前提下，它在计算速度方面明显优于当前最先进的算法。

3.2　问题描述

第 1 章为具有二阶特性经典的图聚类问题提供了数学公式。本章将给出超空间上具有 k 阶关系的图聚类的普适性公式（也称 k-图），此公式类似于 Bulo 和 Pellilo[8]、Liu 等[7]提出的公式。k-图中存在 $\boldsymbol{G}=(\boldsymbol{V},\boldsymbol{E},\boldsymbol{w})$，包含 n 个顶点 $\boldsymbol{V}=\{1,2,\cdots,n\}$，一组超边 $\boldsymbol{E}\subseteq\boldsymbol{V}^k$ 以及一个 k 阶真值关联函数 $w:\boldsymbol{W}\rightarrow\mathbf{R}$。关联函数反映超边上关系的强度，即与超边 $\{v_1,v_2,\cdots,v_k\}$ 关联性越强，关联函数值 $w(\{v_1,v_2,\cdots,v_k\})$ 越大。定义 k-图相关的超对称的张量 $\boldsymbol{W}$：如果超边 $\{v_1,v_2,\cdots,v_k\}$ 取值为 $\boldsymbol{E}$ 或 0，则 $\boldsymbol{W}(v_1,v_2,\cdots,v_k)=w(\{v_1,v_2,\cdots,v_k\})$。张量 $\boldsymbol{W}$ 是超对称的，因为给定超边中的顶点可以按任意顺序进行计算，而不需要改变对应的关联值，

并且在张量 $\boldsymbol{W}$ 中每条超边 $\{v_1,v_2,\cdots,v_k\}$ 具有 $k!$ 的计算次数。

设强类簇 $C\subseteq \boldsymbol{V}$ 是具有高对应超边关联的顶点集。与 Liu 等[7]提出的观点类似，本章将聚类得分描述为类簇内的超边平均关联关系。因此，如果集合 C 有 m 个顶点，则聚类得分可以表示为

$$S_C = \frac{1}{m^k}\sum_{v_1,v_2,\cdots,v_k\in C} \boldsymbol{W}(v_1,v_2,\cdots,v_k) \tag{3.1}$$

定义向量 $\boldsymbol{x}$ 作为指标函数，如果顶点 i 在类簇 C 中，则存在 $x_i=1/m$；否则，$x_i=0$。聚类得分有以下表达式：

$$S(\boldsymbol{x}) = \sum_{v_1,v_2,\cdots,v_k\in V} \boldsymbol{W}(v_1,v_2,\cdots,v_k)\prod_{i=1}^{k} x_{v_i} \tag{3.2}$$

找到一个好的类，意味着找到一个具有高聚类分数 S_C 的特征子集。即使事先知道聚类群中的元素数量，完美地最大化 S_C 也是一个消耗巨大的组合问题。在实际应用中为了有效地找到一个解决方案，需要依赖近似值。通过允许 $\boldsymbol{x}$ 取连续域 $[0,\varepsilon]$ 中的值，从而缓解消耗巨大的问题。ε 是类成员取值的上限：

$$\begin{aligned} &\boldsymbol{x}^* = \arg\max S(\boldsymbol{x}) \\ &\text{s.t.}\ \sum x_i = 1,\quad \boldsymbol{x}\in[0,\varepsilon]^n \end{aligned} \tag{3.3}$$

当 $\varepsilon=1$ 时，该超图聚类公式等同于 Bulo 和 Pellilo[8]给出的公式。在 $\varepsilon=1$ 且成对类关联值在 $\{0,1\}$ 内的情况下（对应于非加权图），这个问题就与经典的最大值计算问题相同[27-28]。

式（3.3）中的 L1 范数约束在实践中倾向于采用稀疏解，并且偏向于成员分配的分类值，这样的约束使实际类簇更容易被离散化和发现。可以通过不同的方式找到多个聚类，如 Bulo 和 Pellilo[8]、Liu[7]等提出的聚类算法。一种算法[8]是删除属于已发现的类簇的点，然后在剩余的点上重新启动新一轮聚类。另一种算法[7]是从接近不同类簇的不同初始解开始，使局部得分最大化（式（3.3））。

3.3 用于超图聚类的整数投影固定点算法

本章提出的算法（算法 3.2）直接来自第 1 章和第 2 章提出的整数投影固定点（IPFP）算法。用于超图聚类的 IPFP 算法本质上是一个迭代过程，在第 t 次迭代时，当前解 $\boldsymbol{x}_t$ 上的一阶泰勒展开都会逼近高阶分数 $S(\boldsymbol{x}_t)$。这就将高阶优化问题转换为线性规划问题，第 t 次迭代时每个线性规划序列会在解 $\boldsymbol{x}_t$ 的领域

内定义。在连续域 $\sum x_i = 1$, $\boldsymbol{x} \in [0,\varepsilon]^n$ 上，一阶逼近值能够实现有效全局优化。本章采用了类似的优化方法来解决 MAP 推理问题，以及图和超图匹配问题[29-30]。

在介绍本章算法之前首先引入一些符号：给定连续域中的可能解 $\boldsymbol{x}$，令向量 $\boldsymbol{d}(\boldsymbol{x})$ 是 $\boldsymbol{x}$ 的函数，通过将张量 $\boldsymbol{W}$ 边缘化得到

$$d_i(\boldsymbol{x}) = \sum_{v_1,v_2,\cdots,v_k} \boldsymbol{W}(v_1,v_2,\cdots,v_{k-1},i)\prod_{j=1}^{k-1} x_j \tag{3.4}$$

可以写出在解 $\boldsymbol{x}_t$ [式 (3.2)] 时聚类得分的一阶泰勒近似值，即

$$S(\boldsymbol{x}) \approx (1-k)S(\boldsymbol{x}_t) + k\boldsymbol{d}(\boldsymbol{x}_t)^{\mathrm{T}}\boldsymbol{x} \tag{3.5}$$

在式 (3.3) 解的连续域中，一阶逼近最大值是使用当前解 $\boldsymbol{x}_t$ 定义的线性规划问题的解，其中线性规划问题

$$\begin{aligned} \boldsymbol{y}^* &= \arg\max \boldsymbol{d}(\boldsymbol{x}_t)^{\mathrm{T}}\boldsymbol{y} \\ \text{s.t.} \quad & \sum y_i = 1,\ \boldsymbol{y} \in [0,\varepsilon]^n \end{aligned} \tag{3.6}$$

可使用以下算法来优化求解该线性程序：

算法 3.1　优化问题 3.6

$\boldsymbol{d} \leftarrow \boldsymbol{d}(\boldsymbol{x}_t)$

$c \leftarrow \lfloor 1/\varepsilon \rfloor$

将 $\boldsymbol{d}$ 降序排序：$d_{i_1} \geqslant \cdots \geqslant d_{i_c} \geqslant \cdots \geqslant d_{i_n}$

对于所有 $l \leqslant c$，$y_{i_l} \leftarrow \varepsilon$

$y_{i_{c+1}} \leftarrow 1 - c\varepsilon$

对于所有 $l > c+1$，$y_{i_l} \leftarrow 0$

返回 $\boldsymbol{y}$

综上所述，上述算法返回的值是式 (3.6) 的全局最优值。一旦得到 $\boldsymbol{y}^*$，就继续在当前解 $\boldsymbol{x}_t$ 和 $\boldsymbol{y}^*$ 之间的线段上搜索原始聚类得分函数的全局最优值，这种算法与经典 FW 算法相关[31]。如果超图的阶数 $k \leqslant 3$，因为得分函数变为二次（或三次）的一维函数，则线段上的全局最优值可以以封闭形式进行计算。对更高阶分数可以采用一种有效的线性搜索算法。注意：由于 $\boldsymbol{x}_t$ 和 $\boldsymbol{y}^*$ 都遵守约束 $\sum \boldsymbol{x}_i = 1$, $\boldsymbol{x} \in [0,\varepsilon]^n$，因此两个类之间的直线上的每个样本也都遵守该约束，所以极大值也将在域中。本章的算法总结如下：

算法 3.2 利用 IPFP 算法进行有效的超图聚类

初始化 $x_0, t \leftarrow 0$

重复循环

步骤 1：$\boldsymbol{y}^* = \arg\max \boldsymbol{d}(\boldsymbol{x}_t)^{\mathrm{T}}\boldsymbol{y}$, s. t. $\sum y_i = 1$, $\boldsymbol{y} \in [0, \varepsilon]$，

如果 $\boldsymbol{d}(\boldsymbol{x}_t)^{\mathrm{T}}(\boldsymbol{y}-\boldsymbol{x}_t)=0$，停止循环

步骤 2：$\alpha^* \leftarrow \arg\max S((1-\alpha)\boldsymbol{x}_t+\alpha\boldsymbol{y}^*)$，$\alpha \in [0,1]$

步骤 3：$\boldsymbol{x}_{t+1} \leftarrow (1-\alpha^*)\boldsymbol{x}_t+\alpha\boldsymbol{y}^*, t \leftarrow t+1$

直到收敛结束循环

返回 $\boldsymbol{x}_t$ 值

3.4 算法理论分析与计算复杂度

命题 3.1 得分函数 $S(\boldsymbol{x}_t)$ 随着算法 3.2 的迭代次数 t 的增加而增加，并且序列 $\boldsymbol{x}_t$ 收敛。

证明： 如果证明 $\boldsymbol{y}$ 与 $\boldsymbol{x}_t$ 不同，使得 $\boldsymbol{d}(\boldsymbol{x}_t)^{\mathrm{T}}(\boldsymbol{y}-\boldsymbol{x}_t)>0$，则算法不会在步骤 2 过程中停止。由于 $\boldsymbol{d}(\boldsymbol{x}_t)$ 与当前 $\boldsymbol{x}_t$ 处的原始聚类得分 S 的梯度成比例，因此可以得出，在 $\boldsymbol{x}_t$ 和 $\boldsymbol{y}$ 之间的线段上存在得分大于 $S(\boldsymbol{x}_t)$ 的点。在步骤 3 的行搜索（最大化）过程中可以找到这样一个点。因此，每次迭代得分都会增加。因为 S 存在上界，该算法会收敛到一个极限分数。当 $\boldsymbol{d}(\boldsymbol{x}_t)^{\mathrm{T}}(\boldsymbol{y}-\boldsymbol{x}_t)=0$ 且返回解 $\boldsymbol{x}_t$ 时，算法在步骤 2 收敛。

命题 3.2 对于一个收敛点 $\boldsymbol{x}$，如果 $x_i<x_j$，那么 $\boldsymbol{d}_i(\boldsymbol{x}) \leqslant \boldsymbol{d}_j(\boldsymbol{x})$。

证明： 这里用矛盾法证明。

假设存在 i 点和 j 点，使得 $x_i<x_j$ 和 $\boldsymbol{d}_i(\boldsymbol{x})>\boldsymbol{d}_j(\boldsymbol{x})$，令 $r=(x_j-x_i)/2>0$，且 $\boldsymbol{y}$ 为与 $\boldsymbol{x}$ 大小相同的向量，并且除第 i 个和第 j 个元素 $y_i=x_i+r$ 和 $y_j=x_j-r$ 外，所有元素均与 $\boldsymbol{x}$ 相等。因为 $\boldsymbol{x}$ 存在于有效连续域中，容易验证 $\boldsymbol{y}$ 也在该域中。可以证明 $\boldsymbol{d}(\boldsymbol{x})^{\mathrm{T}}\boldsymbol{y}-\boldsymbol{d}(\boldsymbol{x})^{\mathrm{T}}\boldsymbol{x}=\boldsymbol{d}(\boldsymbol{x})^{\mathrm{T}}(\boldsymbol{y}-\boldsymbol{x})=r(\boldsymbol{d}_i(\boldsymbol{x})-\boldsymbol{d}_j(\boldsymbol{x}))>0$ 与 $\boldsymbol{x}$ 是收敛点的假设相矛盾，因为至少存在一个 $\boldsymbol{y}$ 会在算法步骤 2 时得到更好的结果。因此，$\boldsymbol{x}$ 在步骤 2 时不能成为最大值。

命题 3.3 算法 3.2 的收敛点满足求解问题 3.3 的 Karush-Kuhn-Tucker（KKT）必要最优条件。

证明： 式（3.3）的拉格朗日函数形式为

$$L(\boldsymbol{x},\lambda,\mu,\beta)=S(\boldsymbol{x})-\lambda\left(\sum x_i-1\right)+\sum \mu_i x_i+\sum \beta_i(\varepsilon-x_i) \tag{3.7}$$

式中：$\beta_i \geqslant 0$；$\mu_i \geqslant 0$；λ 为拉格朗日乘数。

由于 $kd_i(\boldsymbol{x})$ 是 $S(\boldsymbol{x})$ 关于 x_i 的偏导数，$\boldsymbol{x}$ 点上的 KKT 条件为

$$\begin{cases} kd_i(\boldsymbol{x})-\lambda+\mu_i-\beta_i=0 \\ \sum_{i=1}^{n}\mu_i x_i=0 \\ \sum_{i=1}^{n}\beta_i(\varepsilon-x_i)=0 \end{cases}$$

由于 $\boldsymbol{x}$ 的元素和拉格朗日乘数是非负的，如果 $x_i>0 \Rightarrow \mu_i=0$ 且 $x_i<\varepsilon \Rightarrow \beta_i=0$，则存在一个常数 $\delta=\lambda/k$，KKT 条件可以改写为

$$\boldsymbol{d}_i(\boldsymbol{x})\begin{cases} \leqslant\delta & (x_i=0) \\ =\delta & (x_i\in(0,\varepsilon)) \\ \geqslant\delta & (x_i=\varepsilon) \end{cases}$$

如果不满足这些 KKT 条件，则命题 3.2 的结论不成立，意味着 $\boldsymbol{x}$ 不是收敛点，则矛盾产生。因此，命题 3.3 必须是正确的。

通常情况下，当超边的数量为 $O(N^k)$ 阶时（N 代表数据点数，k 代表超边的序号），算法每次迭代的总体复杂度也是 $O(N^k)$（超边的数量是线性的）。需要重点关注的是每次迭代都具有相同的 $O(N^k)$ 复杂度[7-8]。

图 3.1 和图 3.2 给出了关于解决二阶超边（$k=2$）合成问题的三种算法的计算成本评估结果，图中结果为带有不同数据点的超过 100 个不同合成问题解的平均值。图 3.1（a）显示了每种算法每次迭代的平均计算时间（在 Matlab 中）与数据点数量的平方数的关系。可以发现，每种算法每步的计算时间几乎与数据点数量的平方数呈线性变化关系，从而确定了理论上的 $O(N^k)$ 复杂度（对于 $k=2$）。正如预期的那样，每个步骤时间消耗最少的算法是 Liu 等[7]提出的算法，这种算法是按顺序更新节点，而本章提出的算法以及 Bulo 和 Pellio[8] 的算法是并行更新的。Liu 等[7] 提出的算法的缺点是迭代次数多，难以收敛（图 3.1（b））。Liu 等[7] 提出的算法需要进行与问题的维数（数据点的数量）大致相同的迭代次数才能达到收敛目的。另外，本章与 Bulo 和 Pellilo[8] 提出的算法就使用数据点数量方面而言是相对稳定的。本章提出的算法收敛最快，平均只需少于 10 次的迭代。就总计算时间而言，Liu 等[7] 的算法对于 200~1200 个数据点的处理，收敛时间比本章提出的算法多 1~2 个数量级（图 3.2）。

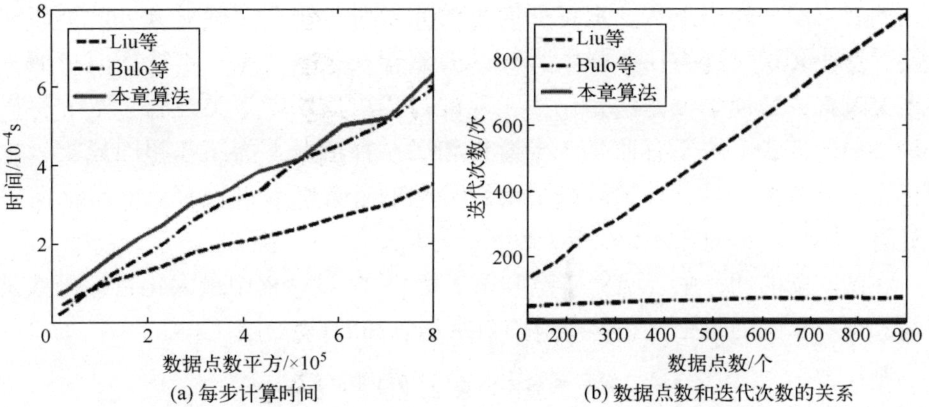

图 3.1　超过 100 个不同实验的平均计算成本的函数示意图

图 3.2 中的实验设置本章的算法进行 50 次迭代，通常在大约 10 次迭代时算法就能够收敛。

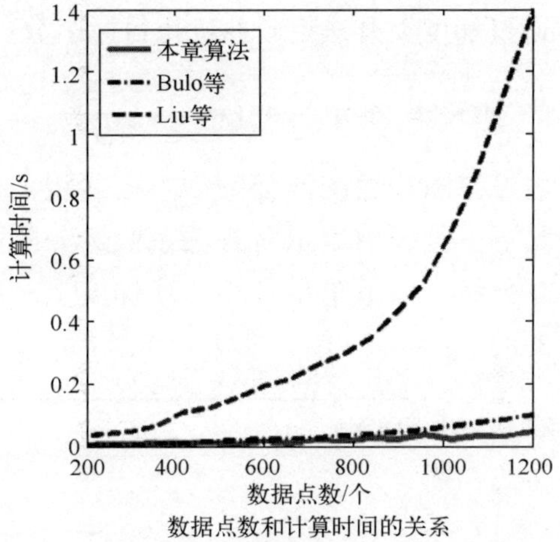

图 3.2　超过 100 个不同实验的平均总收敛时间

3.5　图和超图聚类学习

在数学上，图聚类和图匹配（见第 1 章、第 2 章）之间的主要区别在于对指标解施加的映射约束。在建立图和超图匹配任务的有监督学习方法（见第 2 章）的过程中，利用梯度上升方法进行优化时并未使用这些约束。学习过程的最终目标是最大化给定的真值解与包含二阶或更高阶项的矩阵或张量的主特征向量两者之间的期望点积。主特征向量的元素对于识别正确对齐分的类簇非常重要，这些元素与这类任务强大类簇的要素存在关联关系。主特征向量通常用于聚类过程，这种学习方法相比用于匹配过程更适用于聚类过程。本节将提出一种类似的方法，用于有监督、半监督和无监督情况下的图和超图聚类，它使用梯度上升方法，对具有二阶或更高阶分数的参数能够进行有效的特征向量偏差计算。

在图匹配的任务中（见第 1 章和第 2 章），学习过程中最大化目标函数是指图像和训练集上的每个 $\boldsymbol{v}$ 和 $\boldsymbol{b}$ 对应两点乘积总和的最大化：

$$\boldsymbol{w}^* = \arg\max_{\boldsymbol{w}} \sum_i \boldsymbol{b}_i^{\mathrm{T}} \boldsymbol{v}_i(\boldsymbol{w})$$

在聚类任务中，如图和超图匹配任务（见第 2 章），如果已知 $\boldsymbol{b}$ 为真值离散解（受监督的案例），或是特征向量 $\boldsymbol{v}(\boldsymbol{w})$ 在聚类约束的离散域上的投影，则图匹配的学习方法经过小的修改可以用于聚类任务。

$\boldsymbol{v}(\boldsymbol{w})$ 是参数 $\boldsymbol{w}$ 的函数，因为它取决于张量 $\boldsymbol{H}$ 的元素大小，张量 $\boldsymbol{H}$ 的元素均为 $\boldsymbol{w}$ 的函数。本章通过梯度上升法更新并优化目标函数：

$$\boldsymbol{w}_j \leftarrow \boldsymbol{w}_j + \boldsymbol{\eta} \sum_{i=1}^{N} \boldsymbol{b}_i\ (\boldsymbol{w})^{\mathrm{T}} \frac{\partial \boldsymbol{v}_i(\boldsymbol{w})}{\partial w_j} \tag{3.8}$$

图和超图聚类的学习与图和超图匹配的学习密切相关，它们是聚类的一种特殊情况。在这种情况下，类簇由表示对齐关系候选分配的节点构成，并通过强协议边或超边连接并分组。以下重申计算上述梯度上升更新目标函数所需的两种主要算法（式（3.8））。

算法 3.3　对称高阶幂算法（S-HOPM）

$\boldsymbol{v} \leftarrow 1$

循环迭代

　　$v_{ia} \leftarrow \sum_{ia,jb,kc} H_{ia;jb;kc} v_{jb} v_{kc}$

　　$\boldsymbol{v} \leftarrow \boldsymbol{v} / \|\boldsymbol{v}\|$

直到收敛结束循环

返回 $\boldsymbol{v}$ 值

算法 3.3 给出了对称高阶幂算法（S-HOPM），用于计算 $\boldsymbol{v}(\boldsymbol{w})$，$\boldsymbol{v}(\boldsymbol{w})$ 等价于三阶张量的特征向量。这个算法是采用 S-HOPM 算法计算特征向量 $\boldsymbol{v}(\boldsymbol{w})$ 梯度估计的基础。算法 3.4 中给出了计算该梯度的方法。对于目前为止已经说明的所有学习任务（见第 1 章、第 2 章），包括图匹配和图聚类、马尔可夫随机场中的 MAP 推

理，以及在本章中介绍图和超图匹配等问题，所用的算法几乎完全相同。

由于 S-HOPM 的每次迭代都计算更新 $\boldsymbol{v}\leftarrow\boldsymbol{v}/\|\boldsymbol{v}\|$，因此第 $k+1$ 次迭代时，$\boldsymbol{v}$ 估值的梯度可以用上一步梯度函数来表示。梯度计算可以和 $\boldsymbol{v}$ 的计算一起完成，$\boldsymbol{v}$ 的梯度 $\mathrm{d}\boldsymbol{v}$ 计算方法见算法 3.4。

算法 3.4　$\boldsymbol{v}$ 的梯度 $\mathrm{d}\boldsymbol{v}$ 计算方法

$\boldsymbol{v}\leftarrow 1$

$\mathrm{d}\boldsymbol{v}\leftarrow 0$

$\mathrm{d}\boldsymbol{H}\leftarrow\dfrac{\partial \boldsymbol{H}}{\partial w_j}$

开始循环迭代

$h_{ia}\leftarrow\sum_{jb;kc}\mathrm{d}H_{ia;jb;kc}v_{jb}v_{kc}+2H_{ia;jb;kc}v_{jb}\mathrm{d}v_{kc}$

$v_{ia}\leftarrow\sum_{jb,kc}H_{ia;jb;kc}v_{jb}v_{kc}$

$\boldsymbol{h}\leftarrow\boldsymbol{h}/\|\boldsymbol{v}\|$

$\boldsymbol{v}\leftarrow\boldsymbol{v}/\|\boldsymbol{v}\|$

$\mathrm{d}\boldsymbol{h}\leftarrow\boldsymbol{h}-(\boldsymbol{v}^{\mathrm{T}}\boldsymbol{h})\boldsymbol{v}$

直到收敛结束循环

返回 $\mathrm{d}\boldsymbol{v}$ 值

3.6　三阶超图聚类实验

本节提出了两种与数据聚类相关的实验，并将本章提出算法与当前最先进算法做了比较。第一种实验是对 2D 线性拟合进行的聚类实验，类似于 Liu 等[7]和 Bulo 和 Pellilo[8]的实验。第二种实验是针对更高阶的匹配任务，将两种聚类算法和两种最先进的超图匹配算法结果进行比较[17-18]。该实验揭示了超图聚类和超图匹配之间的关联关系。

3.6.1　线性聚类

这个实验目标是寻找属于 2D 点类簇的直线。众所周知，一条线上的任意两点都需要用三阶关系来度量。与 Liu 等[7]、Bulo 和 Pellilo[8]提出的算法类似，本节验证的算法使用不同的方法测量任意三元组点 $\{i,j,k\}$ 到最佳拟合线 $d(i,j,k)$

的平均距离，用高斯核函数 $w(\{i,j,k\})=\exp(-d(i,j,k)^2/\sigma_d^2)$ 定义相似度函数 $w(\{i,j,k\})$，其中 σ_d 是控制拟合误差敏感度的参数。

在 $[-0.5,0.5]^2$ 范围内随机生成属于三条线的点，每条线有 30 个点受到高斯噪声 $N(0,\sigma)$ 的干扰，并在 2D 空间的同一区域添加一些离群值。在图 3.3 给出了生成的点集的两个示例，这 3 条线分别显示为红色、蓝色和绿色，离群值显示为粉色。图 3.3（b）显示了噪声相对较大（$\sigma=0.04$）的 60 个离群值的情况，这增加了选取出正确类簇的难度。

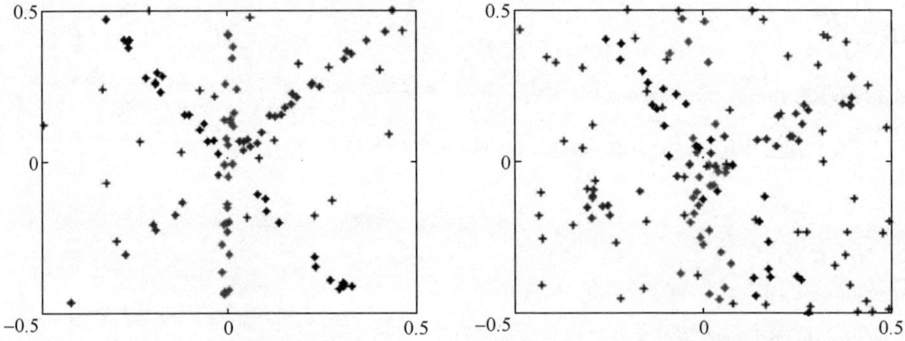

(a) 噪声水平0.01和20个离群点的三条线　　(b) 噪声水平0.04和60个离群点的三条线

图 3.3 （见彩图）从三条带有离群点的线中生成 3D 点结果示意图

本节着重对在不同噪声水平和不同数量离群点的情况下算法的准确性和收敛速度进行研究。针对每种噪声水平和不同离群点的数量，本节利用 50 个随机实验，测试所有算法的准确性和收敛速度，并将实验结果进行平均（图 3.4）。对于每个聚类问题，所有算法均赋予统一的初始解，使用 F-度量评估算法性能。本章算法和文献［7］使用相同的 $\varepsilon=1/30$。实验中涉及的所有算法的性能与 σ_d 相对稳定，因此可以设固定值 $\sigma_d=0.02$。

图 3.4（b）和（d）展示了三种算法的平均收敛速度 F-度量评估后的结果曲线。可见，在收敛性能上本章算法表现略好于其余算法。在实践中，因为图和超图聚类问题相当复杂，一种算法的收敛速度决定了该算法是否可行，这对于完成图和超图聚类任务非常重要。本章算法相对于 Liu 等[7]、Bulo 和 Pellio[8] 提出的算法能够更快得到正确解。如果本章算法平均使用 5~10 次迭代就能够得到一个正确解，那么 Liu 等[7]、Bulo 和 Pellio[8] 提出的算法就需要 150 多次迭代（约等于数据点的数量）才能得到类似的解。对于这三种算法而言，每次迭代所消耗的时间是可比较的（在解决相同问题上，本章提出的算法每次迭代消耗的时间大约是其他算法的 1.4 倍），如图 3.4（a）和（c）所示所有算法的迭代次

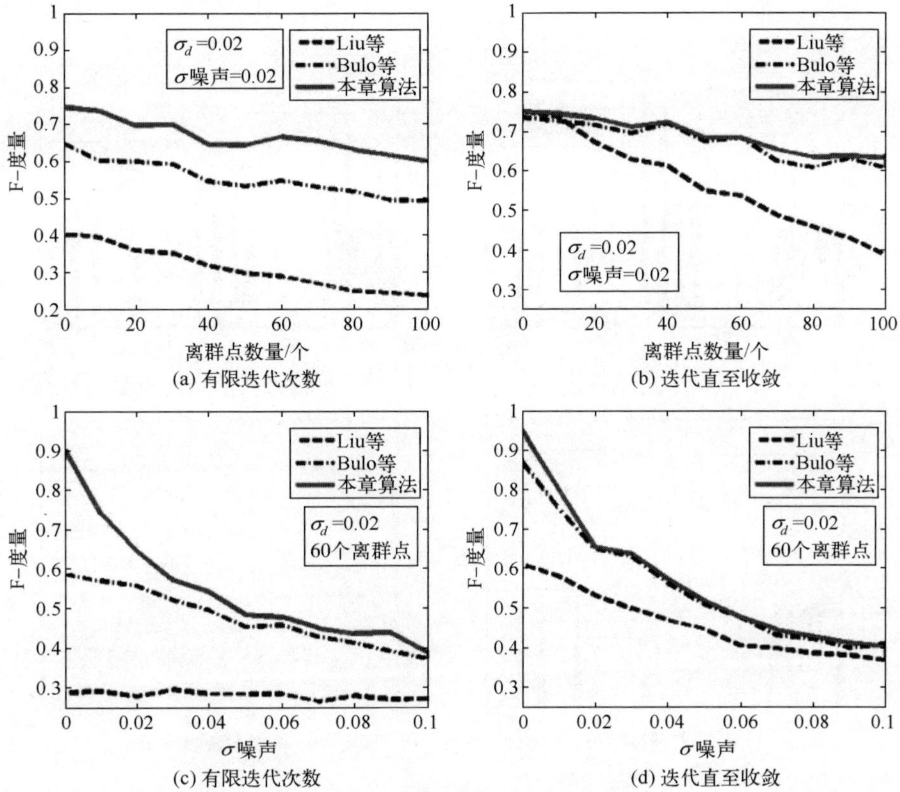

图 3.4　在 2D 线拟合中不同算法的性能比较

数，本章算法在 5 次迭代后收敛，而另外两种算法在 10 次迭代后才达到收敛要求，可见，本章算法收敛的速度最终是更快的。

图 3.5 进一步对比了三种算法的收敛特性。图 3.5（a）、（b）和（c）展示的是同一个实验中三种算法在 5 次和 50 次迭代之后，以及收敛后解的情况。这个案例可以很好地说明算法的大体性能。本章算法仅经过 5 次迭代，就已经接近最优解，得到一个稀疏解。注意，前 30 个元素对应于第一条线上相关的点，这时本章算法就已经很接近最优解。Liu 等[7]提出的算法由于它的更新策略，依然停留在它的原始解上，Bulo 和 Pellio[8]的算法是基于 Baum-Eagon[14]提出的在每次迭代并行更新的策略，但是它采用的迭代步数都比本章算法少。本章算法与 Liu 等[7]提出的算法采用相同的问题函数，因此这两种算法能够直接比较目标得分（超过 300 个实验每步迭代得分的平均值）[图 3.5（d）：由最大平均值归一化每一步迭代得分]。本章算法收敛得非常快（小于 10 次迭代），而 Liu 等[7]提出的算法大约需要 200 次迭代才能够收敛到一个比本章算法得分稍微差一点的解。

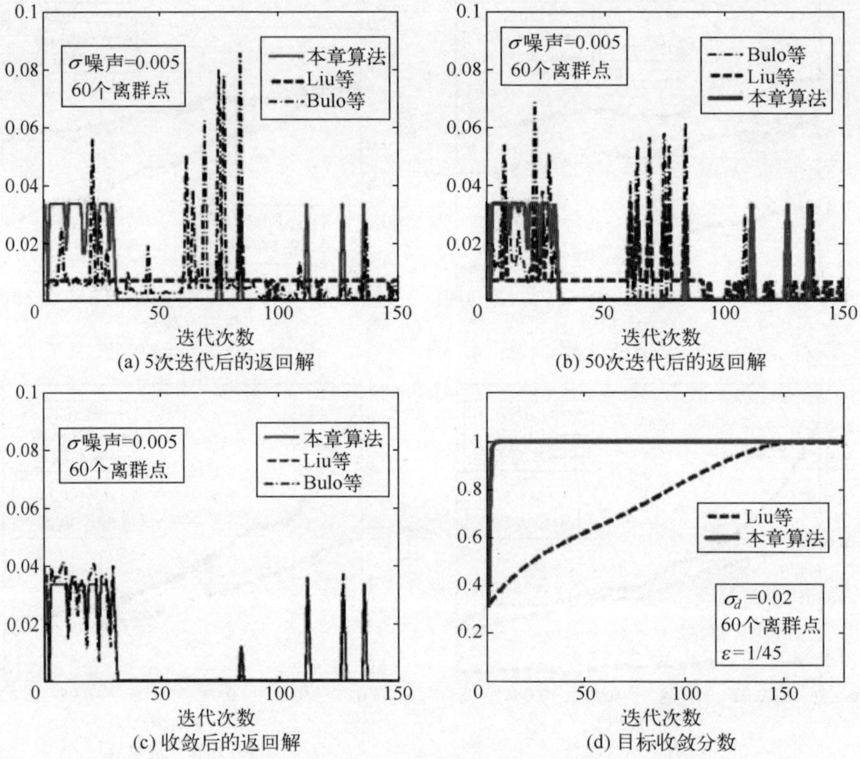

图 3.5 （见彩图）所有算法不同迭代次数及收敛后返回解对比示意图

3.6.2 仿射不变点匹配

仿射不变点匹配是计算机视觉领域中的一个重要问题，其研究成果可应用在目标匹配和识别任务中。通过仿射或分段仿射变换可以很好地模拟从不同的角度看到远处或平面的物体所经历的转换过程。本节对仿射不变点匹配算法进行实验，并对采用该算法与采用超图聚类以及超图匹配算法[1],[8]产生的结果及其性能进行比较。

超图匹配具有与超图聚类相似的张量公式［式（3.3）］，主要区别是对解的约束条件的不同。通常，配置的问题在解 $\boldsymbol{x}$ 上加上一一对应的约束，其中每个元素 x_i 对应于候选对齐关系匹配点 $i=(u,v)$，u 是来自一幅图像中的特征指示符号，v 是来自其他图像的特征指示符号，如果 u 与 v 正确匹配，则 x_i 为 1，反之，x_i 为 0。构建类似于 $\boldsymbol{W}$ 的张量，使该张量 $(i_1,i_2,\cdots,i_k)$ 的元素 $i_q=(u_q,v_q)$ 表示一

幅图像中 k 元组特征向量$(u_1,u_2,\cdots,u_k)$与另一幅图像相应的 k 元组特征向量$(v_1,v_2,\cdots,v_k)$匹配的相似程度。

虽然超图匹配的约束条件各有不同，但是两种最先进的超图匹配算法[17-18]在优化过程中都忽略了一对一的约束条件，仅在最后阶段施加约束。这使得它们在实践中非常高效。Duchenne 等[18]的算法是基于计算高阶稳定点的幂算法，应用在张量 $\boldsymbol{W}$ 的矩阵主要特征向量的高阶扩展中（这种高阶扩展方法在聚类过程中相当有用）。

由于无法重新对成对的点进行仿射变换，本节算法使用了三阶聚类算法。给定一幅图像中的三个点(u_1,u_2,u_3)以及另一幅图像中相应的匹配点(v_1,v_2,v_3)，并通过仿射变换阵 T 进行转换，形成相应的三角形面积 A_{u_1,u_2,u_3} 和 A_{v_1,v_2,v_3}，由公式$|\det\boldsymbol{T}|=A_{u_1,u_2,u_3}/A_{v_1,v_2,v_3}$建立关联关系。本节算法使用的三阶匹配分数的表达式如下：

$$\boldsymbol{W}(i_1,i_2,\cdots,i_k)=\exp\left(\left(1-\sqrt{|\det\boldsymbol{T}|A_{v_1,v_2,v_3}/A_{u_1,u_2,u_3}}\right)^2/\sigma^2\right)$$

从 420 幅使用 RGB-depth Kinect 相机采集的、包含 7 个不同人像的真实图像中生成 2D 数据点集。对于每幅图像，首先获取人像的闭合边界，并在人像边界上等距地提取 40～50 个点。在此基础上，基于随机生成的仿射变换阵（$\boldsymbol{T}=[1+N(0,0.2),N(0,0.2);N(0,0.2),1+N(0,0.2)]$）将提取出的这组点集转换成第二组点集，然后用高斯噪声 $N(0,\sigma)$对这些点的位置添加扰动，再向第二组

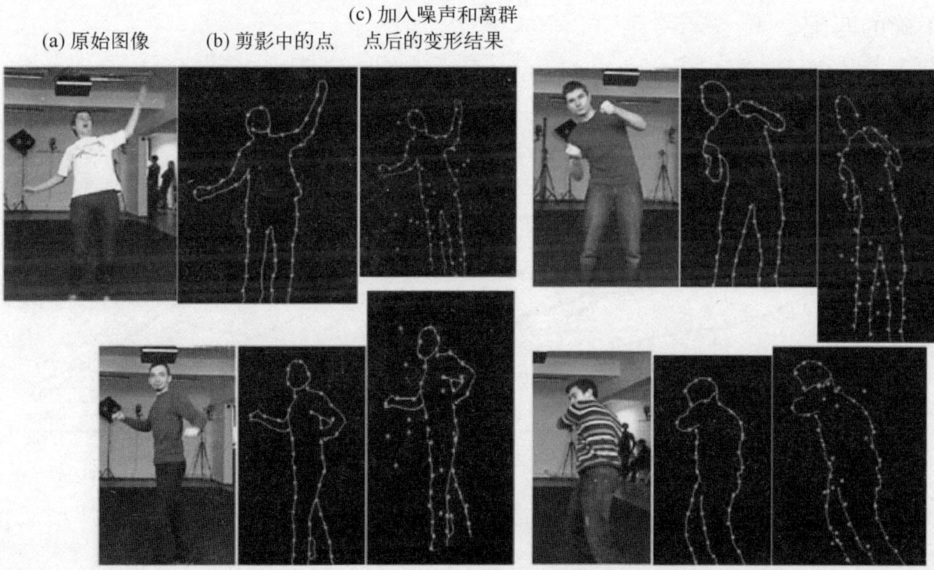

图 3.6　数据集示例

点集添加离群点（图 3.6）。由于$|\det\boldsymbol{T}|$在测试时间内是未知的，因此估计了它的分布（根据 $\boldsymbol{T}$ 的分布），并对每个匹配示例进行抽样，取了几个值，给其中一个点赋予最佳的客观分数值。

在聚类问题中，稀疏解决方案始终是最佳选择。在图匹配问题中，为了获得稀疏解决方案，最好使用一对一匹配约束。如果集群已经提供了稀疏的解决方案，那么在最后的处理步骤中如何使用一对一的约束并不是很清楚。之前实验中的三种聚类算法都倾向于给出稀疏解，但是超图匹配算法[17-18]总是给出连续域中的解。当然，最后这些解可以通过施加一对一约束的匈牙利法进行离散化。因此，匹配算法相对于聚类算法而言从匈牙利法中获益更多。需要用两种方法对算法进行评估：一是在给定一对一匹配的约束前提下，解决问题 $\boldsymbol{y}^* = \arg\max \boldsymbol{x}^{\mathrm{T}}\boldsymbol{y}$ 的任务时，通过将匈牙利法应用于每种算法求解原始 $\boldsymbol{x}$ 来计算匹配度；二是通过计算原始解到稀疏真值之间的标准相关性，来测量原始解到稀疏真值的接近程度。第二种方法应优先考虑提供稀疏聚类解的算法，因为在不了解一对一约束的情况下，这些算法的解与真值更匹配。仿真不变匹配结果如图 3.7 所示。就真值而言，本章的算法在匹配和归一化相关分数方面均优于其他算法，它在不使用一对一匹配约束的情况下，能提供接近真值的稀疏解。这种特性在匹配应用任务中很有用，例如，在规模变化较大的情况下，或者在对象的子部分与全部部分匹配任务中，精确的多对一或多对多匹配约束是未知的，这时就需要一种不使用任何匹配约束的聚类算法恢复正确的匹配。

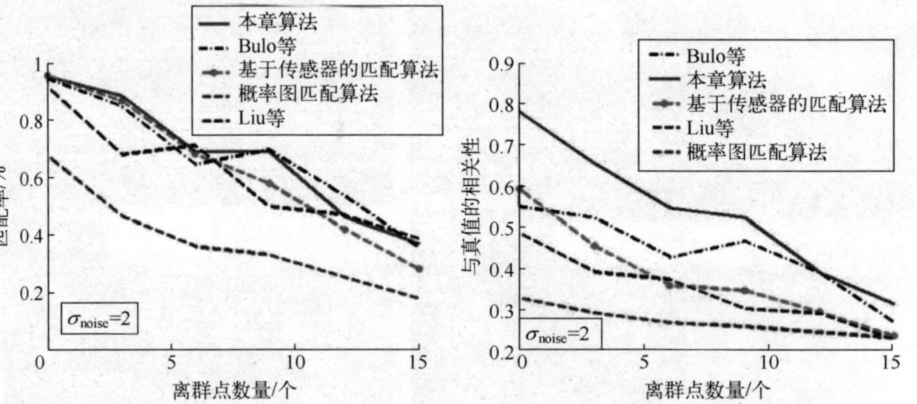

图 3.7　仿射不变点匹配结果

3.7 结论与未来工作

本章提出了具有重要理论和最新性能的原始超图聚类算法，适用于任意阶的超边问题，包括经典图聚类中常用的二阶图聚类任务。这种算法是基于有效的迭代过程，直接派生于图匹配的初始整数投影固定点算法，其收敛速度明显快于其他同类算法，而且不会损失任何精度。本书利用匹配任务测试了该算法，结果显示其性能良好。第4章和第5章将在不同的任务上应用此算法，例如，无监督的特征选择、分类器和描述符学习等任务。聚类适用于很多与无监督学习有关的任务，再次证明：聚类是无监督学习的基础。正如第1章所述，聚类不仅是许多实体、分类器或HPP特征之间达成相互协议的核心，而且是无监督学习原则的核心。

与成对图聚类的情况相比，超边通过在更大的特征组上积累信息来考虑更高级别的约束和关联关系。这样产生的更高阶的分数可以计算几何不变量，而这种几何不变量在仿射或透视转换的任务中更有效，对光照变化、变形或类别内变化的基于外观函数的计算更健壮。被联合处理的数据点数量越多，则越容易判断它们是否属于同一群集。超图聚类的主要瓶颈是计算和存储成本约束。超边的阶数越高，它的计算成本就越高，计算成本的增加与超边的阶数呈指数关系。本书作者认为，采用基于抽样的概率计算方法可以克服这一限制，这样就可以在每次迭代过程中随机对特征组（超边）进行采样，这种操作取决于对存储的可用性、计算能力以及速度的要求。因此，需要放弃确定性收敛性能，并提高理论特性，同时寻找在数据量足够大时可能存在的高概率的随机属性。随机聚类的思想在视觉[32]应用中并不新颖，但本书将当前超图聚类算法调整和扩展到随机情况的提议是新颖的。下面将展示一种随机高阶聚类算法的初步流程，该算法有待进一步研究。

步骤1：在给定可用的内存和计算能力允许的前提下，每次迭代 t 的过程中，对超边 $\boldsymbol{S}_t$ 的子集进行采样。

步骤2：计算其势函数，得到总体目标聚类得分 C_t，将得分 C_t 作为采样超边当前解 $\boldsymbol{x}_t$ 上的势函数。

步骤3：找到下一个聚类效果更好的软聚类解 $\boldsymbol{x}_t$，使得当前采样的超边样本的聚类得分 $C_{t+1}>C_t$。

步骤4：对于足够大的迭代次数 t，重复迭代步骤1~步骤3，直到 $\boldsymbol{x}_t$ 收敛。

一般来说，上述算法对所有可能的超边都没有确定性的理论保证，但是本书依然希望能够设计出一种在实际应用中具有概率性质和优良性能的方法。在超大量数据规模的情况下，无法避免概率解的存在，这些概率解有可能是有效并健壮地处理现实世界中含噪声的视频任务唯一实际的途径。

用于学习和聚类的有效的超图算法设计、理论研究和实现的方法，以及聚类、匹配、发现和识别等任务之间的联系，可以进一步搭建图论与计算机视觉和机器学习的研究领域之间的桥梁。第1章介绍了用于特征匹配任务的迭代投影固定点算法，与本章介绍的聚类算法之间的联系值得更深入地开展研究。在未来的工作中这些相关的问题和方法将被进一步整合成一个统一的方法，从而更加高效地用于计算机视觉的基于图的建模、学习和优化等实际任务中。

参考文献

[1] Jain A, Murty M, Flynn P (1999) Data clustering: a review. ACM Comput Surv.

[2] Kanungo T, Mount D, Netanyahu N, Piatko C, Silverman R, Wu A (2002) An inequality with applications to statistical estimation for probabilistic functions of Markov processes and to a model for ecology. PAMI.

[3] Shi J, Malik J (2000) Normalized cuts and image segmentation. PAMI 22 (8). http://www.citeseer. ist. psu. edu/shi97normalized. html.

[4] Dhillon I, Guan Y, Kulis B (2004) Kernel k-means: spectral clustering and normalized cuts. In: ACM international conference on knowledge discovery and data mining.

[5] Ng A, Jordan M, Weiss Y (2002) On spectral clustering: analysis and an algorithm. In: NIPS.

[6] Frey B, Dueck D (2007) Clustering by passing messages between data points. Science.

[7] Liu H, Latecki L, Yan S (2010) Robust clustering as ensembles of affinity relations. In: NIPS.

[8] Bulo S, Pellilo M (2009) A game-theoretic approach to hypergraph clustering. In: NIPS.

[9] Zien J, Schlag M, Chan P (1999) Multilevel spectral hypergraph partitioning with arbitrary vertex sizes. IEEE Trans Comput-Aided Des Integr Circuits Syst.

[10] Agarwal S, Lim J, Zelnik-Manor L, Perona P, Kriegman D, Belongie S (2005) Beyond pairwise clustering. In: CVPR.

[11] Rodriguez J (2003) On the Laplacian spectrum and walk-regular hypergraphs. Linear Multilinear Algebr.

[12] Zhou D, Huang J, Scholkopf B (2007) Learning with hypergraphs: clustering, classification

and embedding. In: NIPS.

[13] Shashua A, Zass R, Hazan T (2003) Multi-way clustering using super-symmetric non-negative tensor factorization. In: ECCV.

[14] Baum L, Eagon J (1967) An inequality with applications to statistical estimation for probabilistic functions of Markov processes and to a model for ecology. Bull Am Math Soc.

[15] Ochs P, Brox T (2012) Higher order motion models and spectral clustering. Comput Vis Pattern Recognite.

[16] Huang Y, Liu Q, Metaxas D (2009) Video object segmentation by hypergraph cut. Comput Vis Pattern Recognit.

[17] Zass R, Shashua A (2008) Probabilistic graph and hypergraph matching. In: CVPR.

[18] Duchenne O, Bach F, Kweon I, Ponce J (2009) A tensor-based algorithm for high-order graph matching. In: CVPR.

[19] Leordeanu M, Zanfifir A, Sminchisescu C (2011) Semi-supervised learning and optimization for hypergraph matching. In: ICCV.

[20] Chertok M, Keller Y (2010) Efficient high order matching. IEEE Trans Pattern Anal Mach Intell 32: 2205-2215 .

[21] Bu J, Tan S, Chen C, Wang C, Wu H, Zhang L, He X (2010) Music recommendation by unified hypergraph: combining social media information and music content. In: Proceedings of the international conference on multimedia.

[22] Li L, Li T (2013) News recommendation via hypergraph learning: encapsulation of user behavior and news content. In: Proceedings of the sixth ACM international conference on web search and data mining.

[23] Huang Y, Liu Q, Zhang S, Metaxas D (2010) Image retrieval via probabilistic hypergraph ranking. Comput Vis Pattern Recognit.

[24] Huang Y, Liu Q, Lv F, Gong Y, Metaxas D (2011) Unsupervised image categorization by hypergraph partition. Pattern Anal Mach Intell 33 (6).

[25] Gao Y, Wang M, Luan H, Shen J, Yan S, Tao D (2011) Tag-based social image search with visual-text joint hypergraph learning. In: Proceedings of the 19th ACM international conference on multimedia.

[26] Leordeanu M, Sminchisescu C (2012) Efficient hypergraph clustering. In: International conference on artificial intelligence and statistics.

[27] Ding C, Li T, Jordan M (2008) Nonnegative matrix factorization of combinatorial optimization: spectral clustering, graph matching, and clique finding. In: IEEE international conference on data mining.

[28] Motzkin T, Straus E (1965) Maxima for graphs and a new proof of a theorem of Turan. Canad J Math.

[29] Leordeanu M, Hebert M, Sukthankar R (2009) An integer projected fixed point method for graph matching and map inference. In: NIPS.

[30] Leordeanu M, Zanfifir A, Sminchisescu C (2011) Semi-supervised learning and optimization for hypergraph matching. In: IEEE international conference on computer vision.

[31] Frank M, Wolfe P (1956) An algorithm for quadratic programming. Nav Res Logist Q 3 (1-2): 95-110.

[32] Gdalyahu Y, Weinshall D, Werman M (2001) Self-organization in vision: stochastic clustering for image segmentation, perceptual grouping, and image database organization. Pattern Anal Mach Intell 23 (10).

[33] Rolls E, Deco G (2010) The noisybrain: stochastic dynamics as a principle of brain function, vol 34. Oxford University Press, Oxford.

第4章 符合无监督学习的特征选择

4.1 引言

特征选择问题与学习单个分类器或分类器集合自然地关联，因其回答了机器学习研究中的一个基本问题：海量信号中的哪些信息是与抽象和语义层次上的学习新概念相关。在过去的三十年中，许多学者在特征选择领域进行了深入的研究，文献［1-7］给出了机器学习和计算机视觉技术发展路线图。特征选择技术在计算机视觉和机器学习领域中有大量应用，囊括了从特定类别的检测[8]到更普遍的识别任务。每年都会有新的视觉特征和分类器被发现、自主学习、存储并为公众所用。随着特征库的不断壮大，需要研究更高效的特征选择机制。

类，通常仅由几个关键的输入特征触发，如图 4.1 所示，本章的实验（4.4节）中展现了具体实验细节。由于特征选择是 NP-hard[9-10]问题，因此许多研究都集中在贪婪算法的研究上（如顺序检索[11]和推进[5]），还有包含 l^1 或 l^2 范数正则化的松弛公式（如岭回归[12]和套索[13-14]或启发式遗传算法[15]）。

本章将特征选择公式转化为可分辨线性分类问题[16]，这个分类问题在结果和特征上具有新型仿射约束。本章算法对解权重设置了上限，同时要求它是软范畴特征的仿射组合，软范畴特征的积极分类相较于消极分类具有更强的平均输出，因此也称签名特征。本章提出了一种监督和几乎不受监督的算法。之所以称其为几乎不受监督，是因为仍然需要特定特征符号的先验知识或一定准确程度的假定。有监督算法是一个凸约束最小化问题，将其扩展到具有凹最

本章资料大部分来自以下论文：

Leordeanu，Marius，Alexandra Radu，et al. “Labeling the featuresnot the samples：Efficient video classification with minimal supervision”. In Thirtieth AAAI conference on artificial intelligence（AAAI）. 2016.

小化公式的几乎无监督学习的情况，此时需要的监督信息仅有特征符号，而在无监督的情况下训练样本是完全未经标记的。另外，本章还介绍并测试了一种组合的半监督算法，该算法使用了一些标记样本以及大量未标记的数据。后续章节将详细讨论一个有趣的发现，无监督的情况被描述为凹最小化问题（属于 NP-hard 问题），而有监督的情况则具有凸最小化形式（可以有效地全局优化）。

这两类公式都具有理想的稀疏性和最优性，在实际应用中也具有很强的泛化能力。本章所提出的方案可以作为特征选择机制，具有零权重的特征可以忽略，除此之外的特征形成一个强大的分类器集。如图 4.1 所示，该实验使用图像级 CNN 分类器[17]在 ImageNet 图像网络上进行预训练，最终从 YouTube 对象数据集[18]中识别视频帧中的火车，这一方法可以快速地从 6000 个分类器库中找到相关的特征组。每个分类器对应于一个 ImageNet 图像网络概念，因此本章选择了 30 个测试实验中相同几个分类器分别进行展示。图 4.1 中展示的是可以触发“火车”概念的类示意图，有的类具有相似外观，但在语义上关联性较低（蓝色框）；有的类在语义上更接近，但在视觉上却与“火车”不相似（绿框），一个

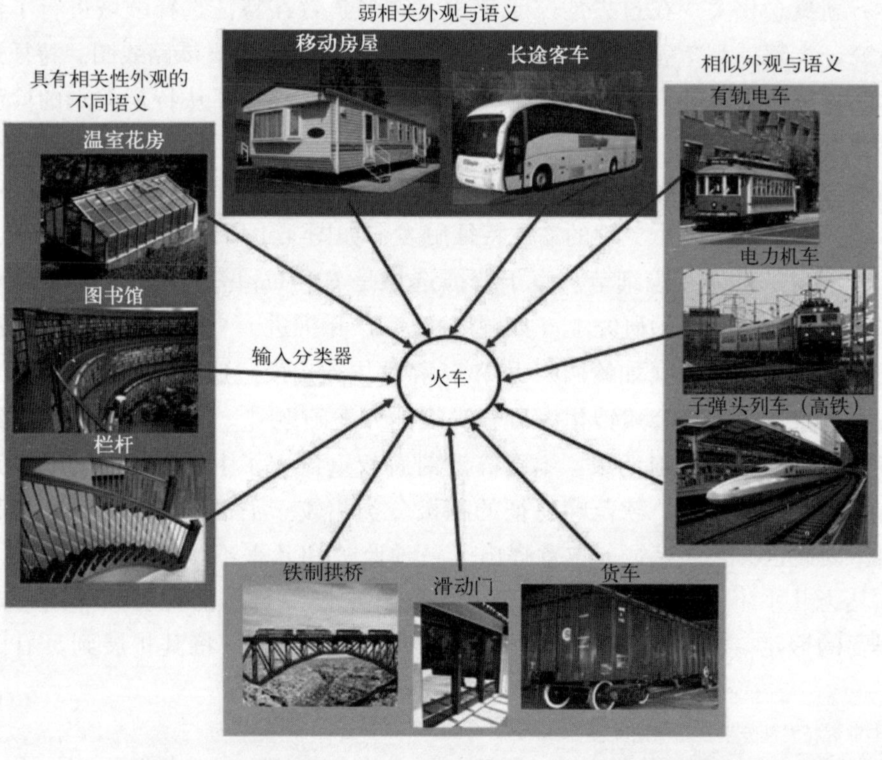

图 4.1 （见彩图）“火车”类型 CNN 分类器使用示意图

复杂的离散连续体，在外观、上下文和语义方面均与“火车”有相关性。那么，是否可以找到一组分类器，它们组合起来能够表明存在一个特定的更高层次的概念，这些特征分类器的组合对离群值，过度拟合和缺失特征具有鲁棒性？图 4.1 中的分类器（如图书馆、铁制拱桥、货车、滑动门、有轨电车等），是根据本章的算法从有限的训练数据中一致选择的，从而为“火车”类提供了有价值的输入。

本章基于文献［19］，提供更深入的实验分析，便于更好地理解本章算法的特性，比如该算法具备从有限的训练数据中学习的能力，并与其他成熟而强大的算法（如支持向量机）相比较。

本章的主要内容如下。

（1）本章描述了一种有效的联合线性分类器学习和特征选择方法，它与 IPFP 算法应用有直接关系，IPFP 算法是在图匹配和聚类的背景下提出的（见第 1~3 章），最近的研究结论揭示了特征选择和聚类之间的联系[20]。本章在理论和实践方面揭示了对分类器学习问题的解决方案都是稀疏的结论，因此分类器学习任务就相当于特征选择。所选特征的数量可以设置为 k，非零权重等于 $1/k$。简单的解决方案可以在几乎无监督的环境中进行良好的泛化和学习，与经典的正则化方法（如套索）不同，其涉及的监督最少。

（2）在以下情况，本章介绍的算法需要最少的监督，需要知道或能够估计与目标类相关的特征符号（定义见 4.2 节）。如果一个特征的正类平均值比负类平均值高，那么它就有一个正符号，若特征的初始符号已知，则特征总是可以变成正的，特征符号可以从一小组标记样本中估计出。特征符号一旦确定，就能够处理大量未标记的数据。本章算法在实际应用中具有很好的准确性和通用性，对特征符号估计中的错误也是鲁棒的。

（3）在有限监督的情况下，与已有的算法（如 AdaBoost、套索（Lasso）、弹性网络（Elastic Net）和支持向量机（SVM）等）相比，本章提出的基于聚类的特征选择方法在学习时间和准确性方面性能优越。除了能够有效地解决视频数据在最少监督的情况下的实际学习问题之外，本章的对比实验还为过去几十年中广泛研究的经典机器学习方法提供了更广阔的视角。

4.1.1 无监督特征选择与无监督学习原则的关系

通过使用专用于其他概念的分类器的协同激发作为监督信号，以无监督的方式学习的思想，与原则 6 有关（第 1 章介绍）。

原则6得到以下事实支撑：许多独立分类器输出的协方差矩阵通常至少包含一个强聚类（对应于协方差矩阵的一个子块），该聚类由未知的分类器子集构成，通常依赖当前无监督（未标记）的输入数据。这类分类器通常是独立的，并且只有给定特定数据时才会变得有依赖性，这种相关性变成了强大的HPP监督信号，表明存在一个隐藏的未知类。本原则与其他无监督学习原则（第1章中原则2和原则3）存在关联，一般无监督学习方法就是基于这些原则。

当数据中出现未知类时，独立分类器的特定子集变得强相关。在总体协方差矩阵中捕捉到的，来自所有分类器或特征的相关性都能够被检测出来，强相关特征的子集可以通过聚类过程发现。可明显看出尽管新类型的不同分类器共同触发，仍然需要讨论特征符号标志。

在引入以上概念之前，需要重申特征符号的重要意义：如果一个特征（或分类器输出）与感兴趣的（隐藏的）类存在松散的正相关性，那么这个特征就有一个正符号；反之，则为负符号。具体来说，积极特征（正符号特征）是指一个数值，这个数值在感兴趣的类别存在时（真正的积极情况），比兴趣类别不存在时（真正的消极情况）普遍具有更大的值。如果能预知特征的真实情况，则可很容易地通过一个简单的翻转操作将这些特征符号都变成正的。因为更多相关的特征将变得强正相关，强相关分类器输出的聚类簇（子集）（以特定类的存在为条件）将变得更加强大，从而更容易发现，无监督的学习过程更加有效和稳健。

本书4.2节提供了更深入的数学证明，重要的是理解它背后的含义，通过使用特征符号而非数据样本的真正标签，实现无监督学习。

4.1.2 特征标记的意义

特征是数据样本的函数，可以使用函数的输出来间接推断样本的类。如果标记正确，一个特征有一个很强的正值（等于它在时间上的总平均值），那么可以认为触发它的数据样本也是正样本；如果标记的特征值较低，那么可以认为触发它的特定样本是负样本。

可见特征可以扮演弱分类器的角色：当它们被正确标记时，它们的高输出值指示（平均）正样本，低输出值指示（平均）负样本。一方面，特征表示数据的转换，因此它们就是数据。另一方面，当特征被正确标记时，它们可能表示弱分类器：从某种意义上说，带符号的特征既是数据又是分类器。如果存在许多这样的弱分类器（特征），并且已知它们的正确符号，就可以使用它们进行无监督学习，即在数据样本的真实标签未知情况下训练强分类器。4.2 节将提供数学证明。

有学者可能会认为这样做只是把学习问题推到特征的标记上，并未标记样本。本书作者的观点是，正确标记特征的工作要比标记样本容易得多，并且可以通过使用本书中提出的无监督学习原则来实现。例如，HPP 监控信号可用于推断特征的正确标记以及向分类器转换。一些特征从一开始就正确且自然地标记。例如，光源的存在通常与物体（任何类型）的存在正相关，两者缺一不可，对于大多数分类学习而言，光总是一个积极的特征。

与标注样本相比标注特征更好，原因如下：

（1）特征数量有限（如大脑中的神经元），而实际上数据样本的数量无限，知道有限数量的特征的正确符号就可以完成标注。

（2）对比从大量数据样本中学习复杂类，只需少量数据即可标记单个特征。例如，描述清楚光源是许多未知类的一个积极特性，比学习那些类的正确分类器要容易得多，它只是一个简单的特征，未知的类可能相当复杂并且概念有很大不同。

（3）在实践中可能根本不需要特征，只需按原样使用即可。如数学推导中所显示的结果，不需要将所有特征都进行，只需发现已经正确标记的特征的子集，实际上也不需要事先知道哪些特征或有多少特征被正确标记。有一些特征是弱分类器的输出结果，这些弱分类器已经被训练用于响应某些已知类，可以简单地认为它们正确地标记了一些未知的还没有被发现的类。研究人员可以使用这些现有的弱分类器（假设已经有很多），而不必标记它们，以便了解与它们自然正相关的类，只要掌握了未知类的足够多的正确标记的特征，就能够学习这些未知的类，对于无法从现有的正相关特征中获得足够支持的类别将被忽略。

以上讨论的处理方式可以用生活中的例子来证明，例如，通过使用预训练特征与未知的新类别之间存在的关联性，以无监督的方式进行学习：学习使用旧汽车类预训练特征，可以从这些特征中学习新型汽车；或学习从旧类型活动（网球）的特征（模式）中检测出新类型的活动（壁球）。通常可以学习任何一个类的新变体、一个类的进化形态，或者与旧类有着强烈而积极关联的新类。再如，从已经获得的关于住宅的知识（正相关的特征/分类器）中了解并学习摩天大楼，从有关鸟类的知识（正相关的特征/分类器）中学习飞机等。如果没有强大的监督环节，采用的先验正相关猜测是错误的，无法学习正相关和负相关特征组合的类。当一个新概念无先验知识时，会让研究人员感到困惑并无法学习。

这些想法和示例还涉及通用无监督学习机，第 8 章将详细论述。本章将研究标记特征和通过聚类进行特征选择的无监督学习方法背后的数学原理，为了更好地理解数学原理和实验结果，本章将用事实进行分析和判断。

4.2 数学表述

本节讨论了二进制分类的情况，并将“一对所有”策略应用于多类场景。设有一组 N 个样本数据，第 i 个样本表示为 N 个特征的列向量 $\boldsymbol{f}_i$，其值在$[0,1]$之间；这些特征可以是各自分类器的输出。寻找向量 $\boldsymbol{w}$，其元素值在$[0,1/k]$之间且为 l^1-单位范数，使得第 i 个样本来自正类时有 $\boldsymbol{w}^{\mathrm{T}}\boldsymbol{f}_i \approx \mu_P$，否则 $\boldsymbol{w}^{\mathrm{T}}\boldsymbol{f}_i \approx \mu_N$，$0 \leqslant \mu_N < \mu_P \leqslant 1$。对于有标记的训练样本 i，如果为正符号，则确定真值目标 $t_i = \mu_P = 1$，反之 $t_i = \mu_N = 0$。对 $\boldsymbol{w}$ 的新约束限制了每个独立特征 $\boldsymbol{f}_j$ 的影响力，应选择强大的组合特征且其中无主导特征，这就产生了具有良好泛化能力的解。4.3 节将说明所选特征的数量等于 k，所有权重都为 $1/k$。所要寻找的解是加权特征平均值，其正值的总体响应比负值更强。为此，任何特征 f_j 对正样本的期望值 $E_P(\boldsymbol{f}_j)$ 均大于 $\boldsymbol{f}_j$ 对负样本的期望值 $E_N(\boldsymbol{f}_j)$。从标记的样本中估计其符号 $\mathrm{sign}(\boldsymbol{f}_j) = E_p(\boldsymbol{f}_j) - E_N(\boldsymbol{f}_j)$，如果其为负数，只需简单地标记特征：$\boldsymbol{f}_j \leftarrow 1 - \boldsymbol{f}_j$。

4.2.1 监督学习

本节从监督学习任务开始将其描述成最小二乘约束的最小化问题。给定 $N \times n$ 阶特征矩阵 $\boldsymbol{F}$，第 i 行向量为 $\boldsymbol{f}_i^{\mathrm{T}}$，具有真值向量 $\boldsymbol{t}$，求最小的 $\boldsymbol{w}^*$ 使得等式 $\|\boldsymbol{F}\boldsymbol{w} - \boldsymbol{t}\|^2 = \boldsymbol{w}^{\mathrm{T}}(\boldsymbol{F}^{\mathrm{T}}\boldsymbol{F})\boldsymbol{w} - 2(\boldsymbol{F}^{\mathrm{T}}\boldsymbol{t})^{\mathrm{T}}\boldsymbol{w} + \boldsymbol{t}^{\mathrm{T}}\boldsymbol{t}$ 成立，并且服从所需的约束。舍弃最后一个常数项 $\boldsymbol{t}^{\mathrm{T}}\boldsymbol{t}$，可得到以下凸最小化问题：

$$
\begin{aligned}
\boldsymbol{w}^* &= \arg\min_{\boldsymbol{w}} \mathrm{J}(\boldsymbol{w}) \\
&= \arg\min_{\boldsymbol{w}} \boldsymbol{w}^{\mathrm{T}}(\boldsymbol{F}^{\mathrm{T}}\boldsymbol{F})\boldsymbol{w} - 2(\boldsymbol{F}^{\mathrm{T}}\boldsymbol{t})^{\mathrm{T}}\boldsymbol{w} \\
&\text{s. t. } \sum_j w_j = 1, w_j \in [0, 1/k]
\end{aligned}
\tag{4.1}
$$

最小二乘公式与套索算法、弹性网络和其他正则化方法有关，区别在于，本书例子中对 $\boldsymbol{w}$ 单立元素赋值限制在 $[0,1/k]$ 范围内。这产生有关稀疏性的重要属性，并直接影响泛化能力（见 4.3 节）。

4.2.2 无监督学习的特征标记

考虑一组根据特征符号正确标记的签名特征，这些特征可以是先验的，也可以是从一小组标记数据中估计出来的结果。假设正负样本的带符号特征的期望值分别接近目标真值 $(\boldsymbol{\mu}_P,\boldsymbol{\mu}_N)$。该假设可以在实践中近似地通过适当的归一化（由小监督集估算得到）来实现。

对于给定的样本 i 和遵循约束的 $\boldsymbol{w}$，加权平均的期望值 $\boldsymbol{w}^{\mathrm{T}}\boldsymbol{f}_i$ 也接近目标真值 t_i：

$$E(\boldsymbol{w}^{\mathrm{T}}\boldsymbol{f}_i)=\sum_j w_j E(\boldsymbol{f}_i(j))\approx\left(\sum_j w_j\right)t_i=t_i$$

对于所有的样本，都有期望值 $E(\boldsymbol{Fw})\approx\boldsymbol{t}$，这样普遍产生近似正确解。因为监督学习的期望值接近目标真值，可以将监督学习视为试图降低特征集合输出的方差。如果将 $E(\boldsymbol{Fw})\approx\boldsymbol{t}$ 的解逼近到目标 $J(\boldsymbol{w})$ 中，由下列算法将得到一个新的不涉及真值的对象 $J_u(\boldsymbol{w})$，该目标在特征符号已知的情况下不受监督。这里的 $\boldsymbol{M}=\boldsymbol{F}^{\mathrm{T}}\boldsymbol{F}$：

$$\begin{aligned}\boldsymbol{w}^*&=\arg\min_{\boldsymbol{w}} J_u(\boldsymbol{w})\\&=\arg\min_{\boldsymbol{w}} \boldsymbol{w}^{\mathrm{T}}(\boldsymbol{F}^{\mathrm{T}}\boldsymbol{F})\boldsymbol{w}-2[\boldsymbol{F}^{\mathrm{T}}(\boldsymbol{Fw})]^{\mathrm{T}}\boldsymbol{w}\\&=\arg\min_{\boldsymbol{w}}(-\boldsymbol{w}^{\mathrm{T}}(\boldsymbol{F}^{\mathrm{T}}\boldsymbol{Fw}))\\&=\arg\max_{\boldsymbol{w}} \boldsymbol{w}^{\mathrm{T}}\boldsymbol{Mw}\\&\text{s.t.}\ \sum_j w_j=1,w_j\in[0,1/k]\end{aligned}\tag{4.2}$$

有监督学习是一个凸极小化问题，而无监督学习是一个凹极小化问题（属于 NP-hard 问题）。这是由矩阵 $\boldsymbol{M}$ 的符号变化引起的。由于在无监督的情况下，矩阵 $\boldsymbol{M}$ 可以从大量未标记的数据中创建，因此 $J_u(\boldsymbol{w})$ 的噪声实际上比 $J(\boldsymbol{w})$ 少，并且可以明显产生更好的局部最优解，这一事实已被实验证实。

注意本书介绍的公式与其他半监督或直推学习方法之间的区别，这些方法基于带二次准则的标签传播[21]（其中二次项非常大，是从成对的数据样本中计算出来的，而不是从特征标记中得来）或基于直推式支持向量机[22]。也有一些无监督的特征选择方法，例如参考文献中介绍的正则化方法[23]，但是它们不会像本节案例中介绍的方法一样同时学习判别分类器。

4.2.3 客观事实

考虑涉及目标的两部分：二次项 $\boldsymbol{w}^{\mathrm{T}}\boldsymbol{M}\boldsymbol{w}=\boldsymbol{w}^{\mathrm{T}}(\boldsymbol{F}^{\mathrm{T}}\boldsymbol{F})\boldsymbol{w}$ 以及线性项$(\boldsymbol{F}^{\mathrm{T}}\boldsymbol{t})^{\mathrm{T}}\boldsymbol{w}$。假设特征输出具有类似的期望值，然后在有监督情况下将线性项最小化，这样可以（甚至独立地）赋予与真值密切相关并且有利于分类的特征更多权重。正定矩阵 $\boldsymbol{F}^{\mathrm{T}}\boldsymbol{F}$ 包含样本上特征值响应对之间的点积。在有监督情况下，应该找到尽可能不相关的特征组来最小化 $\boldsymbol{w}^{\mathrm{T}}(\boldsymbol{F}^{\mathrm{T}}\boldsymbol{F})\boldsymbol{w}$。因此，线性项使得这些特征组分别相关，而二次项则使它们彼此不存在冗余。在给定类上是有条件的独立，这个观察结果与早期的研究结论是一致的（如 Dietterich [3]、Rolls 和 Deco [24]），该结论与 HOG 过滤器[25]的判别组工作有相关性。

在几乎无监督的情况下，任务似乎是相反的：最大化相同的二次项 $\boldsymbol{w}^{\mathrm{T}}\boldsymbol{M}\boldsymbol{w}$，不涉及线性项。可以将这种明显相反的方法解释为，将学习问题转换为成对约束下聚类的特殊案例，这与具有 l^2-范数约束的光谱聚类[26]和具有 l^1-范数约束的鲁棒超图聚类[27-28]之类的算法有关联。该算法将判别学习任务转换为聚类问题，与第 3 章提出的聚类公式有关联，相同的 IPFP 算法将有效地应用于优化过程。

无监督学习案例通过找到具有最强集群内得分（协方差最大）的一组特征来解决。在没有真值标签的情况下，假定特征池中的特征通常具有正确的符号且没有冗余，当隐藏类标签也发生变化时，可以通过集合平均值变化最大的特征获得最大协方差。

大部分无监督的变量寻找统一的、联合方式响应的特征，这些特征对二次项和线性项这两类分布的自然变化敏感。换言之，与或多或少独立且常常相互抵消的噪声变化相比，由两类之间的自然差异引起的良好特征响应的二阶信号（由协方差矩阵捕获）的变化应该是最强的。

4.3 通过整数投影固定点聚类进行特征选择和学习

首先确定每个特征的符号，对其估计后可以通过构建优化问题来求解 $\boldsymbol{w}$。算法 4.1 展示了无监督学习的方法，通过适当修改目标可以构建有监督学习的变体。有监督学习的情况是一个凸问题，在多项式时间内可以进行有效的全局优化，无监督学习情况是一个凹最小问题（属于 NP-hard 问题），有许多可能的快速方法可以进行近似优化。本章采用了 IPFP 算法[29-30]，这种算法已在第 2 章中已详细介绍。实践证明，IPFP 算法可以有效地完成实验测试任务，包括从图匹配和聚类，到特征选择、描述符学习，以及视频中的对象分割［图 4.2（c）］等，IPFP 算法可以同时适用于有监督和无监督学习的情况。该算法在有监督学习的情况下收敛到一个稳定点，即全局最优解。在每次迭代中，IPFP 算法均使用线性一阶泰勒近似值逼近原始目标，这种线性一阶泰勒近似值可以在可行域内立即优化，该步骤之后是带有快速闭合形式解的线性搜索，重复该过程直到收敛结束。

算法 4.1 通过 IPFP 聚类进行特征选择和分类器学习

从少量带标签的样本中学习特征签名

根据未标记的数据创建具有翻转特征的 $\boldsymbol{F}$

设置 $\boldsymbol{M}\leftarrow\boldsymbol{F}^{\mathrm{T}}\boldsymbol{F}$

求解 $\boldsymbol{w}^{*}=\arg\max\limits_{\boldsymbol{w}}\boldsymbol{w}^{\mathrm{T}}\boldsymbol{M}\boldsymbol{w}$

s. t. $\sum\limits_{j} w_j = 1, w_j \in [0,1/k]$

返回 $\boldsymbol{w}^{*}$

测试实践中，10~20 次迭代后即可接近驻点，为保证实验的全面性，所有测试都使用了 100 次迭代，参见图 4.2 中凸监督学习情况与 Matlab 的 quadprog 运行时情况的比较，以及图 4.5 中与其他学习方法的比较。本章提出的用于特征选择的二次公式的优势在于：一旦建立了线性项和二次项，学习问题就与样本数量无关，仅取决于所考虑特征的数量 n，因为矩阵 $\boldsymbol{M}$ 是 $n\times n$ 阶，$\boldsymbol{F}^{\mathrm{T}}t$ 是 $n\times 1$ 阶。

从实践结果中观察到（图 4.2（b）），在非零权重相等的情况下，解是稀疏的（命题 4.1），这使通过聚类进行分类器学习成为一种很好的特征选择机制。接下来，证明简单的等权解很可能使给定类（命题 4.2）样本的输出方差最小化；并使错误率最小化，这也说明了本章提出的算法具有良好的泛化能力。然后，本节会展示当考虑的非冗余特征的数量增加时，错误率是如何趋于零（命题 4.3），这解释了为什么使用大量多样的特征是有益的。令 $J(\boldsymbol{w})$ 作为在监督或半监督学习情况下的目标函数。

命题 4.1 令 $d(\boldsymbol{w})$ 为 $J(\boldsymbol{w})$ 的梯度。偏导数 $d(\boldsymbol{w})_i$ 与所对应的非稀疏实值稳定点的元素 w_i^*［真值在 $(0,1/k)$ 内］必须相等。

证明： 拉格朗日方程驻点满足 KKT 必要的最优条件。拉格朗日方程

$$L(\boldsymbol{w},\lambda,\boldsymbol{\mu},\boldsymbol{\beta}) = J(\boldsymbol{w}) - \lambda\left(\sum w_i - 1\right) + \sum \mu_i w_i + \sum \beta_i(1/k - w_i)$$

在点 $\boldsymbol{w}^*$ 处从 KKT 条件出发，有

$$\begin{cases} d(\boldsymbol{w}^*) - \boldsymbol{\lambda} + \boldsymbol{\mu}_i - \boldsymbol{\beta}_i = 0 \\ \sum_{i=1}^{n} \boldsymbol{\mu}_i w_i^* = 0 \\ \sum_{i=1}^{n} \boldsymbol{\beta}_i (1/k - w_i^*) = 0 \end{cases}$$

在这里 $\boldsymbol{w}^*$ 和拉格朗日乘法器具有非负元素，因此如果 $w_i>0 \Rightarrow \boldsymbol{\mu}_i=0$，$w_i<1/k \Rightarrow \boldsymbol{\beta}_i=0$，那么必然存在一个常数 $\boldsymbol{\lambda}$ 使得

$$d(\boldsymbol{w}^*)_i = \begin{cases} \leqslant \boldsymbol{\lambda}, w_i^*=0 \\ =\boldsymbol{\lambda}, w_i^* \in (0,1/k) \\ \geqslant \boldsymbol{\lambda}, w_i^*=1/k \end{cases}$$

这意味着所有不等于 0 或 $1/k$ 的 w_i^* 都对应等于某个常数 $\boldsymbol{\lambda}$ 的偏导数 $d(\boldsymbol{w})_i$。因此这些 $d(\boldsymbol{w})_i$ 必须互等，这就支持了本章的证明。

由命题 4.1 可见，一般情况下，当处于拉格朗日驻点的目标误差函数的偏导数唯一时，解 $\boldsymbol{w}^*$ 的元素要么为 0 要么为 $1/k$，因 $\sum_j w_j^*=1$，通常非零权重的数量正好是 k。因此，解决方案不仅是简单的线性分隔符（超平面），而且是一个稀疏表示和一个特征选择过程，这样可以有效地平均选定的 k（或接近 k）特征。该算法对 k 的选择具有鲁棒性（图 4.2（a）），并且对选择的特征数量不如套索算法敏感（图 4.3）。通常在内存消耗方面，套索算法解决方案对所有特征都有不同的实际权重，其存储需要 $32n$ 比特内存用于浮点表示，而本书的算法对 k 个选定特征的存储平均只需 $k\log_2 n$ 比特内存，从 n 个可能中选择 k 个特征，并自动将其权重设置为 $1/k$。本书介绍的算法在实践中显示了从非常有限的训练数据中得到的好的泛化能力，遵循了奥卡姆剃刀原理[31]，所学习的分类器的形式有最简单的形式，所有非零值都等于一个预定义的值。因此，它同时成为正负情况之间的线性分隔符和特征选择器。

图 4.2 为 Matlab 仿真结果，图 4.2（a）是算法对 k 的敏感性，其性能随着特征的增加而提高，在峰值 $k=60$ 附近趋于稳定，$k>100$ 时性能下降，因为此时有用的特征已经耗尽。图 4.2（b）显示当 $k=50$ 时根据权重排序的特征，本书算法选择的权重与所选 k 相等。图 4.2（c）显示该算法在 10~20 次迭代后几乎都收敛。图 4.2（d）显示采用内点法的运行时间除以本书介绍算法运行时间的值，最大迭代次数均为 100 次。所有结果均为 100 次随机运行结果的平均值。

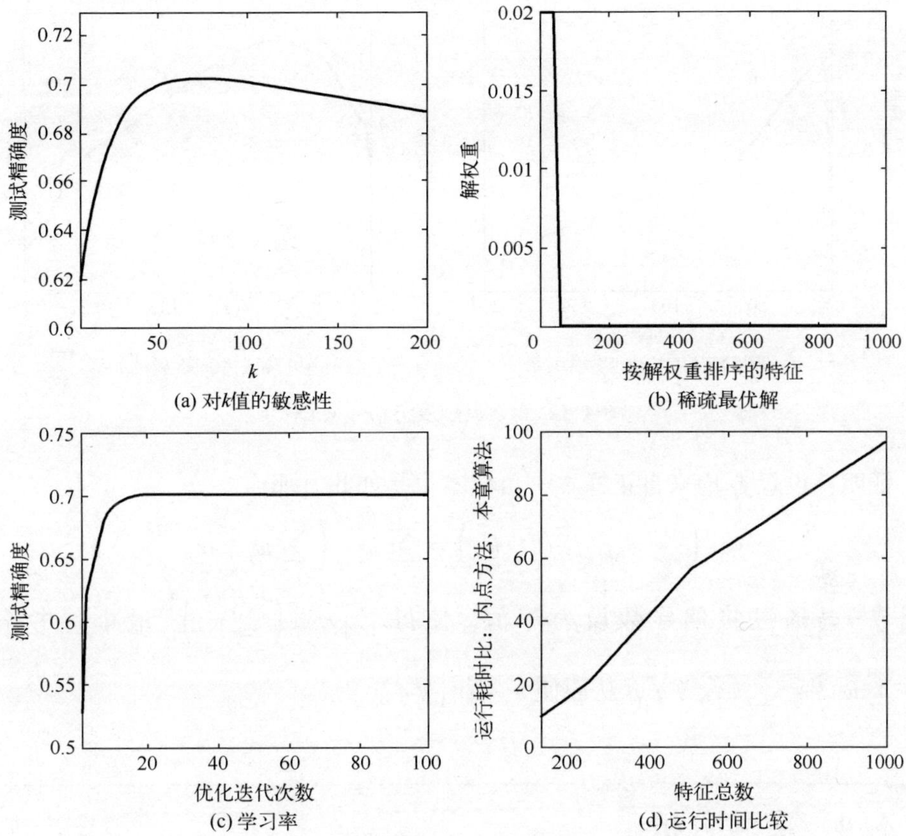

图 4.2　算法的优化和敏感性分析

图 4.3（a）展示对解中权重非零的特征数的敏感性，和本章提供的算法相比其灵敏度更高。通过较少的特征可以实现套索的最佳性能，但是精度比本章提供的算法要差。图 4.3（b）是算法对 λ 的敏感性，$L1$ 正则化惩罚由它控制。

为了更好地进行统计解释，假设如下理想情况：在正（P）和负（N）各自的训练集上，所有特征具有相等的平均值（μ_P,μ_N）和相等的标准差（σ_P,σ_N）。这有效地为 n 个特征的平均响应引入了双峰分布。

命题 4.2　假设输入软分类器是独立的并且比随机概率好，当它们的数目 n 趋于无穷大时，错误率收敛到 0。

证明： 给定 $\boldsymbol{w}^{\mathrm{T}}\boldsymbol{f}_i$ 的分类阈值 θ，使得 $\mu_N<\theta<\mu_P$，则当 n 趋于无穷大时，负样本的平均响应值大于 θ（假阳性）的概率为 0。该论述与切比雪夫不等式类似。同理，当 n 趋于无穷大时，假阴性的概率也变为 0。

命题 4.3　正（负）最小方差的加权平均 $\boldsymbol{w}^{\mathrm{T}}\boldsymbol{f}_i$ 具有相等的权重。

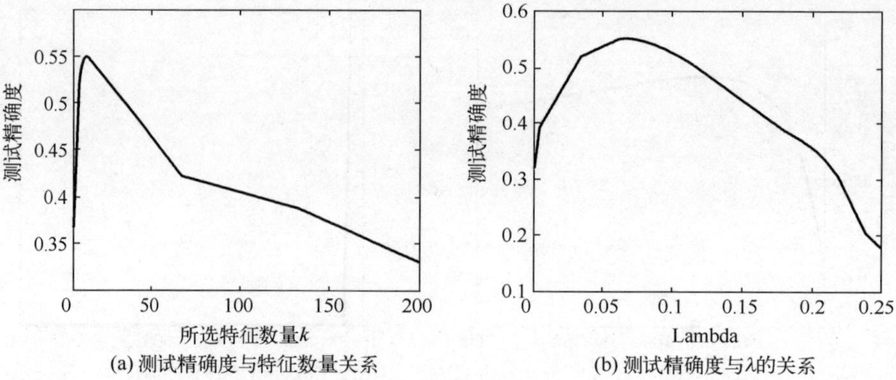

图 4.3　套索灵敏度分析示意图

证明：设想 f_i 均来自正样本，负样本也是如此，那么

$$\mathrm{var}\left(\sum_j w_j f_i(j) \Big/ \sum_j w_j\right) = \sum w_j^2 \Big/ \left(\sum w_j\right)^2 \sigma_P^2$$

成立。通过将偏导数设为零值，使得 $\sum w_j^2 / \left(\sum w_j\right)^2$ 最小，并得到 $w_q\left(\sum w_j\right) = \sum w_j^2, \forall q$，从而使 $w_q = w_j, \forall q, j$。

4.4　实验分析

在只有特征符号已知的监督和几乎不受监督的情况下，本节评估了本书提供的算法对有限数据进行归纳和快速学习的能力，探讨了从不同的数据集中转换和组合知识的可能性。这些数据集包含许多潜在不相关类的视频或中低分辨率图像。本节专注于视频分类方法的研究，与现有的选择和分类方法进行比较并报告每帧的分类准确性。采用自然环境下大型 YouTube Objects V1 视频数据集[18]进行测试，采集 10 个类别（飞机、鸟、船、汽车、猫、牛、狗、马、摩托车、火车）序列，训练集包含大约 4200 个视频镜头、436970 帧视频图像，测试集有 1284 个视频镜头、134119 帧视频图像，这些视频有明显的干扰，如对象频繁进出前景焦点、存在各种遮挡、规模和视角变化较多。视频镜头之间，类内部的变化很大且不连续，大量的帧和各种各样的镜头、复杂的外观、长度的变化、许多分散注意力的对象产生的背景杂波、尺度的变化、视点的变化和类内的剧烈变化等现实存在的问题，使得仅从少数帧中学习主要类别是一个重大的挑战。本书使用了与文献［18］中描述相同的训练/测试分割。在所有的测试中，每种算法呈现的结果均为 30~100 个随机试验结果的平均值。实验中生成了包含 6000 多种不同特征的巨大特征池（图 4.4），这些特征是从三个不同的数据集中计算和学习得出的。

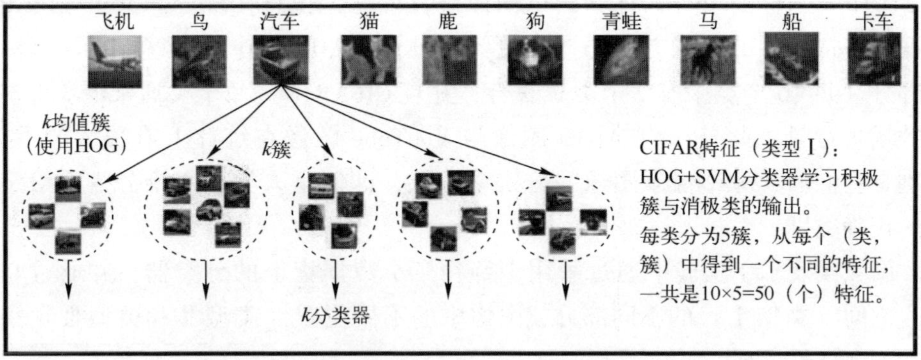

(a) 通过学习输入空间不同子部分（簇）上的分类器使特征多样化

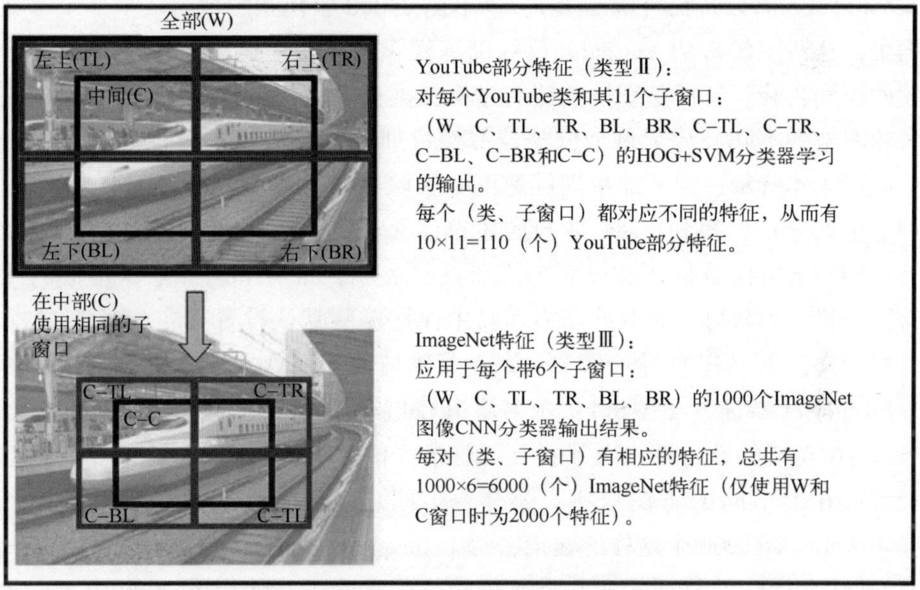

(b) 通过学习输入图像不同子部分上的分类器使特征多样化

图 4.4　特征池生成示意图

CIFAR10 特征（类型Ⅰ）：CIFAR10 数据集包含 10 个类别（飞机、鸟、汽车、猫、鹿、狗、青蛙、马、船、卡车）的 60000 幅 32×32 彩色图像，平均每类别有 6000 幅图像，分成 50000 幅训练图像和 10000 幅测试图像，随机选择每个类 2500 幅图像用来创建特征。采用 HOG+SVM 对数据进行训练的分类器，其训练数据来自将 k 均值应用于其 HOG 描述符的每个类别的图像聚类为 5 个组而获得的数据。每个分类器经过训练可以区分本身同其他的聚类结果。针对每个类别获得多样化且相对独立的分类器，对输入空间不同的、自然聚类的部分作出响应，将每个有 5×10=50（个）特征的分类器构造成一个不同的特征，据此对 YouTube 目标的所有训练和测试图像进行计算，注意在统计意义上 CIFAR10 图像与 YouTube 的图像有所不同。更具体地说，CIFAR10 类与 YouTube 目标类仅部分（每 10 个类中有 7 个类）重合，并且 CIFAR10 的每个类通常覆盖更多不同的场景背景。此外，CIFAR10 图像与 YouTube 图像在统计上有很大的不同，特别是它们的 32×32 像素图像的分辨率很低，即使是人类也很难分辨出给定图像的正确类别。

图 4.4 展示了实验中通过采用训练在三个数据集上的分类器，并通过观察输入空间（类型Ⅰ）的不同部分或图像中的不同位置（类型Ⅱ和类型Ⅲ）来激发特征多样性生成。

YouTube 部分特征（类型Ⅱ）：本书用 25000 幅视频图像组成了一个单独的数据集，这些图像是从 YouTube 目标训练视频的子集中随机选取的，不会用于后续的识别实验。特征是线性支持向量机分类器的输出，该分类器将 HOG 应用于每幅图像的不同部分。每个分类器都经过训练并被应用到自己的专用子窗口中，如图 4.4 所示。为了加快训练速度并去除噪声，本书作者还对得到的 HOG 进行了主元分析，得到了 46 维的描述符，并将其传递给支持向量机做后续计算。不同的支持向量机核和设置的实验结果表明，带有 libsvm 默认参数的线性支持向量机效果较好，并且在所有实验中保持这些默认设置不变。对于 10 个类中的每个类，本书有 11 个分类器，每个子窗口 1 个，总共获得 110 个Ⅱ类特征。

ImageNet 特征（类型Ⅲ）：本书使用 Caffe[17] 的算法，考虑了预训练的 ImageNet CNN 功能的软特性输出［在（柔性最大值传输函数 softmax）之前］，每个特征都有 6 个不同的子窗口中：整体、中间、左上、右上、左下和右下，如图 4.4 所示。有 1000 个这样的输出，每个 ImageNet 类别 1 个，每个子窗口 1 个，总共 6000 个这样的特征。在本书介绍的一些实验中只使用了 2000 个 ImageNet 特征，仅限于整个窗口和中间窗口两个子窗口。

关于特征选择的简短讨论：本书的实验所选择的特征类型各不相同，包括来自不同类型图像（低分辨率、视频帧、ImageNet 图像）的不同特征。在 YouTube 特征的例子中，这些分类器所训练的类是强相关的，但在 CIFAR10 和 ImageNet 的例子中分类器训练的类的特征相关性很小。重要的是，当分类器能够访问属于本书感兴趣的类的完整图像时，这些类型的特征在完全监督的情况下存在一些限制。在 CIFAR10 特征案例中，分类器（在本书的实验中充当特征）被训练用来预测匿名聚类，从而划分较大的类组，只能看到低分辨率的图像，并且有相对简单的 HOG 描述符。在 YouTube 对象特性的例子中，它们是在一组单独的图像上训练的，而用于训练最终分类器的实际训练集中没包含这些图像。此外，它们中的大多数只能访问图像的局部。第三组特征是在 ImageNet 上预先训练的，ImageNet 是一个具有完全不同的视觉特性和非常广泛不同的图像类的数据集。虽然有人会认为本书所拥有的预训练特征分类器集功能非常强大，但实验表明，这些分类器实际上仍然很弱，所有被测试的线性分类器很难区分图像类。4.4.1 节中得到的结果表明以下几点：①确定从单个帧中提取的视频类别很困难，可能缺少属于目标类别的对象，并且前后关联不够密切。从某种意义上说，在给定的模型和测试条件下可以尽可能多地间接利用前后关联来突破分类的局限性。②不同数据集的统计视觉特征存在隐藏但很强的差异。实际上存在很大的数据集偏差情况，例如 ImageNet 高级特征并不总能预测正确的类。③正如本书在实验的最后部分所讨论的一样，观察选择了哪些特征来形成最终的分类器将是非常有趣的过程。对这些特性的进一步研究将揭示一些与外观、前后关联和语义相关的发现。

4.4.1 比较实验

本章实验评估了 7 种算法，分别为本章提出的算法、具有所有输入特征的支持向量机、套索算法、具有所有输入特征的自适应增强算法（AdaBoost）、根据本书算法和思路[34-36]选择的特征应用于支持向量机的算法、前向-后向选择（FoBa）算法、文献［37］和值在［0，1］中的所有带符号特征的简单平均如前所述进行翻转的方法。虽然大多数算法直接使用提供的有符号特征，但是 AdaBoost 算法通过选择可以令每次迭代的预期指数损失最小化的阈值，将每个特征进一步转换为弱二进制分类器（这解释了为什么 AdaBoost 计算速度非常慢）。对于支持向量机，本章的实验使用了最新的 LIBSVM[38]实现，其内核和参数 C 分别验证了每种类型的实验。对于套索算法，本章使用了最新的 Matlab 库，并在每个实验中验证了 $L1$ 正则化参数 λ。此外，本章实验还比较了弹性网（$L1+L2$ 正则化）[39]。从大型特征池中学习时，本章介绍的算法监督变量比弹性网算法的性能高出 10%以上（图 4.5 最后两行）。图 4.5 表明，本章提出的算法具有恒定的优化时间（创建 F 后，开始计算 $\boldsymbol{F}^{\mathrm{T}}\boldsymbol{F}$）。与支持向量机、AdaBoost 算法（时间消耗太大，无法在图中显示）、FoBa 算法甚至最新的 Matlab 的套索算法相比，本章提出的算法成本要低得多。当本章选择的特征均值甚至比与 SVM 相结合或 SVM 本身更强时，由于具有优越的泛化能力，特别是在有限的带标签训练数据的情况下，故它们的性能要优于其他算法。在利用标记特征的无标记学习的情况下，本章提出的算法性能在很大程度上优于其他算法，最多超过 20%（图 4.6 和表 4.1），当每个类别仅使用一个单一标记的图像来估计特征符号时，其他数据都未标记（图 4.6）。

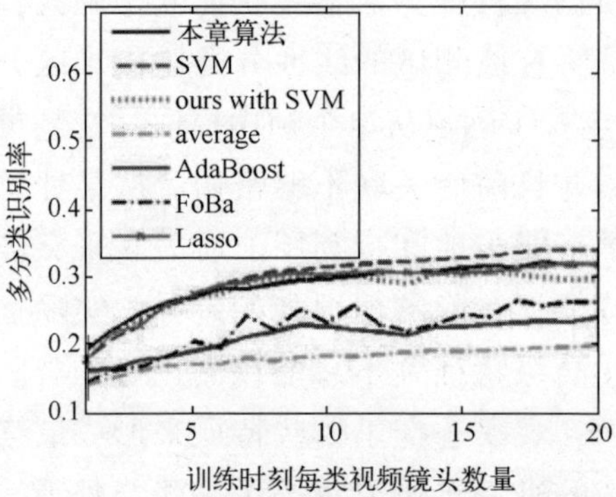

(a) 训练来自CIFAR的特征

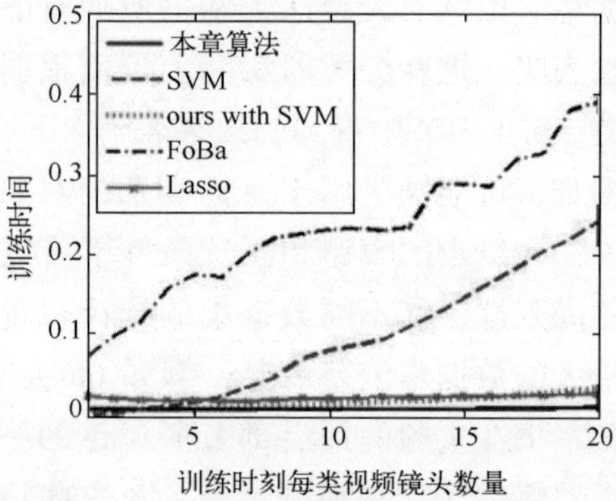

(b) CIFAR的训练时间

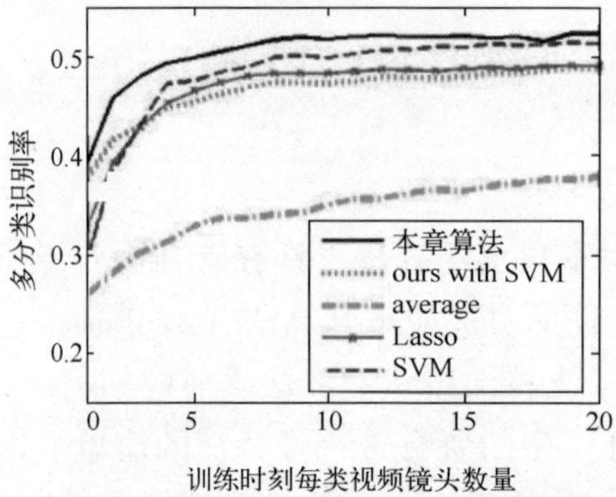

(c) 训练来自CIFAR+YouTube部分的特征

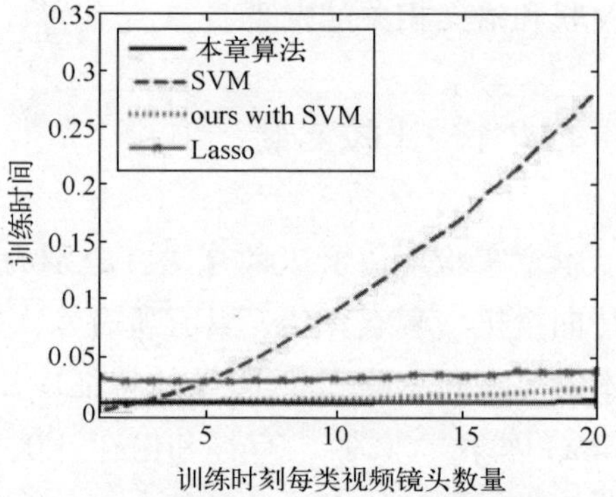

(d) CIFAR+YouTube部分训练时间

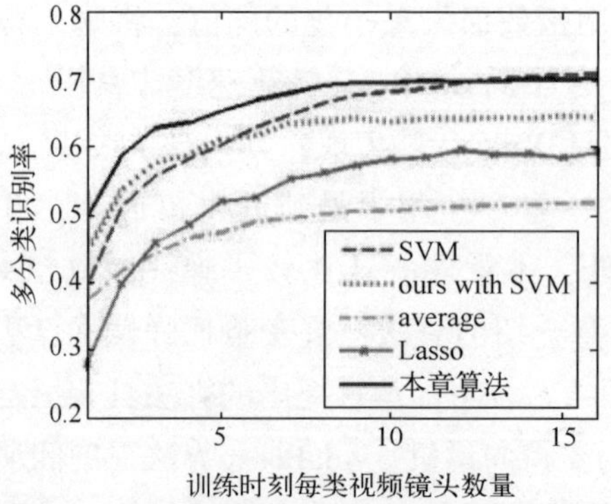

(e) 训练来自ImageNet的特征

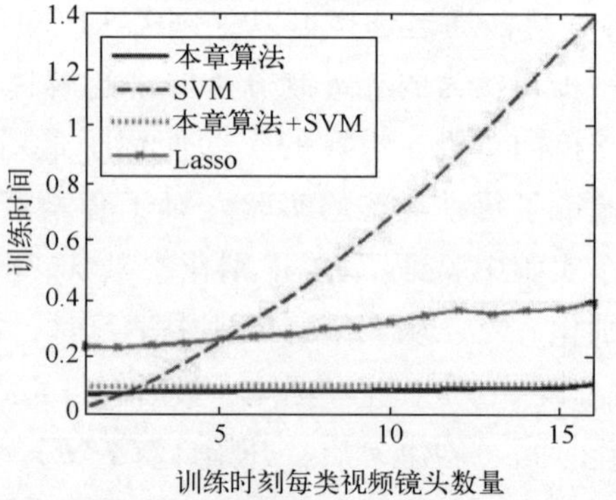

(f) ImageNet训练时间

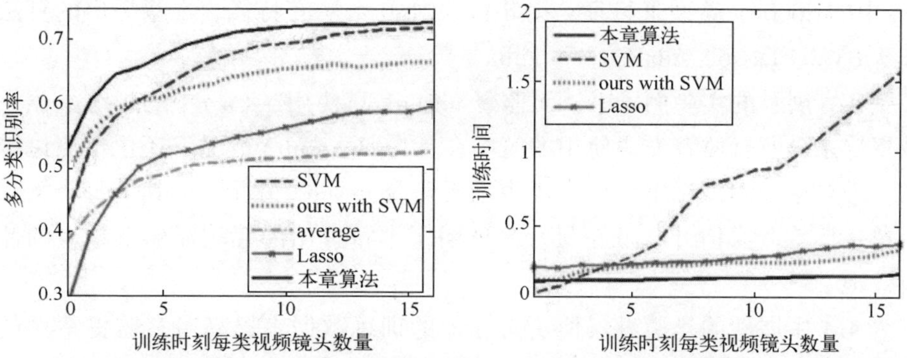

(g) 训练来自所有数据集里的特征　　(h) 所有数据集里的特征训练时间

图 4.5 （见彩图）在 YouTube 目标集上的各种算法识别准确度和训练时间

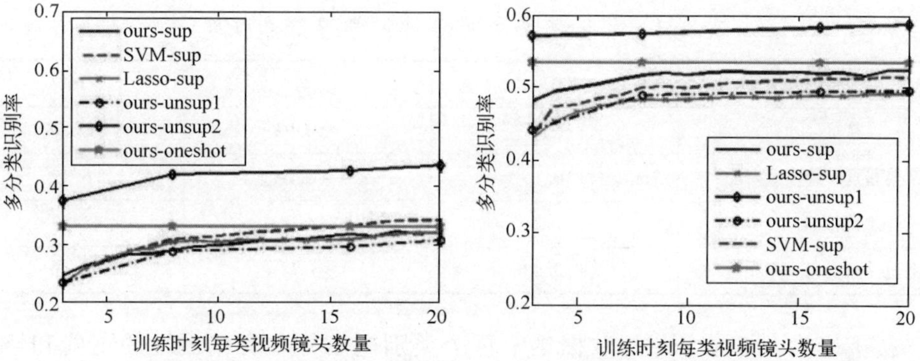

(a) 训练来自CIFAR的特征　　(b) 使用来自CIFAR+YouTube部分的特征

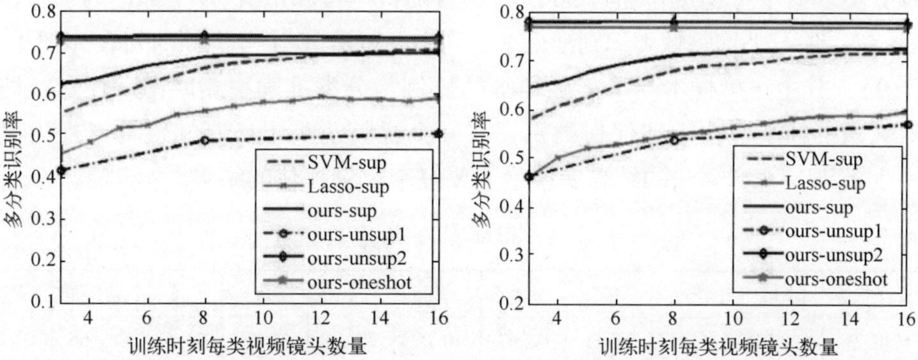

(c) 使用来自ImageNet的特征　　(d) 使用来自所有数据集里的特征

图 4.6 （见彩图）无监督与有监督的情况下不同的算法性能比较

图 4.5 中输入特征池，第 1 行，CIFAR10 上的 50 个类型 Ⅰ 特征；第 2 行，YouTube 部分上的 110 个类型 Ⅱ 特征+50 个 CIFAR10 类型 Ⅱ 特征；第 3 行，ImageNet 中的 2000 个类型Ⅲ特征；第 4 行，2160 个所有特征。本章提出的算法性能优于 SVM、Lasso、AdaBoost 和 FoBa。

图 4.6 展示的实验例子中，无监督 unsup1 只使用 $J_u(\boldsymbol{w})$ 中的训练数据，这些数据仅来自所有监督方法使用的镜头；无监督 unsup2 情况下还包括测试镜头的帧，带有未知测试标签；一个镜头是无监督 unsup2 情况下，其中每个类只用一个单一标签图像估计特征符号。这证明了本章提出的算法能够在最少的监督下有效地学习。

表 4.1 中展示的是通过仅使用未标记的训练数据来提高对有监督案例的识别能力，这些特征是从与有监督案例相同的（3、8、16）镜头中学习到的信号。第一列介绍了一个镜头的学习情况，无监督的方法对每个镜头以及每个类别使用单标签图像来估计特征符号，所示结果是 30 次随机运行的平均值。

表 4.1　不同镜头中对各特征学习信号强度

训练#镜头	3	8	16
特征Ⅰ/%	+16.85	+13.92	+13.98
特征Ⅰ+特征Ⅱ/%	+10.15	+6.2	+6.12
特征Ⅲ/%	+11.21	+4.9	+3.33
特征Ⅰ+特征Ⅱ+特征Ⅲ/%	+13.43	+6.73	+5.36

接下来为 YouTube 目标数据集中每个类别提出一些有代表性的正确和错误的帧分类。对于每类进行超过 30 次无监督随机学习和带有 16 个标记的训练镜头（表 4.2），展示平均每帧类识别准确率，列出了每类 10 个分类帧的列表（图 4.7~图 4.9），其中正确样本与不正确样本的比例与分类准确率相匹配。注意，即使有时大量的帧不包含上述任何类别，在一个视频镜头中所有帧也可以视为属于同一个类别，本章算法的结果在质量上要好于定量评估的结果。

表 4.2　每类的平均准确率

名称	飞机	鸟	船	汽车	猫	牛	狗	马	摩托车	火车
准确度/%	91.53	91.61	99.11	86.67	70.02	78.13	61.63	53.65	72.66	83.37

图 4.7 中展示每个类别的 10 个分类列表，正确样本与错误样本的比例与平均类别识别准确度相匹配示意图，即使有时相当数量的帧不包含上述任何类别，所有视频镜头拍摄的图像帧也都属于同一个类别。因此，本章提出的算法的结果在质量上看起来要好于定量评估的结果请参阅图 4.8 和图 4.9。

(a) 飞机

(b) 鸟

图 4.7　正确样本与错误样本的比例与平均类别识别准确度相匹配示意图

(a) 船

(b) 汽车

(c) 猫

(d) 牛

图 4.8　正确样本与错误样本比例与平均类别识别精度相匹配示意图

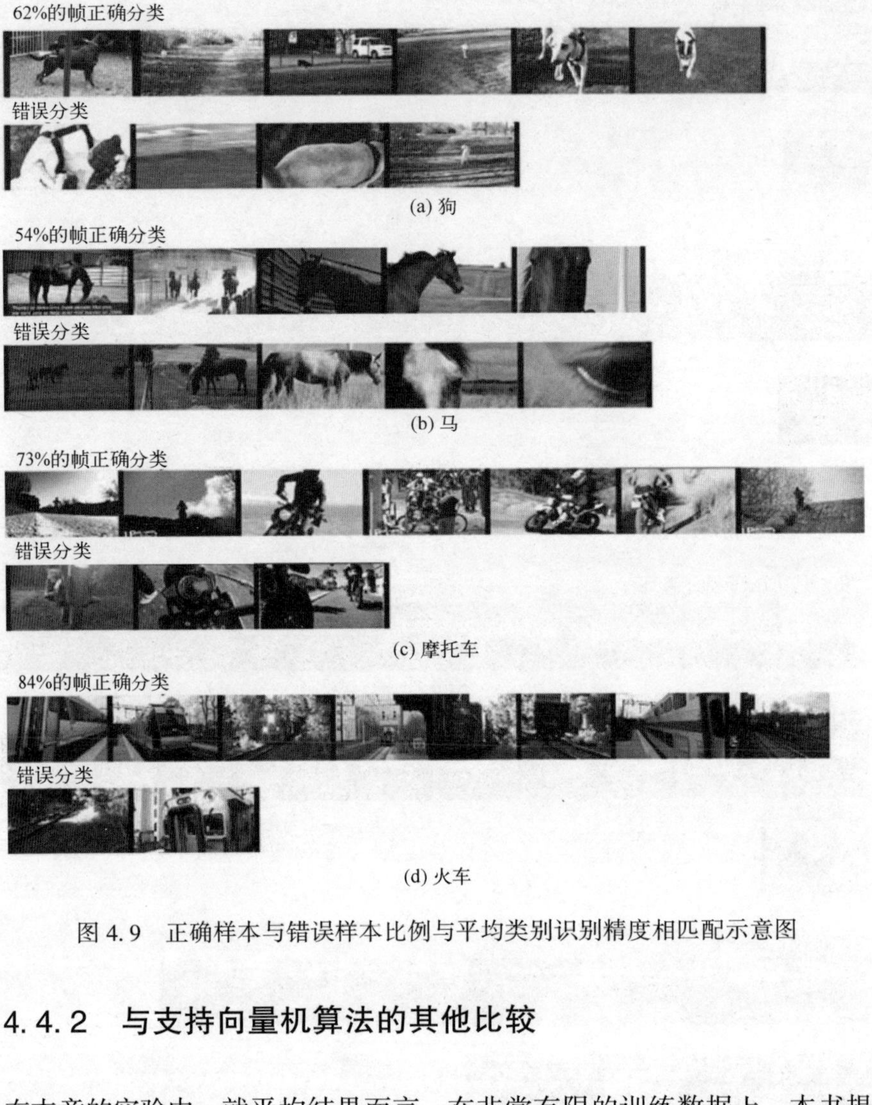

图 4.9　正确样本与错误样本比例与平均类别识别精度相匹配示意图

4.4.2　与支持向量机算法的其他比较

在本章的实验中，就平均结果而言，在非常有限的训练数据上，本书提供的有监督方法的泛化性明显好于 SVM 或 SVM 组合的算法，作者认为这是特征平均值的作用所致。本章提出的算法有望发现整体独立且强大的特征，而不一定是单个特征，这就是为什么在训练数据有限的情况下给所有特征选择相等的权重，而非对某个强大的特征赋予过大权重。如图 4.10 所示，本章提出的算法在测试和训练的性能差异上比 SVM 或联合 SVM 的算法具有更好的泛化性。注意，实验使用了最新的 SVM 库，其内核和参数 C 分别针对每种类型的实验进行了验证——在本书的实验中线性内核表现最佳。还可以看到，如图 4.11 所示，实验中每个类总共有 8 个正训练帧，本章提出的算法通常仅从每个视频镜头 1 帧进行泛化。

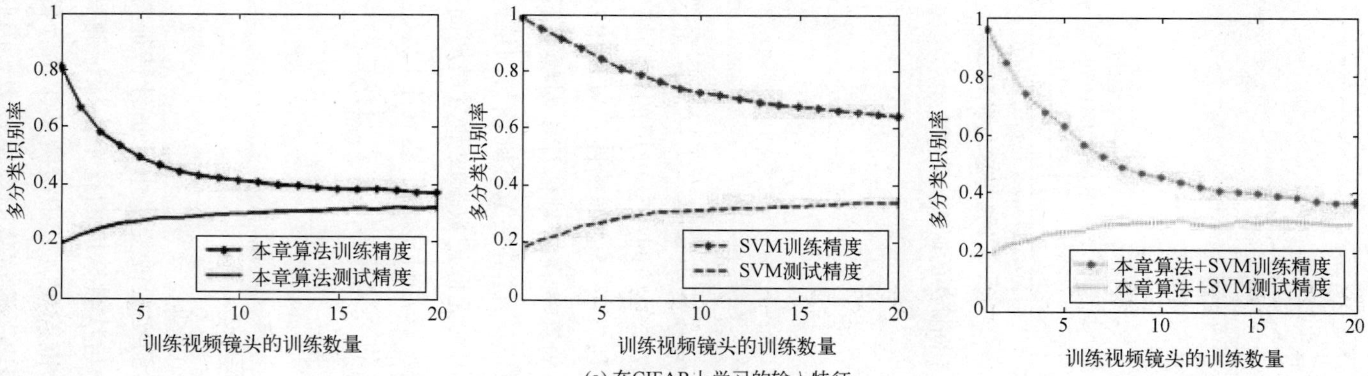

(a) 在CIFAR上学习的输入特征

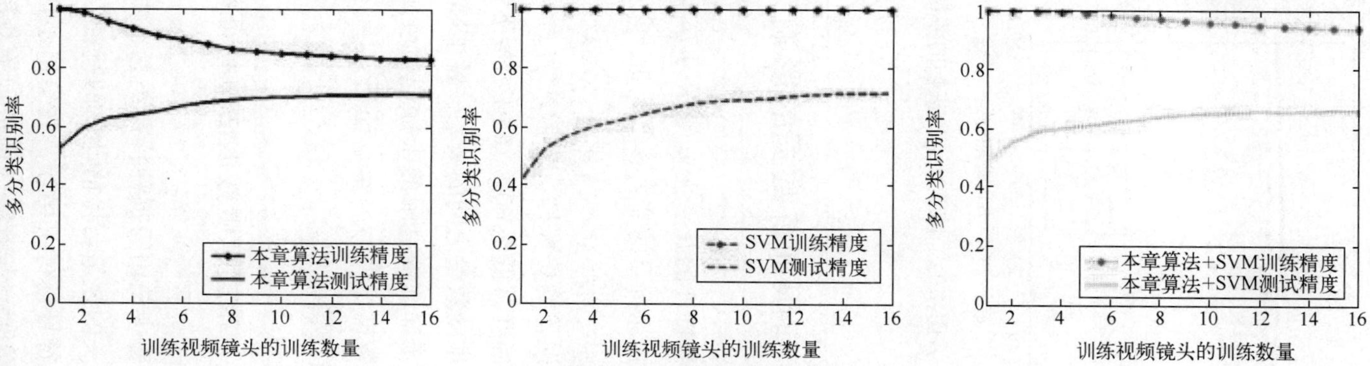

(b) 在所有数据集上的输入特征学习

图 4.10　在有限的训练数据上不同算法的学习效果对比

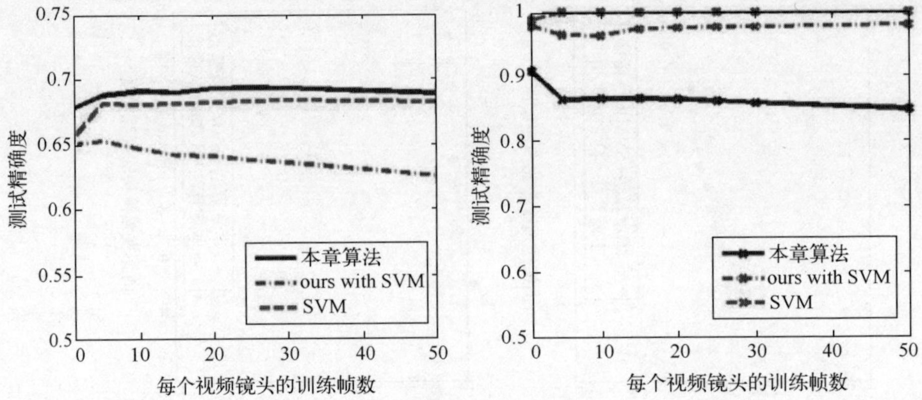

图 4.11　改变 8 个随机帧的数量时不同算法的训练效果对比

4.5　有限训练数据的影响

具有符号特征的几乎无监督学习方法的准确性主要取决于以下几个关键因素：①估计特征符号的能力；②大量无监督数据的访问；③可用的预训练特征。本章的实验用于评估相对于现有标记数据的估计符号的准确性，以及本章算法对符号估计误差的鲁棒性。实验表明，本章的算法在符号估计中对噪声具有鲁棒性，其准确度可低至 60%~65%。接下来的实验能够估量准确性与训练时可用的无监督数据的数量之间的关系，性能随可用的无标记数据的数量增加而提高，但是当可用于训练的有限的未标记帧可用时，算法性能几乎达到平稳状态。当使用有限的数据学习时，本章还研究了算法的泛化能力，并表明在这种情况下与 SVM 相比不会过拟合。

4.5.1　根据有限数据估算特征符号

对于实验中使用的每种特征类型，本章的实验改变了用于估计特征符号的标记训练镜头的数量。将估计出的特征符号与从数据库的整个未标记测试集中估计的特征符号进行了比较，并给出了估计准确度，其中由测试集估计的符号被视为经验真值。与有限的标记训练数据相比，测试集的规模较大，因此评估从非常有限的数据中猜测正确符号的能力是很重要的，结果如图 4.12 所示和表 4.3 所列。表 4.3 中的前两行和图 4.12 中曲线的值，对应于使用单标签视频镜头进行符号估计的情况：与之前一样，每个类别案例中有1个标记的训练帧（与一个镜头的情况相同），每个类别案例中每个镜头10个帧，其中每个标记的训练镜头中取10个均匀间隔的帧。

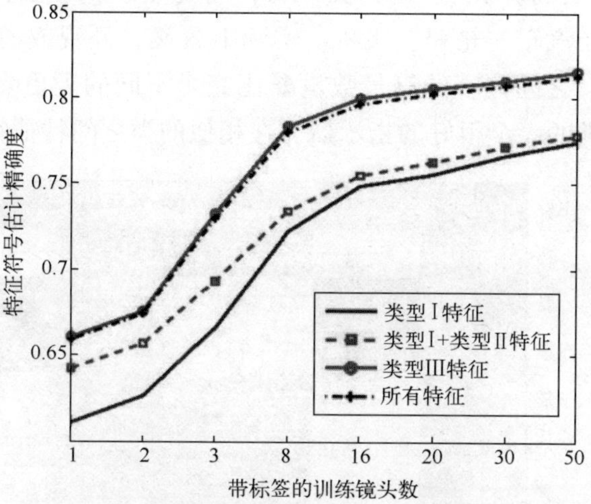

图4.12　约70%的特征符号估计准确度

表4.3　不同标号镜头的特征符号估计精确度

镜头数量	特征Ⅰ/%	特征Ⅰ+特征Ⅱ/%	特征Ⅲ/%	特征Ⅰ+特征Ⅱ+特征Ⅲ/%
1（1帧）	61.06	64.19	66.03	65.89
2（10帧）	62.61	65.64	67.53	67.39
3（10帧）	66.53	69.31	73.21	72.92
8（10帧）	72.17	73.36	78.33	77.97
16（10帧）	74.83	75.44	79.97	79.63
20（10帧）	75.51	76.23	80.54	80.22
30（10帧）	76.60	77.15	80.98	80.70
50（10帧）	77.41	77.79	81.52	81.24

未来工作的一个有趣方向是探索从意义、形状或前后相关的类中借用特征符号的可能性。本章做了一些实验，比较了各类之间的估计特征符号（图4.13）。飞机会与鸟类或其他人造事物类（如火车）共享更多特征符号吗？共享或借用其他类别的特征符号可以为更多无监督的学习类型铺平道路，这种情况无须根据特定类别的标记数据来估计特征符号。图4.13表明，含义接近的

类比含义完全不同的类共享的符号更多。例如，飞机与船、摩托车、鸟、火车，猫与鸟、狗、摩托车、飞机、牛，火车与船、汽车、飞机，以及火车与汽车、船、摩托车共享大多数符号。剩下的类，还可以分为猫与狗、鸟、牛、马，牛与马、狗、猫、鸟，狗与牛、马、猫、鸟，马与牛、狗、猫，摩托车与飞机、鸟、汽车，火车与汽车、轮船、飞机。实际上含义、外观或前后相似的类（如动物或人造类别）之间共享的符号数量要比完全不同的类更多。实验证实了这些符号可以作为类的一个很好的指示器，在相似的类之间特征符号也是相似的。

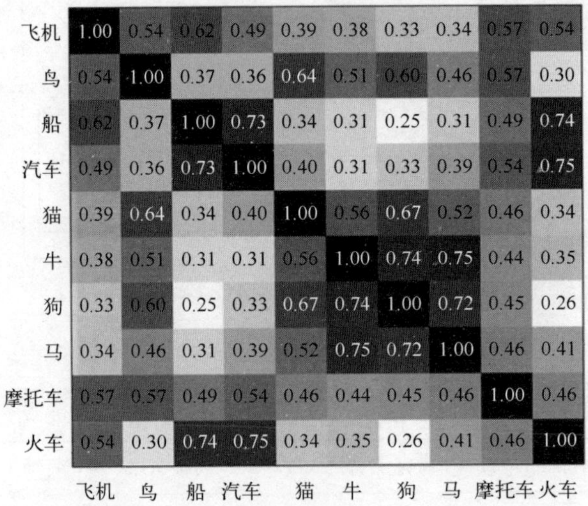

图 4.13　基于特征估计符号的 YouTube 对象类相似性

4.5.2　改变无监督数据量

本章实验还评估了用于无监督学习的不同数量的无监督（无标签）数据对算法性能的影响。表 4.4、表 4.5 和图 4.14 中展示了 30 多个随机运行的结果。

表 4.4　更改用于无监督学习的未标记数据数量时的测试精确度

无监督数据	特征Ⅰ/%	特征Ⅰ+特征Ⅱ/%	特征Ⅲ/%	特征Ⅰ+特征Ⅱ+特征Ⅲ/%
训练+0 测试集 S_A	30.86	48.96	49.03	53.71
训练+25%测试集 S_A	41.26	55.50	66.90	72.01
训练+50%测试集 S_A	42.72	56.66	71.31	76.78
训练+75%测试集 S_A	42.88	57.24	73.65	77.39
训练+100%测试集 S_A	43.00	57.44	74.30	78.05

表 4.5 本章算法对 YouTube 目标数据集的识别精确度

精确度	特征Ⅰ（50）	特征Ⅰ+特征Ⅱ（160）	特征Ⅰ+特征Ⅱ+特征Ⅲ（6160）
10 个训练镜头（10%）	29.69	51.57	69.99
10 个训练镜头（10%）	31.97	52.37	71.31

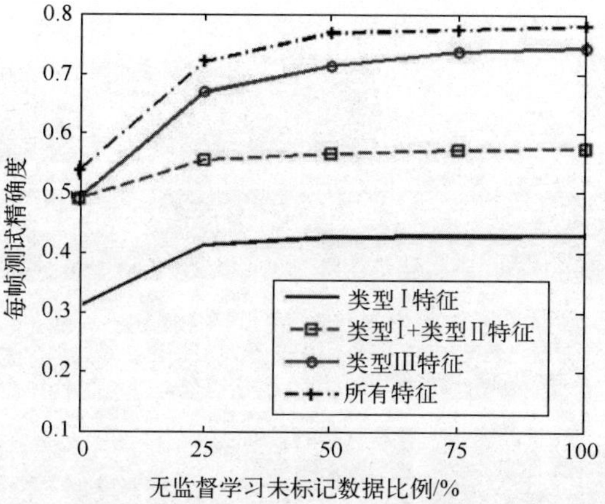

图 4.14 测试精确度与用于无监督学习的未标记数据量之间的关系

实验中提出以下设置：首先，将未标记的测试数据完全拆分为两个相等的帧集 S_A 和 S_B，使用一组未标记的帧 S_A 用于无监督学习，另一组 S_B 用于测试。保持测试帧集 S_B 不变，将每类 8 个有标记的视频镜头用于从训练集估计特征符号（每个镜头有 10 个均匀间隔的帧），通过改变从 S_A 中取出的未标记帧的百分比，来改变用于无监督学习的未标记数据量。

4.6 所选特征的直观感受

另一个有趣的发现（图 4.15）是与目标类相关的各种输入特征（分类器）的一致选择：相似的全局视觉外观，而在语义上不同——栏杆与火车，虎鲨与飞机，拍立得相机与汽车，蝎子与摩托车，遥控器与猫脸，太空加热器与猫头；在用“共现”和语境上相关，但在全局外观上不相关——头盔与摩托车；部分与整体的关联：{格栅、镜子和车轮}与汽车；以上各项的综合——码头与船，钢桥与火车，信天翁与飞机。目标类和所选特征之间的关系可能隐藏许多其他因素的组合。有意义的关系最终可以将许多维度上的相关性联系在一起，包括从外观到几何、时间以及类似的交互关系。

类别共享形状、部件和设计方案，那么对在视觉相似，而在语义上不同的类（这种类能够提高在优先数据集进行学习和泛化的能力）进行分类器训练就不会觉得奇怪，所发现的类不一定是主类型的中心，反而通常是外围的类型，充当将主类与其他类分开的屏障。这就是特征多样性发挥重要作用的地方，既保证了与邻近类的分离，又确保了对缺失值的鲁棒性。

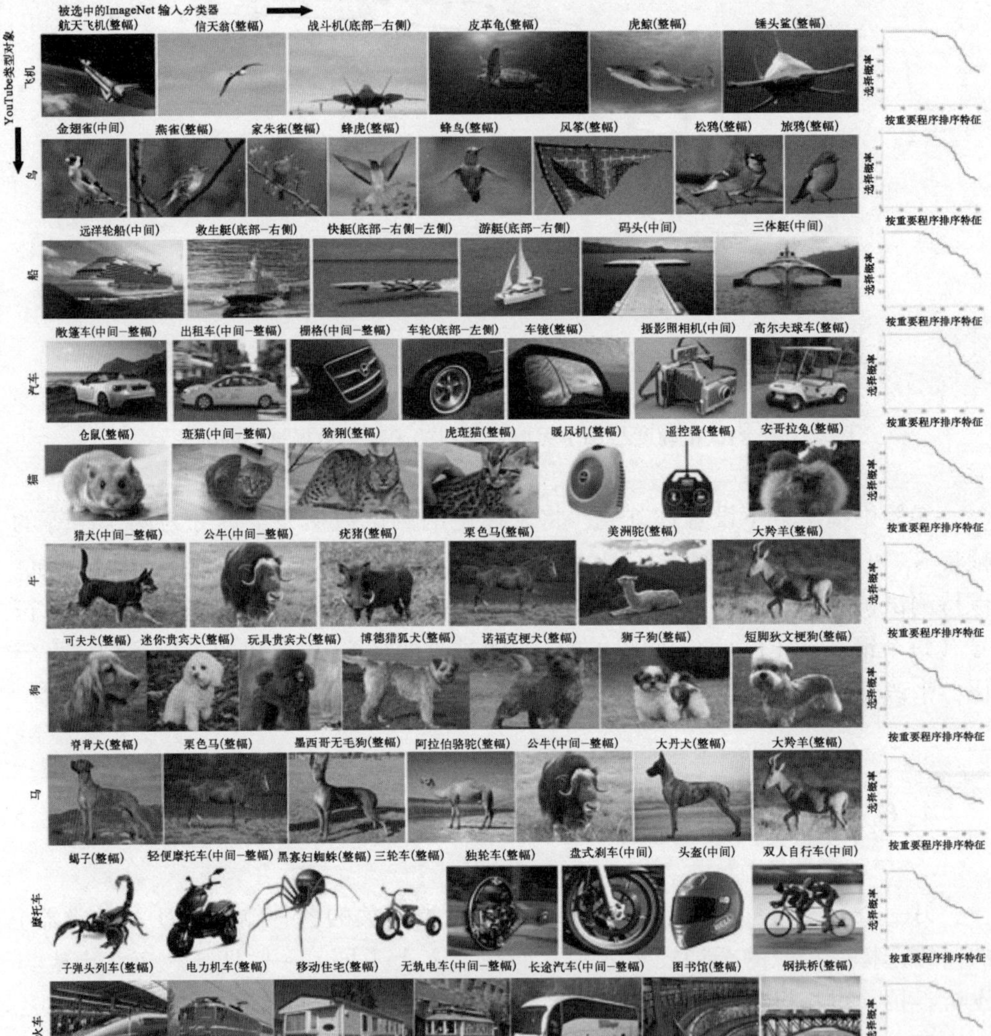

图 4.15　YouTube 目标视频中本章算法的不同类训练结果

通过结合现有的高级类别来识别新类别，可以从旧类别中立即学习到新类别。如果没有足够的数据用于特定新类的学习，则可靠的分类器的稀疏平均值可能是组合先验知识的最佳途径。分析图 4.15 中的牛类，尽管在 1000 个标签集中不存在“母牛”这个类型，但本章提出的算法能够通过组合现有分类器来学习该类型。由于类相互借用形状、部件甚至设计，因此使用来自相隔较远的类（含义上）但外观接近的输入线索，可以改进有限数据的学习和泛化能力。

图 4.15 是对 YouTube 目标视频中（左边的标签）的每个训练目标类，进行了超过 30 个的独立实验，每个实验采用 10 个随机镜头，每个镜头 10 帧进行训练，展示了最常用的 ImageNet 分类器（输入特征）。图形展示了当 $k=50$ 时，由本章算法选择的类。图 4.15 右边展示了所选最重要的 50 个特征的概率。注意选择过程的平稳性，还要注意，在外观、语境或几何部分-整体关系方面，所选类与目标类之间的关联关系。可以发现两个有趣的现象：①即使是小的随机训练集，也可以一致选择相同的类；②基于形状和外观的相似性，意义不相关的类对分类很有用。

表 4.6 总结了本章算法为 YouTube 目标视频中的每个类别选择的 ImageNet 特征的位置分布。首先，所有类别的大多数特征都考虑了整体图像（W），这表明图像背景是有重要意义的；其次，对于几个类别（如汽车、摩托车、飞机），中心（C）很重要。再次，有些类别（如船）可能位于偏离中心的位置，或者受益于侧重非中心区域的分类器；最后，表面上相似的对象类别（猫和狗）可能表现出相当不同的分布：狗似乎从整个图像中受益，而猫从子窗口中受益，这可能是因为猫出现在更多样化的语境和位置中，尤其是在 YouTube 视频中显得更小一些。

表 4.6　为每个类别选择的输入分类器的子窗口分布

位　置	W	C	TL	TR	BL	BR
飞机	65.6	30.2	0	0	2.1	2.1
鸟	78.1	21.9	0	0	0	0
船	45.8	21.6	0	0	12.3	20.2
汽车	54.1	40.2	2.0	0	3.7	0
猫	76.4	17.3	5.0	0	1.3	0
牛	70.8	22.2	1.8	2.4	0	2.8
狗	92.8	6.2	1.0	0	0	0
马	75.9	14.7	0	0	8.3	1.2
摩托车	65.3	33.7	0	0	0	1.0
火车	56.5	20.0	0	2.4	12.8	8.4

讨论：附加测试进一步证实了本章算法的实用价值，该算法对有限的标记数据具有鲁棒性，并且具备对无监督的样本有很好的泛化能力。在对带有标记特征的几乎无监督的案例测试过程中，有限监督仅用于估计特征符号，这些特征符号经常被错误地分类。由于本章的算法在符号估计中对噪声有足够的鲁棒性，并且选择了可能已正确估计符号的良好特征组，因此本章的算法可以减轻

错误分类的特征符号影响。本章还对使用的无监督数据量进行相关测试，结果表明，添加25%~30%的未标记帧后，算法性能往往会达到稳定状态。值得注意的是，本章的算法可以处理大量未标记的数据，并随着新的未标记数据的添加而改进算法的性能，因此其是一种高效、健壮的特征选择方法，有望在许多实际大数据场景中得到应用。

4.7　结论与未来工作

本章提出了一种在最少的监督下快速进行特征选择和学习的方法，并将其应用于视频分类。该算法理论性较强，在实践中具有出色的泛化性和准确性。该算法的关键在于，一旦确定了特征符号，就能够从大量未标记的数据中学习，并且对于特征符号估计精确度很高。本章的特征符号估计方法与增强方法（如AdaBoost）使用的弱特征之间的主要区别在于，符号估计方法仅需最少的标记，并且标记符号是唯一需要监督的地方，而AdaBoost算法需要大量的训练数据仔细选择和衡量新特征。这揭示了一个关键点：能够大致标注特征，但数据不足以学习。例如，当学习区别橙子与黄瓜时，如果知道大量潜在线索中可能存在与"橙子"类（圆度、鲜红度、甜度、温度、拍摄图像的地点）正相关的特征，那么可以采用大量的未标记的橘子和黄瓜图像找到此类特征最佳且相对小的特征组。通过快速优化并从大型异构特征库中有效学习的公式，本章的算法能够为其他识别任务提供了有用的工具，并且能适用于实时动态环境，为机器学习的研究敞开大门，具有实践和理论上的影响。

本章展示的只是线性分类器的第一层，它是从预训练的特征中以几乎无监督的方式学习的结果，未来可以将这种算法扩展到不同抽象级别的多层分类器的发现中，就像深度神经网络方法的发展情况一样。是否可以使用这种思想学习具有最少训练数据的分类器的更深层次的结构？每个深度级别采用具有许多过滤器（特征）的经过预训练的深度神经网络，并将本章的特征学习方法应用于简化网络，这样就能通过在每个网络级别自动选择最相关的特征，且在特征协方差矩阵中形成最强的块来实现这一目标。更进一步地，联合所选特征的共现信号作为监督信号，对选定的初始特征进行微调，沿着网络反向传播梯度下降而更新，将综合输出作为监督信号，以实现深度无监督学习策略。这个思路与下一章介绍的内容以及本书最后一章中提出的视觉故事网络概念具有相关性。

参考文献

[1] Hansen L, Salamon P (1990) Neural network ensembles. PAMI 12 (10).

[2] Vasconcelos N (2003) Feature selection bymaximum marginal diversity: optimality and implications for visual recognition. In: CVPR.

[3] Dietterich T (2000) Ensemble methods in machine learning. Springer

[4] Breiman L (1996) Bagging predictors. Mach Learn 24 (2).

[5] Freund Y, Schapire R (1995) A decision-theoretic generalization of on-line learning and an application to boosting. Comp Learn Theory.

[6] Kwok S, Carter C (1990) Multiple decision trees. In: Uncertainty in artificial intelligence.

[7] Criminisi A, Shotton J, Konukoglu E (2012) Decision forests: a unified framework for classification, regression, density estimation, manifold learning and semi-supervised learning. Found-Trends Comput Graph Vis 7 (2-3).

[8] Viola P, Jones M (2004) Robust real-time face detection. IJCV 57 (2).

[9] Guyon I, Elisseeff A (2003) An introduction to variable and feature selection. J Mach Learn-Res 3: 1157-1182.

[10] Ng A (1998) On feature selection: learning with exponentially many irrelevant features as training examples. In: ICML.

[11] Pudil P, Novoviˇcová J, Kittler J (1994) Floating search methods in feature selection. Pattern-Recognit Lett 15 (11).

[12] Vogel C R (2002) Computational methods for inverse problems. Society for industrial and applied mathematics, vol 23.

[13] Tibshirani R (1996) Regression shrinkage and selection via the lasso. J R Stat Soc 267-288.

[14] Zhao P, Yu B (2006) On model selection consistency of lasso. J Mach Learn Res 7: 2541-2563.

[15] Siedlecki W, Sklansky J (1989) A note on genetic algorithms for large-scale feature selection. Pattern Recognit Lett 10 (5).

[16] Duda R, Hart P (1973) Pattern classification and scene analysis. Wiley.

[17] JiaY, Shelhamer E, Donahue J, Karayev S, Long J, Girshick R, Guadarrama S, Darrell T (2014) Caffe: convolutional architecture for fast feature embedding. In: ACM multimedia.

[18] Prest A, Leistner C, Civera J, Schmid C, Ferrari V (2012) Learning object class detectors fromweakly annotated video. In: CVPR.

[19] Leordeanu M, Radu A, Baluja S, Sukthankar R (2015) Labeling the features not the samples: efficient video classification with minimal supervision. arXiv: 151200517.

[20] Li Z, Cheong L F, Yang S, Toh KC (2018) Simultaneous clustering and model selection: algorithm, theory and applications. IEEE Trans Pattern Anal Mach Intell 40 (8): 1964-1978.

[21] Bengio Y, Delalleau O, Roux N L (2006) Label propagation and quadratic criterion. Semi-supervisedlearning.

[22] Joachims T (1999) Transductive inference for text classification using support vector machines. In: ICML.

[23] Yang Y, Shen H T, Ma Z, Huang Z, Zhou X (2011) L2, 1-norm regularized discriminative-feature selection for unsupervised learning. In: IJCAI.

[24] Rolls E, Deco G (2010) The noisy brain: stochastic dynamics as a principle of brain function, vol 34. Oxford University Press, Oxford.

[25] Ahmed E, Shakhnarovich G, Maji S (2014) Knowing a good HOG filter when you see it: efficient selection of filters for detection. In: ECCV.

[26] Sarkar S, Boyer K (1998) Quantitative measures of change based on feature organization: eigenvalues and eigenvectors. CVIU 71 (1): 110-136.

[27] Bulo S, Pellilo M (2009) A game-theoretic approach to hypergraph clustering. In: NIPS.

[28] Liu H, Latecki L, Yan S (2010) Robust clustering as ensembles of affinity relations. In: NIPS.

[29] Leordeanu M, Sminchisescu C (2012) Efficient hypergraph clustering. In: International conference on artificial intelligence and statistics.

[30] Leordeanu M, Hebert M, Sukthankar R (2009) An integer projected fixed point method for graph matching and map inference. In: NIPS.

[31] Blumer A, Ehrenfeucht A, Haussler D, Warmuth M (1987) Occam's razor. Inf Process Lett24 (6).

[32] Krizhevsky A, Hinton G (2009) Learning multiple layers of features from tiny images. Comp-Sci Dep, Univ of Toronto, Tech Rep.

[33] Deng J, Dong W, Socher R, Li L, Li K, Fei-Fei L (2009) ImageNet: a large-scale hierarchicalimage database. In: CVPR.

[34] Nguyen M, De la Torre F (2010) Optimal feature selection for support vector machines. PatternRecognit 43 (3).

[35] Weston J, Mukherjee S, Chapelle O, Pontil M, Poggio T, Vapnik V (2000) Feature selection for SVMs. In: NIPS, vol 12.

[36] Kira K, Rendell L (1992) The feature selection problem: traditional methods and a new algorithm. In: AAAI.

[37] Zhang T (2009) Adaptive forward-backward greedy algorithm for sparse learning with linear-models. In: NIPS.

[38] Chang C C, Lin C J (2011) LIBSVM: a library for support vector machines. ACM Trans Intell-Syst Technol (TIST) 2 (3): 27.

[39] Zou H, Hastie T (2005) Regularization and variable selection via the elastic net. J R Stat Soc: Ser B (Stat Methodol) 67 (2).

第5章 面向高概率正向特征视频对象分割的无监督学习

5.1 从简单视频特征提取到无监督视频分割

视频的无监督学习是一项富有挑战性的任务，彻底解决这个问题一方面能够从科学视角理解信息；另一方面由于大量的未标记视频收集成本相对较低，彻底解决这个问题具有诸多现实应用价值。

首先，理解一个简单且重要的概念：通常情况下，可通过利用现实世界的自然分组属性，采取具有高精度的无监督方式检测正数据样本；然后，这些正数据样本可在无人监管下，有效应用于对鲁棒分类器的学习。这些分类器的集合可应用于新数据的处理，从而在下次迭代中使输出结果是高概率正向特征。在反复迭代中，已学习的分类器的实际效用将持续强化，同时具有更好的普适性。这种思路恰好遵循在第1章中提出的无监督学习相关原则，下面将重申这些原则。本章建立整合了所有原则的视频对象发现完整体系。这些原则将在后续各章中进一步加以利用，从而建立起通用且完全无监督的学习体系。

无监督学习的前7个原则如下。

原则1

目标是全局场景中的局部离群值时，具有较小的尺寸，与较大的背景相比，其外观和移动方式有所不同。

本章资料大部分来自以下论文：

Stretcu, Otilia and Marius Leordeanu. "Multiple FramesMatching for Object Discovery in Video". British Machine Vision Conference (BMVC) 2015.

Haller, Emanuela and Marius Leordeanu. "Unsupervised object segmentation in video by efficientselection of highly probable positive features". IEEE International Conference on Computer Vision (ICCV) 2017.

原则 2

通常情况下，选择从属于单一对象或类别的高精度（不一定具有高召回率）数据样本具有可行性。

原则 3

目标在空间和时间上显示对称、连贯和一致的特性。基于外观、运动和行为的分组线索可用于高精度地收集正向对象样本。这样的线索很可能属于一个单一的对象或类别，被称为高概率正向特征（hight probable positive，HPP）。

原则 4

对象在其时空邻域内形成其运动轨迹和外观模式的强簇。

原则 5

偶然的对齐很少见。当偶然对齐发生时，通常指示模型与图像之间的正确对齐。对齐方式可能是基于几何或外观的，尽管它们很少发生，但它们形成了一系列强有力的协议，这些协议以多种方式相互加强。

原则 6

当几个弱的独立分类器一致触发时，表示存在更高级别的分类，可以从中学习更强的分类器。

原则 7

为了改进或学习新的类型，需要增加训练数据的难度和数量，从而增强分类器的能力及其多样性。通过使用现有分类器之间的协议作为新分类器的监管信号，几代人都可以以无监督的方式学习。

本章着重阐释以下相互承接的方法。

首先，基于简单色彩的前景与背景的对比特性，提出一种简单有效的图像前景对象分割算法。这种有趣的理论结果，构成学习高概率正向特征的理论基础。然后，采用主成分分析区分时空域中前景与背景的方法，展示上述利用简单色彩进行图像前景分割的设想是如何运用至视频中。

本章的其余部分将深度挖掘并扩展学习高概率正向特征算法，从而构建完整高效的视频无监督前景对象分割体系。

目前，已公开几种关于视频无监督学习及显著性对象检测的算法[1-4]，但多数算法的计算成本较高。总体而言，由于算法固有问题的组合性质，无监督挖掘与聚类的算法计算成本过高[5]。本章提出的算法既准确又快速，并且解决了计算成本高昂的难题。这种算法遴选与关注对象高度关联并可快速选择和计算的一系列特征，据此选择与学习，从而解决了计算成本和速度问题。**注意：**本书中，当引用"高概率正向特征"的概念时，"特征"一词表示特征向量样本(如数据样本)，而非特征类型。尽管这些特征无须覆盖所关注对象的全部实例与构成部分（这样存在低召回率），这种算法在无监督条件下对高精度正特征的发掘依然是可行的（大量被选择的特征确实是正的）。从理论上可以证明，在某些条件满足的前提下（通常在实践中满足），无论召回率是多少，只要特征集是正的并且具有高精度，就可通过无监督方式选择出的正负样本数据集来训练对象分类器。本章提出一种在现实中可快速有效实现无监督训练的算法，它能够在复杂的实验中获取最先进的结果，并且其运行速度至少为其他竞争算法的 10 倍。此外，这种算法的输出是主要受关注对象的软分割及其边界框。两个示例如图 5.1 所示。

图 5.1　采用本章算法的受关注主要目标的软分割及其边界框的定性结果

本章不对视频中的对象类型做任何假设，但本章提出的算法适用于前景软分割，并且期望输入视频具有一个显著性对象或多种对象类型。构建公式与算法的关键思路如下。

(1) 前景和背景既呈现互补特性，又在大小、外观和运动样式上存在根本不同点。在实践中越是注重利用上述可供对比的特性，越能够得到较好的实验结果。尽管背景占据图像的较大篇幅，但前景尺寸通常较小，且有与背景截然不同的颜色与运动样式，所以前景与背景形成了鲜明的对比。

(2) 即使预期召回率可能较低，仍可利用前景-背景的互补性实现前景特征的高精度自动筛选。随后将所得样本作为正样本，其余样本作为负样本，由此训练用来检测主要关注目标的分类器。有关做法将在 5.4.1 节中具体解释。

基于上述思路，可得出本章所提出的两项结论：首先，在理论上用于前景区域的稳健分类器可通过筛选高概率正向特征的方式进行训练；其次，基于第一点，本章提出了一种更为高效的算法，它同其他算法相比，在许多不同的目标类别上具有更好的效用，也比其他大多数算法快了一个数量级。

视频中目标发现的问题早在多年前就得以解决，早期的算法都是采用局部特征匹配技术[1-2]。而目前的文献提供了各式各样的解决方法，具有不同的监督程度，从全面无监督方法[3-4]到部分监督方法[6-10]。不同的监督程度体现在区域、目标或是由监督方式训练的系统所评估的分割建议上[11-13]。有些算法需要用户手动输入视频的第一帧[14]。大多数具有较好目标形状分割效果的目标发现方法，同样会采取现有的形状分割技术[15-19]。

上述构想来源于Leordeanu[20]、Stretcu与Leordeanu[10]、Haller与Leordeanu[21]发表的文献中。本书首先提出利用简单色彩分布进行图像目标分割的初始算法；然后将该算法扩展至视频主成分分析（VideoPCA）的探索中，视频主成分分析算法是指在视频中利用主要成分分析的算法进行背景提取的一种方式；最后，从上述两个思路出发，建立完善视频无监督前景目标分割的完整竞争体系。

5.2 一种无监督图像分割的简单方法

本节将介绍一种简单却有效的前景目标分割方法。该方法采取颜色统计法来实现前景与背景的区分。通常情况下，仅利用颜色直方图便可以有效实现前景与背景的区分，无须利用任何局部强度信息。另外，也存在其他利用颜色直方图来区分前景与背景的方法（GrabCut[22]与Lazy Snapping[23]），此类算法需要满足最小的用户输入条件。这类算法需要广泛的用户输入，如在目标本体或目标外进行的标记。在没有其他给定附加信息的前提下，本章提出的算法，会以一种简单易行的方式发现与前景中给定点相关联的目标掩码。如果前景大小与大致形状未知，就无法计算得出颜色直方图，在前景真实掩码或边界框未知的条件下也就无法充分发挥颜色直方图的作用。因此，这种算法几乎不可能实现。

假设图像中对象边界框已知，结合该已知条件，色彩分组可利用全局统计实现前景与背景的区分。这样一来，可以使用从颜色直方图得出的颜色似然值：同先前在目标跟踪中应用的思路相似[24]，前景的直方图是由目标的边界框计算得出的，背景的直方图是由图像的余下部分计算得出的。若边界框正确无误，则前述推论成立；即使边界框完全错误，只要满足某些假设条件，仍可以从中得到较好的结果。在任意给定的像素，只要边界框满足有关假设条件，仍可以得出图像中哪些像素点可能在同一目标上的结论。本书后续部分将证明：通过对集中在目标上的边界框进行颜色分布分析，可以得出相对清晰的前景目标掩码，但掩码的形状、大小和位置都是错误的。图 5.2 中，前景目标以蓝色表示，边界框以红色表示，边界框的中心在前景上，但其大小与位置都是错误的。由此，可以结合实际效果做出以下假设，这一假设无须提前了解前景目标的形状与大小情况。图 5.3 是对该假设的示意说明。

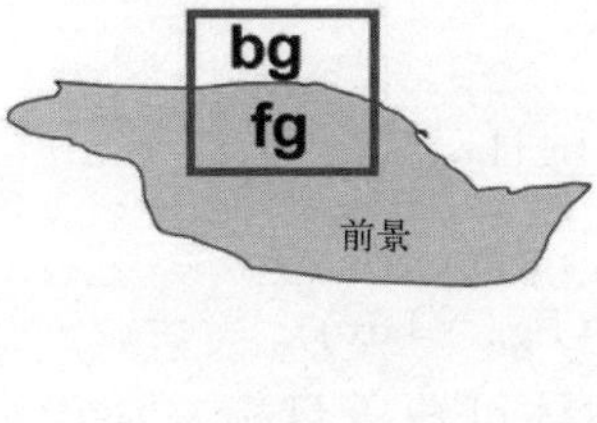

图 5.2　自动发现的前景掩码

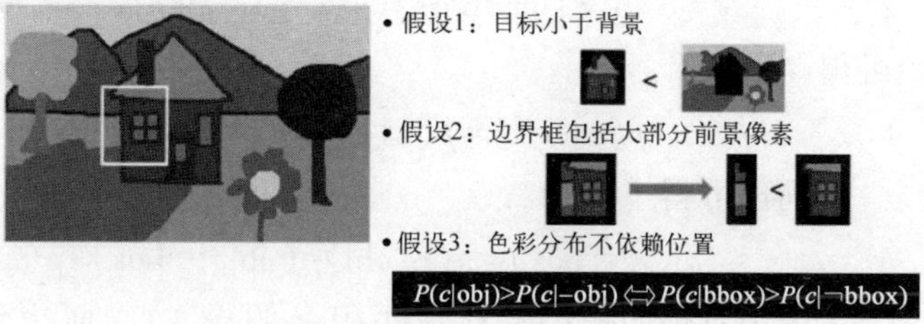

图 5.3　有关简单分割算法假设的示意图

假设 1：目标小于背景，这对于图像中的绝大多数目标都是成立的。

假设 2：边界框内的绝大多数像素属于真实前景：由于边界框中心在定义中被设置在前景目标上，因此这一点在现实中也是很好成立的。

假设 3：真实背景与前景的色彩分布与位置无关：该假设在实际中是合理的，只是相较于前两点假设而言说服力没有那么强，因为有时色彩分布会依赖位置。例如，一个人头部的色彩分布与其衣服的色彩分布并不同。

假设 1 具备普适性，它假设图像中的前景面积通常要小于背景面积。假设 2 是针对边界框的，它假设边界框在非真值条件下包括大部分前景像素。已知目标区域内某个单点，而后在其周围放置小的边界框，在这种情况下可满足假设 2 的要求。最重要的是假设 3，它假设在图像内，目标本体颜色的出现概率高于该颜色在背景的出现概率，这样在图像的任意区域这个特性（不依赖位置）就为真。即便这是一个未经严密论证的主观假设，但由于目标颜色通常情况下与背景颜色模式不同，因此它在现实中是能够发挥实际效用的。

即使上述三个假设在现实中不一定总成立，但仍可使下列结论成立（仅代表宽松充分条件）：对于给定颜色 c，令 $p(c|\mathrm{obj})$ 与 $p(c|\mathrm{bg})$ 为该颜色在前景目标与背景上的颜色概率，而 $p(c|\mathrm{box})$ 与 $p(c|\neg\mathrm{box})$ 为利用满足上述假设的（正确或错误的）边界框计算得出的相关概率。这里要证明的是，对任意颜色 c，有 $p(c|\mathrm{obj})>p(c|\mathrm{bg})$ 和 $p(c|\mathrm{box})>p(c|\neg\mathrm{box})$；反之亦成立。该结论基本证明了，当颜色 c 在目标本身出现概率大于在背景的出现概率时，颜色 c 的位置分布更可能在边界框内，而非边界框外。所以若使用边界框而非目标遮罩进行计算，其

似然与检验值（大于1）会得出相同结论。该结论可在目标掩码未知的情况下，利用满足上述假设的边界框，确保使用颜色直方图的有效性。其论证基于以下假设：

$$p(c \mid \text{box})=p(c \mid \text{obj},\text{box})p(\text{obj} \mid \text{box})+p(c \mid \text{bg},\text{box})p(\text{bg} \mid \text{box}) \tag{5.1}$$

$$p(c \mid \neg \text{box})=p(c \mid \text{obj},\neg \text{box})p(\text{obj} \mid \neg \text{box})+p(c \mid \text{bg},\neg \text{box})p(\text{bg} \mid \neg \text{box}) \tag{5.2}$$

假设目标与背景的色彩分布同位置无关（假设3），有

$$p(c \mid \text{obj},\text{box})=p(c \mid \text{obj}) \text{ 和 } p(c \mid \text{bg},\text{box})=p(c \mid \text{bg})$$

可得

$$p(c \mid \text{box})=p(c \mid \text{obj})p(\text{obj} \mid \text{box})+p(c \mid \text{bg})p(\text{bg} \mid \text{box})$$

同理可得

$$p(c \mid \neg \text{box})=p(c \mid \text{obj})p(\text{obj} \mid \neg \text{box})+p(c \mid \text{bg})p(\text{bg} \mid \neg \text{box})$$

因为目标面积小于背景面积（假设1），而边界框主体可覆盖目标（假设2），所以有 $p(\text{obj} \mid \text{box})>0.5>p(\text{bg} \mid \text{box})$ 和 $p(\text{obj} \mid \neg \text{box})<0.5<p(\text{bg} \mid \neg \text{box})$。利用 $p(c \mid \text{obj})>p(c \mid \text{bg})$，$p(\text{bg} \mid \text{box})=1-p(\text{obj} \mid \text{box})$ 与 $p(\text{bg} \mid \neg \text{box})=1-p(\text{obj} \mid \neg \text{box})$，因为 $p(\text{obj} \mid \text{box})>p(\text{obj} \mid \neg \text{box})$ 可得结论 $p(c \mid \text{box})=p(\text{obj} \mid \text{box})(p(c \mid \text{obj})-p(c \mid \text{bg}))+p(c \mid \text{bg})>p(\text{obj} \mid \neg \text{box})(p(c \mid \text{box})-p(c \mid \text{bg}))+p(c \mid \text{bg})=p(c \mid \neg \text{box})$。其倒数结果可通过同样方式获得，但需要注意的是，由于 $p(\text{obj} \mid \text{box})>p(\text{obj} \mid \neg \text{box})$，使 $p(c \mid \text{obj})-p(c \mid \text{bg})>0$ 成立。

下面将根据前述思路，提出一种用来计算前景目标软掩码的简单算法。图5.4所展示的是一些软掩码计算结果，下文将详细介绍算法。图5.4中的结果是利用小边框（红点处）来计算前景的后验概率而得到的。其中，边框的中心点置于目标某处。需要注意的是，这些计算得到的掩码相对稳定，对红点位置变化并不敏感。也就是说，通过整合目标不同位置上的软分割，或者利用不同规模的边界框，可以得到鲁棒性更强的掩码。

1）**计算软目标掩码**

其计算方法如下，在掩码中对图像中关于颜色 c 的每个像素赋以后验值 $p(c \mid \text{box})/(p(c \mid \text{box})+p(c \mid \neg \text{box}))$。由前述实验结果可知，只要真后验值大于0.5，计算出的后验值就大于0.5。因此，期望得到的软掩码结果，与使用真掩码进行色彩分布计算（不用边界盒方法）得出的结果是相似的。首先，在同一指定位置针对尺寸逐渐变大的四种边界框依次进行掩码计算（在实验中，所选取的边界框尺寸针对所有图像均保持相同）。针对不同尺寸的边界框，将所有像素值小于0.5的像素擦除，只保留接触边界框内部的最大连接部分，由此得出相应边界框尺寸下的软掩码。然后，将从四种边界框取得的软掩码取均值作为

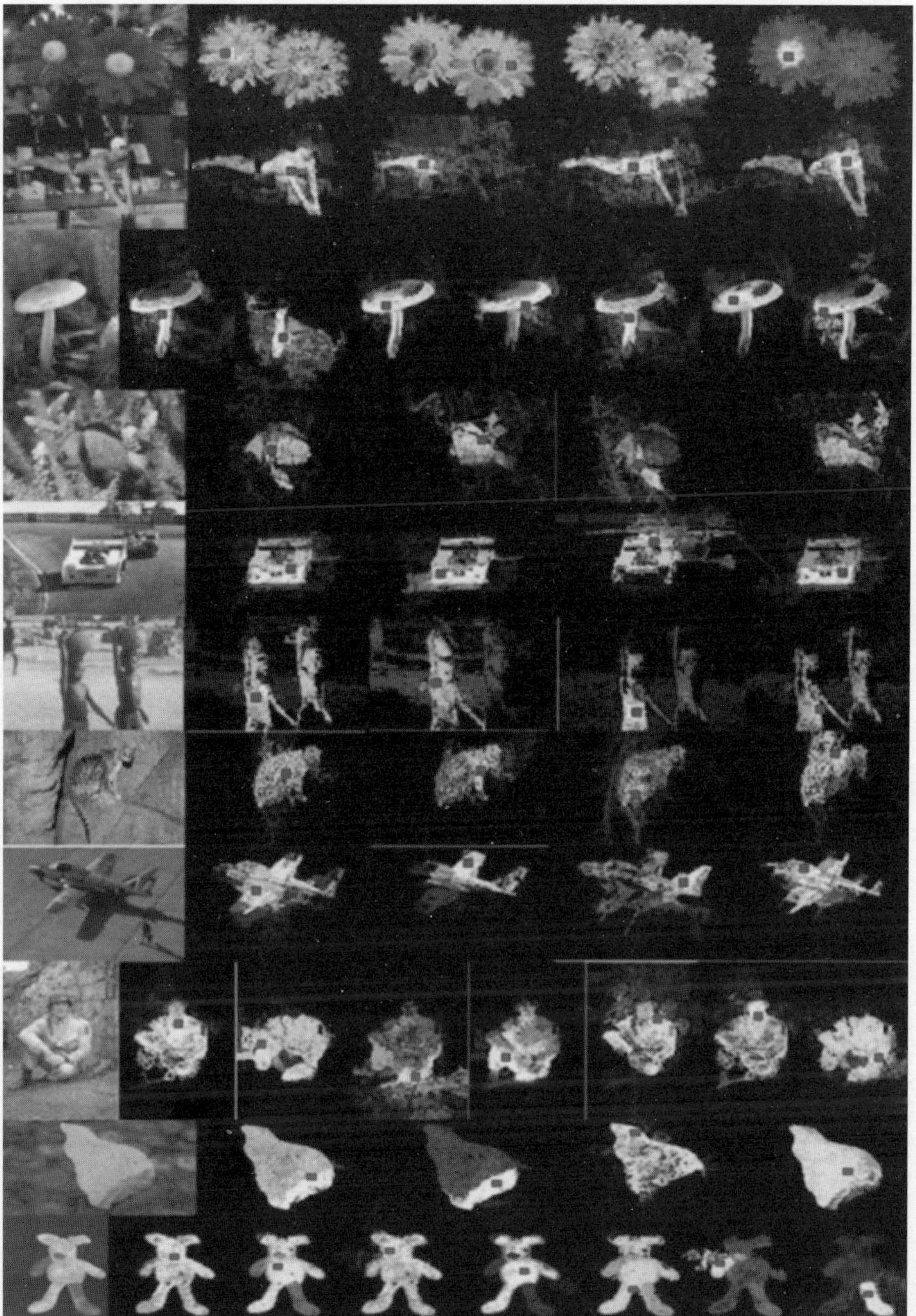

图 5.4 （见彩图）从 MSR 数据库获得的图像结果

最终结果。这种算法称为前景-背景色彩分割算法。图 5.5 展示当边界框的中心在目标上时，得到的掩码对边界框的位置具备鲁棒性。图 5.6 展示了本章所提软分割算法的可视化结果。

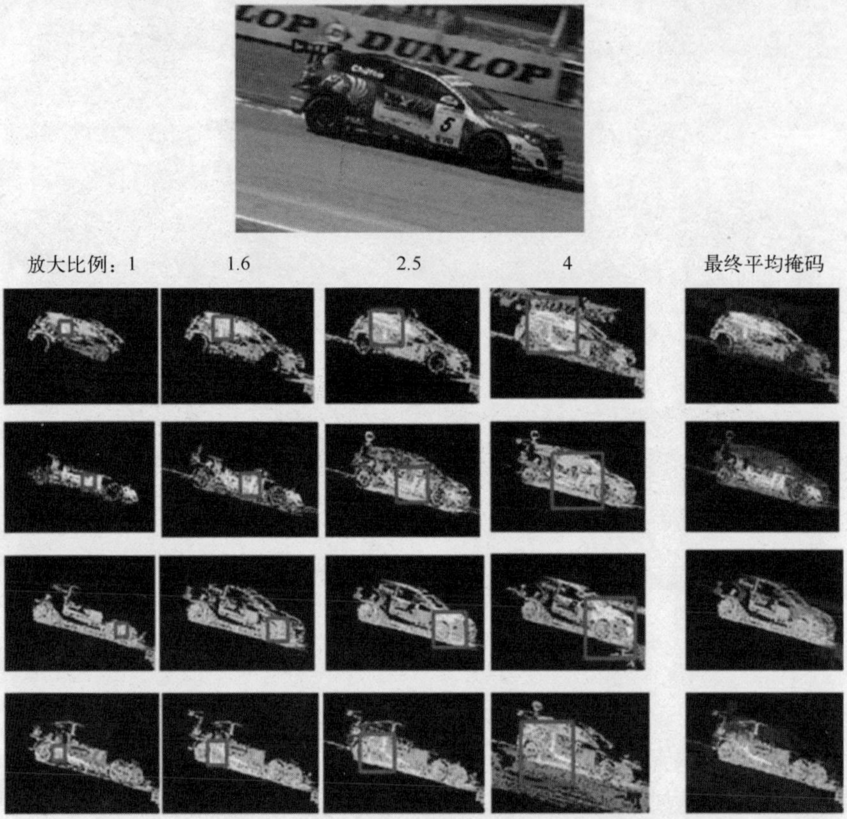

图 5.5 （见彩图）前景对象分割算法示意图，即便在复杂色彩分布背景下，目标掩码对边界框位置仍呈现鲁棒性

图 5.4 展示了每幅图像的一些具有代表性的分割结果。这些结果是利用在目标上选取的点（红点）周围的边界框而计算得到的。注意，所得的软掩码在不同位置上展现出相对稳定性。

图 5.6 中展示的掩码是基于中心在关注目标上的边界框（完全错的）利用色彩似然性直方图计算出的结果，可以看出经多次取平均数后，掩码呈现效果更好。这些边界框内部是前景，外部是背景。阈值设定在 0.5 得到后验色彩似然图像，并保留接触边界框内部的最大连接部分。可以发现，即使边界框的位置与大小有误，所得掩码仍然接近真值。反复测试不同大小的边界框（大小从 8 像素开始，以 1.6 个像素的差值递增，每个图像使用的边界框大小一致）。最右

栏展示的是掩码平均值。

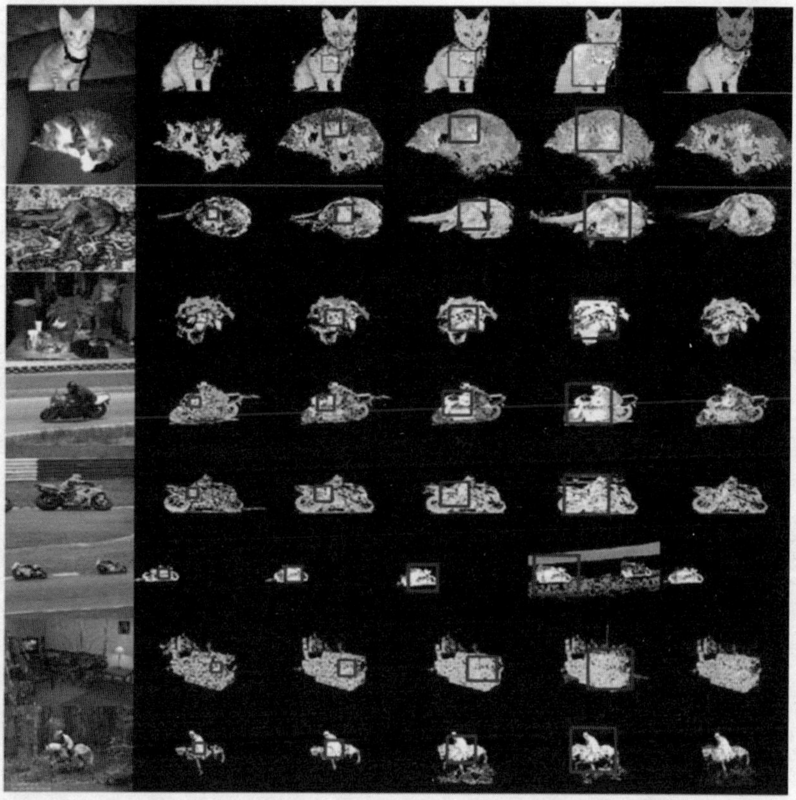

图 5.6 （见彩图）由任意位于关注目标上的边界框生成的目标掩码

2）从特定类目标检测到分割

特定类或语义分割在计算机视觉领域中是一个重要问题，此类问题正逐渐得到领域内相关人员的更多关注，并在现实世界中应用广泛。本章将提出解决这个问题的另一种简单有效的算法，即使用现有类检测器的前景-背景分割算法。这个算法的步骤如下。

（1）在关注范围中，使用任意特定类检测器获得大致目标边界框。

（2）将检测器返回的边界框长与宽各减小至原有的一半，同时保持边界框中心不动。此举可保证缩小后边界框中的大多数像素仍属于关注目标。

（3）利用本章提出的分组方式得到加权分组掩码。因为已经获得中心在目标上，且大小同目标相适应的边界框，所以无须通过不同尺度的边界框来计算掩码。

（4）对加权掩码进行阈值化处理，得到目标最终硬分割结果。

本章应用以上算法并利用 Felzenszwalb 等[25]提出的著名传统检测器对 VOC 2012 数据库中的目标进行分割。该数据库非常不适合进行分割，因为数据库内同一类别的目标在外观、大小和形状上差异巨大。图 5.7 展示的是一些具有代表性的图像（其中，轿车、摩托车与公交车的图像素材截取自 VOC 2012 数据库）。请注意，这些图像的背景复杂，其目标在种类和大小上存在较大差异性，因此这些图像具有高度的可变性。以往在文献中所提到的算法通常具有较好的计算效果，但算法相对复杂且通常需要大量的先期训练。而上述简单色彩分割算法，能在缺少语义知识与预先训练的情况下，得到比拟各文献所提出的各种先进算法的效果。

图 5.7 （见彩图）利用前景-背景色彩分割算法进行图像分割的示例

5.3 无监督的视频背景抽取

本节提出基于主成分分析的检测算法，可快速识别可能是前景目标的帧像素[10]。可以发现，关注目标相比它所在的背景，通常有着更为复杂多样的运动，并常常存在遮挡物，同时有着鲜明的外观，占据空间相对较小。以上特点导致相对于背景而言，简单利用主成分分析方法对前景进行建模更为困难。由于背景包含了视频大部分信息且相对于前景而言变化较小，因此期望在给定视频图像帧中，能够从低维子空间更好地采集信息。现实情况是一些用来检测关注的图像中有易见的潜在前景目标的具有竞争性的算法，同样是基于以下普适性思想，即目标与背景存在区别，并且这种前景-背景对比效果可以由对输入图像计算全局图像统计信息或预先学习背景知识计算的全局图像统计量进行最好的评估[26-27]。例如，谱残差法[28]可通过观察图像应用滤镜后的平均傅里叶谱与实际原始谱之间的区别有效检测图像中的关键信息。新近提出的区分性区域特征整合算法（discriminative regional feature integration，DRFI）[29]，通过预先学习背景知识并使用回归分析，实现全局背景下的目标辨别。

与现有文献不同的是，本章的算法利用视频中自然存在的时空连续性，以无监督的方式运用主成分分析方法，学习背景中的线性子空间。这种算法有效利用了整个视频序列的冗余及丰富信息。相对于主要变异子空间，目标被认为是一个离散点、一种噪声元素，很难被重建。需要注意的是，若是在全帧上盲目应用主成分分析，那么将很难捕捉每个由帧到帧的外观变化与快速移动。沿着这种思路，利用同抽取背景相关的算法，来发现属于潜在前景目标及其遮挡区域的像素。这样一来，背景实际上成为在简化版子空间中重构的图像。令主成分为 $\boldsymbol{u}_i(i\in[0\quad\cdots\quad n_u],n_u=8)$；设重构帧为 $\boldsymbol{f}$，则 $\boldsymbol{f}_r\approx\boldsymbol{f}_0+\sum_{i=1}^{n_u}[(\boldsymbol{f}-\boldsymbol{f}_0)^{\mathrm{T}}\boldsymbol{u}_i]\boldsymbol{u}_i$，误差图像为 $f_{\mathrm{diff}}=|\boldsymbol{f}-\boldsymbol{f}_r|$。误差图像对属于前景目标的像素和目标运动导致的遮挡具有增强作用（图 5.8）。首先，对这些区域进行足够大的高斯平滑及阈值化处理，能够得到倾向于属于目标而非背景的像素。然后，再利用另一个较大的中心高斯平滑，可以得到大概率属于关注目标的改良版掩码。下面利用从整个视频中累积起来的掩码，可以构建一个相对稳定的、鲁棒性较强的前景-背景色彩模型，从而获得估计软分割算法。下面将介绍使用这种软分割的算法。尽管这样获取的掩码并不是最好的，但是它可以以每秒 50~100 帧的高速度生成，同时通过大量实验验证，本算法在获取高质量候选边界框和初始前景软分割中始终是有效的（图 5.8）。

图中第 1 行：原始图像；第 2 行：利用主成分分析法产生前 8 个主成分重建的图像；第 3 行：原始图像和重建图像之间的误差图像；第 4 行：由 VideoPCA（视频主成分算法）分析的前景区域中采用基于色彩模型建立的软分割算法计算的最终前景分割结果。

前景-背景分割技术可利用目标与环境的差异，较好地将关注目标从背景中分离出来。本节提出一种简单有效的算法，通过捕获全局目标和背景色彩特性，

图 5.8　误差图像对属于前景目标的像素和目标运动计算的分割结果

生成软目标掩码。这种算法与 Leordeanu 和 Hebert[30] 提出的静态图像前景软分割有关。针对被表示为边界框的目标以及被视作边界框外围的背景（粗度是边界框的一半），测算它的经验色彩分布。对于给定的颜色 c，其前景色彩似然性估计 $p(c|F)=N_C^{(F)}/N^{(F)}$，其中 $N_C^{(F)}$ 是颜色 c 在前景区域内部出现的次数，$N^{(F)}$ 为前景像素的总数。同样，可得背景色彩似然性估计 $p(c|B)$。根据所得两个分布情况，可以利用贝叶斯规则分析先验分布：$p(F|c)=p(c|F)/[p(c|F)+p(c|B)]$，计算图像前景中颜色为 c 的像素的比例。利用该公式计算每个像素的前景比例，可得前景软分割掩码。对于多帧视频，当计算高阶项 $H_i(x,\theta)$ 时，这两项分布是基于所有帧中的全部像素计算出来的。通过计算多帧视频的分布率所得到的分割质量高，较少发生边界盒未对齐和噪声的情况。

这里所提出的最初的软分割算法不是最优的，但它计算速度快（20 帧/s），且能够确保在后续步骤中依然能取得较好的效果。该算法的前两个步骤遵循的是 Stretcu 和 Leordeanu[10] 提出的视频主成分分析法。

5.4.1 节将提出并证明本章主要理论成果（命题 5.1），据此解释说明本章所提出的算法能够以一种无监督方式生成精准的目标分割的原因。

5.4 利用高概率正向特征进行无监督视频分割

本节介绍的算法需要输入一个视频序列，其中有一个主要关注对象，输出软分割遮罩及其附属边界框。这种算法有一个基于视频主成分分析的处理阶段，它可初步生成目标软分割结果。这一点同 Stretcu 和 Leordeanu[10] 所提出的视频主要成分分析的方法相类似。这种软分割算法通常有较高的精准度，但召回率可能较低。首先依据像素各自的颜色进行独立分类；然后学习一种考虑像素颜色组别的高级别描述符，捕捉有关目标属性的高阶统计信息，如不同的色彩样式及纹理；最后利用主要目标及其背景的对比运动，得出具有前景线索的外观，并由前景外观线索得到前景软分割并将其加以整合。这种算法快速准确（频率为 2.60GHz 的 CPU，采用 Matlab 中可以约 3 帧/s 的速度生成，见 5.5.3 节）。

下面对该算法的步骤进行总结（图 5.9），与算法 5.1 有关（本章算法的伪代码）。

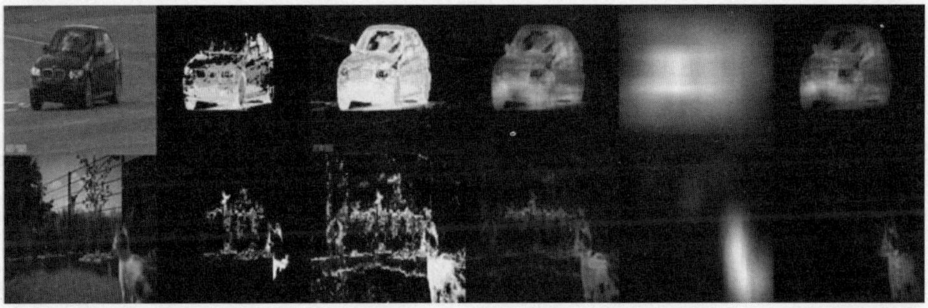

(a)　(b)　(c)　(d)　(e)　(f)

图 5.9　算法总览

（a）原始图片；（b）基于初期目标提示的第一个像素级外观模型（步骤 1 与步骤 2）；
（c）由软分割投影得到的提升版像素级外观模型（步骤 3 与步骤 4）；
（d）补丁级外观模型（步骤 5）；（e）运动计算掩码（步骤 6 的一部分）；
（f）最终软分割掩码（步骤 6）。

步骤 1：利用主成分分析法，基于原始帧与其子空间之上投影帧的差异，选择高概率前景像素（见 5.3 节，算法 5.1：第 2~5 行）。

步骤2：利用步骤1得到的像素掩码，计算前景与背景的经验色彩分布，而后计算前景中各颜色像素的分布率（见5.3节，算法5.1：第6行）。

步骤3：通过对软分割子空间进行投影，提升从步骤2得到的软分割的效果。(见5.4.1节，算法5.1：第7~9行)。

步骤4：利用步骤3得出的像素掩码再次进行前景与背景的经验色彩分布计算。利用所得分布结果估计前景各颜色像素的概率。（见5.3节算法5.1：第10行）。

步骤5：通过对软分割在［0，1］区间内实际输出结果进行最小二乘回归，学习前景区域的判别式分类器。在较大色块中同时出现的颜色组中使用特征向量。在视频中每个像素位置运行分类器，逐帧生成前景软分割（见5.4.2节，算法5.1：第11~15行）。

步骤6：综合利用背景运动模型计算出的有效前景运动提示，与步骤5得出的外观软分割进行整合，从而得到最终软分割（见5.4.3节，算法5.1：第16~23行）。

步骤7：可选项，通过将步骤6中得到的软分割得出的像素视为潜在的前景与背景样本，利用影像分割（GrabCut）[15]对分割效果进行提升（见5.4.3节）。

1）**选择视频中初始高概率目标区域**

在5.3节中，利用上述步骤1与步骤2发现初始前景目标区域，展现了利用视频主成分分析进行视频目标分割的技术方法的效果。需要注意的是，一些其他软分割算法，包括Zitnick与Dollár[31]、Huo和Zhang[28]、Jiang等[29]的算法，在初期是纳入使用考量的，但是在实验中随后发现，利用视频主成分分析法的技术既快速又可靠，同时完全适配本章所提出算法的后半阶段的功能。正如之前所讨论的，利用视频主成分分析法的主要思路为，由于目标应该是离散值，不符合视频中的主要变化，因此更难重建，所以主成分表示一种线性背景子空间。在这一步，将视频帧投影到结果子空间上，将原始帧与利用主成分分析技术重建的对应帧之间的差值定为重建图像差值，并进行计算。该算法的前两个步骤表示高概率正向特征学习的第一阶段，在后续的步骤中将应用同样的策略。由此，将在算法5.1的每个阶段（后续将详细分析），反复重申高概率正向特征学习的原则，而后由具有高精度低召回率的分类器出发，持续提高召回率，同时保持精准度在较高水平。这样一来，在算法迭代中，系统整体的$F1$分数（一种评估目标分割的合理方式）将逐渐提高。

算法 5.1 视频目标分割

输入视频帧 $\boldsymbol{F}^i$

$\mathrm{PCA}(\boldsymbol{A}_1)\Rightarrow \boldsymbol{V}_1$ 特征向量;$\boldsymbol{A}_1(i,:)=\boldsymbol{F}_1^i(:)$

$\boldsymbol{R}_1=\overline{\boldsymbol{A}}_1+(\boldsymbol{A}_1-\overline{\boldsymbol{A}}_1)\cdot \boldsymbol{V}_1\cdot \boldsymbol{V}_1^{\mathrm{T}}$-重建

$P_1^i=d(A_1(i,:),R_1(i,:))$

$\boldsymbol{P}_1^i=\boldsymbol{P}_1^i\otimes \boldsymbol{G}_{\sigma_1}$

$\boldsymbol{P}_1^i\Rightarrow$像素水平外观模型$\Rightarrow \boldsymbol{S}_1^i$

$\mathrm{PCA}(\boldsymbol{A}_2)\Rightarrow \boldsymbol{V}_2$ 特征向量;$\boldsymbol{A}_2(i,:)=\boldsymbol{S}_1^i(:)$

$\boldsymbol{R}_2=\overline{\boldsymbol{A}}_2+(\boldsymbol{A}_2-\overline{\boldsymbol{A}}_2)\cdot \boldsymbol{V}_2\cdot \boldsymbol{V}_2^{\mathrm{T}}$-重建

$\boldsymbol{P}_2^i=\boldsymbol{R}_2^i\otimes \boldsymbol{G}_{\sigma_2}$

$\boldsymbol{P}_2^i\Rightarrow$像素水平外观模型$\Rightarrow \boldsymbol{S}_2^i$

$\boldsymbol{D}$-包含补丁级描述符的数据矩阵

$\boldsymbol{s}$ 代表从 $\boldsymbol{S}_2^i$ 提取的补丁标签

从 $\boldsymbol{D}\Rightarrow \boldsymbol{D}_s$ 中选择 k 个特征

$\boldsymbol{w}=(\lambda \boldsymbol{I}+\boldsymbol{D}_s^{\mathrm{T}}\boldsymbol{D}_s)^{-1}\boldsymbol{D}_s^{\mathrm{T}}\boldsymbol{s}$

估计$\Rightarrow$补丁级外观模型$\Rightarrow \boldsymbol{S}_3^i$

对每一视频帧 i 做循环

    计算 $\boldsymbol{I}_x$、$\boldsymbol{I}_y$ 和 $\boldsymbol{I}_t$

    建立运动矩阵 $\boldsymbol{D}_m$

    $\boldsymbol{w}_m=(\boldsymbol{D}_m^{\mathrm{T}}\boldsymbol{D}_m)^{-1}\boldsymbol{D}_m^{\mathrm{T}}\boldsymbol{I}_t$

    计算运动矩阵 $\boldsymbol{M}^i$

    $\boldsymbol{M}^i=\boldsymbol{M}^i\otimes \boldsymbol{G}_\sigma^i$

    组合 $\boldsymbol{S}_3^i$ 和 $\boldsymbol{M}^i\Rightarrow \boldsymbol{S}_4^i$

循环结束

2） **核心思路**

本章的算法基于两个核心思路，这两个核心思路已经在第 1 章介绍过。第一个思路是，目标和背景在大小、外观和运动模式上存在不同的属性，于是可以利用这个思路来可靠地选择视频中有较大概率属于目标本身的一些区域。第二个思路是，如果能够以无监督方式选择高精度前景目标，哪怕是选择前景目标的一小部分，那么在某些合理的假设下，也可以训练出具有鲁棒性的前景-背景分类器，用于对目标进行自动检测。表 5.1 中的结果展示了在算法的不同步骤中精度、召回率与 F 值的提升变化。注意，该表中的箭头是从最初被认为是正样本的精度和召回率，到最终被分类为正像素的精度和召回率。F 值的显著提升可以用本章的理论结果来解释（在命题 5.1 中介绍）。这种提升说明了在某些条件下，即使被污染的正样本的召回率较低，只要精度相对较高，也可以学习一种可靠的分类器。表 5.2 显示的是不同学习阶段的量化结果及其操作次数。

表 5.1　在算法不同阶段中正前景特征样本的精度、召回率和 F-测度值变化表

性能	步骤 1 和步骤 2	步骤 3 和步骤 4	步骤 5
精度	66→70	62→60	64→74
召回率/%	17→51	45→60	58→68
F-测度值	27→59	53→60	61→72

表 5.1 采用的数据样本来自 SegTrack 数据库。计算起始于具有高精度、低召回率的正样本损坏视频数据集，通过本章提出的算法，每个步骤都改善了精度和召回率。于是，软掩码的质量随步骤递进准确率越来越高。

表 5.2　本章算法不同步骤的性能分析与执行时间表

性能	步骤 1 和步骤 2	步骤 3 和步骤 4	步骤 5	步骤 6
F-均值（SegTrack）	59.0	60.0	72.0	74.6
F-均值（YTO）	53.6	54.5	58.8	63.4
执行时间（s/帧）	0.05	0.03	0.25	0.02

5.4.1　利用高概率正向特征进行学习

本节中命题 5.1 证明了利用受损的正样本与负样本数据组训练出来的分类器，只要受损正样本数据组所包含的正样本比例大于真正样本在整个训练数据组的比例，就可以完成学习。命题 5.1 构成了本章所提算法的两个阶段的基础。其中，第一个阶段是根据颜色独立地进行像素区分；第二个阶段是分析像素组之间的高阶色彩统计。下面以图 5.10 为例，该图选择边界框内的样本数据组 S（在边界盒里）作为正值。样本数据组 S 具有高精度（大多数样本也确实是正值），但召回率较低（大多数正值都被错误标记）。而后，本章证明了样本数据

组 S 和$\neg S$可用于有效训练二元分类器（“有效”的定义在命题5.1中阐释）。

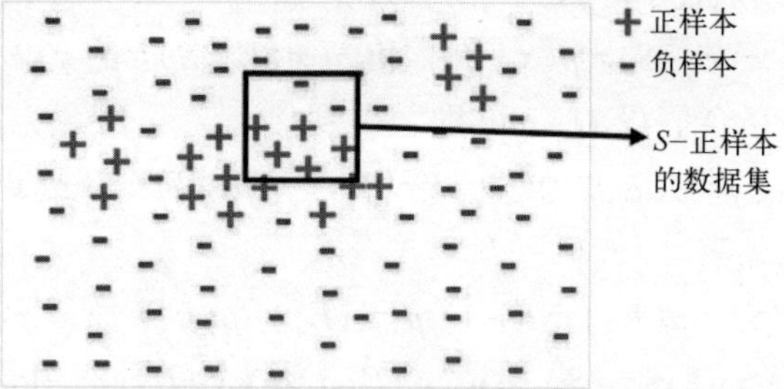

图5.10　利用高概率正向特征向量进行学习的展示图

图5.10的关键在于，命题5.1已经证明了，如果绝大多数受损正数据组具有良好特征，在该数据组中的真值比例大于整体的真值比例，则可以利用受损的正样本中的一小组数据集（剩下的数据视为负样本）学习得到可靠的辨别分类器。该假设在实际操作中通常成立，可有效进行无监督学习。

令 $p(E_+)$ 和 $p(E_-)$ 分别为正元素和负元素真正的分布函数，令 $p(\boldsymbol{x}|S)$ 和 $p(\boldsymbol{x}|\neg S)$ 分别为样本在正样本数据组 S 和负样本数据组$\neg S$ 内外的概率。

命题5.1（利用高概率正向特征进行学习）　考虑下列假设，$\boldsymbol{H}_1$：$p(E_+)<q<p(E_-)$；$\boldsymbol{H}_2$：$p(E_+|S)>q>p(E_-|S)$，其中 $q\in(0,1)$；$\boldsymbol{H}_3$：$p(\boldsymbol{x}|E_+)$ 和 $p(\boldsymbol{x}|E_-)$ 独立于样本数据组 $\boldsymbol{S}$，而后对于任意样本 $\boldsymbol{x}$，有 $p(\boldsymbol{x}|S)>p(\boldsymbol{x}|\neg S)\Leftrightarrow p(\boldsymbol{x}|E_+)>p(\boldsymbol{x}|E_-)$，即基于 S 与$\neg S$ 数据集中像素的似然性对进行区分的分类器所做的决策，与采用真正值和真负值训练得到的分类器所做的决策是一致的，那么这个像素分类器就可以认定为有效分类器。

证明：用以上假设及概率的求和方法，可得 $p(E_-)$ 的表达式，如

$$\frac{p(E_-)-p(E_-|S)\cdot p(S)}{1-p(S)} \tag{5.3}$$

结合式（5.1），假设 $\boldsymbol{H}_1$ 与 $\boldsymbol{H}_2$，且 $p(S)>0$，可以得到

$$p(E_-|\neg S)>q \tag{5.4}$$

同理，可得

$$p(E_+|\neg S)<q \tag{5.5}$$

由式（5.2）和式（5.3）推导得出

$$p(E_-|\neg S)>q>p(E_+|\neg S) \tag{5.6}$$

结合假设 $\boldsymbol{H}_2$，可以推导出

$$p(E_+|S)>p(E_+|\neg S) \tag{5.7}$$

同样地，由假设 $\boldsymbol{H}_3$ 可推导得到

$$p(\boldsymbol{x}|E_+,S)=p(\boldsymbol{x}|E_+)\ 和\ p(\boldsymbol{x}|E_-,S)=p(\boldsymbol{x}|E_-) \tag{5.8}$$

利用求和计算式并结合假设 $\boldsymbol{H}_3$，可推导得到

$$p(\boldsymbol{x}|S)=p(E_+|S)\cdot[p(\boldsymbol{x}|E_+)-p(\boldsymbol{x}|E_-)]+p(\boldsymbol{x}|E_-) \tag{5.9}$$

同样地，也可以推导出

$$p(\boldsymbol{x}|\neg S)=p(E_+|\neg S)\cdot[p(\boldsymbol{x}|E_+)-p(\boldsymbol{x}|E_-)]+p(\boldsymbol{x}|E_-) \tag{5.10}$$

利用假设：$p(\boldsymbol{x}|S)>p(\boldsymbol{x}|\neg S)\Rightarrow p(\boldsymbol{x}|E_+)>p(\boldsymbol{x}|E_-)$，并结合先前推导结果式（5.7），式（5.9），式（5.10），可得 $p(\boldsymbol{x}|E_+)>p(\boldsymbol{x}|E_-)$。

利用假设：$p(\boldsymbol{x}|E_+)>p(\boldsymbol{x}|E_-)\Rightarrow p(\boldsymbol{x}|S)>p(\boldsymbol{x}|\neg S)$，可推导得出 $p(\boldsymbol{x}|E_+)>p(\boldsymbol{x}|E_-)$，结合式（5.7）可得 $p(\boldsymbol{x}|S)>p(\boldsymbol{x}|\neg S)$。

在这一阶段，所得软分割结果将投影到主成分分析子空间进行优化。与视频主成分分析不同的是，本章所提算法可能选择目标区域作为先期计算所得软分割的视频主成分分析计算的版本。对于投影，为减少在前几步中未过滤的噪声，主要考虑前面 8 个主成分。然后，再检测色彩似然性以获得软分割掩码。

5.4.2 描述符学习

到目前为止，前景掩码是通过独立计算各像素而获得。但由于图像独立像素色彩的一阶统计数据不能获取更为全局性的目标纹理与形状数据，因此所获得的前景掩码难免出现误差。在这一步骤中，本章提出的算法将通过捕获局部色块中的色彩来提高抽取程度，而局部色块选取的是足够大的能够捕获目标的纹理和局部形状的色块。下面基于局部色彩样式定义色块描述符，给定一个色块窗口 W，其指示向量为 $\boldsymbol{d}_W$，若颜色 c 出现在色块窗口 W 中，则有 $\boldsymbol{d}_W(c)=1$；否则 $\boldsymbol{d}_W(c)=0$（图 5.11）。

色彩根据其各自所在 HSV 空间中的值进行索引，其中参数 H、S、V 分别在 $[1,15]$、$[1,11]$、$[1,7]$ 的范围内离散，理论上可生成 1155 种颜色。对于图块中的给定颜色，图块描述符既不考虑其准确空间位置，也不考虑其出现频次，而只描述给定颜色在图块中的存在。这导致了多数刚性或非刚性变换的不变性，同时保留了目标的局部外观特征。而后，利用分类方法训练分类器（采用正则化最小二乘回归算法，因为它的速度和有效性），对通过之前计算得出的整个视频软掩码收集分类符和高概率正向特征描述符进行分离。通常情况下，所得分类器对视点、比例、照度和其他噪声的变化具有鲁棒性，且同时具有区分性（图 5.9）。

图 5.11 （见彩图）初始色块描述符对出现的颜色进行编码（n 种颜色）

并非 1155 种颜色都与本章的分类问题有关。大多数目标只由几种重要的颜色构成，这些颜色与背景有着清晰的区别。有效减少描述符的颜色数量并只选择相关颜色，可提升运算速度并优化运算结果。这里使用 Leordeanu 等[32]提出的有效选择算法。具体算法如下：设 n 为颜色特征的总数，$k(k<n)$ 为所需选择的相关颜色特征数量，利用最大协方差识别 k 种颜色特征的群组（Leordeanu[32]）。另设 $\boldsymbol{C}$ 为构成数据矩阵 $\boldsymbol{D}$ 中各行颜色的协方差矩阵，而后求解以下优化问题：

$$\begin{cases} \boldsymbol{w}^* = \arg\max\limits_{\boldsymbol{w}} \boldsymbol{w}^{\mathrm{T}}\boldsymbol{C}\boldsymbol{w} \\ \text{s. t.} \sum\limits_{i=1}^{n} w_i = 1, \quad w_i \in \left[0, \dfrac{1}{k}\right] \end{cases} \tag{5.11}$$

式中：$\boldsymbol{w}^*$ 中的非零元素对应创建描述符的所需颜色，所用分类器基于正则化最小二乘回归模型得到，在颜色（描述符向量）上定义二进制掩码 $\boldsymbol{w}_S \in \mathbb{R}^{n\times 1}$：

$$\boldsymbol{w}_S(i) = \begin{cases} 1 & (\boldsymbol{w}^*(i)>0) \\ 0 & (\text{其他情况}) \end{cases} \tag{5.12}$$

上述是 NP-hard 问题，但 Leordeanu 等[32]提出，利用 IPFP 算法可得到一个较好的有效近似值，该算法在本书第 1~4 章部分多种优化和学习任务中有提及，所涉及的公式同式（5.12）类似。所选颜色特征的最优数量只占总数相对较小的部分。除了运算表现稍有提升，真正的优点是运算时间有着大幅度下降（图 5.12）。

与图聚类和特征选择的关系：可以发现描述符学习方程（式（5.12））与图聚类方程（见第 1 章与第 3 章）之间的相似性。同时也能注意到该方程也被用于第 3 章介绍的分类器学习方法。在这些相似的数学表达式背后，都能发现优化算法——整数投影固定点（IPFP）算法的影子。在实际优化问题中，它可有效提出高质量的离散解决方案。另外，注意定义色块描述符的相关颜色与特征

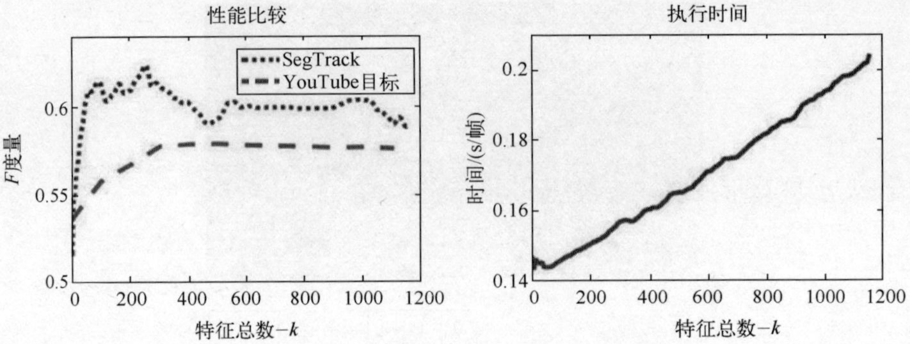

图 5.12　特征选择—优化与敏感性分析

选择的有趣关系，它同样与第 4 章介绍的分类器学习有关。尽管上述无监督学习任务起初貌似不同，它们却享有深层的共同核心，即特征与分类器共同存在于时空中。这种共同存在不太可能是巧合使然，所以可以用来进行有效检测。

下面定义数据矩阵 $\boldsymbol{D}_s \in \mathbb{R}^{m\times(1+k)}$，其中每行有一个训练样本，之后选择掩码应用于描述符；m 是训练样本的数量，k 是用于构建描述符的颜色特征数量（添加一个偏差项为 1 的常数列）。而后，应用以下封闭形式快速学习正则化回归模型的权重：

$$\boldsymbol{w}=(\lambda\boldsymbol{I}+\boldsymbol{D}_s^{\mathrm{T}}\boldsymbol{D}_s)^{-1}\boldsymbol{D}_s^{\mathrm{T}}\boldsymbol{s}\quad(\boldsymbol{w}\in\mathbb{R}^{(1+k)\times 1})\tag{5.13}$$

式中：$\boldsymbol{I}$ 为身份矩阵；λ 为正则项；$\boldsymbol{s}$ 为用于训练描述符样本的软分割掩码值的向量（有关数值经由前述步骤计算得出）。

然后，通过计算每个像素的回归模型来生成最终基于外观的软分割掩码。

5.4.3　外观与运动的结合

不仅在外观上，前景和背景在诸多层面也具有互补特性。本节考虑，就运动模式来说，关注的目标必须存在自身与其他景象的区别。相对于背景而言，仅利用当前视频所提取的信息，无法对在图像中不能移动的前景目标进行检测。因此，利用这种观点，提出以下有效方法。

令 $\boldsymbol{I}_t$ 为图像随时间变化的时间函数的导数，$\boldsymbol{I}_{t+1}-\boldsymbol{I}_t$ 作为后续帧的差值。令 $\boldsymbol{I}_x$ 和 $\boldsymbol{I}_y$ 为图像 x 和图像 y 的偏导数。设 $\boldsymbol{D}_m$ 为运动数据矩阵，当前帧中每个像素 p 所在行对应于 $[\boldsymbol{I}_x,\boldsymbol{I}_y,x\boldsymbol{I}_x,x\boldsymbol{I}_y,y\boldsymbol{I}_x,y\boldsymbol{I}_y]$ 在背景（通过前景分割计算确定）的位置。对于时间 t，将 $\boldsymbol{I}_t$ 线性回归到 $\boldsymbol{D}_m$ 上。该方案是利用图像时间的一阶泰勒展开，对背景的仿射运动模型进行最小二乘估计，其公式为 $\boldsymbol{w}_m=(\boldsymbol{D}_m^{\mathrm{T}}\boldsymbol{D}_m)^{-1}\boldsymbol{D}_m^{\mathrm{T}}\boldsymbol{I}_t$。其中，$\boldsymbol{w}_m$ 包含定义 2D 仿射运动（包括平移）的 6 个参数。

由于前景目标的运动方式同背景不同，可以将该模型的偏差样本作为前景目标潜在的候选项。这种观点基于逼近原理，它计算速度快，可以有效地同软掩码的外观结合起来。因此，在每个像素位置 p 上，可以评估计算模型性能，并生成误差 $|\boldsymbol{D}_m(p)\boldsymbol{w}_m-\boldsymbol{I}_t(p)|$。令误差图像归一化，将其映射至[0,1]范围内。这将生成一种不服从运动模型的软掩码（仅使用运动模式），它们通常与目标位置有关。随后使用高斯定理对映射进行平滑处理（σ 与计算对象区域中的 x 和 y 的分布成比例）。

在这一点上，本章提供的算法仅通过目标外观就能够计算出一个目标软分割，再在目标运动规律基础上独立计算出另一个目标软分割。将两个软分割结果相乘便获得最终分割。

此外，可以通过现成的分割算法，如 GrabCut[15]，并将其提供用于软前景分割计算，实现软掩码的进一步优化。注意：在本章的实验中，由于本章关注目标形态的细节，所以仅对 SegTrack 数据集使用了 GrabCut 算法。其他实验均不执行此步骤。

5.5 实验分析

本章的实验是基于 YouTube 目标数据集与 SegTrack v2 数据集展开。首先利用相关数据集数据展示本章算法的定性结果（图 5.13）。需要注意的是，对于 YouTube 目标数据集的最终计算结果评估，可以同时利用高概率构成部分前景的像素分布情况计算出目标边界框，并将其提取出来。边界框的位置和大小均使用均值平移方法进行计算。对于 SegTrack 数据集的最终计算结果评估，可以利用 GrabCut 算法[15]软分割掩码进行优化。表 5.2 提供了本章算法在不同计算阶段的评估结果，以及每个阶段的运行时间。其中。F 度量随着算法运行步骤增加而提高。

图 5.13 （见彩图）YouTube 目标数据集和 SegTrack 数据集的定性计算结果

5.5.1 YouTube 目标数据集的测试

(1) 数据集：YouTube 目标数据集[33]容纳从 YouTube 网站上提取的大量视频文件，包括 10 个具有挑战性、不受限制的目标类型（飞机、鸟、船、车、猫、牛、狗、马、摩托车、火车）。由于这些序列完全不受约束，且目标移动快、动态背景复杂、光线变化、拍摄镜头移动、比例与视角变化，甚至存在一定的剪辑影响（如飞行标志或其他不同的镜头影响），因此该序列可看作在实操中具有相当大的难度。真值是为少量视频帧提供，并包含目标实例的边界框。通常情况下，一帧仅包含一个主要类目标，但是会有一些帧包含属于同一类目标的多种种类。将两个版本的数据集放在一起做比较。第一个（YouTube 目标 v1.0 版本数据集）数据集包含从大约 570000 帧中提出的 1407 个注释目标；第二个（YouTube 目标 v2.2 版本数据集）数据集包含从大约 720000 帧中提出的 6975 个注释目标。

(2) 指标：采取 CorLoc 指标，通过计算正确定位目标边界框的百分比，评估利用 YouTube 目标数据集测试算法的性能。利用 PASCAL 判据对边界框的正确性予以评估（交集不小于 0.5）。

(3) 结果：将本章介绍的算法效果与文献［3，6-7，10，33］的算法效果做比较，本章算法的结果与有关论文中最初提出的结果一致。表 5.3 显示的是两种算法的结果对比情况。据了解，其他算法已经在 YouTube 目标 v1.0 版本数据集和训练样本上进行了运算（文献［10］的算法在完整 v1.0 数据集上进行了运算，故排除）。考虑到这一点以及两个版本之间在注释样本数量方面的差异，本章提出的算法在两个版本数据集（YouTube 目标 v1.0 与 v2.2）的性能已经公布并做了具有相同评估准则的比较，另外，公布了在最新版本 YouTube 目标数据集 v2.2 版本上的计算结果（不进行比较）。在 YouTube 目标 v1.0 版本数据集使仅考虑以训练样本进行计算的评估结果，从而方便与其他算法公平地进行比较。本章提出的无监督算法分别与现有的有监督算法和无监督算法进行对比。表 5.3 中标记了本章提出的无监督算法的最新结果（加粗）和整体的最新结果（下划线），此外，还列出了所用算法的运算时间，以证明本章提出的算法比其他算法快一个数量级的事实（见 5.5.3 节）。

本章提出的算法相对于现有的有监督算法和无监督算法计算结果而言，在性能上极具竞争力，在三种类型的计算中获得了最佳结果。与现有无监督算法计算结果相比，本章算法获得了 7 种类型的最佳计算结果。平均而言，本章提出的算法不仅在性能上优于其他算法，在运算时间方面也比其他算法耗时少

(见 5.5.3 节)。因此，本章提出的算法优于其他算法已成为事实，由此证明它可以更好地推广至不同类别的对象和不同类型的视频。本章提出的算法在“马”类上的计算性能很差，因为许多序列包含多个“马”，本章的算法无法正确分离实例。本章的另一个算法对“牛”类的处理计算性能也低，在处理该类实例过程中，本章提出的算法遇到的问题与在处理“马”类中的情况相同，对象通常静止不动，这使目标在本章提出的算法的系统中难以分割。

表 5.3　YouTube 目标数据集（v1.0、v2.2 版本）上各种算法的 CorLoc 得分

算法	Jun Koh 等[6]	Zhang 等[7]	Prest 等[33]	Stretcu 和 Leordeanu[10]	Papazoglou 和 Ferrari[3]	本章算法 v1.0 版本	本章算法 v2.2 版本
是否有监督	是	是	否	否	否	否	否
飞机	64.3	75.8	51.7	38.3	65.4	**76.3**	76.3
鸟	63.2	60.8	17.5	62.5	67.3	**71.4**	68.5
船	73.3	43.7	34.4	51.1	38.9	**65.0**	54.5
汽车	68.9	71.1	34.7	54.9	**65.2**	58.9	50.4
猫	44.4	46.5	22.3	64.3	46.3	**68.0**	59.8
牛	62.5	54.6	17.9	52.9	40.2	**55.9**	42.4
狗	71.4	55.5	13.5	44.3	65.3	**70.6**	53.5
马	52.3	54.9	**48.4**	43.8	**48.4**	33.3	30.0
摩托车	78.6	42.4	39.0	41.9	39.0	**69.7**	53.5
火车	23.1	35.8	25.0	**45.8**	25.0	42.4	60.7
平均值	60.2	54.1	30.4	49.9	50.1	**61.1**	54.9
时间 (s/帧)	—	—	—	6.9	4	**0.35**	

5.5.2　SegTrack v2 数据集的测试

（1）数据集：SegTrack 数据集最初由 Tsai 等[34] 提出，用于评估跟踪算法，现在，它也被应用于视频目标分割[4]。本节使用第二个版本的数据集（SegTrack v2），包含 14 个视频（约 1000 帧），并在每帧中包含所关注目标的像素级基础情况注释。由于目标易与背景混淆，且呈现不同的大小并伴有复杂形变，因此该数据集在实操上显得较为困难。共有 8 个视频对应于一个主要对象，其中 6 个视频中存在多个对象，这些对象来自 8 个不同的类别（鸟、猎豹、人类、蠕虫、猴子、狗、青蛙、降落伞）。

（2）指标：对于应用 SegTrack 数据集算法性能的评估，选取平均交集的联合度量指标。出于评估目的，使用 GrabCut 实现软分割掩码的优化。

（3）结果：将本章提出的算法计算效果同文献［3-4，8-9，35］中的算法计算结果相比较。这些文献的计算结果与 Wang 等[35]所发表论文中最初提出的结果一致。表 5.4 为其对比情况。同样，该表将本章提出的算法计算结果与现有的监督算法和无监督算法计算结果都进行了比较，并且标记了无监督算法的最佳结果（加粗）和整体最佳结果（下划线）。此外，还展示了各种算法的运算时间，旨在强调本章算法在计算速度方面胜过其他方法（见 5.5.3 节）。

表 5.4　在 SegTrack v2 数据集上各种方法的平均 IoU 得分及执行时间

算法	Lee 等[9]	Zhang 等[8]	Wang 等[35]	Papazoglou 和 Ferrari[3]	Li 等[3]	本章算法
是否有监督	是	是	是	否	否	否
天堂鸟	92	—	<u>95</u>	66	**94**	93
下坠鸟	49	<u>71</u>	70	59	**63**	58
青蛙	75	74	<u>83</u>	**77**	72	58
女孩	88	82	<u>91</u>	73	**89**	69
猴子	79	62	<u>90</u>	65	**85**	69
降落伞	<u>96</u>	94	92	91	93	**94**
士兵	67	60	<u>85</u>	69	**84**	**60**
蠕虫	<u>84</u>	60	80	74	83	<u>**84**</u>
平均值	79	72	<u>86</u>	72	**83**	73
执行时间（s/帧）	>120	>120	—	4	242	<u>**0.73**</u>

本章算法作为一种无监督算法，其计算性能具有竞争力。另外，验证了本章的算法比之前最新技术[3]快一个数量级（见 5.5.3 节）。

5.5.3　计算时间

本章算法主要优点之一是计算时间的缩短。注意，因为算法中所涉及的所有分类器都是线性的，所以所有的逐像素分类都可以通过线性滤波模块有效地实现。生成软分割掩码仅需 0.35s/帧（初始对象提示：0.05s/帧，对象建议优化：0.03s/帧，基于补丁的回归模型：0.25s/帧，运动估计：0.02s/帧（表 5.2））。该算法是在 Matlab 中实现的，未进行特殊优化；所有时序测量均使用配置为 Intel Core i7 2. 60GHz CPU 的计算机执行。Papazoglou 和 Ferrari[3]的算法初始光流计算所消耗的时间为 3. 5s /帧，基于此，运行他们的算法需要 0. 5s/帧，所以所需总时间为 4s/帧。Stretcu 和 Leordeanu[10]所介绍的算法计算速度总计 6. 9s/帧。至于其他算法，如 Zhang 等[8]和 Li 等介绍的算法[9]，仅使用 Endres 和 Hoiem[13]的算法生成初始对象步骤就需要 120s /帧。目前，本书暂未比较其他算法的计算时间，但是由于它们的复杂性，可以预估这些算法比本章提出的算法慢几个数量级。

5. 6 结论与未来工作

本章为视频中的目标检测任务提供了一种高效且完全无监督的算法，该算法既快速又准确。该算法在具有挑战性的基准上能够获得边界框目标检测任务的最佳结果，并且在视频对象分割数据集上具有强有力的性能。同时，该算法计算速度比其他算法至少快一个数量级。利用目标及其场景之间在外观和运动方面的对比属性，本章算法将速度和性能完美地结合在一起，从而使非常高的精度选择正特征样本成为可能。本章通过理论和实践验证表明，高精度的样本选择足以实现可靠的无监督学习（因为正值通常比负值更不常见）。本章实验中在单个像素级别和更高水平像素组级别都执行了这种无监督学习过程，从而捕获了更高阶的像素的外观、纹理和形状的统计信息。本章算法的高速度和准确性，结合温和条件下由实践验证的理论保证，使这一算法在解决视频中无监督学习问题的过程中具有独特价值。

本章解决了无监督学习的一个重要问题，引入了高概率正向特征的学习概念，该概念概括了前面章节讨论过的，并与第 1 章给出的一般性概述和原则相关的观点和思路。本书后续各章将分析如何进一步利用这一概念以无监督方式训练多代分类器，第 7 章将使用一种新的模式将上一代“人”作为下一代学生的老师进行分类器的训练。高概率正向特征能够可靠地用作正识别标识。正如本章中所示，真正的无监督学习需要某种先验知识作为输入，而高概率正向特征恰好是这一角色的理想选择。可以证明，在某些普通的条件下，利用高概率正向特征进行学习是具有理论保证的。因此，本书期望这个概念可以深入结合无监督学习的一般概念。同时，本书提出合理怀疑，即可能不存在比分类器在时空邻域中的共现性和一致性更好的高概率正向特征信号。以上就是本书的核心主题，它贯穿本书始末。

参考文献

[1] Sivic J, Russell BC, Efros AA, Zisserman A, Freeman WT (2005) Discovering objects and their location in images. In: Tenth IEEE international conference on computer vision, ICCV 2005, vol 1. IEEE, pp 370-377.

[2] Leordeanu M, Collins R, Hebert M (2005) Unsupervised learning of object features from video sequences. In: IEEE Computer society conference on computer vision and pattern recognition. IEEE computer society, vol 1, p 1142.

[3] Papazoglou A, Ferrari V (2013) Fast object segmentation in unconstrained video. In: Proceedings of the IEEE international conference on computer vision, pp 1777-1784.

[4] Li F, Kim T, Humayun A, Tsai D, Rehg J (2013) Video segmentation by tracking many figure ground segments. In: International conference on computer vision.

[5] Jain AK, Murty MN, Flynn PJ (1999) Data clustering: a review. ACM Comput Surv (CSUR) 31 (3): 264-323.

[6] Jun Koh Y, Jang WD, Kim CS (2016) POD: discovering primary objects in videos based on evolutionary refinement of object recurrence, background, and primary object models. In: Proceedings of the IEEE conference on computer vision and pattern recognition, pp 1068-1076.

[7] Zhang Y, Chen X, Li J, Wang C, Xia C (2015) Semantic object segmentation via detection in weakly labeled video. In: Proceedings of the IEEE conference on computer vision and pattern recognition, pp 3641-3649.

[8] Zhang D, Javed O, Shah M (2013) Video object segmentation through spatially accurate and temporally dense extraction of primary object regions. In: Proceedings of the IEEE conference on computer vision and pattern recognition, pp 628-635.

[9] Lee YJ, Kim J, Grauman K (2011) Key-segments for video object segmentation. In: 2011 IEEE international conference on computer vision (ICCV). IEEE, pp 1995-2002.

[10] Stretcu O, Leordeanu M (2015) Multiple frames matching for object discovery in video. In: BMVC, pp 186. 1-186. 12.

[11] Alexe B, Deselaers T, Ferrari V (2012) Measuring the objectness of image windows. IEEE Trans Pattern Anal Mach Intell 34 (11): 2189-2202.

[12] Felzenszwalb P F, Girshick R B, McAllester D, Ramanan D (2010) Object detection with discriminatively trained part-based models. IEEE Trans Pattern Anal Mach Intell 32 (9): 1627-1645.

[13] Endres I, Hoiem D (2010) Category independent object proposals. Comput Vis-ECCV 2010: 575-588.

[14] Jain S D, Grauman K (2014) Supervoxel-consistent foreground propagation in video. In: European conference on computer vision. Springer, pp 656-671.

[15] Rother C, Kolmogorov V, Blake A (2004) Grabcut: interactive foreground extraction using iterated graph cuts. In: ACM transactions on graphics (TOG), vol 23. ACM, pp 309-314.

[16] Fulkerson B, Vedaldi A, Soatto S (2009) Class segmentation and object localization with superpixel neighborhoods. In: 2009 IEEE 12th international conference on computer vision. IEEE, pp 670-677.

[17] Levinshtein A, Stere A, Kutulakos K N, Fleet DJ, Dickinson SJ, Siddiqi K (2009) Turbopixels: fast superpixels using geometric flows. IEEE Trans Pattern Anal Mach Intell 31 (12): 2290-2297.

[18] Carreira J, Sminchisescu C (2012) CPMC: automatic object segmentation using constrained parametric min-cuts. IEEE Trans Pattern Anal Mach Intell 34 (7): 1312-1328.

[19] Li F, Carreira J, Lebanon G, Sminchisescu C (2013) Composite statistical inference for semantic segmentation. In: Proceedings of the IEEE conference on computer vision and pattern recognition, pp 3302-3309.

[20] Leordeanu MD (2010) Spectral graph matching, learning, and inference for computer vision. PhD Thesis, Carnegie Mellon University.

[21] Haller E, Leordeanu M (2017) Unsupervised object segmentation in video by efficient selection of highly probable positive features. In: The IEEE international conference on computer vision (ICCV).

[22] Rother C, Kolmogorov V, Blake A (2004) Grabcut: interactive foreground extraction using iterated graph cuts. In: SIGGRAPH.

[23] Li Y, Sun J, Shum C T H (2004) Lazy snapping. In: SIGGRAPH.

[24] Collins R, Liu Y, Leordeanu M (2005) Online selection of discriminative tracking features. PAMI 27 (10): 1631-1643.

[25] Felzenszwalb P, McAllester D, Ramanan D (2008) A discriminatively trained, multiscale, deformable part model. In: CVPR.

[26] Borji A, Sihite D, Itti L (2012) Salient object detection: a benchmark. In: ECCV.

[27] Cheng M, Mitra N, Huang X, Torr P, Hu S (2015) Global contrast based salient region detection. PAMI 37 (3).

[28] Hou X, Zhang L (2007) Saliency detection: a spectral residual approach. In: 2007 IEEE conference on computer vision and pattern recognition, CVPR'07. IEEE, pp 1-8.

[29] Jiang H, Wang J, Yuan Z, Wu Y, Zheng N, Li S (2013) Salient object detection: a discriminative regional feature integration approach. In: Proceedings of the IEEE conference on computer vision and pattern recognition, pp 2083-2090.

[30] Leordeanu M, Hebert M (2008) Smoothing-based optimization. In: CVPR.

[31] Zitnick C L, Dollár P (2014) Edge boxes: locating object proposals from edges. In: European conference on computer vision. Springer, pp 391-405.

[32] Leordeanu M, Radu A, Baluja S, Sukthankar R (2015) Labeling the features not the samples: efficient video classification with minimal supervision. arXiv: 151200517.

[33] Prest A, Leistner C, Civera J, Schmid C, Ferrari V (2012) Learning object class detectors from weakly annotated video. In: CVPR.

[34] Tsai D, Flagg M, Nakazawa A, Rehg JM (2012) Motion coherent tracking using multi-label MRF optimization. Int J Comput Vis 100 (2): 190-202.

[35] Wang L, Hua G, Sukthankar R, Xue J, Niu Z, Zheng N (2016) Video object discovery and co-segmentation with extremely weak supervision. IEEE Trans Pattern Anal Mach Intell.

第6章 外观和运动的耦合：对象分割的无监督聚类算法

6.1 引言

当目标在时空中移动位置和改变外观时，如何在无监督情况下发现视频中的目标是人工智能中最有趣且仍未解决的问题之一，这可能会对人们如何了解对象以及处理大量低成本视频数据产生重大影响。本章的主要目标是理解在无监督的情况下，可以从包含有主要对象的视频中学习到多少信息。本书作者对目标属性在空间和时间上如何关联，以及如何利用这些一致性信息快速准确地发现目标感兴趣。从更一般的意义上说，如何将第 1 章中提出的无监督学习原则应用于需要解决的问题。

虽然人们对一个给定视频的分割注释并不总是一致的，但通常会对哪个是视频序列中的主要对象总能达成一致。这里有许多问题要回答：哪些特征可以使一组像素在给定的视频中成为单个主要对象？运动模式是否与周围背景不同；是外观对比度、对称性或良好形状使其与背景区别开；还是这些因素，以及其他可能有待被发现的因素使其与背景组合。已知的事实是，人工可以轻松地识别和分割主要的前景物体。自 20 世纪初格式塔心理学学院（Gestalt School of psychology）建立以来，这一事实就得到了认可并对其开展了相关研究[2]。

以下两个核心假设构成了解决视频中前景对象发现问题的基础。

（1）同一个物体的像素很可能通过远程光流链连接（见 6.2.1 节）。

本章资料大部分来自以下论文：

Haller，Emanuela，Adina Magda Florea，et al. “Spacetime Graph Optimization for Video Object Segmentation”. arXiv preprint arXiv：1907.03326（2019）.

（2）同一个物体的像素通常在空间和时间上具有相似的运动和独特的外观模式。换句话说，看起来相似并且一起运动的东西很可能属于同一类。这些想法并不新颖，还可以表述为一个精确而优雅的数学公式。首先定义一个特殊的特征–运动矩阵（见 6.3.2 节），该矩阵表征了物体的运动和外观属性，这些属性使主要对象形成一个强簇（群集）。在特征–运动矩阵的主特征向量的基础上，通过光谱聚类算法可以有效地找到该强簇。

本章的主要内容：提出了一个独特的时空图结构，其节点为密集像素，每个像素都能够通过中短距离光流链连接到其他像素，从而实现对时空中的相同物理对象的运动轨迹建模。在特征–运动矩阵（见 6.3.2 节）定义的单个时空图中，该图将对象的运动模式与外观信息结合在一起。本章将分割问题表示为一个光谱聚类问题（见 6.2.2 节），并提出一种有效的算法。该算法可将全局最优计算问题转化为求解特征–运动矩阵的主特征向量（见 6.2.3 节）。主要的技巧是，无须显式地计算特征–运动矩阵，便可确保收敛到其主特征向量。实验表明，算法在相关文献中的三个具有挑战性的基准问题上均获得了最好的结果。

6.1.1 本章算法与无监督学习原则的关系

下面讨论的算法与第 1 章中介绍的无监督学习的几个原则有关。由于大多数原则彼此相关，在逻辑上互相遵循，但是，与本章最相关的是原则 4（第 11 页）。

本章的主要思想是：以时空图中簇的形式发现并描述对象。这些簇由基于时空中的点之间的外观和运动模式的强连接形成，这些连接使对象成为其时空邻域内的强结构。

直观地讲，如果向空间中添加第四个维度——时间维度，那么对象的物理部分将在 3D（空间）+1D（时间）的时空中紧密相连。由于物理定律和作用力，对象的各个部分之间紧密连接，在时间对齐的视频帧序列的 2D（图像空间）+ 1D（时间）的时空中也应更显著。这是因为每个帧都是 3D 世界中相应事物的投影。相同的物理自然定律，使对象的各个部分在空间和时间中保持连接，一起移动，并且在图像中看起来与它们在真实世界中的表现和行为相似。

注意，上述观点与前三个原则有直接关系：使对象从背景中脱颖而出（第 9 页原则 1）的相似外观和运动模式可以成为强 HPP 特征（第 11 页原则 3），利用该特征能可靠地、精确地选择感兴趣的主要对象的数据样本（第 10 页原则 2）。这些想法很直观，那么可以用一个数学公式来描述这些想法吗？能否用精确的数学语言将一个对象定义为一个时空簇，然后提出一种有效的算法来找到它？这正是本章的重点，本章以下各节将从这些最初的直观想法出发，建立所需的数学公式和算法，在视频中发现对象，并用特殊的特征-运动矩阵的主特征向量来表示。

6.1.2 科学背景

训练过程中的人工注释级别是区分视频中前景对象分割算法的一个重要方面，从完全缺失[3-7]到使用经过人工注释严格预训练的模型[8-19]各有不同。本书提出了一种能够包容有监督和无监督两种情况的算法。当然，本书主要关注无监督算法，即在训练过程中没有人工监督，但是也利用了有监督的场景，具体应用情况见 6.4.2 节。

本书使用密集像素上的光流链定义时空图的结构。对于有关视频对象分割（VOS）问题，有一些基于光流或图形表示的重要研究成果。文献［20］介绍了一种运动聚类算法，可以同时估计光流和对象分割掩码。它对成对的图像进行处理，并最小化一个目标能量函数，该函数结合了经典的光流约束和描述符匹配项，但是这种算法没有对象选择机制，还有其他一些类似的算法[21]。另一种算法[22]创建显著的运动掩码，然后将其与“对象”分段组合以生成最终掩码，其他相关研究工作[23-24]介绍了基于光流定义的连接的平均显著掩码生成方法。基于运动分割的另一种算法[5]使用了形成运动模式簇的场景元素。同样，该算法也没有特别关注主要对象，它们在具有对象运动轨迹定义的节点图形上引入了最低成本的多分割公式。与本书介绍的算法不同，这些算法都没有使用时空的图形表示以及视频中每个像素的节点。

在密集像素时空图上，本书考虑了所有视频像素之间的直接连接，这与超像素级节点或轨迹节点相反。与之前介绍的运动分割算法[5,20]不同，本书使用远程运动连接以及局部特征模式（从运动和外观中获得）发现了空间和时间上的最强簇。另一个创新是，本章给出了一个光谱聚类公式，可通过幂迭代算法快速找到全局最优解。这个最优解是一个非常大的稀疏特征-运动矩阵（大小为 $n \times n$，n 为视频中的像素总数）的主特征向量，且算法无须显示计算该矩阵。因此，在整个视频序列上，本章的算法可以确保在空间和时间上的一致性，这与之前的算法有很大不同。

6.2 光谱分割算法

从 m 个连续的视频序列中，提取 m 个软对象掩码的集合，从而可以凸显视频序列的前景主要对象。将整个视频表示为一个图形，每个像素作为一个节点，边的结构由光流链定义（见 6.2.1 节）。在 6.2.2 节中，用公式把分割表示为时空图中的类簇，那么对于一个给定帧的掩码不过是在相应时间步长处的 3D 时空簇的 2D 切片。然后，利用一个有效的优化方法（6.2.3 节），无须访问整个图就可以计算出最优掩码。将边当作邻接指针，可以有效避免计算完整的邻接矩阵。

6.2.1 构建时空图

（1）时空像素图：定义一个时空图 $\boldsymbol{G}=(\boldsymbol{V},\boldsymbol{E})$，其中的节点 $i\in\boldsymbol{V}$ 表示视频序列的一个像素（$|\boldsymbol{V}|=n;n=m\cdot h\cdot w;m$ 代表帧数，(h,w) 表示像素帧的大小）。

（2）光流链：从一个给定的像素开始，按照向前和向后两个方向（对于每个时间方向上的 K 帧），对光流位移向量进行跟踪。从给定像素开始，每个方向上光流向量会形成一条路径，这些路径称为光流链。多个光流链通过一个给定像素，至少有一条光流链向前移动，另一条光流链向后移动。尽管对于某个特定的输入方向，输入的光流链可以没有，或只有一条，或有多条，但输出链始终只有一条。最后，光流链定义了图结构：如果节点 i 和节点 j 至少通过一条链连接，则它们之间存在一条无向边。图 6.1（a）显示了如何通过光流链形成这种长距离边。

（3）图邻接矩阵：$\boldsymbol{M}\in\mathbb{R}^{n\times n}$，且 $\boldsymbol{M}_{i,j}=l(i,j)\cdot k(i,j)$，其中 $k(i,j)$ 是节点 i 和节点 j 之间时间差的高斯核函数。如果节点 i 和节点 j 之间存在边，则 $l(i,j)=1$；否则 $l(i,j)=0$。因此，如果节点 i 和节点 j 之间有连接存在则 $\boldsymbol{M}_{i,j}=k(i,j)$；否则 $\boldsymbol{M}_{i,j}=0$。所以矩阵 $\boldsymbol{M}$ 是对称的半正定矩阵，具有非负元素且是稀疏的。实际上，矩阵 $\boldsymbol{M}$ 是一个默瑟（Mercer）核，因为成对项 $\boldsymbol{M}_{i,j}$ 符合默瑟条件（Mercer 条件）。

（4）节点的外观特征：每个节点 i 均由节点级特征向量 $\boldsymbol{f}_i\in\mathbb{R}^{1\times d}$ 来描述，从 i 开始沿着每个输出链方向计算（图 6.1（b）），然后将所有特征堆叠在特

征矩阵 $\boldsymbol{F} \in \mathbb{R}^{n \times n}$ 中。实际上，可以考虑适用于监督或无监督方式的任何特征（见 6.4.2 节中的实验）。

（5）节点分割标签：每个节点 i 都有一个关联的（软）分割标签 $x_i \in [0,1]$，x_i 表示对节点作为感兴趣对象一部分的置信水平。因此，可以将整个视频在空间和时间上的分割结果表示为一个向量 $\boldsymbol{x} \in \mathbb{R}^{n \times 1}$，对于第 i 个视频像素（图形节点）具有特定标签 x_i。

图 6.1（a）所示图形节点 i_0 到 i_{10} 分别对应来自不同帧的像素。**彩色线**是光流链，由时间上向前或向后的流，逐帧依次形成。因此，如果两个节点之间，存在通过中间帧连接起来的光流矢量链，则两个节点是连接的。从一个给定的节点，总会有两个流流出，向前和向后各一条。注意，可能没有或有多条光流链进入某个节点（如节点 i_7）。**黑线**对应于图的边，由至少一条光流链连接的节点两两连接形成的线。图 6.1（b）所示光流链用于创建节点特征。对于给定的节点 i_0，节点特征表示特征向量 $\boldsymbol{f}_{i_0}$，沿着输出流计算（在时间上向前和向后），代表了对象沿着光流链的运动和外观模式。

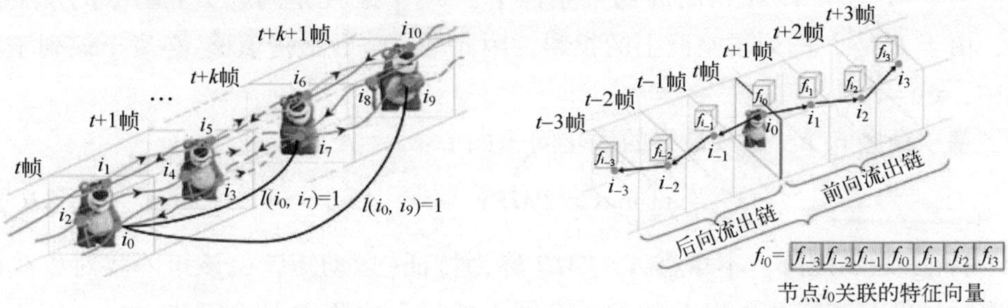

(a) 光流链示意图　　(b) 光流链运动与外观

图 6.1　创建时空图的可视化表达示意图（彩图同图 1.12）

6.2.2　分割光谱聚类

对于时空光流链连接和外观特征而言，本书作者感兴趣的主要对象是最强类簇。一方面，属于主要对象的节点通过远距离移动而强连接在一起；另一方面，对象的外观特征可用来预测哪些节点属于对象。在 2D 图像空间和 1D 时间中，3D 聚类（视频分割）由标签向量 $\boldsymbol{x}$ 定义，其中如果节点 i 属于这个对象类簇，则 $x_i = 1$，否则 $x_i = 0$。

定义聚类内分数 $S_C = \boldsymbol{x}^{\mathrm{T}} \boldsymbol{M} \boldsymbol{x}$，标签向量 $\boldsymbol{x}$ 满足在特征子空间中的约束（稍后

解释）。因为只有相对节点值才对分割有意义，故可放宽 $\boldsymbol{x}$ 的约束，只要求其为 L2 范数的单位向量。从而使分割问题变为在一个给定约束 $\|\boldsymbol{x}\|_2=1$ 以及 $\boldsymbol{x}$ 是特征矩阵 $\boldsymbol{F}$ 的列的线性组合的条件下，最大化 $\boldsymbol{x}^{\mathrm{T}}\boldsymbol{M}\boldsymbol{x}$ 的问题。因此，节点标签是节点特征的线性组合。换句话说，可以采用线性回归方法利用特征值预测标签向量 $\boldsymbol{x}$。问题和约束条件表明了，目标像素在空间和时间上都形成一个强大的运动簇，同时基于外观特征也形成一个强大的簇。

于是，可将求解最佳分割标签向量 $\boldsymbol{x}$ 简化为求解特征-运动矩阵的主特征向量问题，该矩阵将运动矩阵 $\boldsymbol{M}$ 与特征矩阵 $\boldsymbol{F}$ 耦合在一起，式 $\boldsymbol{x}=\boldsymbol{P}\boldsymbol{x}$ 表明 $\boldsymbol{x}$ 为矩阵 $\boldsymbol{F}$ 的列的线性组合，其中 $\boldsymbol{P}$ 是特征投影矩阵，可将任意向量投影到特征矩阵 $\boldsymbol{F}$ 的列子空间上，满足 $\boldsymbol{P}=\boldsymbol{P}^{\mathrm{T}}=\boldsymbol{F}(\boldsymbol{F}^{\mathrm{T}}\boldsymbol{F})^{-1}\boldsymbol{F}^{\mathrm{T}}$。

从而可立即获得以下结论。

命题 6.1 如果 $\boldsymbol{x}^*$ 是在约束 $\boldsymbol{x}=\boldsymbol{P}\boldsymbol{x}$ 和 $\|\boldsymbol{x}\|_2=1$ 条件下最大化问题 $\boldsymbol{x}^{\mathrm{T}}\boldsymbol{M}\boldsymbol{x}$ 的解，那么 $\boldsymbol{x}^*$ 也是约束 $\|\boldsymbol{x}\|_2=1$ 条件下最大化问题 $\boldsymbol{x}^{\mathrm{T}}\boldsymbol{P}\boldsymbol{M}\boldsymbol{P}\boldsymbol{x}$ 的解。

证明： 因为在约束条件 $\boldsymbol{x}=\boldsymbol{P}\boldsymbol{x}$ 和 $\|\boldsymbol{x}\|_2=1$ 下，$\boldsymbol{x}^*$ 是最大化问题 $\boldsymbol{x}^{\mathrm{T}}\boldsymbol{M}\boldsymbol{x}$ 的解，又因为 $\boldsymbol{P}=\boldsymbol{P}^{\mathrm{T}}$，所以在相同的约束条件下，$\boldsymbol{x}^*$ 是最大化问题 $\boldsymbol{x}^{\mathrm{T}}\boldsymbol{P}\boldsymbol{M}\boldsymbol{P}\boldsymbol{x}$ 的解。此外，由于 $\boldsymbol{P}$ 是 $\boldsymbol{F}$ 的列子空间上的投影，因此单位范数最优值 $\boldsymbol{x}^*$ 必位于该列子空间中，$\boldsymbol{x}^*=\boldsymbol{P}\boldsymbol{x}^*$。

基于命题 6.1，定义最终的优化问题如下：

$$\boldsymbol{x}^*=\arg\max_{\boldsymbol{x}} \boldsymbol{x}^{\mathrm{T}}\boldsymbol{P}\boldsymbol{M}\boldsymbol{P}\boldsymbol{x} \quad \text{s.t.} \ \|\boldsymbol{x}\|_2=1 \tag{6.1}$$

特征-运动矩阵： 本章将 $\boldsymbol{A}=\boldsymbol{P}\boldsymbol{M}\boldsymbol{P}$ 称为特征-运动矩阵，该矩阵将对象簇的时空运动及其在特征矩阵 $\boldsymbol{F}$ 的列子空间上的投影矩阵 $\boldsymbol{P}$ 耦合起来。这个矩阵就是本章需要解决的分割问题的核心要素（命题 6.1）。

6.2.3 利用幂迭代算法优化

式（6.1）可等价于求解 $\boldsymbol{P}\boldsymbol{M}\boldsymbol{P}$ 的主特征向量 $\boldsymbol{x}^*$。这是经典光谱聚类的情况[25]，也与第 2 章中用于图匹配的光谱算法[26]直接相关。注意，根据 Perron-Frobenius 定理，由于 $\boldsymbol{P}\boldsymbol{M}\boldsymbol{P}$ 具有非负元素，因此 $\boldsymbol{x}^*$ 必须是非负值。

算法 6.1GO-VOS 是本章提出的一种高效算法，该算法巧妙地利用了时空视频图，通过幂迭代收敛到 $\boldsymbol{x}^*$，无须显式计算 $\boldsymbol{P}\boldsymbol{M}\boldsymbol{P}$。GO-VOS 算法的执行步骤如下：一是沿着运动连接传播标签 $\boldsymbol{x}$（由 $\boldsymbol{M}$ 中的光流链定义）；二是利用矩阵 $\boldsymbol{P}$ 将 $\boldsymbol{x}$ 投影到 $\boldsymbol{F}$ 的列子空间中，同时归一化 $\|\boldsymbol{x}\|_2=1$，然后交替执行上述步骤。

算法 6.1 GO-VOS：通过特征-运动矩阵上的幂迭代法找到视频中的对象

算法步骤使用等效的数学公式表示。

需要指出的是，本章的算法实现避免了显式计算邻接矩阵 $\boldsymbol{M}$。$\boldsymbol{x}^{(it)}$ 表示第 it 次迭代的节点标签。

1. 传播：$\boldsymbol{x}^{(it+1)} \leftarrow \boldsymbol{M}\boldsymbol{x}^{(it)}$
2. 投影：$\boldsymbol{x}^{(it+1)} \leftarrow \boldsymbol{P}\boldsymbol{x}^{(it+1)}$
3. 归一化：$\boldsymbol{x}^{(it+1)} \leftarrow \boldsymbol{x}^{(it+1)} / \| \boldsymbol{x}^{(it+1)} \|_2$

（1）传播：节点 i 可以表示为 $x_i^{(it+1)} = \sum_j M_{i,j} x_j^{(it)}$，即一个节点的标签是其他节点标签的更新函数。因此，通过 $\boldsymbol{M}$ 中的成对项加权，节点 i 将其当前标签传播到节点 i 的所有邻近节点中。这是通过传播步骤来实现的，即从节点 i 开始，沿着光流链在时间轴上向前和向后移动，并根据 $M_{i,j}$进行加权计算，将节点 i 的信息投射到链的所有节点 j 上，投射关系为 $x_j \leftarrow x_j + M_{i,j} x_i$。由于所有的边都是无方向的，因此 i 的分段值也根据 $x_i \leftarrow x_i + M_{i,j} x_j$ 做了相应更改。在执行传播步骤时，信息将在一帧中将所有节点按时间向后和向前传播到所有相邻帧。当 $M_{i,j} = k(i,j)$，随着节点(i,j)之间的时间间隔增大迅速减小到零时，仅在 K 时间步长的帧之间进行加权计算。

（2）投影：投影是为了使 $\boldsymbol{x}$ 位于特征矩阵 $\boldsymbol{F}$ 的列子空间中。在每次迭代中，需要估计最小二乘意义上的最优权重集 $\boldsymbol{w}^* = (\boldsymbol{F}^{\mathrm{T}}\boldsymbol{F})^{(-1)} \boldsymbol{F}^{\mathrm{T}} \boldsymbol{x}^{(it+1)}$，该权重集最接近当前分割值 $\boldsymbol{x}^{(it+1)}$，它是由当前迭代过程中的传播步骤得到的。从本质上，$\boldsymbol{w}^*$ 是基于节点特征值的视频节点分段标签的线性回归预测器。然后，令 $\boldsymbol{x}^{(it+1)} \leftarrow \boldsymbol{F}\boldsymbol{w}^* = \boldsymbol{P}\boldsymbol{x}^{(it+1)}$，即在列的特征空间上进行投影。

（3）归一化：它对分割解 $\boldsymbol{x}$ 实施 $L2$-范数约束。在实践中，对于最终的二值分割问题而言，重要的只有标签的相对分割值。因此，只要不改变 $\boldsymbol{x}$ 的方向，就可以对其归一化。

6.3 理论性质

6.3.1 节将证明，本章算法可以确保收敛于特征-运动矩阵 $\boldsymbol{A} = \boldsymbol{PMP}$ 的主特征向量，并且算法的解也是式（6.1）中定义的优化问题的全局最优解。6.3.2 节将讨论特征-运动矩阵 $\boldsymbol{A}$ 的核心属性。

6.3.1 收敛分析

6.2.3 节介绍了一种迭代算法（算法 6.1），该算法可有效解决聚类问题（式（6.1）），即时空中的分割问题。本章介绍的算法避免了显式计算 $\boldsymbol{M}$ 和 $\boldsymbol{A}=\boldsymbol{PMP}$，以最小的计算成本快速解决了该问题。另外，还在理论上证明了 GO-VOS 算法可以确保收敛于特征-运动矩阵的主特征向量，它是具有单位范数约束的松弛聚类问题的全局最优解。

命题 6.2 算法 6.1 收敛到特征-运动矩阵 $\boldsymbol{A}=\boldsymbol{PMP}$ 的主特征向量，它是式（6.1）中优化问题的全局最优解。

证明：算法 6.1 的三个主要步骤可以总结为一个单独的更新步骤，即 $\boldsymbol{x}^{(it+1)}=\dfrac{\boldsymbol{PMx}^{(it)}}{\|\boldsymbol{PMx}^{(it)}\|_2}$，这是描述幂迭代算法的递归关系，由此可以得出算法 6.1 可以收敛到最优解 $\boldsymbol{x}^*$，并且是矩阵 $\boldsymbol{PM}$ 的主特征向量。$\boldsymbol{x}^*$ 最大化瑞利商 $R(\boldsymbol{PM},\boldsymbol{x})=\dfrac{\boldsymbol{x}^{\mathrm{T}}\boldsymbol{PMx}}{\boldsymbol{x}^{\mathrm{T}}\boldsymbol{x}}$。根据算法 6.1 的投影和归一化步骤，$\|\boldsymbol{x}\|_2=1$ 和 $\boldsymbol{x}^*$ 已经投影到特征空间中，因此有 $\boldsymbol{x}^*=\boldsymbol{Px}^*$。这样，$\boldsymbol{x}^*$ 在约束 $\|\boldsymbol{x}\|_2=1$ 的情况下也最大化 $\boldsymbol{x}^{\mathrm{T}}\boldsymbol{PMPx}$。因此，算法的收敛解也是优化问题［式（6.1）］的全局最优解，特征-运动矩阵 $\boldsymbol{A}=\boldsymbol{PMP}$ 的主特征向量。

以上内容从理论上证明了 GO-VOS 算法最终会收敛到聚类问题（式（6.1））的全局最优值，即算法最终能在视频序列中找到作为时空图中最强簇的前景对象。直观地讲，该 3D 时空聚类对应于最引人注目、独特的对象，该对象与周围的背景不同，并且在运动和外观模式方面紧密关联。

视频级投影与帧级投影：在实际中，将第 t 帧的分割 $\boldsymbol{x}_t\in\mathbb{R}^{hw\times 1}$ 投影到由特征矩阵 $\boldsymbol{F}_t\in\mathbb{R}^{hw\times \mathrm{d}}$ 定义的帧级特征空间上会更简单准确。这种逐帧投影能够提供更丰富的表示能力，尤其是在处理低水平、功能较弱的无监督场景时。在这种情况下，与节点 i 相关的特征向量 $\boldsymbol{f}_i$ 仍然由沿着输出光流链计算的特征来构造。容易证明，在帧级投影上，算法 6.1 仍然可以保证收敛到经过稍微修改的特征-运动矩阵 $\boldsymbol{A}^f=\boldsymbol{P}^f\boldsymbol{MP}^f$ 的主特征向量，其中 $\boldsymbol{P}^f$ 是与块对角特征矩阵 $\boldsymbol{F}^f$ 对应的投影矩阵，$\boldsymbol{F}^f$ 的形式为

$$\boldsymbol{F}^f=\begin{pmatrix}\boldsymbol{F}_0 & 0 & \cdots & 0\\ 0 & \boldsymbol{F}_1 & \cdots & 0\\ \vdots & \vdots & \ddots & \vdots\\ 0 & 0 & \cdots & \boldsymbol{F}_m\end{pmatrix}\in\mathbb{R}^{n\times \mathrm{d}m}$$

6.3.2 特征-运动矩阵

由邻接矩阵 $\boldsymbol{M}$ 和特征投影矩阵 $\boldsymbol{P}=\boldsymbol{F}(\boldsymbol{F}^{\mathrm{T}}\boldsymbol{F})^{-1}\boldsymbol{F}^{\mathrm{T}}$ 定义的特征-运动矩阵 $\boldsymbol{A}=\boldsymbol{PMP}$ 是本章算法的关键之一。6.3.1 节从理论上证明了该算法收敛于矩阵 $\boldsymbol{A}=\boldsymbol{PMP}$ 的主特征向量。当算法收敛时，可以将最终的分割视为时空运动结构与特征一致性之间的平衡状态。

基于主要前景对象的像素在时空图中形成一个强类簇这一假设，可以将分割问题转换为光谱聚类问题。为了验证时空图中是否存在强类簇，本章分析了特征-运动矩阵 $\boldsymbol{A}=\boldsymbol{PMP}$ 的无监督特征（见 6.4.2 节）。为使问题保持在可控的维度内，仅选取了 5 个连续帧进行分析。

图 6.2（a）根据相应特征向量元素的降序，对特征-运动矩阵的行和列进行了重新排序，并绘制了该矩阵。可以看到，时空图中有一个强类簇，与视频序列中的主要对象相对应。图 6.2（b）给出了特征-运动矩阵的前 6 个特征值，突出了第一特征值与其余特征之间的大谱隙，这表明了谱解的稳定性。特征间隙越大，主类簇越有代表性，主特征向量越接近正确的解。对于上例，谱特征间隙为 1521.1，谱半径为 1811.45。

(a) 排序后的运动-特征矩阵

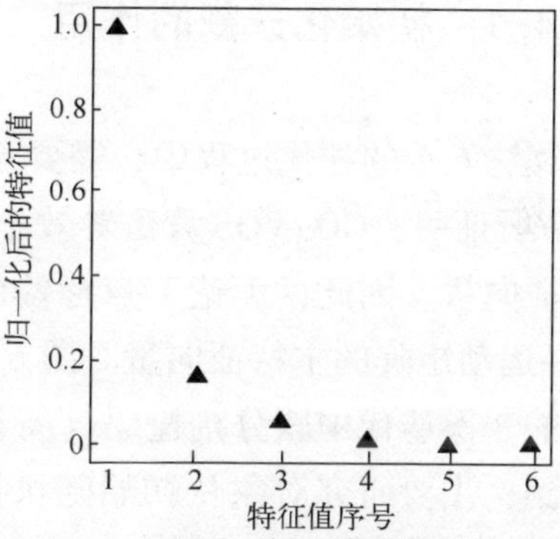

(b) 运动-特征矩阵的特征值

图 6.2 根据主特征向量重排序后的特征-运动矩阵及前 6 个特征值

基于扰动理论[27-28]，证明算法的解，即主特征向量是稳定的，并且小的扰动不会影响其方向。假设特征-运动矩阵 $\boldsymbol{A}$ 是理想矩阵，$\boldsymbol{A}^{*}=\boldsymbol{A}-\boldsymbol{E}$ 的微小扰动（其中 $\boldsymbol{E}$ 是噪声矩阵，每个元素包含少量噪声），则主特征向量变化的上限为[29]：

$$\varepsilon \approx 8 \frac{\| \boldsymbol{E} \|_F}{\| \boldsymbol{A}^* \|_F} \tag{6.2}$$

式中：$\| \boldsymbol{E} \|_F$ 为扰动矩阵 $\boldsymbol{E}$ 的 Frobenius 范数。

式（6.2）将特征向量的稳定性量化为扰动量的函数，因此对于相对较小的扰动，算法 6.1 的解是稳定的。时空图包含一个强类簇，该强类簇可以用主特征向量表示，并与视频序列的主要对象对应。

图 6.2 中（a）是根据主特征向量重排序后的特征-运动矩阵 ***PMP***；（b）是在［0，1］范围内归一化后的特征-运动矩阵 ***PMP*** 的前 6 个特征值。为了使大小可控，每个视频序列只计算 5 个连续帧（“car-roundabout” -DAVIS 数据集）。

6.4 实验分析

本节根据实验结果（见 6.4.1~6.4.3 节）对本章提出的算法进行了深入分析，以说明不同方面的问题，例如初始化分割选取，使用的节点特征集，以及光流的影响。6.4.4 节分析了算法的复杂性，而 6.4.5 节则比较了本章算法与其他最新算法在处理三个具有挑战性的数据集上的实验结果。

6.4.1 初始化分割的作用

在算法 6.1 的迭代过程中，需要建立与图节点关联的初始分段标签 $\boldsymbol{x}^{(0)}$。如 6.3.1 节所证明，GO-VOS 算法等效于幂迭代算法，可计算出特征-运动矩阵 $\boldsymbol{A}$ 的主特征向量。因此，无论节点标签的初始值如何选取，该算法都将始终收敛于特征-运动矩阵的主特征向量。图 6.3 提供了一个示例，从随机掩码开始，本章算法的 3 次迭代中软分割掩码（特征-运动矩阵的主特征向量）的演变过程。可以看到，主要研究对象从初始随机掩码中开始出现，并且其软分割掩码在每次迭代后都得到了明显改善。

图 6.3 给出了本章算法在前 3 次迭代中的定性结果，其中实验中仅使用了随机软分割掩码初始化和无监督的特征（沿着光流链对运动着色，见 6.4.2 节）。注意，在算法 6.1 的每次迭代中都会出现主特征对象。

在图 6.4 和图 6.7（见 6.4.5 节）中，则给出了更多关于软分割掩码多次迭代演变的情况。

图 6.4 给出了软掩码在 GO-VOS 算法的 7 次迭代过程中的质量演化过程：用

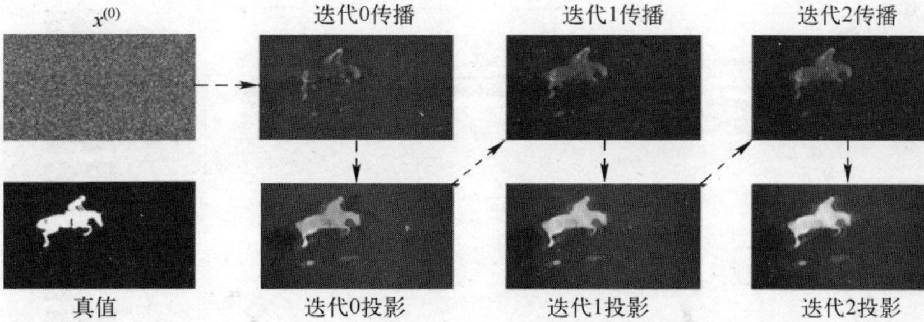

图 6.3　本章算法在前 3 次迭代后的定性结果

图 6.4　在完全无监督的情况下软掩码的质量演化情况

非信息高斯函数初始化分割（第一行 $\boldsymbol{x}^{(0)}$），而 $\boldsymbol{F}$ 仅沿光流链的运动方向计算。

图 6.5 是针对不同的 $\boldsymbol{x}^{(0)}$，在使用相同的无监督特征（见 6.4.2 节介绍的沿流链的颜色和运动）的情况下，算法 6.1 经过多次迭代后的性能改进情况。每个实验都提供了一个经过初始化的示例样本，初始化方式如下：具有各种标准偏差的中心高斯软分割，随机初始软掩码，均匀白掩码以及两个监督的最新解决方案 PDB[17] 和 ELM[3]。注意，无论采用何种初始化方法，算法 6.1 最终都会收敛到相同的解，正如 6.3.1 节中理论证明的那样。测试是在完整的 DAVIS 验证集上进行的。

在实验中，无论初始化分割如何选择，本章的算法都可以收敛到相同的点。另外，实验选择了不同的 $\boldsymbol{x}^{(0)}$，从无信息的掩码（如高斯软掩码，将不同的标准偏差放置在每帧图像的中心），随机初始化的掩码或均匀的全白掩码，再到通过最先进的算法给定的掩码，如 ELM[3] 和 PDB[17]，图 6.5 给出的定量结果证明了理论结果。算法 6.1 经过 11 次迭代后开始收敛。注意，正如预期的，当算法开始接近收敛点时，收敛速度会更快。

总之，无论初始化如何，GO-VOS 算法都会收敛于相同的解 $\boldsymbol{x}^*$，该解只依赖特征-运动矩阵 $\boldsymbol{A}$。本章从理论和实验两个方面证明了这个事实。

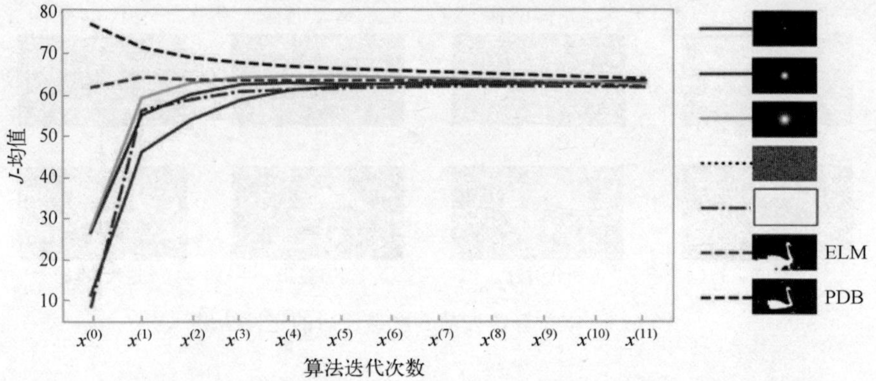

图 6.5 （见彩图）本章算法使用无监督特征多次迭代的性能改进情况

6.4.2 节点特征的作用

本章大多数实验都使用了无监督特征，这些特征无须人工注释即可生成，如颜色和运动信息。对于颜色特征，可以收集 RGB 像素值，而对于运动特征，则考虑了连续帧之间的光流位移情况。如前面所述和图 6.1（b）中所示，所有特征都沿着输出光流链计算。本章算法在无监督场景下的计算结果（表 6.2、表 6.3 和表 6.4）证明了其有效性。

将监督特征添加到沿相同输出光流链计算得到的无监督特征集合中，针对两种场景进行测试：①具有针对静态图像中的主要对象分割进行训练的骨干网：具有 ResNet 34[31] 编码器的 U-Net[30] 的架构，这个编码器在 ImageNet[32] 上进行了相应的预训练，而整个网络在 DAVIS[33] 训练集上进行训练；②具有经过语义分割训练的骨干网：带有 ResNet 101 编码器的 DeepLab v3[34] 模型，该编码器已在 COCO 数据集[35] 上进行了预先训练。如预期的那样，包含更强大的特征可以显著提高算法性能（表 6.2 和表 6.3），这是本章算法的一个强大特性，即它可以在无监督的情况下给出最好的结果，同时也能够整合信息丰富的高级别特征，相应地改善其性能。需要注意的是，主干信息仅用于构建特征矩阵 $\boldsymbol{F}$，而本章算法仍使用非信息掩码进行初始化。

图 6.6 根据无监督与有监督两种类型的特征，呈现了算法性能在 7 次迭代中的演变情况（在 DAVIS 验证视频数据集上的平均值）。注意，矩阵 $\boldsymbol{F}$ 中使用的节点特征是影响最终分割质量的重要因素。

图 6.6 展示了本章算法利用不同的特征集，经过 7 次迭代的算法性能估计情况，测试是在完整的 DAVIS 验证集上完成的。

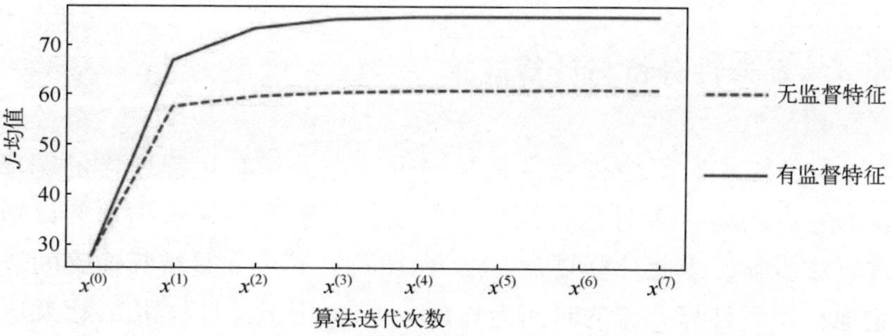

图 6.6　本章算法在不同特征集下的性能估计情况

GO-VOS 算法可以应用到其他视频对象分割算法中。将最终掩码视为特征图，并将它们与本章算法的无监督特征联系起来。这些特征沿着输出光流链计算，如图 6.1（b）所示。算法 6.1 的解结合了这些特征，改变了特征-运动矩阵的结构，从而形成了最强大的类簇。由于本章的算法预测的掩码更接近全局最优解，因此可以使用这个解来初始化标签 $\boldsymbol{x}^{(0)}$，以加快收敛速度。本节针对这种情况进行了测试，将 GO-VOS 算法应用于几种最先进的算法中，通过实验证明了仅两次迭代后算法 6.1 的解就能明显改善最终结果（表 6.2）。

6.4.3　光流链的作用

特征-运动矩阵受图结构的强烈影响（通过矩阵 $\boldsymbol{M}$）。到目前为止，所有的实验仅考虑了更改初始化分割和节点特征两个环节，本节研究光流选择的影响。邻接矩阵 $\boldsymbol{M}$ 是使用 FlowNet2.0[36] 提供的光流构建的，该光流已在合成数据（FlyingThings3D[37] 和 FlyingChairs[38]）上进行了预训练，无须人工注释。本节考虑用更经典的方法代替它，如不基于深度学习的 EpicFlow[39] 算法。表 6.1 针对两种光流解比较了本章算法的结果。由于 EpicFlow 算法的准确性不如 FlowNet2.0，如预期的那样，会稍微降低最终分割的效果。通过使用两个不同的光流模块对算法进行评估，可以反映这一事实。但是，在这两种情况下，都可以获得具有竞争力的结果。

表 6.1　两种不同的光流解对本章算法性能定量分析的结果

算法	J-均值
GO-VOS 和 EpicFlow	61.0
GO-VOS 和 FlowNet2.0	65.0

6.4.4 复杂性分析与计算成本

在本章的算法中，每个视频像素是一个节点，具有远程连接的图形，人们可能会认为它占用内存大且运行缓慢。但是，由于无须显示构造邻接矩阵即可有效实现算法步骤，因此计算复杂度仅为 $O(n)$，其中 n 是视频像素的数量。

特别地，用于计算光流的时间为 0.04s/帧，用于计算与矩阵 $\boldsymbol{M}$ 和 $\boldsymbol{F}$ 有关的信息的时间为 0.17s/帧。此外，幂迭代算法的时间需要 0.4s/帧，因此整个算法总共需要 0.61s/帧。GO-VOS 算法通过 PyTorch 实现，运行的计算机性能如下：Intel(R) Xeon(R) CPU E5-2697A v4 @2.60GHz，GPU GeForce GTX 1080。

下面详细分析了算法 6.1 复杂度。

(1) 传播步骤的复杂性：算法 6.1 的第一步 $\boldsymbol{x}^{(it+1)}=\boldsymbol{M}\boldsymbol{x}^{(it)}$，对于节点 i 可以表示为 $x_i \leftarrow \sum_j M_{ij}x_j$，利用成对项 M_{ij} 加权的标签 x_i，将其传播到图像中节点 i 所连接的其他帧的所有节点。这里，只需考虑与节点 i 相关联的 k 帧，因为 M_{ij} 随着 i 和 j 之间的时间间隔增大而迅速减小到 0。因此，传播步骤的复杂度为 $O(nk)$（在本章实验中，$k=11$）。

(2) 投影步骤的复杂性：算法 6.1 的第 2 步计算 $\boldsymbol{x}^{(it+1)}=\boldsymbol{F}(\boldsymbol{F}^{\mathrm{T}}\boldsymbol{F})^{-1}\boldsymbol{F}^{\mathrm{T}}\boldsymbol{x}^{(it+1)}$。$\boldsymbol{F}^{\mathrm{T}}\boldsymbol{F}$ 的计算复杂度为 $O(d^2n)$，$\boldsymbol{F}^{\mathrm{T}}\boldsymbol{x}^{(it+1)}$ 的计算复杂度为 $O(dn)$，逆 $(\boldsymbol{F}^{\mathrm{T}}\boldsymbol{F})^{-1}$ 的计算复杂度为 $O(d^3)$，$\boldsymbol{F}y$ 的计算复杂度为 $O(dn)$，其中 $\boldsymbol{y}\in\mathbb{R}^{n\times 1}$。由于 n 是视频像素的数量，因此 $n\gg d$，并且 $O(d^2n)$ 渐近等于 $O(dn)$ 和 $O(d^3)$。因此，步骤 2 的总复杂度为 $O(d^2n)$。

需要强调的是，在所有无监督的实验中 $d\leqslant 56$，并且仅需 0.009s/帧即可计算逆矩阵 $(\boldsymbol{F}^{\mathrm{T}}\boldsymbol{F})^{-1}$。在有监督的情况下，约有 100 个特征，这增加了一些计算时间。如果提高 d，考虑成千上万个特征（如 2048 个），则只需 0.1s/帧的处理时间。另一个需要注意的问题是，$\boldsymbol{P}=\boldsymbol{F}(\boldsymbol{F}^{\mathrm{T}}\boldsymbol{F})^{-1}\boldsymbol{F}^{\mathrm{T}}$ 只需计算一次，并在 GO-VOS 算法的每次迭代中使用。

6.4.5 结果分析

本节使用 DAVIS 2016、SegTrack v2 和 YouTube 目标这三个具有挑战性的数据集，对本章提出的 GO-VOS 算法和最新的视频对象分割算法的效果进行比较。图 6.7 给出了一些定性结果的比较，这些定性结果是本章的 GO-VOS 算法和最新的视频对象分割算法，在 DAVIS 2016 数据集上的实验结果。

1. DAVIS 2016 数据集上的测试

DAVIS 2016 数据集[33]由 50 个视频组成，每个视频中的主要研究对象的每个像素都有精确的注释。对于此数据集，主对象由多个强连接的对象组成，并视为单独对象。DAVIS 是一个具有挑战性的数据集，因为它包含许多难度较大的情况，如外观变化、遮挡和运动模糊等。

（1）度量：使用 J-均值（联合上的交集）和 F-均值（边界 F-测度），以及它们的平均值。

（2）结果：针对 DAVIS 验证集（20 个视频）上的无监督单对象分割问题，表 6.2 给出了本章的算法在有监督和无监督情形下的比较结果。分别考虑 GO-VOS 算法的无监督和有监督两种情况，设置无信息初始分割，并采用 6.4.2 节中介绍的优化方案。无监督的 GO-VOS 算法优于其他无监督算法，且速度更快（GO-VOS 为 0.61s /帧，ELM 为 20s /帧，FST 为 4s /帧，CUT 为 1.7s /帧和 NLC 为 12s /帧）。使用有监督特征时，GO-VOS 算法的性能会随着所考虑的节点外观特征的增强而提高。在优化方案中，GO-VOS 算法对现有 VOS 算法进行了重大改进，其 J-均值有了高达 5%的提升。表 6.2 括号内的数值即为相比原本算法提升的幅度。

表 6.2 DAVIS 2016 数据集上测试结果的比较

算 法	监督情况	J-均值	F-均值	平均值
COSNet[41]	✓	80.5	79.5	80.0
AGS[42]	✓	79.7	77.4	78.6
MotAdapt[43]	✓	77.2	77.4	77.3
LSMO[44]	✓	78.2	75.9	77.1
PDB[17]	✓	77.2	74.5	75.9
ARP[40]	✓	76.2	70.6	73.4
LVO[18]	✓	75.9	72.1	74.0
FSEG[19]	✓	70.7	65.3	68.0
LMP[45]	✓	70.0	65.9	68.0
U-Net 主干	✓	64.1	59.2	61.7
DeepLabv3 主干	✓	65.9	65.6	65.8
带有 U-Net 特征的 GO-VOS 算法	✓	70.8（+6.7）	66.3（+7.1）	68.6（+6.9）
带有 DeepLabv3 特征的 GO-VOS 算法	✓	74.7（+8.8）	71.1（+5.5）	73.0（+7.2）
带有 COSNet 特征的 GO-VOS 算法	✓	82.4（+1.9）	80.9（+1.4）	81.7（+1.7）
带有 AGS 特征的 GO-VOS 算法	✓	81.9（+2.2）	79.3（+1.9）	80.6（+2.0）

续表

算　法	监督情况	*J*-均值	*F*-均值	平均值
带有 MotAdapt 特征的 GO-VOS 算法	✓	**82.5** (+5.3) (最优有监督)	**81.0** (+3.6) (最优有监督)	**81.8** (+4.5) (最优有监督)
带有 LSMO 特征的 GO-VOS 算法	✓	79.5 (+1.3)	76.6 (+0.7)	78.1 (+1.0)
带有 PDB 特征的 GO-VOS 算法	✓	79.9 (+2.7)	78.1 (+3.6)	79.0 (+3.1)
带有 ARP 特征的 GO-VOS 算法	✓	78.7 (+2.5)	73.1 (+2.5)	76.0 (+2.6)
带有 LVO 特征的 GO-VOS 算法	✓	77.0 (+1.1)	73.7 (+1.6)	75.4 (+1.4)
带有 FSEG 特征的 GO-VOS 算法	✓	74.1 (+3.4)	69.9 (+4.6)	72.0 (+4.0)
带有 LMP 特征的 GO-VOS 算法	✓	73.7 (+3.7)	69.2 (+3.3)	71.5 (+3.5)
ELM[3]	×	61.8	**61.2** (最优无监督)	61.5
FST[4]	×	55.8	51.1	53.5
CUT[5]	×	55.2	55.2	55.2
NLC[6]	×	55.1	52.3	53.7
GO-VOS	×	**65.0** (最优无监督)	61.1	**63.1** (最优无监督)

图 6.7　不同监督情况下各算法测试的定性结果展示

2. SegTrack v2 数据集上的测试

SegTrack v2[46] 数据集包含 14 个视频，这些视频由多个具有强连接的对象组成，并带有关注的主要对象的像素级注释。SegTrack 数据集包含可变形的动态对象，以及分辨率相对较差的视频，这使其成为用于视频对象分割的极具挑战性的数据集。图 6.8 是 SegTrack 数据集的一些典型的示例。尽管此数据集相对较小，但其中包含处理难度高的情况，这也导致当前方法使用 SegTrack v2 数据集进行测试时，算法的性能相对较低。

(1) 度量：使用平均交集的联合得分进行评估。

(2) 结果：表 6.3 中，给出了在无信息初始化的有监督和无监督两种场景（6.4.2 节）下，本章算法的定量结果。在无监督的情况下，本章算法仅被 NLC 超越，后者最初在 SegTrack 上发布了结果。注意，在 DAVIS 数据集上本章算法的性能明显优于 NLC。不出所料，增加有监督特征数量可以提高算法性能。对

图 6.8　在 SegTrack 数据集上测试的定性结果

于此特定数据集，DeepLab v3 算法本身的性能很差，无法识别蠕虫或飞禽这样的目标。尽管如此，GO-VOS 算法仍有效地利用了时空图、无监督特征以及可以从 DeepLabv3 中提取的其他有用信息，从而获得了 19%的性能提升率。

表 6.3　SegTrack v2 数据集上本章算法与最新算法的测试结果比较

算法	监督情况	交并比
KEY[47]	✓	57.3
FSEG[19]	✓	61.4
LVO[18]	✓	57.3
Li 等[48]	✓	59.3
U-Net 主干	✓	67.1
DeepLab v3 主干	✓	48.4
带有 U-Net 特征的 GO-VOS 算法	✓	**70.2**（+3.1）（最优有监督）
带有 DeepLab v3 特征的 GO-VOS 算法	✓	67.5（+19.1）
NLC[6]	×	**67.2**（最优无监督）
FST[4]	×	54.3
CUT[5]	×	47.8
HPP[7]	×	50.1
GO-VOS 算法	×	62.2

3. YouTube 目标数据集上的测试

YouTube 目标（YTO）[49]数据集是一个非常具有挑战性的数据集，包含 2511 个视频镜头（约 72 万帧）。注释作为对象边界框提供。尽管没有像素级分割注释，但考虑到视频数量众多以及测试案例的多样性，YTO 测试还是很重要的。本章算法在该测试集上进行了测试，该测试集仅包含一个带注释对象的视频。

(1) 度量：使用 CorLoc 度量，根据 PASCAL 准则（IoU≥0.5）计算正确定位的对象边界框的百分比。

(2) 结果：表 6.4 针对本章的无监督算法，给出了两个版本数据集（YTO v1.0 和 YTO v2.2）的计算结果。对于 YTO v1.0 版本，本章算法获得最高的平均得分，同时 10 个对象类中的 7 个对象类的计算结果优于其他算法。对于 YTO v2.2 版本，本章算法也获得了最佳的平均得分，并且 10 个对象类中的 5 个对象类的计算结果优于其他算法。图 6.9 给出了 GO-VOS 算法在各种 YouTube 对象视频中的一些代表性视觉处理测试结果。

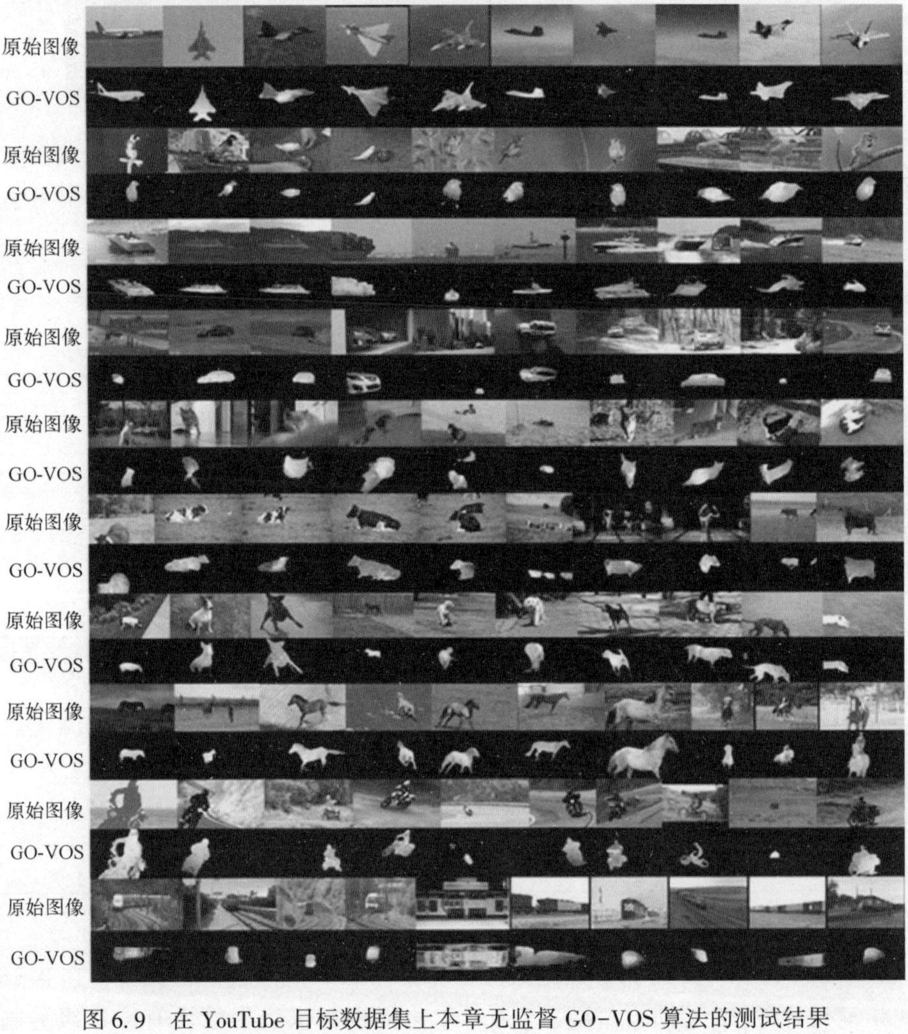

图 6.9　在 YouTube 目标数据集上本章无监督 GO-VOS 算法的测试结果

表 6.4　本章算法与最新的算法在 YTO v1.0 和 YTO v2.2 上的比较结果（加粗项表示相应版本数据集的最优结果）

算法	飞机	鸟	船	车	猫	牛	狗	马	摩托车	火车	平均值	版本
Croitoru 等[50]	75.7	56.0	52.7	57.3	46.9	**57.0**	48.9	44.0	27.2	56.2	52.2	YTO v2.2
Haller 和 Leordeanu[7]	76.3	68.5	**54.5**	50.4	**59.8**	42.4	53.5	30.0	**53.5**	**60.7**	54.9	YTO v2.2
GO-VOS	**79.8**	**73.5**	38.9	**69.6**	54.9	53.6	**56.6**	**45.6**	52.2	56.2	**58.1**	YTO v2.2
Prest 等[49]	51.7	17.5	34.4	34.7	22.3	17.9	13.5	26.7	41.2	25.0	28.5	YTO v1.0
Papazoglou 和 Ferrari[4]	65.4	67.3	38.9	65.2	46.3	40.2	65.3	48.4	39.0	25.0	50.1	YTO v1.0
Zhang 等[51]	75.8	60.8	43.7	71.1	46.5	54.6	55.5	54.9	42.4	35.8	54.1	YTO v1.0
Jun Koh 等[52]	64.3	63.2	73.3	68.9	44.4	62.5	71.4	52.3	78.6	23.1	60.2	YTO v1.0
Haller 和 Leordeanu[7]	76.3	71.4	65.0	58.9	68.0	55.9	70.6	33.3	69.7	42.4	61.1	YTO v1.0
Croitoru 等[50]	77.0	67.5	77.2	68.4	54.5	**68.3**	72.0	**56.7**	44.1	34.9	62.1	YTO v1.0
GO-VOS	**88.2**	**82.5**	62.7	**76.7**	**70.9**	50.0	**81.9**	51.8	**86.2**	**55.8**	**70.7**	YTO v1.0

6.5 结论与未来工作

对于前景对象分割问题，本章提出了一种在密集像素上新颖的图形表示，并提出了一种光谱聚类算法。这种光谱聚类算法利用幂迭代算法可快速计算出问题的最优解，这个最优解正是特征-运动矩阵的主特征向量。该矩阵通过光流链，耦合了像素级别的本地信息以及像素之间的远程连接关系。按照这种观点，物体在它们的直接时空邻域中变成了强大的运动和外观模式的主簇。因此，其通过运动和外观表达的空间和时间上的两个“力”，整合到一个幂迭代公式中，并在几次迭代之内就达到了全局最优。大量的实验证明本章提出的 GO-VOS 算法计算速度快，并且能够在当前文献中使用的三个具有挑战性的基准上获得最新的结果。

本章提出的算法遵循无监督学习原则，这个原则是本书的主题。不同像素的运动模式中的一致性，以及它们在外观级别上的一致性，共同构成了 HPP 信号，这个信号可以触发无监督的发现过程。实际上，这些空间和时间特征比第 5 章中使用的简单颜色共现或基于补丁的分类器要强得多。正如实验结果所示，这些特征足够强大，经常以高精度和召回率完整地描述对象。但是，所使用的外观特征和运动特征不如它们固有的特征强大。例如，就特征而言，可以在运动矩阵中加入更高层次节点间的成对关系，甚至是预训练的深度特征。通过矩阵 $\boldsymbol{M}$ 中更强大和更具区分性的连接，可使类簇更加强大。这些高级特征也可以合并到矩阵 $\boldsymbol{F}$ 中，从而进一步提高类簇的质量。另外，单个对象与多个对象的关系：无论初始化如何，主特征向量总是相同的，因此得到的解始终是最强的类簇。如何才能发现多个对象？一个简单的方法是一旦找到主要对象就将其删除，然后重复该过程。但是，这种贪婪的方法在计算机视觉实践中效果不佳。本书作者设计了一种算法来发现局部强类簇，并将它作为未来研究的一个重要主题。本章算法的另一个重要特性，即外观和运动相互提供了监视信号，这是无法立即看到的。通过运动流传播对象信息的运动，仅会限制基于特征的预测，而该预测结果将成为在下一次迭代中通过运动传播的新对象信息。运动和外观轮流成为彼此的“老师”和“学生”，这种关系将本章和第 7 章提出的算法联系在一起，视觉故事模型的这一更普遍的概念在第 8 章介绍。

参考文献

[1] Nicolicioiu A, Duta I, Leordeanu M (2019) Recurrent spacetime graph neural networks. In: Neural information processing systems.

[2] Koffka K (2013) Principles of Gestalt psychology. Routledge.

[3] Lao D, Sundaramoorthi G (2018) Extending layered models to 3d motion. In: Proceedings of the European conference on computer vision (ECCV), pp 435–451.

[4] Papazoglou A, Ferrari V (2013) Fast object segmentation in unconstrained video. In: Proceedings of the IEEE international conference on computer vision, pp 1777–1784.

[5] Keuper M, Andres B, Brox T (2015) Motion trajectory segmentation via minimum cost multicuts. In: Proceedings of the IEEE international conference on computer vision, pp 3271–3279.

[6] Faktor A, Irani M (2014) Video segmentation by non-local consensus voting. In: BMVC, vol 2, p 8.

[7] Haller E, Leordeanu M (2017) Unsupervised object segmentation in video by efficient selection of highly probable positive features. In: Proceedings of the IEEE international conference on computer vision, pp 5085–5093.

[8] Luiten J, Voigtlaender P, Leibe B (2018) PReMVOS: proposal-generation, refinement and merging for the DAVIS challenge on video object segmentation 2018. In: The 2018 DAVIS challenge on video object segmentation-CVPR workshops.

[9] Maninis K K, Caelles S, Chen Y, Pont-Tuset J, Leal-Taixé L, Cremers D, Van Gool L (2017) Video object segmentation without temporal information. arXiv: 170906031.

[10] Voigtlaender P, Leibe B (2017) Online adaptation of convolutional neural networks for the 2017 DAVIS challenge on video object segmentation. In: The 2017 DAVIS challenge on video object segmentation-CVPR workshops, vol 5.

[11] Bao L, Wu B, Liu W (2018) CNN in MRF: video object segmentation via inference in a CNN based higher-order spatio-temporal MRF. In: Proceedings of the IEEE conference on computer vision and pattern recognition, pp 5977–5986.

[12] Wug Oh S, Lee J Y, Sunkavalli K, Joo Kim S (2018) Fast video object segmentation by reference guided mask propagation. In: Proceedings of the IEEE conference on computer vision and pattern recognition, pp 7376–7385.

[13] Cheng J, Tsai Y H, Hung W C, Wang S, Yang MH (2018) Fast and accurate online video object segmentation via tracking parts. In: Proceedings of the IEEE conference on computer vision and pattern recognition, pp 7415–7424.

[14] Caelles S, Maninis K K, Pont-Tuset J, Leal-Taixé L, Cremers D, Van Gool L (2017) One-

shot video object segmentation. In: Proceedings of the IEEE conference on computer vision and pattern recognition, pp 221-230.

[15] Perazzi F, Khoreva A, Benenson R, Schiele B, Sorkine-Hornung A (2017) Learning video object segmentation from static images. In: Proceedings of the IEEE conference on computer vision and pattern recognition, pp 2663-2672.

[16] Chen Y, Pont-Tuset J, Montes A, Van Gool L (2018) Blazingly fast video object segmentation with pixel-wise metric learning. In: Proceedings of the IEEE conference on computer vision and pattern recognition, pp 1189-1198.

[17] Song H, Wang W, Zhao S, Shen J, Lam KM (2018) Pyramid dilated deeper ConvLSTM for video salient object detection. In: Proceedings of the European conference on computer vision (ECCV), pp 715-731.

[18] Tokmakov P, Alahari K, Schmid C (2017) Learning video object segmentation with visual memory. arXiv: 170405737.

[19] Jain SD, Xiong B, Grauman K (2017) FusionSeg: learning to combine motion and appearance for fully automatic segmentation of generic objects in videos. arXiv: 170105384 2 (3): 6.

[20] Brox T, Malik J (2010) Object segmentation by long term analysis of point trajectories. In: European conference on computer vision. Springer, pp 282-295.

[21] Tsai Y H, Yang M H, Black M J (2016) Video segmentation via object flow. In: Proceedings of the IEEE conference on computer vision and pattern recognition, pp 3899-3908.

[22] Zhuo T, Cheng Z, Zhang P, Wong Y, Kankanhalli M (2018) Unsupervised online video object segmentation with motion property understanding. arXiv: 181003783.

[23] Li J, Zheng A, Chen X, Zhou B (2017) Primary video object segmentation via complementary CNNs and neighborhood reversible flow. In: Proceedings of the IEEE international conference on computer vision, pp 1417-1425.

[24] Wang W, Shen J, Porikli F (2015) Saliency-aware geodesic video object segmentation. In: Proceedings of the IEEE conference on computer vision and pattern recognition, pp 3395-3402.

[25] Meila M, Shi J (2001) A random walks view of spectral segmentation. In: AISTATS.

[26] Leordeanu M, Sukthankar R, Hebert M (2012) Unsupervised learning for graph matching. Int J Comput Vis 96: 28-45.

[27] Stewart GW (1990) Matrix perturbation theory.

[28] Ng A Y, Zheng A X, Jordan M I (2001) Link analysis, eigenvectors and stability. In: International joint conference on artificial intelligence, vol 17. Lawrence Erlbaum Associates Ltd., pp 903-910.

[29] Leordeanu M, Hebert M (2005) A spectral technique for correspondence problems using pairwise constraints. In: Tenth IEEE international conference on computer vision (ICCV'05),

vols 1 and 2. IEEE, pp 1482–1489.

[30] Ronneberger O, Fischer P, Brox T (2015) U-net: convolutional networks for biomedical image segmentation. In: International conference on medical image computing and computer-assisted intervention. Springer, pp 234–241.

[31] He K, Zhang X, Ren S, Sun J (2016) Deep residual learning for image recognition. In: 2016 IEEE conference on computer vision and pattern recognition (CVPR), pp 770–778.

[32] Deng J, Dong W, Socher R, Li LJ, Li K, Fei-Fei L (2009) Imagenet: a large-scale hierarchical image database. In: 2009 IEEE conference on computer vision and pattern recognition. IEEE, pp 248–255.

[33] Perazzi F, Pont-Tuset J, McWilliams B, Van Gool L, Gross M, Sorkine-Hornung A (2016) A benchmark dataset and evaluation methodology for video object segmentation. In: Computer vision and pattern recognition.

[34] Chen LC, Papandreou G, Schroff F, Adam H (2017) Rethinking atrous convolution for semantic image segmentation. arXiv: 170605587.

[35] Lin T Y, Maire M, Belongie S, Hays J, Perona P, Ramanan D, Dollár P, Zitnick L (2014) Microsoft coco: common objects in context. arXiv: 14050312.

[36] Ilg E, Mayer N, Saikia T, Keuper M, Dosovitskiy A, Brox T (2017) Flownet 2.0: evolution of optical flflow estimation with deep networks. In: Proceedings of the IEEE conference on computer vision and pattern recognition, pp 2462–2470.

[37] Mayer N, Ilg E, Hausser P, Fischer P, Cremers D, Dosovitskiy A, Brox T (2016) A large dataset to train convolutional networks for disparity, optical flow, and scene flow estimation. In: Proceedings of the IEEE conference on computer vision and pattern recognition, pp 4040–4048.

[38] Dosovitskiy A, Fischer P, Ilg E, Hausser P, Hazirbas C, Golkov V, Van Der Smagt P, Cremers D, Brox T (2015) Flownet: learning optical flow with convolutional networks. In: Proceedings of the IEEE international conference on computer vision, pp 2758–2766 .

[39] Revaud J, Weinzaepfel P, Harchaoui Z, Schmid C (2015) Epic flow: edge-preserving interpolation of correspondences for optical flow. In: Proceedings of the IEEE conference on computer vision and pattern recognition, pp 1164–1172.

[40] Koh Y J, Kim C S (2017) Primary object segmentation in videos based on region augmentation and reduction. In: Proceedings of the IEEE conference on computer vision and pattern recognition, vol 1, p 6.

[41] Lu X, Wang W, Ma C, Shen J, Shao L, Porikli F (2019) See more, know more: unsupervised video object segmentation with co-attention Siamese networks. In: Proceedings of the IEEE conference on computer vision and pattern recognition, pp 3623–3632.

[42] Wang W, Song H, Zhao S, Shen J, Zhao S, Hoi SC, Ling H (2019) Learning unsupervised

video object segmentation through visual attention. In: Proceedings of the IEEE conference on computer vision and pattern recognition, pp 3064-3074.

[43] Siam M, Jiang C, Lu S, Petrich L, Gamal M, Elhoseiny M, Jagersand M (2019) Video object segmentation using teacher-student adaptation in a human robot interaction (HRI) setting. In: 2019 international conference on robotics and automation (ICRA). IEEE, pp 50-56.

[44] Tokmakov P, Schmid C, Alahari K (2019) Learning to segment moving objects. Int J Comput Vis 127 (3): 282-301.

[45] Tokmakov P, Alahari K, Schmid C (2017) Learning motion patterns in videos. In: 2017 IEEE conference on computer vision and pattern recognition (CVPR). IEEE, pp 531-539.

[46] Li F, Kim T, Humayun A, Tsai D, Rehg J (2013) Video segmentation by tracking many figureground segments. In: International conference on computer vision.

[47] Lee Y J, Kim J, Grauman K (2011) Key-segments for video object segmentation. In: 2011 IEEE international conference on computer vision (ICCV). IEEE, pp 1995-2002.

[48] Li S, Seybold B, Vorobyov A, Fathi A, Huang Q, Jay Kuo CC (2018) Instance embedding transfer to unsupervised video object segmentation. In: Proceedings of the IEEE conference on computer vision and pattern recognition, pp 6526-6535.

[49] Prest A, Leistner C, Civera J, Schmid C, Ferrari V (2012) Learning object class detectors from weakly annotated video. In: CVPR.

[50] Croitoru I, Bogolin S V, Leordeanu M (2017) Unsupervised learning from video to detect foreground objects in single images. In: 2017 IEEE international conference on computer vision (ICCV). IEEE, pp 4345-4353.

[51] Zhang Y, Chen X, Li J, Wang C, Xia C (2015) Semantic object segmentation via detection in weakly labeled video. In: Proceedings of the IEEE conference on computer vision and pattern recognition, pp 3641-3649.

[52] Jun Koh Y, Jang W D, Kim C S (2016) POD: discovering primary objects in videos based on evolutionary refinement of object recurrence, background, and primary object models. In: Proceedings of the IEEE conference on computer vision and pattern recognition, pp 1068-1076.

第7章
时空中的多代师生网络无监督学习

7.1 引言

无监督学习是当今计算机视觉和机器学习中最困难和最有趣的问题之一。许多研究人员认为，从大量未标记的视频中学习可以帮助解决有关智力和学习性质的难题。此外，由于未标记的图像和视频易于以相对较低的成本获取，因此在许多计算机视觉和机器人应用中，无监督学习具有实际的应用价值。本章提出了一种无监督学习的新方法，成功解决了与此相关的许多挑战。本章也提出了一个由两个主要分支组成的系统。一个是老师分支，可在视频或大图像集中发现无监督对象；另一个是学生分支，从老师那里学习，在单个图像中实现前景对象分割。这种无监督的学习过程可能会持续迭代多次。算法7.1对该算法进行了概要描述。本章将交替使用算法7.1的术语“生成”和“迭代”。确保本章算法性能逐代提升的关键是：①存在一个无监督的选择模块，该模块能够选取老师生成的高质量掩码，并将其传递到下一代学生的训练中；②训练不同架构的多个学生，利用他们的多样性为下一次迭代训练出更好的选择模块，并与选择模块一起形成更强大的老师分支；③访问更多的、更复杂的、未标记的数据，这些数据随着生成模型的增强将变得更有用。

本章的算法是通用的，因为学生或老师的学习不依赖特定的神经网络体系结构。许多实验表明本章算法适用于计算机视觉中的不同问题，例如视频中的对象发现、无监督图像分割、显著性检测和迁移学习。由于算法的主要步骤基

本章资料大部分来自以下论文：

Croitoru, Ioana, Simion-Vlad Bogolin, et al. “Unsupervised Learning of Foreground Object Segmentation”. International Journal of Computer Vision (IJCV) 2019: 1-24.

于非常普遍的想法，并且不依赖特定问题，因此相同的算法可以应用于具有初始老师的任何视觉学习任务，也可以用于前景对象的分割问题。

图 7.1 描述了用于分割图像中前景对象的无监督学习师生系统，具体功能如算法 7.1 所述。它有两条分支，沿着老师分支，视频或大型图像集合中的对象发现器（模块 B）检测前景对象。然后基于无监督的数据选择程序（模块 C）过滤得到软掩码。最后一组输入图像（或视频帧）及其软掩码（充当无监督标签）用于训练学生分支（模块 A）。整个过程可以重复几代，在每代中，训练多个学生的 CNN，然后共同训练一个更强大的选择模块 C（由一个深度神经网络建模，见 7.4.3 节），从而在整个算法的下一次迭代中形成一个更强大的老师分支。

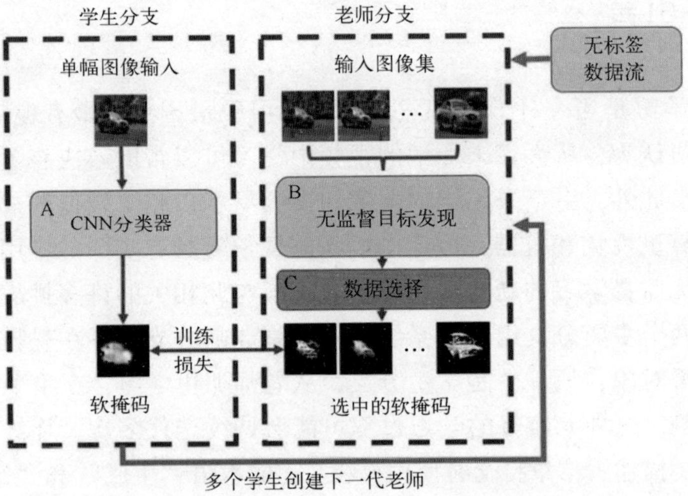

图 7.1　无监督学习师生系统示意图

图 7.1 给出了整个系统的图形概述。在无监督训练阶段，学生网络（模块 A）在单幅图像中生成相似的对象掩码。模块 B 发现图像或视频中的对象，而模块 C 选择模块 B 产生的足够好的掩码，并传递给模块 A 进行训练。因此，学生分支尝试针对模块 C 选择的一个图像（当前帧）作为输入，模仿模块 B 的输出，而老师则可以访问整个视频序列。

训练后的学生（模块 A）的能力取决于模块 B 的性能。然而，正如在实验中所看到的，选择模块 C 有助于新学生超越其最初的老师模块 B。因此，本章将模块 B 称为最初的“老师”，将模块 B 和模块 C 一起称为完整的“老师分支”。算法 7.1 中提出的算法遵循该系统的主要步骤，从一个迭代（生成）学习到下一个迭代。在 7.3 节中将更详细地讨论这些步骤。

算法 7.1 前景目标分割的无监督学习

步骤 1：沿着老师分支（图 7.1 模块 B）完成无标签视频（或图像集，在后一步迭代中）对象发现。

步骤 2：自动过滤由上一步产生的质量不好的软掩码（图 7.1 模块 C）。

步骤 3：使用剩余的掩码作为监督信号，沿着学生分支训练一个或多个学生网络（图 7.1 中的模块 A）。

步骤 4：使用当前的一个或多个学生网络作为新老师（新模块 B），并为下一次迭代学习出一个更强大的软掩码选择器（新模块 C）。

步骤 5：扩展未标记的视频或图像数据集，并返回到步骤 1，训练下一代网络（注意：从第一次迭代开始，训练数据集也可以扩展到无标签图像，而不仅仅是视频）。

在算法 7.1 的第一次迭代过程中，无监督的老师（模块 B）可以访问时间信息（如视频）；相反，在更深结构层次中，学生只能访问单幅图像——当前的视频帧。因此，学生在抽象的神经层上，更深入地捕获了老师及时发现的信息。第一次迭代时，会训练几个具有不同体系结构的学生网络。为了仅将高质量的掩码用作监督信号，采用了无监督的掩码选择程序（在第 1 次迭代中非常简单）（模块 C）。一旦训练好几个学生网络，它们就可以在下一次迭代中以各种方式形成老师分支（7.4.1 节和 7.5.1 节），以及一个更强大的无监督选择模块 C（由深层神经网络 EvalSeg-Net 表示），训练过程在 7.4.3 节中详细描述。简而言之，当掩码质量较好时，通常 EvalSeg-Net 可以学会预测普遍多样化的学生之间的输出。因此，EvalSeg-Net 可用作无监督的掩码评估程序和强大的选择模块。然后，可以在大量未标记的视频或图像集合上运行新形成的老师分支（模块 B 和模块 C），从而为下一代学生的训练提供监督信号。实验表明，在下一次迭代中，模块 B 和模块 C 的改进以及数据量的增加对于提高准确性都是非常重要的，但并非必要。

注意，虽然在第一次迭代中需要老师分支来接收视频序列作为输入，但从第二代开始，它也可以接收大图像集作为输入。由于训练期间需要很高的计算和存储成本，因此实验限于两代学习，但是本章的算法是通用的，可以多次迭代。大量的实验结果表明，即使仅迭代两代，本章算法也足以胜过视频和图像中对象发现领域的最新技术。本章还通过实验证明了所涉及的每个组件、单个学生（模块 A）、老师（模块 B）以及选择模块 C 的持续改进效果。

以下列举本章介绍的并最初发表于 Croitoru 等的工作中的主要结果[1-2]。

(1) 本章提出了一种有效的无监督学习方法来分割图像中的前景对象。图 7.1 和算法 7.1 概述了本章提出的系统和算法。该系统有两个主要途径：一个充当老师（模块 B），在无监督选择模块 C（该模块过滤了低质量的掩码）之后，从视频或大型图像集合中发现对象；另一个充当学生，从老师分支中学习和检测单个输入图像中的前景对象。本章为多代学生和老师的无监督学习提供了一种通用算法，还展示了如何通过学习无监督的掩码来选择 EvalSeg-Net 这种深度网络（见 7.4.3 节）。不管老师（模块 B）是由一个单一的学生网络组成，还是由所有学生集成，或是由所有学生组合而成。这对于在下一次迭代中改善老师分支都很重要，第二代的无监督训练是一个创新点，经过无监督训练环节，实验结果得到了显著改善（见 7.5 节）。

(2) 在更高的层次上，本章提出的算法是通用的，适应不同的实际场景、各种神经网络体系结构以及多种视觉学习任务。本章提供了一个具体的实际应用案例，并对其进行了详细描述。本章算法在三个相关的无监督学习问题上展示了其性能，即在 YouTube 目标图像集上测试了视频对象发现任务[3]，在互联网图像中的对象发现图像集上，测试了图像中的无监督前景分割[4]和在 Pascal-S 数据集上测试了显著性检测[5]，并获得了最新的结果。本章的算法进一步应用于著名的迁移学习，并获得了与该领域的顶级迁移学习方法相比具有竞争力的结果。在前景分割和迁移学习问题上，实验将本章的算法与最相关的工作进行了比较[6]，结果表明本章的算法在前景对象分割问题上可以取得更好的结果，而它们的算法对于迁移学习更有效。根据研究，在最初发表时[1]，本章算法以及 Pathak 等提出的算法[6]率先提出了一种系统概念，该系统学会了以无监督的方式检测和分割图像中的前景对象，无须提供任何预训练的特征或人工标记，并且在测试时只需一张图像。

本章中的工作与第 1 章中提出的无监督学习的原则 6（第 12 页）直接相关。大量独立的分类器几乎不可能一致触发，除非被在更高语义级别上的未知类的同一个事物触发。本章提出了一种师生系统，该系统以一种无监督也是自监督的方式训练自身，从而使在第 k 步迭代训练的新一代学生共同组成第 $k+1$ 步迭代时的老师。这种集体共识成为非常强烈的 HPP 监督信号（与第 11 页原则 3 直接相关），因此他们能够“看到”他们中单独一个无法“看到”的事物。

学生可以一起发出信号，表示存在“更高级别”的类，因此与他们各自获得的分割结果相比，从他们的组合中获得的分割结果具有更高的质量、精确度或级别更高的种类。例如，每个学生在某次迭代中会产生与主要研究对象的位置、大小和形状相关的斑点。但是，经过几代学习后，学生（上一代学生协同训练的结果）可以形成不同且质量更高的对象掩码，从而可以观察到对象的精细形状。

本书7.3节将对整体系统各个模块做更详细说明，介绍本章算法的不同组成部分。重要的一点是，整个老师分支（图7.1）实际上是基于原则6（第12页）所表达的思想。

本书作者认为，如果希望系统从根本上学习新的类，或实现更好的识别和分割，就需要用到多代学习。这个事实将本章的算法与下一个提出的无监督学习原则7（第12页）联系起来。

注意，此新类中可能包含了学生尚不了解的不同类别。这些类别可能由以前学习的类组成，但是在分割质量上有着本质的不同，新的类别比原来的分割质量好得多（如精细化、专业化或细节化达到新的水平）。

为了以较高的质量对此“新类”进行细分，只能使用已经拥有的分类器。因此，需要利用已有的分类器一致的（但很少见）触发来准确地确定时空区域，并在该区域中可能会发现到目前为止还未见过的新类、对象或对象局部（或细节）。

学会“看到”一个新类需要沿老师分支对现有分类器进行一致触发（原则6），还需要访问包含该新类迹象的足够多的数据。对象分割的无监督学习必须分阶段、循序渐进地进行，从一个难度到下一个难度，依次增加数据量，并训练多代分类器。这种想法与课程学习的概念直接相关[7]，在从简单到复杂的训练过程中进行学习。该算法已在本章实验中得到了验证（见7.5节）：提出的无监督师生系统能够利用规模更大、种类更多更复杂的无标签训练数据集，训练出性能越来越好的多代师生系统。

7.2 科学背景

关于无监督学习有两个主要研究方向：一种是在无监督的方式下学习强大的特征，然后在有监督的场景里，与不同的分类器（如SVM或CNN）结合，并将其用于迁移学习[8-10]；另一种是在测试时，使用聚类、特征匹配或数据挖掘等各种算法[11-13]来发现未标记数据中的常见模式。

Pathak等[6]提出的算法属于以上所述无监督学习的第一种研究方向，并与本章提出的算法密切相关。Pathak等[6]提出了一个系统，在这个系统中，深度神经网络学习从一个无监督模块中生成软目标掩码，该模块使用视频中的光流信息。以这种方式学习到的深层特征随后被应用到几个迁移学习问题中。该算法和本章提出的算法，可能是最先提出如何在无监督的方式下学习在单个图像中分割对象的算法。然而这两种算法在技术和算法层面上存在明显的不同，7.5.3 节的实验给出了一些有趣的比较结果，包括迁移学习和前景对象分割两个方面。实验结果表明，尽管 Pathak 等[6] 的算法在迁移学习任务上更好，但多个测试集上的实验表明，本章提出的算法在无监督分割任务中更有效。

近年来，研究人员开始将图像和视频中原始的空间和时间结构作为无监督学习方法中的监督信号，这些无监督学习方法遵循了自我监督学习范式[14-16]。此类方法包括学习估计图像中相对斑点位置的方法[17]、预测色彩通道方法[18]、解决拼图问题的方法[19] 和修复问题的方法[20]。将从原始单帧图像中采集的空间和外观信息用作监督信号，是当前的一种发展趋势。与从视频序列学习的情况相反，在这种单幅图像情况下，可以学习到的信息量被限制在单个时刻。使用未标记的视频作为输入与本章的研究密切相关，包括学习预测帧的时间顺序[15]，生成未来帧[21-23] 或从光流中学习未来帧[24]。

对于大多数此类论文，无监督学习只是训练特征过程的中间步骤，这些特征最终被用于经典的有监督学习任务，如对象分类、对象检测或动作识别。这些预训练特征比随机初始化特征的性能要好，因为它包含隐含在用作监督信号的原始结构中的有价值的信息。虽然无监督特征可能不包含语义、类特定的信息[25]，但很明显，它们捕获了一般的对象属性，对诸如分割场景中的主要对象，或将学习迁移到特定的监督分类等问题很有用。本章主要专注研究特定的无监督任务，并对这些任务进行广泛的评估，也给出了一些关于迁移学习实验的结果。

无监督学习的第二种研究方向主要包括图像联合分割方法[4,26-32] 和弱监督定位方法[33-35]。早期的方法基于局部特征的匹配和对它们的共现模式的检测[13,36-39]，而最近的方法[3,40-41] 通过连接帧之间的候选边界框来发现对象，不论是否有对象准确的位置。传统上，图像序列的无监督学习问题可描述为特征匹配或数据聚类优化问题。

文献［42-45］使用在大型数据集（如 ImageNet[46] 或 VOC 2012[47]）上以监督方式预先训练的强大特征，从而解决了无监督的学习任务，但并非完全不受监督。这些工作利用了从其他数据集学习到的丰富的监督信息源，通过训练特征来响应几十个或数百个对象类别的通用对象属性。在另一篇文献中，一些监督特征是必要的，如 Tokmakov 等[48]提出了一种具有 motion-CNN 的系统，该系统从弱标记视频和光流信息中学习分割视频帧中的对象。与本章研究工作的一个关键区别是，他们的方法需要训练视频帧的类标签。

关于最终目标，本章的研究工作更多地涉及第二种研究方向，即视频中的无监督对象发现。但是，本章的研究目标不是在测试时发现对象，而是在无人监督的训练过程中，当学生分支学习检测前景物体时发现对象。因此，从学习的角度来看，本章的研究工作更多的是基于自监督训练的第一个研究方向。虽然有一些公开的算法可以利用视频中的时空信息，但本章的算法在第二次迭代时甚至可以从不相关的图像集合中学习。与本章中在多次迭代过程中改善分割效果的想法相关的由 Khoreva 等[49]提出的一种算法不是无监督的，因为它需要真实边界框信息，结合改进版本的 GrabCut[50]来提高多次迭代的分割效果。

7.3 多代师生学习

本章提出了一个真正的无监督学习方法（算法 7.1）用于前景对象分割，它提供了在多次迭代中改进分割效果的可能性。本章提出的算法以互补的方式组合了多个非常适合解决此类问题的功能块。它从老师分支（图 7.1 中模块 B）开始，在未标记的视频中发现对象，并生成每帧中前景对象的软掩码。文献［51-53］中有几种可用的性能良好的视频发现方法。本章的算法选择了 Stretcu 和 Leordeanu[36]提出的 VideoPCA 算法，因为它的计算速度非常快（50~100 帧/s），使用非常简单的特征（单个像素颜色），并且完全无监督，不使用任何有监督的预训练特征。它利用视频镜头中常见的物体外观、形状、运动和位置的时空一致性，以及主对象和背景在大小、形状、运动和位置的对比属性，学习将前景与背景分离。注意，在第一阶段，要在不相关的图像集合中发现对象，这个过程要困难得多，因为这些对象的形状、外观和位置不会随时间推移而变化。只有在算法的第二次迭代中，更简单的 VideoPCA 才被功能更强大的“老师”所取代，后者也可以发现图像集中的对象。在第一次迭代中使用非常简单的程序自动滤除生成的较低质量的软掩码（图 7.1 中的模块 C），接着将其余质量较好的掩码传递给学生 ConvNet，用于学习预测单个图像中的对象掩码。当学习完几种不同架构的学生网络时，就能学习更强大的选择网络（图 7.1 中的模块 C），并在下一代形成更强大的老师分支（图 7.1 中的模块 B 和模块 C）。然后，重复整个过程。

如7.1节所述，有助于第二次迭代的改进的三个关键方面如下：首先，学习功能更强大的老师网络（模块B），这个老师网络由一个学生模型或整个集成构成；其次，学习更强大的选择模块C（由EvalSeg-Net建模，见7.4.3节）；最后，增加未标记数据的数量，这点也很重要。如7.5.1节中的实验所示，引入更多数据仅在第二代中才有所帮助，这时老师模块和选择模块都得到了改进。

7.4 师生系统架构

本节将对模块逐个详细介绍图7.1中系统的体系结构和训练过程。首先介绍学生分支（图7.1中的模块A），该分支将单幅图像（如视频中的当前帧）作为输入，并从无监督的老师那里学习预测前景软掩码。老师（由模块B代表）和选择模块C将在7.4.2节和7.4.3节中介绍。

7.4.1 学生分支：单图像分割

学生分支（图7.1中的模块A）由一个深度卷积网络组成。本章测试了不同的网络结构，其中一些在最近关于语义图像分割的文献中常用。以下介绍本书创建的一个较小的相对多样化的体系结构池。

图7.2中的“学生”网络被训练成逐帧预测老师分支给出的无监督标签掩码。这些结构既不同于较经典的低分辨率结构LowRes-Net（a），也不同于目前较新的体系结构，如全卷积-Net（b）和不同类型的U-Net（c）。对于U-Net架构，用双箭头表示的块可以互换从而获得新的架构。在边界框拟合的任务中，较简单的低分辨率网络表现得很好，而在精细对象分割方面U-Net更优。

本章的第一个测试用于语义分割的卷积网络架构是基于更传统的CNN设计的，因为其产生低分辨率的软掩码，所以称为LowRes-Net（图7.2）。LowRes-Net具有10层（7个卷积层、2个池化层和1个完全连接层）和跳跃连接。文献[54-55]已证明，跳跃连接可以提高网络性能。在本章的实验中，也能观察到使用跳跃连接时有类似的性能改进。LowRes-Net将128×128 RGB图像（连同其色调、饱和度和关于x和y的导数）作为输入，并对图像中存在的主要对象进行32×32的软分割。由于LowRes-Net在顶部有一个全连接层，为限制内存开

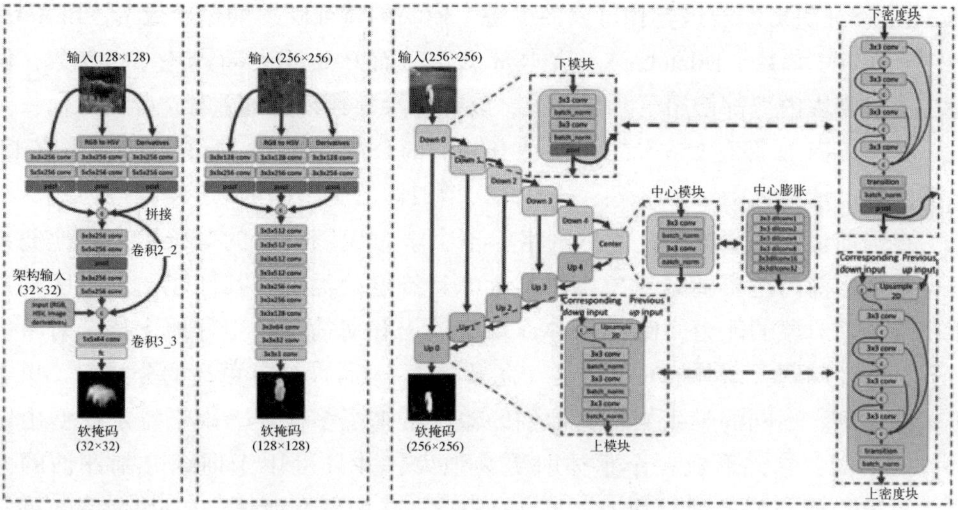

(a) LowRes-Net　(b) 全卷积 -Net　(c) U-Net

图 7.2 “学生”网络的不同架构示意图

销，本章算法降低了软分割掩码的输出分辨率。虽然原则上（因为可以在训练过程中通过适当的过滤器学习）不需要关于 x 和 y 的导数，但在本章的测试中，明确提供了导数以及 HSV，并通过使用跳跃连接提高了 1% 以上的准确性。LowRes-Net 共有 78M 的参数，其中大部分位于最后一个全连接层。

第二个测试的 CNN 架构称为全卷积-Net（FConv-Net）[56]，如图 7.2（b）所示。它的输出分辨率高达 128×128，输入大小为 256×256，主要结构由基本的 LowRes-Net 模型导出。与 LowRes-Net 不同的是，它的顶部缺少全连接层，并且在卷积层中具有更多参数，总共有 13M 参数。

本章还对基于 U-Net[57] 结构的三种不同网络结构进行了测试，这些网络结构在语义分割文献中被证明非常有效。本章介绍的 U-Net 包括：①BasicU-Net；②DilateU-Net，与 BasicU-Net 类似，但在中心模块中使用空洞（膨胀）卷积[58]；③DenseU-Net，在向下和向上模块[59]中稠密连接。

BasicU-Net 有 5 个下模块，每个模块有两个卷积层，分别具有 32 个、64 个、128 个、256 个和 512 个特征映射。在中心模块中，BasicU-Net 有两个卷积层，每个卷积层有 1024 个特征映射。上模块中有三个卷积层，与对应的下模块具有相同数量的特征映射。BasicU-Net 和 DilateU-Net 的唯一区别是，前者有一个不同的中心模块，具有 6 个空洞卷积和 512 个特征映射。

而 DenseU-Net 有 4 个下模块和相对应的 4 个上模块。每个下模块和上模块都具有 4 个带跳跃连接的卷积（图 7.2）。这些模块分别有 12 个、24 个、48 个和 64 个特征映射。通过卷积可以减少每个模块的特征映射的输出数量。BasicU-Net 具有 34M 参数，DilateU-Net 有 18M 参数，而 DenseU-Net 只有 3M 参数，但是在上下模块内部都使用了跳跃连接，以弥补参数数量上的差异。

3 个 U-Nets 都有 256×256 的输入和相同的分辨率输出。所有网络使用 ReLU 激活函数。请参见图 7.2 了解有关不同模型架构的更多详细信息。

在当前设置的情况下，学生网络将不会学习识别特定的对象类别。他们将学会分割当前的主要前景对象，而不考虑其特定的类别。其性能的主要区别在于精细分割对象的能力。LowRes-Net 由于输出相对简单，很好地支持了对象的边界框估计问题，而其他 ConvNets（尤其是 U-Nets）具有更高的分辨率，更善于精细分割。不同的学生架构为他们的输出带来了多样性。由于特定模型出错的方式不同，它们形成一个整体时更为强大，并且可用于训练分割评估的网络，也可用作新的选择模块 C（见 7.4.3 节）。如下文所述，EvalSeg-Net 将学习预测学生之间的输出掩码的一致性，表示掩码质量良好。实验还表明了学生网络的表现优于老师，并且能够检测出在训练过程中未发现的类别中的对象。

组合多个学生网络：不同架构的学生网络会产生不同性质的结果。虽然根据软掩码计算出的边界框具有相似的精度，但实际的软分割输出结果看起来是不同的。它们有不同的优势，同时也会犯不同种类的错误。它们的多样性是创建下一代老师分支的基础（见 7.4.2 节和 7.4.3 节）。

本章使用多个学生网络，可将它们组合成一个整体，或者让它们为每幅图像生成单独的分割。在本章介绍的最终系统中，更倾向于后一种算法，因为后者更实用，更易于实现，并且能够独立运行，无须同步它们的输出。如 7.4.2 节和 7.4.3 节所示，与用于选择的 EvalSeg-Net 一起，第一次迭代中的独立个体学生将形成下一代的老师分支。但是，请注意，即使是单个学生网络和新的 EvalSeg-Net 选择器也可以有效地用作下一个老师分支（见实验部分，7.5.1 节表 7.6 和图 7.7）。

当形成一个实际的 Multi-Net 集成时，最终的输出是通过每个学生网络产生的软掩码的像素逐个相乘获得的。因此，只有所有网络为正像素，才能存活到最后的分割阶段。不出所料，Multi-Net 提供了比每个单独网络都更高精度的健壮掩码。但是，它可能会丢失具有较低召回率的对象边界周围的细节（图 7.5）。本章出于比较目的提供了 Multi-Net 集成的结果。注意，在本章提出的最终系统中，该集成的输出并未用于下一代学生的训练。第二次迭代的学生都直接根据第一次迭代时独立学生的输出进行训练，并用 EvalSeg-Net 进行过滤。如本节稍后部分更详细的说明，Multi-Net 仅用于训练无监督选择网络 EvalSeg-Net。

（1）技术细节：训练学生。 本章将前景对象分割表示为一个多维回归问题，由无监督视频分割系统给出的软掩码作为期望的输出。令 $\boldsymbol{I}$ 为输入的 RGB 图像（视频帧），$\boldsymbol{Y}$ 为无监督老师针对该特定帧给出的 0~255 值的相应软分割。本章提出的网络架构的目标是预测一个宽度为 W 和高度为 H 的软分割掩码 $\hat{\boldsymbol{Y}}$（其中：对于基本架构，$W=H=32$；对于完全卷积架构，$W=H=128$；对于 U-Net 架构，$W=H=256$），使它尽可能地接近掩码 $\boldsymbol{Y}$。对于输出图像中的每个像素，预测一个 0~255 的值，以使 $\boldsymbol{Y}$ 和 $\hat{\boldsymbol{Y}}$ 之间的总差异最小。因此，给定一组 N 个训练样本，令 $\boldsymbol{I}^{(n)}$ 为输入图像（视频帧），$\hat{\boldsymbol{Y}}^{(n)}$ 为 $\boldsymbol{I}^{(n)}$ 的预测输出掩码，$\boldsymbol{Y}^{(n)}$ 是软分割掩码（对应于 $\boldsymbol{I}^{(n)}$），W 是网络参数。因此，本章算法的损失函数为

$$L(\boldsymbol{w}) = \frac{1}{N}\sum_{n=1}^{N}\sum_{p=1}^{W\times H}(Y_p^{(n)} - \hat{Y}_p^{(n)}(\boldsymbol{w},\boldsymbol{I}^{(n)}))^2 \tag{7.1}$$

式中：$Y_p^{(n)}$、$\hat{Y}_p^{(n)}$ 分别为 $\boldsymbol{Y}^{(n)}$ 和 $\hat{\boldsymbol{Y}}^{(n)}$ 的第 p 个像素。

在本章的测试中，$L2$ 损失函数比交叉熵损失函数表现得更好，这是因为用作标签的软掩码具有实际值，而不是离散值。此外，它们并不完美，因此为训练而设置阈值的想法不如直接预测它们的实际值。本章的算法使用带有 Adam 优化器[61]的 Tensorflow[60]框架训练网络。所有模型都以 0.001 的固定学习率经 10 次迭代周期进行端到端的训练。在 Nvidia GeForce GTX 1080 图形处理器的机器上，所有给定模型的训练时间，第一次迭代约 3~5 天，第二次迭代约 2 周。

（2）后期处理： 学生 CNN 输出一个 $W\times H$ 软掩码。为了将本章提出的模型和其他方法进行比较，采用了两种不同的后期处理步骤：①边界框拟合；②分割优化。为了在软掩码周围拟合一个边界框，首先将输出的 $W\times H$ 向上采样到图像的原始大小，然后对掩码设定阈值（在较小的子集上进行验证），确定连接组件，然后对每个组件拟合一个紧边框。本章采用一个单独的案例，对互联网图像数据集中的对象发现进行分割优化（第 2 点），这也在实验部分进行了说明。为此，本章使用 GrabCut[50]的 OpenCV 来改进本章算法的软掩码，并将其向上采样到原始大小。在所有其他测试中，都使用网络的原始输出。

7.4.2 老师分支：无监督目标发现

有几种算法可以用来发现图像和视频中的物体和显著区域[51-53,62-64]，并且

具有相当好的性能。诸如 Papazoglou 和 Ferrari[65] 等较新的前景对象发现算法都相对较快且准确，运行时间约为 4s /帧。然而，对于训练需要数百万幅图像的学生 CNN 来说，这个运行时间仍然很长。因此，在图 7.1 中的模块 B 的第一代（算法 7.1 的第一次迭代）中使用了 VideoPCA 算法，这个算法是 Stretcu 和 Leordeanu[36] 介绍的算法中的一部分。它的精确度比整个系统低，但运算速度快得多，为 50~100 帧/s。以这种速度，在 5~6h 内可以生成 100 万个无监督的软分割。

（1）VideoPCA：VideoPCA（在第 5 章中已介绍）的主要思想是，使用主成分分析法对视频帧中的背景进行建模。它能找到初始前景区域，将其作为帧的一部分，而这些部分不能通过 PCA 模型很好地重建。前景对象比背景小，并且具有对比鲜明的外观和更复杂的运动。在较大的背景中，它们可能被视为离群值。这使得它们不太可能被 PCA 的第一个主成分很好地捕捉到。因此，对于每帧，由误差图像生成初始软掩码，该误差图像是原始图像与 PCA 重建结果之间的差异。对这些误差图像，首先用一个大的高斯滤波器进行平滑处理，然后进行阈值分割，得到的二进制掩码用于学习前景和背景的颜色模型，基于这些模型判断单个像素是否属于前景对象。基于前景对象通常更靠近图像中心的假设，将获得的对象掩码进一步与大的中心高斯函数相乘，从而生成最终的掩码。更多技术细节，读者可参见文献 [36]。在这项工作中，本章提供的算法使用的方法与在线的方法完全一样，没有做任何参数调整。

（2）下一代老师：在算法 7.1 的下一次迭代中，VideoPCA（在模块 B 中）被上一代训练的学生网络所替代。本章用三种不同的方法进行了测试：一种方法是使用单一的学生网络，并将其与更强大的选择模块相结合，形成一个更强大的完整的老师分支（模块 B 和模块 C）。虽然这种方法非常有效并证明了选择的相关性，但它并不是最具竞争力的方法。使用所有学生的网络总是更强大，这可以通过两种途径实现，如 7.3 节所述。另一种方法是通过将其输出结果相乘来创建 Multi-Net 集成。最后一种同样强大但更易实现的方法，是独立使用所有学生网络，并让每个图像具有多个输出掩码，分别作为（输入图像、软掩码）对，用于训练下一代。最后一种方法更令人推崇，该方法与 EvalSeg-Net 相结合，将在第二次迭代中构成完整的老师分支。接下来，将详细介绍本章提出的算法如何进行掩码选择和 EvalSeg-Net 训练。

7.4.3 无监督软掩码选择

学生网络的性能受老师分支提供的软掩码质量的影响。掩码越干净，学生就越有机会学会分割图像中的物体。如果视频中的对象在运动和外观方面与背景相比非常突出，则 VideoPCA 往往会产生良好的结果。但是，如果对象在某个点被遮挡，它不会在场景中移动，或者其外观与背景相似，则生成的软掩码质量可能会很差。在第一代中，本章的算法使用一种简单的掩码质量度量方法来选择用于训练学生分支的质量好的软掩码，这是基于以下的观察结果：当 VideoPCA 掩码接近真实图像时，其非零值的平均值通常较高。因此，在确定以上观察现象后，其更有可能是正确的。然后，将软掩码中非零像素的平均值用作每个分割帧的得分指标。只有符合这一指标的一定质量的掩码才被挑选出来用于训练学生网络。这代表图 7.1、算法 7.1 中第一代的模块 C。虽然在第一次迭代时有效，但所有像素的简单平均值，无法在较高的整体形状水平上获得分割的优势。因此，在下一次迭代中，将探索改进它的新算法。

（1）训练 EvalSeg-Net：在接下来的迭代中，本章提出一种无监督的学习方法——EvalSeg-Net，来估计分割质量。如前所述，Multi-Net 提供了更高质量的掩码，因为它可以消除来自单个学生网络的错误。因此，本章算法使用给定的单个分割和集成 Multi-Net 掩码之间的余弦相似性，作为分割“优良性”的度量。有了这种无监督的分割度量，本章算法训练了 EvalSeg-Net 深度神经网络对其进行预测。如前所述，该网络充当自动掩码评估程序，在后续的连续迭代中，该程序成为图 7.1 中的模块 C，取代迭代 1 中使用的简单掩码平均值。只有超过某个阈值的掩码才被用于训练学生分支。实验结果表明，EvalSeg-Net 成为一个有效的选择过程（模块 C），无论使用哪种老师（模块 B），它都可以改善老师分支。

EvalSeg-Net 的体系结构类似于 LowRes-Net（图 7.2），不同之处在于，包含图像导数的输入通道被需要评估的实际软分割所取代，并且没有跳跃连接。在最后一个全连接层（大小为 512）之后，本章算法添加最后一个单神经元层以预测分割质量得分，该得分是一个实数值。

设 $\boldsymbol{I}$ 为一个 RGB 图像输入，$\boldsymbol{S}$ 是一个软掩码输入，$\hat{\boldsymbol{Y}}=\prod_{i=1}^{5}\hat{\boldsymbol{Y}}_{N_i}$ 是本章算法 Multi-Net 的输出，其中 $\hat{\boldsymbol{Y}}_{N_i}$ 表示网络 N_i 的输出，把分割“优良性”评估任务视为一个回归问题，预测 $\boldsymbol{S}$ 和 $\hat{\boldsymbol{Y}}$ 之间的余弦相似性。因此，EvalSeg 网络的损失函数定义如下：

$$L(\boldsymbol{w})=\frac{1}{K}\sum_{k=1}^{K}\left(\hat{o}^{(k)}(\boldsymbol{w},\boldsymbol{I}^{(k)},\boldsymbol{S}^{(k)})-\frac{\boldsymbol{S}^{(k)}\cdot\hat{\boldsymbol{Y}}^{(k)}}{\boldsymbol{S}^{(k)}\ \hat{\boldsymbol{Y}}^{(k)}}\right)^{2} \tag{7.2}$$

式中：K 为训练样本数；$\hat{o}^{(k)}(\boldsymbol{w},\boldsymbol{I}^{(k)},\boldsymbol{S}^{(k)})$ 为图像 $\boldsymbol{I}^{(k)}$ 和软掩码 $\boldsymbol{S}^{(k)}$ 的 EvalSeg-

Net 的输出。

给定用于分割评估的特定指标（取决于学习迭代），对每个数据集（如 VID[46]、YTO[3]、YouTube 边界框[66]），仅保留高于阈值的软掩码。在第一次迭代中，根据 VideoPCA 软掩码的得分对它们进行排序，并仅保留前 10 个百分位数来获得此阈值。在第二次迭代中，利用一个小数据集验证一个阈值（等于 0.8），在 EvalSeg-Net 的单值输出上使用该阈值，独立地选择每个掩码。

（2）掩码选择效果评估：对于每次迭代，图 7.3 都给出了真实对象边界框（仅用于评估）与自动选择的掩码百分位 p 值之间的依赖性。保留的帧占比与分割质量之间存在很强的相关性。很明显，EvalSeg-Net 比第一次迭代中使用的较为简单的程序要优越得多。即使在更复杂的情况下，EvalSeg 网络仍能够正确评估软分割的质量（图 7.4）。

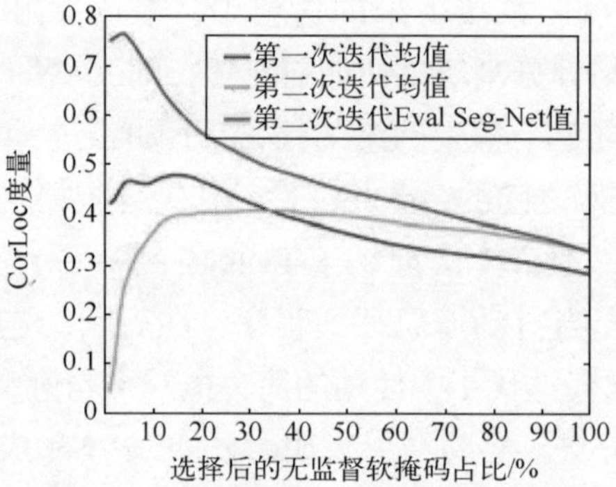

(a) 软掩码纯度vs选择自由度

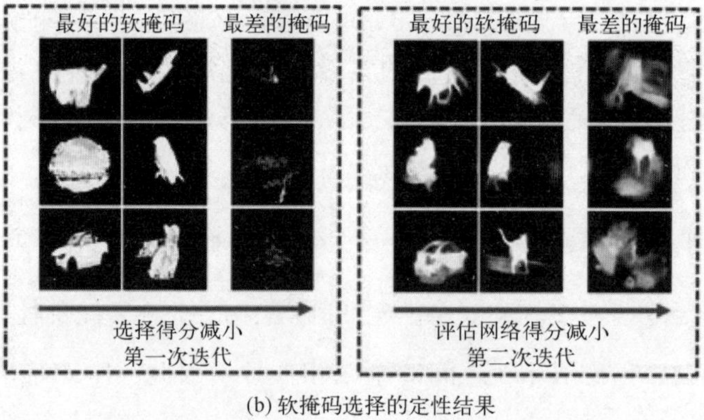

(b) 软掩码选择的定性结果

图 7.3 （见彩图）软掩码的质量与模块 C 上选择程度的关系

从图 7.3 中可以看出，当选择性增加时，通过选择提高了训练帧的真实质量。在算法 7.1 的第一次迭代中，使用基于非零掩码平均值的简单选择程序完成掩码的选择。在第二次迭代中，使用功能更强大的 EvalSeg-Net 选择掩码。图 7.3 中给出了利用视觉惯性动力学（VID）数据集的计算结果，其中每个输入帧都有一个注释。请注意，在第二次迭代中，使用功能更强大的 EvalSeg-Net 选择掩码。图 7.3 中给出了利用 VID 数据集的计算结果，其中每个输入帧都有一个注释。请注意，在第二次迭代中选择的掩码具有较高的质量（在图 7.3（a）中，红色与蓝色线比较）。在第二次迭代的相同软掩码上，还将第一次迭代（黄线）中使用的基于简单“均值”的选择过程，与第二次迭代（红线）中使用的 EvalSeg-Net 进行了比较。EvalSeg-Net 显然更强大，它取代了非常简单的基于“均值”的过程，从而证明了在第二次迭代中使用它是合理的。

尽管可以期望通过大幅删减掩码（如保持较小的百分比）来提高无监督掩码的质量，但留下的信息越少，得到的训练数据就越少，这可能导致过度拟合。在第二代时，通过增加训练掩码集和扩大实际的无标记训练集，来弥补训练数据的损失，这需要在选择性水平和训练数据大小之间进行平衡：用于训练的掩码选择越多，需要通过老师分支收集和处理的视频就越多，需要的训练数据也就越多。

（3）数据扩充：第一次学习迭代（VideoPCA）中，老师分支的一个缺点是，它只能检测到靠近图像中心的主要对象。前景接近中心的假设通常是正确的，这确实有助于这种没有深度学习知识的方法以相对较高的精度生成软掩码。当对象不在中心时，它通常会失败，因此它的召回率相对较低，这种情况并不奇怪。数据扩充解决了这个局限性，可以简单地描述：随机裁剪输入图像的补丁，覆盖原始图像的 80%，然后将补丁按比例缩放到预期的输入大小。这样会在覆盖整个图像区域的位置（而不仅仅是中心）产生稍大的对象。实验表明，学生网络能够发现图像中不同位置的对象，而不像它的原始老师（第一次迭代的 VideoPCA），后者强烈偏向图像中心。

图 7.4 中得到的定性结果用于测量分割“优良性”和过滤不良掩码（模块 C，第二次迭代）。对于每个输入图像，以 EvalSeg-Net 给出的“优良性”分数降序排列了 5 个软掩码候选对象（来自第一次迭代的学生）。（注意，EvalSeg-Net 在软分割方法中排名的有效性。）

在第二代中，老师分支更擅长在图像的不同位置和尺度上检测目标。因此，虽然人工数据扩充仍然有用（在深度学习中通常是这样），但其重要性在第二次学习迭代（算法 7.1）时降低了。添加更多无标记的数据对两代人都有帮助。如实验分析部分所述（表 7.5），增加更多困难的训练案例，它们只会提高第二代的学习效果。

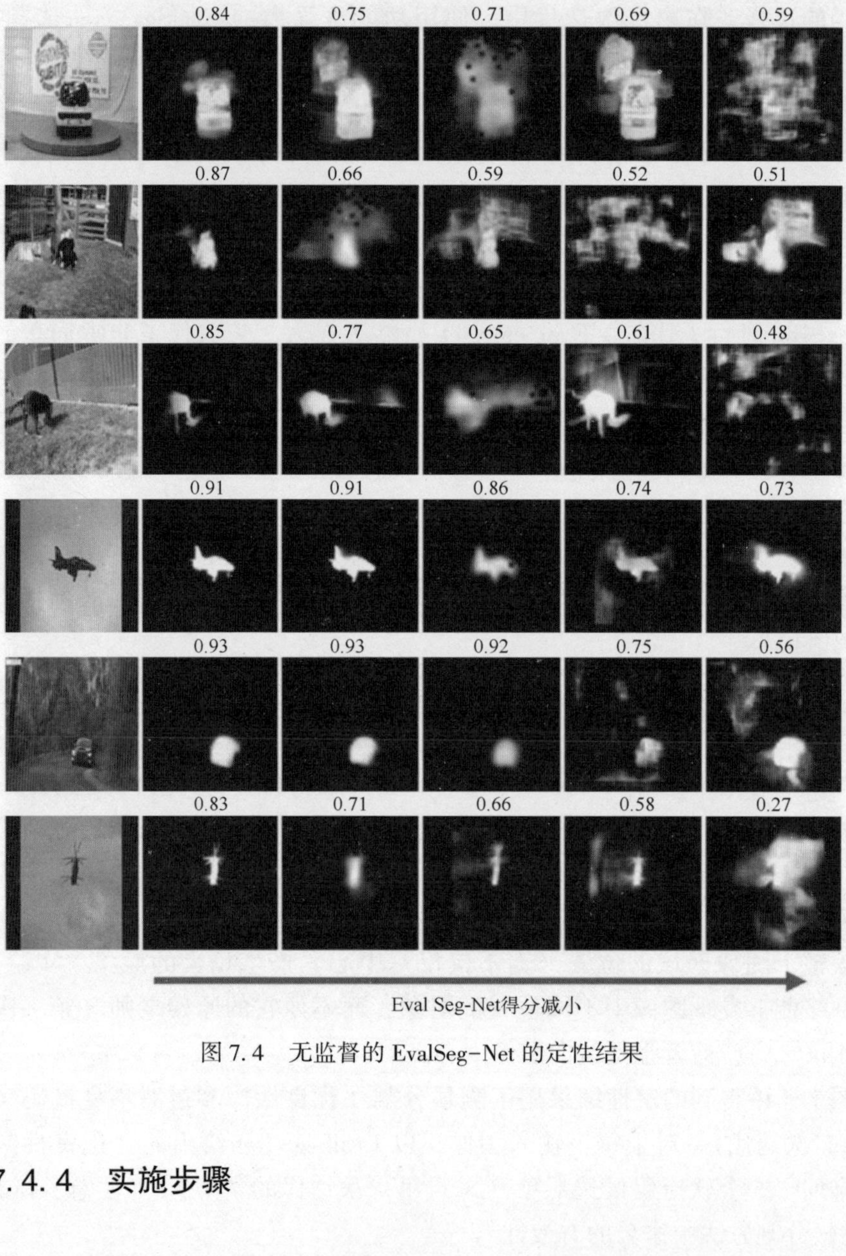

图 7.4　无监督的 EvalSeg-Net 的定性结果

7.4.4　实施步骤

到本节为止，已经在技术上详细介绍了系统的所有主要组成部分，接下来按照顺序简要介绍实验中采取的步骤，并讨论它们与本章的无监督学习方法在图像中前景对象检测通用算法 7.1 的关系。

(1) 在来自 VID 和 YouTube 目标数据集的输入图像上运行 VideoPCA（算法 7.1，迭代 1，步骤 1）。

（2）使用第一代选择程序 VideoPCA 选择掩码（算法 7.1，迭代 1，步骤 2）。

（3）在选定的掩码上训练第一代学生 ConvNets，即 LowRes-Net，FConv-Net，BasicU-Net，DilateU-Net 和 DenseU-Net（算法 7.1，迭代 1，步骤 3）。

（4）将所有学生的输出相乘，创建第一代学生集成 Multi-Net，训练 EvalSeg-Net 以预测某一特定掩码与 Multi-Net 掩码之间的相似性（算法 7.1，迭代 1，步骤 4）。

（5）从 YouTube 边界框数据集中添加新数据。（算法 7.1，迭代 1，步骤 5）。

（6）返回第（1）步，老师分支：使用迭代 1（模块 B，迭代 2）的学生网络，预测在每个放大的无标记视频集上输入图像的多个软掩码，然后在模块 C 使用 EvalSeg-Net 进行掩码选择（算法 7.1，迭代 2，步骤 1）。

（7）选择使用 EvalSeg-Net 评估的足够好的掩码（算法 7.1，迭代 2，步骤 2）。

（8）用新挑选的掩码对第二代学生进行训练，这一步使用与迭代 1 相同的架构（算法 7.1，迭代 2，步骤 3）。

本章概述中介绍的算法（算法 7.1）是一种通用的无监督学习算法，用于从视频中检测单个图像中的对象。它提供了一系列高水平步骤，然后介绍无监督学习系统的不同模块。这些模块相互补充，并串联运行，每个模块着重解决无监督学习过程的特定方面。因此，本章算法有一个用于生成数据的模块来生成软掩码，也有一个可以选择高质量掩码的模块、一个用于训练下一代分类器的模块。本章首先以高级术语来介绍相关的概念，同时也提供了一种特定的实现方式，并说明了算法的前两次迭代步骤。虽然本算法的实现在训练期间代价很高，但就存储和计算时间而言，通过测试可以证明它的速度是非常快的。

计算和存储成本：在训练期间，在算法 7.1 的第一次迭代过程中，通过老师分支的计算时间为 2~3 天：这需要运行 VideoPCA 模块，处理完 VID 和 YTO 数据集中的数据。此后，使用 6 个 GPU 训练第一次迭代的学生大约需要 5 天时间：因为训练 FConv-Net 需要并行使用 2 个 GPU，所以训练 5 个不同的学生架构需要 6 个 GPU。接下来，训练 EvalSeg-Net 需要在 1 个 GPU 上再增加 4 天时间。在第二次迭代中，通过老师分支在 6 个 GPU 上并行处理数据大约需要 1 周的时间，这是由于使用了较大的训练集［使用 EvalSeg 选择后仅保留其中的一小部分（约 10%）］，以便最终有 1MB 数据用于训练。最后，训练第二代学生还额外需要 2 周的时间。总而言之，如果一切都经过优化，则使用 6 个 GPU 进行训练所需的总计算时间约为 5 周。总的存储成本约为 4TB。在实验测试时，学生网络速度很快，大约 0.02s/幅图像，而集成网络大约为 0.15s/幅图像。

7.5 实验分析

第一组实验评估了系统不同组件的影响。通过实验验证，在每次迭代中，学生的表现都比他们的老师好。然后，测试了系统从一代到下一代的改进能力，还测试了数据选择和增加训练数据量的效果。最后，比较了每个单独的网络及其组合的性能。

在7.5.2节中，本章算法与视频和图像中对象发现的最新算法进行了比较。这个实验采用三个数据集进行测试：YouTube目标[3]数据集、互联网图像中的对象发现[4]数据集和Pascal-S[5]数据集。7.5.3节采用Pascal VOC 2012数据集实例进行验证，本章的无监督深度特征用于目标检测的迁移学习也是有用的[67]。

(1) 数据集：无监督学习需要大量无标记的视频数据。本章选择了来自三个大型数据集的视频作为训练数据：ImageNet VID数据集[46]、YouTube目标（YTO）[3]和YouTube边界框（YouTubeBB）[66]。VID是最大的完全用真实值进行注释的开源视频数据集之一，大约有4000个视频，总共约120万帧。这些视频包含了属于30个不同类的对象。每帧有零个、一个或多个带注释的对象。与该数据集相关的基准测试重点在于有监督的对象检测和识别问题，这与本章算法要解决的问题不同。本章设计的系统不用于训练后识别不同的对象类别，因此在这个数据集上，没有给出与最新对象类别识别技术相比较的结果。

YouTube目标数据集（YTO）是一个具有挑战性的视频数据集，它的对象在外观、比例和形状上都发生了很大的变化，并且经常在一个多变且杂乱的背景下遮挡。现在的YTO是第二个版本，约有2500个视频，大约共70万帧。它是专门为无监督对象发现而创建的，因此可以利用这个数据集与最新技术进行比较。

YouTube边界框数据集（YTBB或YouTubeBB）是一个大规模的视频数据集，有大约24万个带有单个对象边界框注释的视频。可以使用大量视频的一个子集来扩充现有的视频数据库。这个数据集包含在外观、规模和形状上经常发生重大变化的23种对象类别，这使它成为在前景对象分割问题中使用的最困难的数据集。

对于本章提出的系统，可以在第一次学习迭代时，使用大约20万帧（选择后）视频数据，分别来自不同的数据集（其中12万帧来自VID，8万帧来自

YTO)，这些数据在经历数据选择模块后依然存在。在第二次学习迭代中，除了改进分类器外，访问更多新的未标记数据也很重要。因此，为了训练第二代分类器，将训练数据集扩充到 100 万帧，具体如下：60 万帧来自 VID + YTO，40 万帧来自 YouTubeBB，并且这些帧在使用 EvalSeg-Net 数据选择模块过滤后仍然存在。对于没有选择结果的实验，从每组 VID、YTO 或 YouTubeBB 中随机选择帧，直到总数达到 100 万帧。

(2) 评估指标：实验使用不同类型的指标度量，具体取决于是需要边界框拟合还是精细分割的特定问题。

① CorLoc——对于边界框检测的评估，最常用的是 CorLoc 指标。定义为根据 PASCAL 准则正确定位的图像的百分比：$\frac{B_p \cap B_{GT}}{B_p \cup B_{GT}} \geqslant 0.5$，其中 B_p 是预测边界框，B_{GT}是边界框真实值。

② $F\text{-}\beta = \frac{(1-\beta^2)\text{precision}\times\text{recall}}{\beta^2\times\text{precision}+\text{recall}}$用于评估 Pascal-S 数据集上的分割得分。报告结果时，使用了官方评估代码，如之前的工作一样，令 $\beta^2=0.3$。

③ P-J 指标——P 表示每个像素的精度，而 J 表示 Jaccard 相似度（输出掩码和真实值分段之间的交集与并集）。这里仅在互联网图像集中的目标发现问题中使用此指标。为了计算报告结果，使用官方评估代码。

④ MAE——平均绝对误差，定义为预测掩码与真实值之间的平均像素差。与其他指标不同，此指标的值越低越好。

⑤ mean IoU 得分定义为$\frac{|G\cap Y|}{|G\cup Y|}$，其中 G 表示真实值，Y 表示预测掩码。

⑥ mAP——平均精度。在 Pascal VOC 2012 数据集上，分析迁移学习实验的结果时，使用此指标。

7.5.1 消融研究

(1) 学生与老师对比：图 7.8 给出了 VID 数据集上 VideoPCA 和多次迭代计算之间的定性结果。分析得到，VideoPCA 产生的掩码质量较低，常有孔洞、不光滑的边界和奇怪的形状出现。相比之下，学生（在两次迭代中）能学习到图像中物体的更一般的形状和外观特征，这使人想起了心理学家 Gestalt[68] 研究的基于支配视觉感知的分组原则，以及最近关于“物体”概念的研究工作[69]。学生生成的掩码结构更简单，孔洞更少，形状美观平滑，能很好地捕捉前景-背景的对比度和组织结构。另一个有趣的发现是，学生有时能够检测到多个物体，而老师很难发现多个物体。

在师生两代学习实验中，一个关键事实是，从一次迭代到下一次迭代后，每个模块都会变得更好：所有单独的模型和选择器（模块 C）都得到了改进。添加额外未标记数据后，每种模型都以一种互补的方式在下一次迭代中改进系统整体性能。结果表明，可以在几次迭代中重复该过程，持续改善系统性能。同样令人鼓舞的是，与最初的 VideoPCA 老师相比，单个网络能够更好地概括和检测对象。

如表 7.1~表 7.3 及图 7.5 所示，在所有实验和不同数据集上，第二代都比第一代获得了明显的改善。图 7.3（a）显示了第二次迭代中的无监督选择（EvalSeg Net）网络相对于第一次迭代中使用的简单选择过程（基于白掩码像素的平均值），性能有了显著提高。

表 7.1 给出了每个模型和集成使用 YTO 数据集中所有 10 个类的 CorLoc 指标的平均值，以及所有单个模型的平均值。可以看出，在第二代上，所有模型的性能都有明显的提升。注意，在第二代中，单个模型的性能优于第一代中的所有方法（单一或集成）。此外，需要强调的是，第二代的学生没在 Multi-Net 的输出上进行训练，而是在第一代学生的输出（模块 B）上进行训练，这些学生通过了无监督的 EvalSeg-Net 选择（模块 C）。

表 7.1　在 YouTube 目标 v1[3] 数据集（采用 CorLoc 指标）上的网络和集成运行两次迭代的结果

迭代	LowRes-Net	FConv-Net	DenseU-Net	BasicU-Net	DilateU-Net	平均值	Multi-Net
第一次迭代	62.1	57.6	54.6	59.1	61.8	59.0	65.3
第二次迭代	65.7	64.9	59.5	65.5	66.4	64.4	67.1
增益	3.6↑	7.3↑	4.9↑	6.4↑	4.6↑	5.4↑	1.8↑

表 7.2 中除了给出总体平均值，还给出了单个模型以及集成在每个类上的 CorLoc 指标。

表 7.2　本章提出的网络和集成在互联网图像数据集上的[4]对象发现问题（使用 CorLoc 指标）两次迭代的结果

迭代	LowRes-Net	FConv-Net	DenseU-Net	BasicU-Net	DilateU-Net	平均值	Multi-Net
第一次迭代	85.8	79.8	83.3	86.8	85.6	84.3	85.8
第二次迭代	87.5	84.2	87.9	87.9	88.3	87.2	89.1
增益	1.7↑	4.4↑	4.6↑	1.1↑	2.7↑	2.9↑	3.3↑

表 7.3 是针对第一代和第二代所有算法的平均性能的实验结果。注意，在这种情况下，由于评估的对象是实际分段而不是边界框拟合，因此具有较高分辨率输出的网络效果更好（DenseU-Net，BasicU-Net 和 DilateU-Net）。这里，第二代的学生没有在 Multi-Net 的输出上进行训练，而是在第一代学生的输出（模块 B）上进行训练，这些学生通过了无监督的 EvalSeg-Net 选择（模块 C）。同样，集成运行的性能优于单一模型，且第二次迭代的性能有明显的提高。

表 7.3　基于 Pascal-S[5] 数据集（F-β 指标）的网络和集成的针对第一代和第二代的所有算法及其平均性能的实验结果

迭代	LowRes-Net	FConv-Net	DenseU-Net	BasicU-Net	DilateU-Net	平均值	Multi-Net
第一次迭代	64.6	51.5	65.2	65.4	65.8	62.5	67.8
第二次迭代	66.8	58.9	69.1	67.9	68.2	66.2	69.6
增益	2.2↑	7.4↑	3.9↑	2.5↑	2.4↑	3.7↑	1.3↑

图 7.5 所示的 Multi-Net 是用于比较的，它代表了这 5 个模型之间的像素乘积。注意，第二代学生的优质掩码，具有更好的形状、更少的孔和更锋利的边界。同时，集成 Multi-Net 的召回相对较低，会产生较小的受到侵蚀掩码。

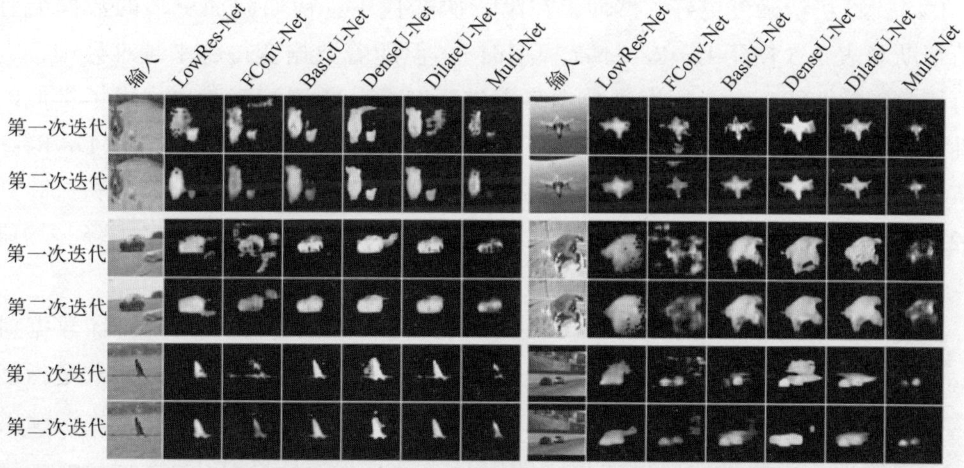

图 7.5　每次迭代（生成）时模型之间的结果可视化比较

本章算法始于一个完全无监督的视频对象发现器（VideoP），它使用迭代 1 的学生作为迭代 2 的老师。在第二次迭代中，还使用更多未标记的训练数据，并且更好地自动过滤掉质量较差的分割。

（2）训练数据大小与学习迭代对比：接下来比较在迭代过程中增加数据集大小与采用更强大的老师分支学习对测试结果的影响。为了更好地理解每个算法的重要性，每次迭代过程中，都使用两个训练数据集对模型进行测试：一个由 20 万幅图像组成的较小的集合（仅来自 VID 和 YTO 数据集）和一个较大的数据集，约有 100 万帧（通过添加来自 VID、YTO 和 YouTubeBB 的图像帧）。每代学生网络都是使用与该特定迭代相对应的老师和选择方法进行训练的。表 7.4 给出了以上实验结果（5 名学生的平均 CorLoc 指标和标准差）。

表 7.4　在 YTO 数据集上添加更多未标记数据测试结果的影响

迭代	训练数据集	帧数/帧	平均 CorLoc 指标
第一次迭代	VID+YTO	20 万	59. 0±3. 1
	VID+YTO+YTBB	100 万	58. 6±1. 2
第二次迭代	VID+YTO	20 万	63. 3±2. 6
	VID+YTO+YTBB	100 万	64. 4±2. 7

结果显示：正如预期的那样，在第二次迭代中，当添加更多数据时（增加 1. 1%），算法精确度更好。然而，在第一次迭代中，初期添加更多的数据会有所帮助（表 7. 5 使用 LowRes-Net 模型时），但随着数据变得越来越难处理，它可能会影响性能。在目标发现数据集上进行图像分割测试实验也出现了类似的性能变化，在第一次迭代过程中使用与表 7. 5 相同的 3 个训练集，最初 LowRes-Net 模型改善了结果（均值 P 从 87. 7%提高到 88. 4%，均值 J 从 61. 2%提高到 62. 3%），然而随着数据从 20 万帧增加到 100 万帧，其性能却出现了下降（均值 P 下降到 86. 8%，均值 J 下降到 60. 7%）。

表 7. 5 给出了在第一次迭代和第二次迭代中添加更多未标记训练数据对 LowRes-Net 学生网络的影响，用 CorLoc 指标在 YTO 上进行评估。帧数是指经选择后保留的实际训练帧数。注意，性能最初随着两次迭代使用的数据帧的增加而增加。当数据变得更加难以处理时，只有第二次迭代 LowRes-Net 学生受益。

表 7.5　更多未标记训练数据对 LowRes-Net 学生网络的影响评估

迭代	训练数据集	帧数/帧	CorLoc 指标
LowRes-Net 第一次迭代	VID	12 万	56.1
	VID+YTO	20 万	62.2
	VID+YTO+YTBB	100 万	58.8
LowRes-Net 第二次迭代	VID+YTO	20 万	63.7
	VID+YTO+YTBB	100 万	65.7

这一现象，与 Tokmakov 等[48]处理更困难的图像时的观察结果有关，这可能是由于第一次迭代时老师分支较弱。YouTubeBB 中的图像比初始 VID+YTO 20 万帧中的图像集处理起来要困难得多。无论是 VideoPCA 还是在第一次迭代中老师分支上使用的非常简单的选择方法，都不足以处理这些图像并生成良好的训练掩码。因此，即使有更多的掩码，它们的质量也更差，整体结果也会下降。

另外，拥有一个更强大的老师，可以利用 YouTubeBB 数据集合中较难的帧生成和选择好的掩码，从而能够利用超大数量的未标记数据。为了避免简单地模仿上一代的老师，将数据量逐代增加的做法很重要。分阶段增加数据量和复杂性的想法、从较少的简单案例到更多更复杂的案例，都与课程式学习的观点相关。

（3）数据选择和老师对比：数据选择很重要（图 7.3、图 7.6、图 7.7 和表 7.6）。在接受或拒绝用于训练的软掩码时，选择性越强，最终效果越好。注意，更多的选择性意味着训练集的减小。在选择性和训练数据量之间有一个权衡。

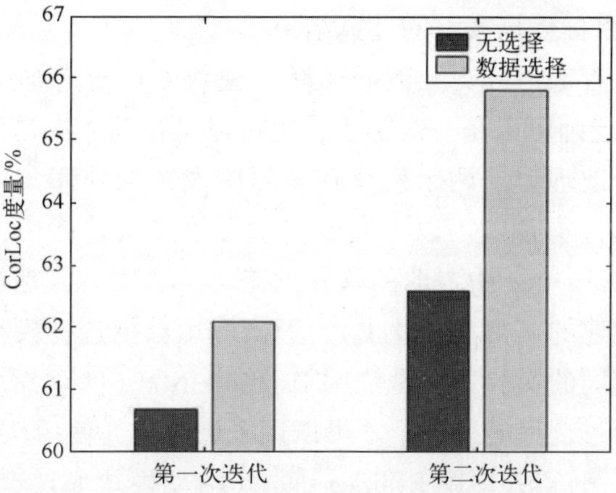

图 7.6　数据选择对两次迭代的影响

图 7.6 显示数据选择（模块 C）强烈影响每次迭代的结果。没有数据选择步骤的第二次迭代的结果只比有选择步骤的迭代 1 的结果稍好。注意，在第一

次迭代中经过选择训练的学生成为在第二次迭代中的老师（模块 B）。这种轻微的改进是由于训练数据量的增加。图 7.6 结果显示了使用 CorLoc 百分比度量的 YouTube 目标上 10 个类的结果平均值。

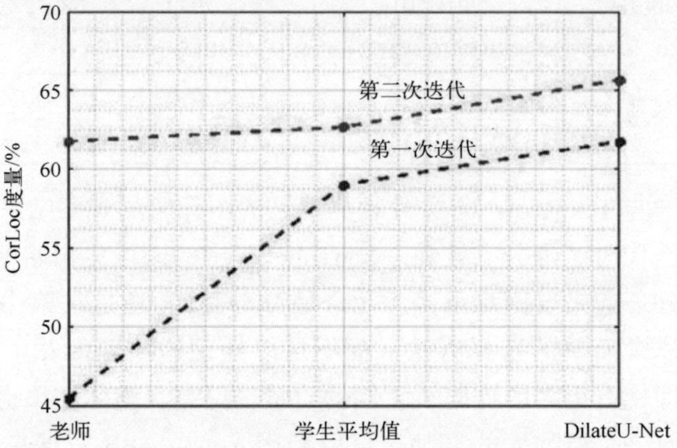

图 7.7　当第一次迭代训练的单个模型 DilateU-Net 成为第二代的老师时，两代间的比较情况

图 7.7 中展示了在第二次迭代中，EvalSeg-Net 选择模块帮助 DilateU-Net 沿着老师分支改进性能。请注意，在这种情况下，DilateU-Net 在从一开始就通过 EvalSeg-Net 接受良好掩码训练的同时，性能得到了改善。还要注意，个别学生（报告其平均值）在两次迭代中都优于老师。该图还给出了使用 CorLoc 度量（%）在 YouTube 目标数据集上的计算结果。

本章研究了沿着老师分支的数据选择（模块 C）对老师生成的掩码（模块 B）的影响，这个老师可以是一组学生，也可以是在前一次迭代学习中的单个学生网络。为了更好地理解这两个模块在学习中发挥的作用，以及它们如何才能最好地结合在一起，本章做了以下实验：①在第二次迭代中，训练了所有学生模型，并使用从 Multi-Net 中提取的软分割掩码，这些分割是从由第一次迭代中受过训练的学生创建的（活动模块 B），但未应用数据选择模块（没有模块 C）；②进行了与上述相同的实验，但是使用 EvalSeg-Net（活动模块 C）进行了数据选择，因此只有通过选择的掩码，才可以用于训练；③使用从单个学生 DilateU-Net（活动模块 B）获得并使用 EvalSeg-Net（活动模块 C）选择的软分割掩码，训练所有模型。④使用 EvalSeg-Net 激活的所有学生模型作为独立老师，这使每个输入图像，可以有多个掩码，形成唯一的（图像、掩码）对。如前所述，这种实验设置是最终系统中选择的方式。

这些实验使用一组具有20万幅图像数据集。在YTO数据集上，给出了在第二次迭代中使用不同老师分支训练的所有5名学生的平均CorLoc指标值(表7.6)。结果表明，数据选择的强大能力，可以抵消由Multi-Net集成带来的优势。Multi-Net集成通常比单个个体强，因为它输出了表示每个学生软分割相乘的掩码。虽然它的输出对噪声更稳健，但不能保证学生模型之间的一致性，也不能保证输出质量。事实上，通过相乘得到的最终掩码可能在这个过程中被破坏。例如，当学生之间存在一个很好的掩码时，它会因为相乘而丢失，这是Multi-Net集成的局限性，可以通过允许所有学生独立和单独处理的方法来克服。EvalSeg-Net是一个掩码选择网络，经过训练可以预测学生模型之间的一致性，它可以带来新的互补信息，并且其输出与分割的优势密切相关（图7.6和图7.3）。这样的网络能够用来选择好的掩码。因此，任何一个与选择模块相结合的老师，无论是一个单个模型还是一个Multi-Net集成，都比没有选择模块更强大。

表7.6　数据选择的影响评估

老　师	平均CorLoc指标值
Multi-Net无选择模块	62.49
Multi-Net有选择模块	63.32
单个（DilateU-Net）有选择模块模型	62.69
所有有选择模块模型	63.34

表7.6展示的是在带或不带EvalSeg-Net的数据选择的情况下，不同的老师进行了第二次迭代训练后，在所有学生网络上得出的不同的平均结果。在使用数据选择的情况下，给出三个结果：当选择应用于Multi-Net集成的输出（第2行）、单个模型的输出（第3行）和本章提出的算法的输出（第4行），其中把选择模块应用于所有学生的所有掩码，而不像在Multi-Net中那样将它们相乘(所以从单个模型中获得了5倍多的掩码)。之后，将这些“有选择”的情况，与从没有数据选择的Multi-Net集成中学习的情况（第1行）进行了比较。请注意数据选择可以明显提高性能。即使当一个单个模型与数据选择一起作为老师，也比没有选择地从Multi-Net集成学习的情况下取得更好的效果。

当使用Multi-Net作为老师时，通过选择过程，每个训练后的学生的表现性能平均提高0.8%。选择的关联性可以从以下事实中看出：即使是一个只有单个模式且没有Multi-Net集成（第3行）的较简单的老师，也比Multi-Net集成本身更有效（有效性高0.2%）。当比较第一次迭代的模型和第二次迭代的模型的平均结果时，选择模块的作用再次显现出来，当使用第一次迭代（DilateU-Net）中的单个模型训练时，经过选择的模型结果有效性增加了3.7%（对比表7.7和表7.6中的结果）。

也许最有利于选择的结论是，当学生模型（DilateU-Net）本身对第一次迭代的输出（用作老师）进行训练（从头开始）并经过选择时（表7.6中的第3行），其自身的性能至少提高了3.89%，将YTO的CorLoc指标值从迭代1的61.8%提高到迭代2时的65.7%。这种改进也可以在图7.7中看到。

第4行显示了当不使用Multi-Net集成（作为老师），而是让所有模型的分割都经过选择时的情况，如7.4.3节所述。结果显示，此方法的性能几乎与使用带有选择的Multi-Net集成方法的性能相同（比较表7.6中的第2行和第4行）。并且这种方法更有效：如果对于Multi-Net，需要等待所有5个模型产生一个输出，直到考虑选择掩码终止，在这个“所有模型”的情况下，可以在生成掩码时并行通过选择过程，而不必同步所有5个模型。如先前讨论的一样，这是本章算法的第一选择，通常称为“本章建议的算法”，将在后续章节中进行测试。

（4）不同网络架构的分析：如表7.1~表7.3所列，不同的网络架构会产生不同的结果，而Multi-Net集成总是优于单个模型。本章的实验表明，不同的架构在不同的任务上表现不同，但都有最适合的情况。例如，LowRes-Net在盒形拟合问题上表现得很好，因为这不需要精细的锐利物体掩码。另外，在评估精确的分割时，具有较高分辨率输出的网络（例如，基于U-Net设计的网络更适合此任务）的性能会更好。在这些模型中，可以定性地观察到，与DilateU-Net相比，DenseU-Net产生了“孔”更少的掩码，而DilateU-Net是分割任务的最佳模型。不同架构之间的定量差异如表7.1~表7.3所列，而定性差异如图7.5和图7.8所示。

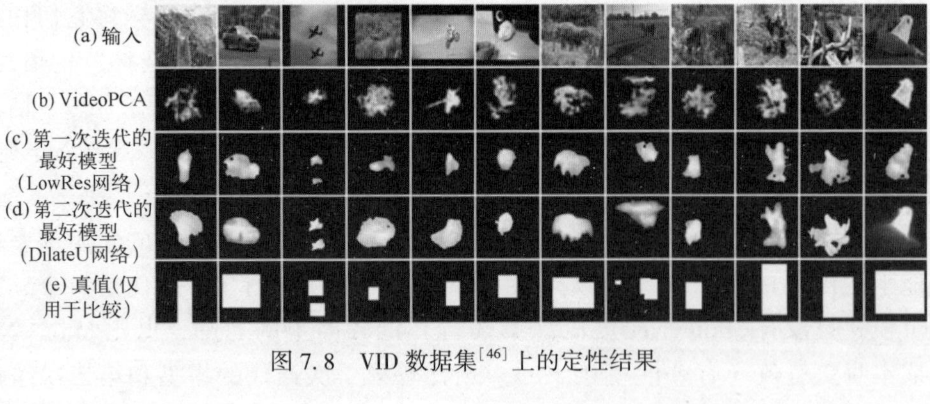

图7.8 VID数据集[46]上的定性结果

图 7.8 展示了对于每次迭代，都会根据 CorLoc 指标显示最佳单个模型的结果。与 VideoPCA（第一次迭代老师）相比，本章提出的模型具有更好的质量，并给出了真实边界框。

7.5.2 前景分割测试

1. 视频中的对象发现

首先，其与专门为视频中的对象发现设计的方法进行了比较。为此，选择 YouTube 目标数据集，并将其与相关文献中关于该数据集的最佳算法进行比较（表 7.7），在 YouTube 目标数据集的两个版本（YTOv1.0[3] 和 YTOv2.2[72]）上进行了评估。在 YTOv1 上，遵循与 Jun Koh 等[70]、Prest 等[3] 相同的实验设置，在训练分割的所有标记帧上进行实验。在表 7.7 中，没有包括 Stretcu 和 Leordeanu[36] 的结果，因为他们在测试来自 YTOv1 的所有视频时使用了不同的设置。要强调一个事实，尽管此处介绍的用于比较的算法可以访问整个视频，但测试时只需一个图像。尽管有此限制，本章提出的算法在 10 个类别中的 7 个类别上的表现优于其他算法，并且具有最佳的总体平均性能。需要注意的是，即使是在第一次迭代，本章算法的基准 LowRes-Net 也能达到最佳性能。前馈 CNN 在 0.02s 内处理一幅图像，比其他算法至少快 1~2 个数量级（表 7.7）。在所有结果比较中，虽然本章提出的系统在测试时速度更快，但在训练阶段所用的时间要长得多，并且需要大量无监督的训练数据。

2. 图像中的对象发现

将本章提出的系统与其他的图像对象发现算法进行比较。针对互联网图像的对象发现集和 Pascal-S 数据集两个不同的数据集进行比较。如实验部分的开头所述，使用通常用于这些任务的指标来分析结果。

互联网图像中的目标发现是单个图像中前景目标检测的一个代表性基准。该集合包含带有高细节分割掩码的互联网图像。为了与以前的算法进行比较，为三个类别（飞机、汽车和马）中的每一个类别使用 100 个图像子集。相关文献中对这一数据集的评价方法要么是为了发现给定图像中主要对象的边界框，要么是为了找到它的精细分割掩码，本节在这二者上评估本章提出的算法性能。与其他工作不同，这里不需要在测试时间内收集图像，因为每幅图像都可以由本章提出的系统独立处理。因此，与其他算法不同，本章提出的算法其性能不受图像集合的结构或集合中存在的感兴趣的类别数量的影响。

表 7.7　利用 Youtube 目标数据集（版本 v1.0[3] 和 v2.2[72]）实验的结果
（加粗代表效果最好，斜体代表综合集成效果最好）

算　法	飞机	鸟	船	车	猫	牛	狗	马	摩托车	火车	平均值	时间/s	版本号
Prest 等[3]	51.7	17.5	34.4	34.7	22.3	17.9	13.5	26.7	41.2	25.0	28.5	—	V1.0
Papazoglou 和 Ferrari[65]	65.4	67.3	38.9	65.2	46.3	40.2	65.3	48.4	39.0	25.0	50.1	4	
Jun Koh 等[70]	64.3	63.2	73.3	68.9	44.4	62.5	71.4	52.3	**78.6**	23.1	60.2	—	
Haller 和 Leordeanu[71]	76.3	**71.4**	65.0	58.9	**68.0**	55.9	70.6	33.3	69.7	42.4	61.1	0.35	
LowRes-Net$_{iter1}$	77.0	67.5	**77.2**	68.4	54.5	68.3	72.0	**56.7**	44.1	34.9	62.1	0.02	
LowRes-Net$_{iter2}$	**83.3**	**71.4**	74.3	69.6	57.4	**80.0**	77.3	**56.7**	50.0	37.2	65.7	0.02	
DilateU-Net$_{iter2}$	**83.3**	66.2	**77.2**	**70.9**	63.4	75.0	**80.0**	53.3	50.0	**44.2**	**66.4**	0.02	
Multi-Net$_{iter2}$（集成）	*87.4*	*72.7*	*77.2*	64.6	62.4	75.0	*82.7*	*56.7*	52.9	39.5	*67.1*	0.15	
Haller 和 Leordeanu[71]	76.3	**68.5**	**54.5**	50.4	**59.8**	42.4	53.5	30.0	**53.5**	**60.7**	54.9	0.35	V2.2
LowRes-Net$_{iter1}$	75.7	56.0	52.7	57.3	46.9	57.0	48.9	44.0	27.2	56.2	52.2	0.02	
LowRes-Net$_{iter2}$	79.0	48.2	51.0	**62.1**	46.9	65.7	55.3	**50.6**	36.1	52.4	54.7	0.02	
DilateU-Net$_{iter2}$	**84.3**	49.9	52.7	61.4	50.3	**68.8**	**56.4**	47.1	36.1	56.7	**56.4**	0.02	
Multi-Net$_{iter2}$（集成）	83.1	53.2	54.3	*63.7*	50.6	*69.2*	*61.0*	*51.1*	37.2	48.7	*57.2*	0.15	

表 7.8 中，使用对象发现数据集上的 CorLoc 指标与其他无监督对象发现方法相比，给出了本章提出的算法的性能。如 Cho[12]、Tang[73] 等的工作，比较了预测得到的框与围绕真实值分割的紧密框。可以将本章提出的算法视为混合类别：它不依赖图像集合的结构，独立处理每幅图像。其他算法的性能会随着集合中主要类别数量的增加而降低（有些算法的作者甚至没有在混合类的情况下进行测试），而本章提出的算法并非如此。

表 7.8　互联网图像数据集[4]（CorLoc 指标）上的对象发现的结果

算　法	飞　机	汽　车	马	平 均 值
Kim 等[27]	21.95	0.00	16.13	12.69
Joulin 等[26]	32.93	66.29	54.84	51.35
Joulin 等[28]	57.32	64.04	52.69	58.02
Rubinstein 等[4]	74.39	87.64	63.44	75.16
Tang 等[73]	71.95	93.26	64.52	76.58
Cho 等[12]	82.93	94.38	**75.27**	84.19
Cho 等[12] 混合	81.71	94.38	70.97	82.35
LowRes-Net$_{iter1}$	87.80	**95.51**	74.19	85.83
LowRes-Net$_{iter2}$	93.90	93.25	**75.27**	87.47
DilateU-Net$_{iter2}$	**95.12**	**95.51**	74.19	**88.27**
Multi-Net$_{iter2}$（集成）	*97.56*	*95.51*	74.19	*89.09*

注意，表 7.1 中也给出了所有模型利用数据集 v1.0 版本的完整结果。表 7.8 中展示了第一次迭代得到的结果在第二次迭代中得到进一步改进。在两次迭代中，给出了最佳的单个模型和集成模型，以及基线 LowRes-Net。在这些单个模型中，在评估边框拟合时 DilateU-Net 往往表现得最好。对于每列，用粗体凸显最佳模型，并用斜体凸显集成效果更好或相等的情况。

实验获得了所有类别测试的最好结果，比 Cho 等[12] 的算法提高了 6%。当 Cho 等[12] 的算法被允许使用一个仅限于一个主要类别的图像集合时，它的性能可以提高，并且与本章提出的算法性能相当。但是在测试时，除了输入图像，本章提出的算法无须其他必要的信息。

另外，本章在精细前景对象分割问题上测试了本章提出的算法，并将其与表 7.9 中“对象发现”数据集里表现最好的方法进行了比较。为了完善本章算法的软掩码，使用了 GrabCut 算法，因为它在 OpenCV 中可用，并利用据 Rubinstein 等[4]描述的 P、J 评估指标进行评估，P 和 J 越高越好。图 7.9 和图 7.10 给出了每类的一些定性结果。如前所述，这些关于互联网图像中对象发现的分割实验是将 GrabCut 应用于后处理步骤的唯一实验，表 7.9 中的所有其他算法也使用了这种算法。本章提出的算法在两个数据集版本上都取得了当前最好的结果。请注意，基线 LowRes-Net 已经在 v1.0 版本数据集上取得了最好的结果，而在 v2.2 版本数据集上的结果接近最佳。表 7.9 中给出了单个模型和集成模型的结果，并在两次迭代中保留了基线 LowRes-Net，以供参考。

表 7.9　基于（P，J）度量指标的互联网图像数据集[4]中对象发现任务的分割评估结果

算　法	飞机		汽车		马	
	P	J	P	J	P	J
Kim 等[27]	80.20	7.90	68.85	0.04	75.12	6.43
Joulin 等[26]	49.25	15.36	58.70	37.15	63.84	30.16
Joulin 等[28]	47.48	11.72	59.20	35.15	64.22	29.53
Rubinstein 等[4]	88.04	55.81	85.38	64.42	82.81	51.65
Chen 等[74]	90.25	40.33	87.65	64.86	86.16	33.39
LowRes-Net$_{iter1}$	**91.41**	61.37	86.59	70.52	87.07	55.09
LowRes-Net$_{iter2}$	90.70	63.15	**87.00**	73.24	**87.78**	**55.67**
DilateU-Net$_{iter2}$	90.27	**63.37**	86.08	**73.25**	87.40	55.49
Multi-Net$_{iter2}$（集成）	91.39	*65.07*	86.61	73.09	*88.34*	55.53

表 7.9 展示了在两次迭代中，最佳的单个模型和集成模型，以及基线 LowRes-Net。在精细对象分割问题上，最好的个体模型是 DenseU-Net，本章提到了这一点。请注意，本章只将 GrabCut 作为后处理步骤应用于这些实验，此表中所有算法也都使用它。对于每一列，用粗体凸显最佳模型，并用斜体凸显集成模型效果更好或相等的情况。

图 7.9 展示了对于两次迭代，不使用 GrabCut 前提下的顶级模型（(c)、(d)）的结果。还给出了使用 GrabCut 的顶级模型（e）的结果。注意，本章提出的模型能够从训练集中不存在的类中分割对象（右边虚线框里的例子）。另外，初始 VideoPCA 老师不能应用于单个图像。

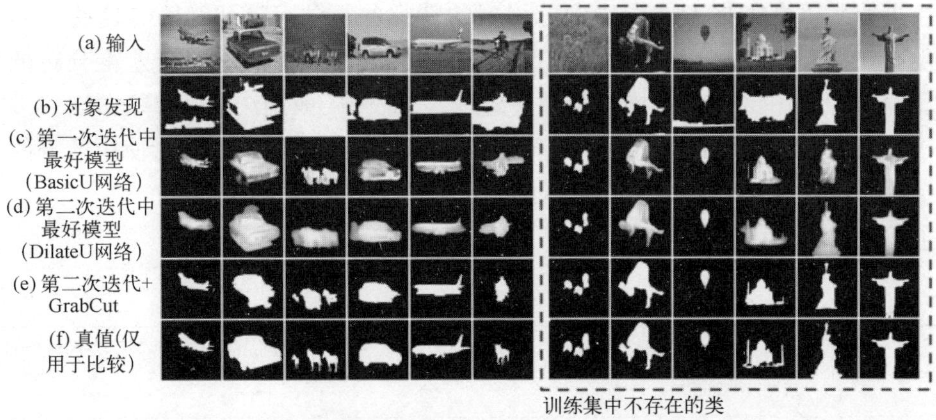

图 7.9　对象发现数据集上与（b）[4]相比的定性结果

图 7.10 展示了每个例子输入的 RGB 图像，并在本章算法分割结果的正下方给出了使用 GrabCut 后处理获得的硬分割。请注意，本章的算法即使在背景杂乱的图像中也可以产生高质量的分割结果。

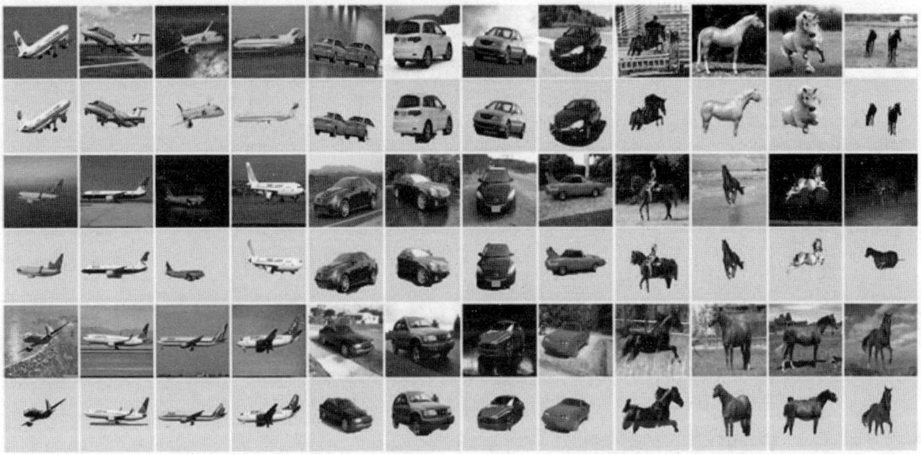

图 7.10　互联网图像数据集上[4]对象发现的定性结果

另一个重要的用于评估相关性问题（突出对象检测）的数据集是 Pascal-S 数据集，该数据集由 850 幅带有标注的分割掩码图像组成。从表 7.10 中可以看出，在不使用任何监督的预训练特征的算法时，本章提出的算法在所有三个指标上均取得了最佳结果。作为一种前景对象检测算法，本章的算法通常偏向于检测图像中的主要对象，即使这种算法也可以检测到多个对象。Pascal-S 中的图像通常有更多的对象，因此本章提出的算法验证的结果令人非常满意，因为它接近使用以有监督方式预先训练得到的特征的算法。还要注意，这些实验中并没有使用 GrabCut 算法。从表 7.10 中可以看出对于平均绝对误差得分越低越好，而对于 F_β 和 meanIoU 则得分越高越好。该表中还列出了每种算法的最大 F_β、最小平均绝对误差和最大 meanIoU。用粗体表示，当每个模型没有使用监督的预训练的特征时，最好的结果，斜体显示了集成效果更好的情况。

表 7.10 PASCAL-S 数据集上，本章提出的算法与其他无监督算法的比较结果

算法	F_β	平均绝对误差	meanIoU	是否预先训练特征
Wei 等[75]	56.2	22.6	41.6	否
Li 等[76]	56.8	19.2	42.4	否
Zhu 等[77]	60.0	19.7	43.9	否
Yang 等[78]	60.7	21.7	43.8	否
Zhang 等[79]	60.8	20.2	44.3	否
Tu 等[80]	60.9	19.4	45.3	否
Zhang 等[81]	68.0	14.1	54.9	Init VGG
LowRes-Net$_{iter1}$	64.6	19.6	48.7	否
LowRes-Net$_{iter2}$	66.8	18.2	**51.7**	否
DilateU-Net$_{iter2}$	**69.1**	**17.6**	50.9	否
Multi-Net$_{iter2}$（集成）	*69.6*	19.5	*52.3*	否

在单幅图像实验中，正如之前在其他视频数据集（VID、YTO 和 YTBB）上讨论的那样，本章提出的系统是经过训练的。在训练期间，它还没有在 Pascal-S 或对象发现数据集中发现任何目标。

7.5.3 迁移学习测试

尽管本章的主要关注点是前景对象分割的无监督学习，但也测试特征在迁移学习设置中的有效性，即用于多对象检测的问题。为此，本章遵循了最近的迁移学习文献中使用的著名实验设置。其中，在快速 R-CNN[83] 框架内，以无监督方式初始化的 AlexNet-like[82] 网络，在有监督对象检测任务上进行了微调。本书作者密切关注 Pathak 等[6] 的工作，以及在线提供的代码、文档和训练数据，如相关工作部分所述，他们也从视频学习开始，以无监督的方式在单个图像中分割对象。在这些实验中，本书作者以同样的方式修改了 AlexNet 的最后一部

分，用以产生图像的软分割（而不是输出类）。这里使用的方法与所比较的方法具有相同的基础架构，以确保结果的不同效果来自学习的特征，而不是所使用的架构。

（1）目标分割的初始无监督训练：在第二次迭代中，使用了本节中描述的基于 AlexNet 的自适应模型（称为 AlexNet-Seg）作为无监督学习框架中的学生。因此，在第二次迭代中，AlexNet-Seg 将由无监督的老师分支训练。在此情况下，老师将作为一个单独网络，即模块 B 的 DialtedU-Net 和模块 C 的 EvalSeg-Net 掩码选择器的组合。为了了解实际训练数据如何影响最终的迁移学习结果，对本书使用训练数据和 Pathak 等[6]使用的数据进行了比较实验，这些数据来自 YFCC100m[84]数据集，大约有 160 万帧，最终结果如表 7.13 所列。

事实上，本章的无监督学习系统更倾向于分割图像中的主要前景对象，而其在分割包含许多对象的复杂图像时通用性较差。由于 Pascal VOC 2012 中的图像包含多个对象的复杂场景，且最终的迁移学习问题是多个对象的检测问题，因此调整了本书无监督学习系统以便更好地处理多个对象，并对这种情况进行了测试。在第二次迭代中通过老师分支，将每个训练图像分成 5 个大的块（一个网格，每个角和中间各有一幅图像，每幅图像占两个维度原始图像的 60%）。通过叠加软掩码并在原始图像的每个位置上取最大值，将结果组合成一幅图像。最终获得可以更好地捕获输入图像中多个对象的软分割。请注意，在表 7.12、表 7.13 和图 7.11 中，未经五点网格划分的原始图像（未经教师分支）称为单对象（SO）老师，而刚才描述的在相同的表格和图中的用五点网格划分的版本称为多对象（MO）老师。因此，在这些多对象软分割上训练 AlexNet-Seg 学生，可以将知识从无监督学生模型转移到 AlexNet-Seg，并为下一步的有监督对象检测做好准备。

（2）对象检测迁移：与其他方法类似，在 Pascal VOC 2012[67]数据集上进行了迁移学习实验。在 Pascal VOC 2012 的训练分组中进行训练，并给出了分组的效果。另外，还采用多尺度的训练和测试（在训练过程中移去困难的学习对象）。表 7.11 给出了比较的结果。可以发现，通过本章提出的算法学习的无监督知识对迁移学习确实有用，因为算法的计算结果在当前公布的算法中排名前三。这很有趣，因为本章的无监督学习算法主要用于前景对象分割，而不分类。

（3）前景分割与多目标检测：用于测试本章提出的迁移学习问题，涉及定位（检测）问题和分类问题。在这种情况下，正如引言所述，Pathak 等[6]的研究与本书的工作最相关，因为他们也从视频中学习以无监督的方式分割单个图像中的对象，通过从视频中的光流生成软掩码的老师来实现对象分割的目标。本书作者除了想了解 Pathak 等[6]的算法与本书的两种算法之间的理论联系，还想更好地了解这两种算法在实际前景分割实验中的关系。结果表明，Pathak 等[6]的算法通常会产生覆盖区域更大的图像掩码，比本书提出的算法更适合迁移学习。

表 7.11 中的这些数字表示 Pascal VOC 2012 验证实验分组的 mAP 值。每列表示对网络进行微调的程度，例如，>c1 表示对第一次卷积后的所有层进行微调，以此类推，>c2 表示对第二次卷积后所有层进行微调，而“所有”表示对所有层进行微调的情况。加粗数值是每种情况下表现最好的数值。

表 7.11 Pascal VOC 2012[67]上不同算法初始化的快速 R-CNN 与最新技术的比较

算 法	所有	>c1	>c2	>c3	>c4	>c5
Agrawal 等[85]	37.4	36.9	34.4	28.9	24.1	17.1
Pathak 等[20]	39.1	36.4	34.1	29.4	24.8	13.4
Krähenbühl 等[86]	42.8	42.2	40.3	37.1	32.4	26.0
Owens 等[87]	42.9	42.3	40.6	37.1	32.0	26.5
Wang 和 Gupta[16]	43.5	44.6	44.6	44.2	41.5	35.7
Zhang 等[88]	43.8	45.6	45.6	46.1	44.1	37.6
Zhang 等[89]	44.5	44.9	44.7	44.4	42.6	38.0
Donahue 等[90]	44.9	44.6	44.7	42.4	38.4	29.4
Pathak 等[6]	48.6	48.2	**48.3**	**47.0**	**45.8**	**40.3**
Doersch 等[17]	**49.9**	**48.8**	44.4	44.3	42.1	33.2
本书—AlexNet-Seg (MO)	46.8	46.2	43.9	41.0	36.5	29.9

表 7.12 列出了 YTO 和 Obj-Disc 数据集的 CorLoc 指标值，以及 Pascal-S 数据集的 F_β指标值。SO 表示从一个单对象（SO）老师训练而来的 AlexNet-Seg 学生，而 MO 则表示从一个多对象（MO）老师训练而来的学生，如前文所述。可以看出，本章提出的多对象方案对前景对象分割的结果产生了负面影响，这是因为这些数据集只有一个对象。

表 7.13 中，SO 表示从一个单对象（SO）老师训练而来的 AlexNet-Seg 学生，而 MO 表示从一个多对象（MO）老师训练而来的学生。该表给出了训练数据影响迁移学习结果的程度，第二列数字代表了微调整个网络时 Pascal VOC 2012 验证训练分组的 mAP 指标。注意，提出的多对象方法仅带来了很小的改

进。此外，在这些迁移学习测试中，较大的训练数据集（YFCC100m）也往往仅能带来性能改进较小的结果。

表 7.12 无监督对象发现实验结果的比较

算法	YTO	Obj-Disc	Pascal-S	训练数据
Pathak 等[6]	39.4	82.1	64.7	YFCC100m
AlexNet-Seg（SO）	62.7	86.4	67.4	本书的数据
AlexNet-Seg（SO）	56.6	83.6	65.5	YFCC100m
AlexNet-Seg（MO）	54.7	86.0	65.9	本书的数据
AlexNet-Seg（MO）	58.3	84.4	65.2	YFCC100m
AlexNet-Seg（MO）	58.1	85.2	66.1	两种数据

表 7.13 使用不同类型训练图像和数据的 AlexNet-Seg 学生的计算结果比较

算法	Pascal VOC 2012（mAP）	训练数据
AlexNet-Seg（SO）	46.2	本书的数据
AlexNet-Seg（SO）	45.7	YFCC100m
AlexNet-Seg（MO）	46.1	本书的数据
AlexNet-Seg（MO）	46.8	YFCC100m
AlexNet-Seg（MO）	46.8	两种数据

图 7.11 给出了在迁移学习中使用的无监督老师分支的输出结果，包括原始案例单对象（SO——DilateU-Net）和多对象场景（MO——组合的 DilateU-Net 输出，组合在 5 个网格中）、这两种场景下的受训练的学生［AlexNet-Seg（SO）和 AlexNet-Seg（MO）］，以及 Pathak 等[6]的输出结果。

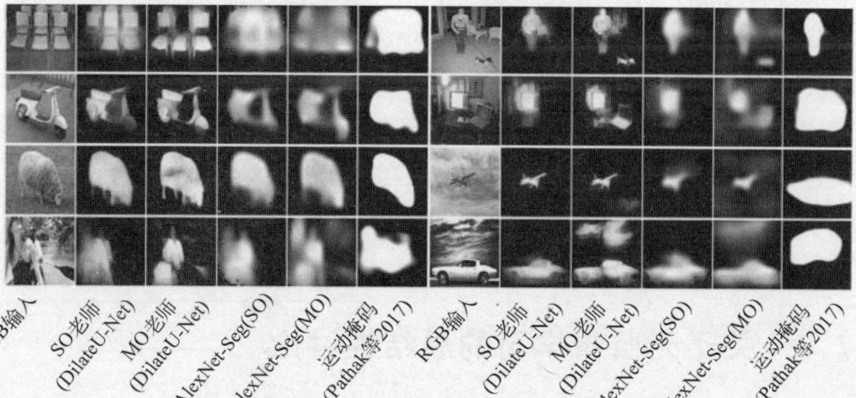

图 7.11 Pascal VOC 2012 数据集上的代表性视觉结果

另外，在前景分割任务上进行的测试结果，表明本章提出的算法产生的结果更好（表 7.12），并且与本书作者在检测具有人工标注的单个图像帧中的主要目标的算法的结果一致（例如，精度：29.9，召回率：59.3，IoU 均值：24.8）。它们的高召回率和较低精度与观察结果一致，即它们的分割覆盖了图像的较大部分，而本章算法的分割则提供了更清晰且更小的掩码。这一观察结果倾向于使用在五点网格上提取大型对象，并将结果组合起来（称为 AlexNet-Seg MO）的方法。正如实验结果所示，在网格上进行多个输出最终仅带来 0.6%的相对较小的改进（表 7.13）。图 7.11 给出了 DilatedU-Net 老师对 AlexNet-Seg 学生的定性结果，该学生使用检测到的单个前景对象（称为 SO 老师）和五点网格多对象（称为 MO 老师）的分割结果进行了训练。另外，还比较了 AlexNet-Seg 学生在两种情况下的输出结果以及 Pathak 等[6]的输出结果。尽管本章提出的算法在分割任务上有较好的效果，但是 Pathak 等[6]的算法更适于迁移学习。可以认为 Pathak 等[6]的算法得到的精度较低，但召回率和置信度较高的大掩码(图 7.11)，在需要检测整个图像上多个对象的迁移学习阶段，可能更灵活、更不保守。同时，本章提出的算法倾向于获得更清晰、质量更好的前景分割掩码。总的来说，迁移学习实验表明，本章提出的算法适合这样的任务，因为在使用相同的实验设置情况下，本章的算法的性能位列前三名。

7.5.4 实验总结

通过实验分析可以得到一个有趣的结论，从第一次迭代到第二次迭代，系统都能够改善性能。这一结果涉及几个相互关联的因素：①结构多样的学生确保了多样性和一定程度上的独立性；②第①点使能够对学习预测的掩码选择模块进行无监督训练；③在第②点的选择模块成为一个良好的掩码评估网络；④一旦评估网络（从③开始）可用，就可以添加更大和更复杂的数据，以便在下一次迭代中选择一个更大、更好的对象掩码集，从而获得更有趣的情况；⑤由于第④点确保在下一次迭代中得到改进，因而又可以回到第①点。

7.6 关于无监督学习的总结性讨论

无监督学习的最终目标可能不在于匹配有监督案例的性能，而在于超越经典监督场景的能力。一个无监督的系统应该能够学习和识别不同的对象类别，如动物、植物和人造物体，因为它们随着时间的推移而变化，从过去到未知的未来，它还应该能够学习可能形成的相对于其他类（可能是已知类）的新类，本书作者认为这种情况与有监督的情况有本质的不同。在有监督的情况下，分类器被迫从固定且受限于特定时间段的样本分布中学习（完成人工标记后）。因此，在有监督学习范式中，未来的汽车不应该被归类为汽车，因为在收集人类标记时，根据当前训练时间给定的汽车的有监督分布，它不是一辆汽车。另外，一个可以自我学习的系统应该能够跟踪“汽车”是如何在时间上发生变化的，并能够识别诸如“汽车”之类的物体，而无须人工干预。

当前的无监督学习方法可能仍然无法学习深刻的语义信息[25]，但是能够学习且以无监督的方式分割前景对象的能力证明研究正朝着正确的方向前进。为了理解和学习语义类，系统需要自己学习这些对象如何相互影响以及它们在更大的时空中扮演何种角色。虽然当前的无监督学习方法还远未达到这种解释水平，但学习和检测其在局部空间环境中构成前景对象的能力可用于进一步了解时空中更复杂的交互作用和行为。

从更大的时空角度来看，无监督学习是指学习适应不断变化的大量数据。人类的标记在数据海洋中极为有限，无法持续提供所谓“真相”信息。因此，在人工智能的未来，无监督学习特别是它的低版本学习（通过最少的人工干预从大量数据中学习），将很快成为比有监督学习更大规模的核心部分。

7.7 结论与未来工作

本章提出了一种新颖有效的方法，以无监督的方式从大量图像和视频数据集中学习，从而分割单个图像中的前景对象。本章提出了一个相对通用的系统，实验证明该系统能在两步迭代过程中提高算法性能，还测试了不同系统组件对最终性能的影响，并在三个不同的数据集上给出了最新的计算结果，同时该系统在具有挑战性的迁移学习实验中也得到了最佳的性能。本章提出的系统是相关文献中最早以无监督的方式检测和分割图像中的前景对象的系统之一，该系统无须提供任何预先训练的特征，也不需要手动标记，在测试时只需输入一幅图像。

沿着学生分支训练的卷积网络能够学习一般的“客观”特征，包括良好的形状、闭合、平滑的轮廓以及与背景的对比度。随着时间的推移，一个简单最初的 VideoPCA 老师发现，深奥复杂的学生能够对跨多个层次的图像特征进行学习。另外，在迁移学习上的实验结果也令人满意，并显示了这种系统在其他情况下也是有用的。在未来的工作中，随着计算和存储能力的提高，本章的无监督学习模型在多代师生网络中具备更强大的功能，提出的算法在广泛的实验中进行了测试，可为计算机视觉研究带来有价值的贡献，因为在师生范式连续无监督学习中，老师基本上是整个上一代学生的无监督学习结果。这里立即提出了下一个将在第 8 章中进行介绍的概念。

想象一下，使用一整套神经网络来处理视觉识别领域的所有已知任务，并通过其他连接网络将这一整套神经网络连接起来。这些神经网络接收其中一个网络的输出，并试图预测另一个网络的输出。对于给定的任何视觉学习问题和学生网络，是否有可能在无监督的情况下，把其他学生作为老师使用？这个想法的局限性是什么？需要进行多少预训练？对于所考虑的视觉任务集以及所使用的未标记数据的数量和类型将受到什么限制？这些是本书第 8 章需要回答的问题。

参考文献

[1] Croitoru I, Bogolin S V, Leordeanu M (2017) Unsupervised learning from video to detect foreground objects in single images. In: 2017 IEEE international conference on computer vision (ICCV). IEEE, pp 4345-4353.

[2] Croitoru I, Bogolin S V, Leordeanu M (2019) Unsupervised learning of foreground object segmentation. Int J Comput Vis 1-24.

[3] Prest A, Leistner C, Civera J, Schmid C, Ferrari V (2012) Learning object class detectors from weakly annotated video. In: CVPR.

[4] Rubinstein M, Joulin A, Kopf J, Liu C (2013) Unsupervised joint object discovery and segmentation in internet images. In: CVPR.

[5] Li Y, Hou X, Koch C, Rehg J M, Yuille A L (2014) The secrets of salient object segmentation. Georgia Institute of Technology.

[6] Pathak D, Girshick R, Dollar P, Darrell T, Hariharan B (2017) Learning features by watching objects move. In: CVPR.

[7] Bengio Y, Louradour J, Collobert R, Weston J (2009) Curriculum learning. In: Proceedings of

the 26th annual international conference on machine learning. ACM, pp 41–48.

[8] Radenovi'c F, Tolias G, Chum O (2016) CNN image retrieval learns from bow: unsupervised fine-tuning with hard examples. In: ECCV.

[9] Misra I, Zitnick C L, Hebert M (2016) Shuffle and learn: unsupervised learning using temporal order verification. In: ECCV.

[10] Li D, Hung W C, Huang J B, Wang S, Ahuja N, Yang M H (2016) Unsupervised visual representation learning by graph-based consistent constraints. In: ECCV.

[11] Jain A K, Murty M N, Flynn P J (1999) Data clustering: a review. ACM Comput Surv (CSUR) 31 (3): 264–323.

[12] Cho M, Kwak S, Schmid C, Ponce J (2015) Unsupervised object discovery and localization in the wild: Part-based matching with bottom-up region proposals. In: Proceedings of the IEEE conference on computer vision and pattern recognition, pp 1201–1210.

[13] Sivic J, Russell B, Efros A, Zisserman A, Freeman W (2005) Discovering objects and their location in images. In: ICCV.

[14] Raina R, Battle A, Lee H, Packer B, Ng A Y (2007) Self-taught learning: transfer learning from unlabeled data. In: Proceedings of the 24th international conference on Machine learning. ACM, pp 759–766.

[15] Lee H Y, Huang J B, Singh M, Yang M H (2017) Unsupervised representation learning by sorting sequences. In: 2017 IEEE international conference on computer vision (ICCV). IEEE, pp 667–676.

[16] Wang X, Gupta A (2015) Unsupervised learning of visual representations using videos. arXiv: 150500687.

[17] Doersch C, Gupta A, Efros A A (2015) Unsupervised visual representation learning by context prediction. In: Proceedings of the IEEE international conference on computer vision, pp 1422–1430.

[18] Larsson G, Maire M, Shakhnarovich G (2016) Learning representations for automatic colorization. In: European conference on computer vision. Springer, pp 577–593.

[19] Noroozi M, Favaro P (2016) Unsupervised learning of visual representations by solving Jigsaw puzzles. In: European conference on computer vision. Springer, pp 69–84.

[20] Pathak D, Krahenbuhl P, Donahue J, Darrell T, Efros A A (2016) Context encoders: feature learning by inpainting. In: Proceedings of the IEEE conference on computer vision and pattern recognition, pp 2536–2544.

[21] Finn C, Goodfellow I, Levine S (2016) Unsupervised learning for physical interaction through video prediction. In: Advances in neural information processing systems, pp 64–72.

[22] Xue T, Wu J, Bouman K, Freeman B (2016) Visual dynamics: probabilistic future frame synthesis via cross convolutional networks. In: Advances in neural information processing systems, pp 91–99.

[23] Goroshin R, Mathieu M F, LeCun Y (2015) Learning to linearize under uncertainty. In: Advances in neural information processing systems, pp 1234-1242.

[24] Wang X, Gupta A (2015) Unsupervised learning of visual representations using videos. In: The IEEE international conference on computer vision (ICCV).

[25] Bau D, Zhou B, Khosla A, Oliva A, Torralba A (2017) Network dissection: quantifying interpretability of deep visual representations. In: International conference on computer vision and pattern recognition (CVPR).

[26] Joulin A, Bach F, Ponce J (2010) Discriminative clustering for image co-segmentation. In: CVPR.

[27] Kim G, Xing E, Fei-Fei L, Kanade T (2011) Distributed cosegmentation via submodular optimization on anisotropic diffusion. In: ICCV.

[28] Joulin A, Bach F, Ponce J (2012) Multi-class cosegmentation. In: CVPR.

[29] Kuettel D, Guillaumin M, Ferrari V (2012) Segmentation propagation in ImageNet. In: ECCV.

[30] Vicente S, Rother C, Kolmogorov V (2011) Object cosegmentation. In: CVPR.

[31] Rubio J, Serrat J, López A (2012) Video co-segmentation. In: ACCV.

[32] Leordeanu M, Sukthankar R, Hebert M (2012) Unsupervised learning for graph matching. Int J Comput Vis 96: 28-45.

[33] Deselaers T, Alexe B, Ferrari V (2012) Weakly supervised localization and learning with generic knowledge. IJCV 100 (3).

[34] Nguyen M, Torresani L, la Torre F D, Rother C (2009) Weakly supervised discriminative localization and classification: a joint learning process. In: CVPR.

[35] Siva P, Russell C, Xiang T, Agapito L (2013) Looking beyond the image: unsupervised learning for object saliency and detection. In: CVPR.

[36] Stretcu O, Leordeanu M (2015) Multiple frames matching for object discovery in video. In: BMVC, pp 186. 1-186. 12.

[37] Leordeanu M, Collins R, Hebert M (2005) Unsupervised learning of object features from video sequences. In: CVPR.

[38] Parikh D, Chen T (2007) Unsupervised identification of multiple objects of interest from multiple images: discover. In: Asian conference on computer vision.

[39] Liu D, Chen T (2007) A topic-motion model for unsupervised video object discovery. In: CVPR.

[40] Joulin A, Tang K, Fei-Fei L (2014) Efficient image and video co-localization with Frank-Wolfe algorithm. In: ECCV.

[41] Rochan M, Wang Y (2014) Efficient object localization and segmentation in weakly labeled videos. In: Advances in visual computing. Springer, pp 172-181.

[42] Lee Y J, Kim J, Grauman K (2011) Key-segments for video object segmentation. In: 2011 IEEE international conference on computer vision (ICCV). IEEE, pp 1995-2002.

[43] Cheng J, Tsai Y H, Wang S, Yang M H (2017) Segflow: joint learning for video object seg-

mentation and optical flow. In: The IEEE international conference on computer vision (ICCV).

[44] Dutt Jain S, Xiong B, Grauman K (2017) Fusionseg: learning to combine motion and appearance for fully automatic segmentation of generic objects in videos. In: The IEEE conference on computer vision and pattern recognition (CVPR).

[45] Tokmakov P, Alahari K, Schmid C (2017) Learning motion patterns in videos. In: The IEEE conference on computer vision and pattern recognition (CVPR).

[46] Russakovsky O, Deng J, Su H, Krause J, Satheesh S, Ma S, Huang Z, Karpathy A, Khosla A, Bernstein M et al (2015) Imagenet large scale visual recognition challenge. IJCV 115 (3).

[47] Everingham M, Eslami SMA, Van Gool L, Williams CKI, Winn J, Zisserman A (2015) The pascal visual object classes challenge: a retrospective. Int J Comput Vis 111 (1): 98-136.

[48] Tokmakov P, Alahari K, Schmid C (2016) Learning semantic segmentation with weakly annotated videos. In: ECCV, vol 1, p 6.

[49] Khoreva A, Benenson R, Hosang J H, Hein M, Schiele B (2017) Simple does it: weakly supervised instance and semantic segmentation. In: CVPR, vol 1, p 3.

[50] Rother C, Kolmogorov V, Blake A (2004) Grabcut: interactive foreground extraction using iterated graph cuts. In: ACM transactions on graphics (TOG), vol 23. ACM, pp 309-314.

[51] Borji A, Sihite D, Itti L (2012) Salient object detection: a benchmark. In: ECCV.

[52] Cheng M, Mitra N, Huang X, Torr P, Hu S (2015) Global contrast based salient region detection. PAMI 37 (3).

[53] Barnich O, Van Droogenbroeck M (2011) Vibe: a universal background subtraction algorithm for video sequences. IEEE Trans Image Process 20 (6): 1709-1724.

[54] Raiko T, Valpola H, LeCun Y (2012) Deep learning made easier by linear transformations in perceptrons. AISTATS 22: 924-932.

[55] Pinheiro P O, Lin T Y, Collobert R, Dollár P (2016) Learning to refine object segments. In: ECCV.

[56] Long J, Shelhamer E, Darrell T (2015) Fully convolutional networks for semantic segmentation. In: Proceedings of the IEEE conference on computer vision and pattern recognition, pp 3431-3440.

[57] Ronneberger O, Fischer P, Brox T (2015) U-net: convolutional networks for biomedical image segmentation. In: International conference on medical image computing and computer-assisted intervention. Springer, pp 234-241.

[58] Yu F, Koltun V (2015) Multi-scale context aggregation by dilated convolutions. arXiv: 151107122.

[59] Jégou S, Drozdzal M, Vazquez D, Romero A, Bengio Y (2017) The one hundred layers tiramisu: fully convolutional dense nets for semantic segmentation. In: 2017 IEEE conference on computer vision and pattern recognition workshops (CVPRW). IEEE, pp 1175-1183.

[60] Abadi M, Agarwal A, Barham P, Brevdo E, Chen Z, Citro C, Corrado G S, Davis A, Dean J, Devin M, Ghemawat S, Goodfellow I, Harp A, Irving G, Isard M, Jia Y, Jozefowicz R, Kaiser L, Kudlur M, Levenberg J, Mané D, Monga R, Moore S, Murray D, Olah C, Schuster M, Shlens J, Steiner B, Sutskever I, Talwar K, Tucker P, Vanhoucke V, Vasudevan V, Viégas F, Vinyals O, Warden P, Wattenberg M, Wicke M, Yu Y, Zheng X (2015) TensorFlow: large-scale machine learning on heterogeneous systems. Software available from http://www. tensorflow. org.

[61] Kingma D, Ba J (2014) Adam: a method for stochastic optimization. arXiv: 14126980.

[62] Hou X, Zhang L (2007) Saliency detection: a spectral residual approach. In: 2007 IEEE conference on computer vision and pattern recognition CVPR'07. IEEE, pp 1-8.

[63] Jiang H, Wang J, Yuan Z, Wu Y, Zheng N, Li S (2013) Salient object detection: a discriminative regional feature integration approach. In: Proceedings of the IEEE conference on computer vision and pattern recognition, pp 2083-2090.

[64] Cucchiara R, Grana C, Piccardi M, Prati A (2003) Detecting moving objects, ghosts, and shadows in video streams. PAMI 25 (10).

[65] Papazoglou A, Ferrari V (2013) Fast object segmentation in unconstrained video. In: Proceedings of the IEEE international conference on computer vision, pp 1777-1784.

[66] Real E, Shlens J, Mazzocchi S, Pan X, Vanhoucke V (2017) Youtube-bounding boxes: a large high-precision human-annotated data set for object detection in video. In: 2017 IEEE conference on computer vision and pattern recognition (CVPR). IEEE, pp 7464-7473.

[67] Everingham M, Van Gool L, Williams C K, Winn J, Zisserman A (2010) The pascal visual object classes (VOC) challenge. Int J Comput Vis 88 (2): 303-338.

[68] Rock I, Palmer S (1990) Gestalt psychology. Sci Am 263: 84-90.

[69] Alexe B, Deselaers T, Ferrari V (2010) What is an object? In: Computer vision and pattern recognition.

[70] Jun Koh Y, Jang W D, Kim C S (2016) POD: discovering primary objects in videos based on evolutionary refinement of object recurrence, background, and primary object models. In: Proceedings of the IEEE conference on computer vision and pattern recognition, pp 1068-1076.

[71] Haller E, Leordeanu M (2017) Unsupervised object segmentation in video by efficient selection of highly probable positive features. In: The IEEE international conference on computer vision (ICCV).

[72] Kalogeiton V, Ferrari V, Schmid C (2016) Analysing domain shift factors between videos and images for object detection. PAMI 38 (11).

[73] Tang K, Joulin A, Li L J, Fei-Fei L (2014) Co-localization in real-world images. In: CVPR.

[74] Chen X, Shrivastava A, Gupta A (2014) Enriching visual knowledge bases via object discovery and segmentation. In: CVPR.

[75] Wei Y, Wen F, Zhu W, Sun J (2012) Geodesic saliency using background priors. In: European conference on computer vision. Springer, pp 29-42.

[76] Li N, Sun B, Yu J (2015) A weighted sparse coding framework for saliency detection. In: Proceedings of the IEEE conference on computer vision and pattern recognition, pp 5216-5223.

[77] Zhu W, Liang S, Wei Y, Sun J (2014) Saliency optimization from robust background detection. In: Proceedings of the IEEE conference on computer vision and pattern recognition, pp 2814-2821.

[78] Yang C, Zhang L, Lu H, Ruan X, Yang M H (2013) Saliency detection via graph-based manifold ranking. In: 2013 IEEE conference on computer vision and pattern recognition (CVPR). IEEE, pp 3166-3173.

[79] Zhang J, Sclaroff S, Lin Z, Shen X, Price B, Mech R (2015) Minimum barrier salient object detection at 80 fps. In: Proceedings of the IEEE international conference on computer vision, pp 1404-1412.

[80] Tu W C, He S, Yang Q, Chien S Y (2016) Real-time salient object detection with a minimum spanning tree. In: Proceedings of the IEEE conference on computer vision and pattern recognition, pp 2334-2342.

[81] Zhang D, Han J, Zhang Y (2017) Supervision by fusion: towards unsupervised learning of deep salient object detector. In: Proceedings of the IEEE conference on computer vision and pattern recognition, pp 4048-4056.

[82] Krizhevsky A, Sutskever I, Hinton G E (2012) Imagenet classification with deep convolutional neural networks. In: Advances in neural information processing systems, pp 1097-1105.

[83] Girshick R (2015) Fast R-CNN. In: Proceedings of the IEEE international conference on computer vision, pp 1440-1448.

[84] Thomee B, Shamma D A, Friedland G, Elizalde B, Ni K, Poland D, Borth D, Li L J (2015) Yfcc100m: the new data in multimedia research. arXiv: 150301817.

[85] Agrawal P, Carreira J, Malik J (2015) Learning to see by moving. In: Proceedings of the IEEE international conference on computer vision, pp 37-45.

[86] Krähenbühl P, Doersch C, Donahue J, Darrell T (2015) Data-dependent initializations of convolutional neural networks. arXiv: 151106856.

[87] Owens A, Wu J, McDermott J H, Freeman W T, Torralba A (2016) Ambient sound provides supervision for visual learning. In: European conference on computer vision. Springer, pp801-816.

[88] Zhang R, Isola P, Efros A A (2017) Split-brain autoencoders: unsupervised learning by crosschannel prediction. In: CVPR, vol 1, p 5.

[89] Zhang R, Isola P, Efros A A (2016) Colorful image colorization. In: European conference on computer vision. Springer, pp 649-666.

[90] Donahue J, Krähenbühl P, Darrell T (2016) Adversarial feature learning. arXiv: 160509782.

第 8 章
面向未来的无监督学习

8.1 引言

时空中的视觉数据无处不在。前文中，虽然图像识别得到了较好的理解，但是时空中的视觉学习远未得到解决。目前的难题之一是如何在大时空范围内，为低层次实体（如像素、深度或运动）和高层次概念间丰富而复杂的交互建立模型。为此，本书将以所涉及的所有核心理念、模型和方法为时空世界中的无监督学习构建一个普适模型，这个模型将一切数据融为一个统一的结构。这项工作开始前，首先应自问构建这样一个普适模型是否具有可行性。自然界中具有自学能力的物体可以看见并理解其所处环境[1]。本章不仅指出了构建这一模型的可行性，更展示了如何在短时间内，利用本书的理念和路径构建这样一个统一模型，即视觉故事图形神经网络（visual story graph neural network），简称视觉故事网络（visual story network）。

在介绍一般概念前，首先介绍一个更简单、更具一般性和应用前景的模型：递归图神经网络。该模型已构建并取得了识别复杂活动这种高级别任务的优秀的结果。因其具有普适性，因此适用于涉及时空数据处理的任何任务，将当今两大视觉计算模型之一整合成一个单一模型。递归图神经网络的图解模型拥有预定义的节点和边缘及其迭代消息传递方案，可用于优化神经网络。该模型直接通过数据学习特征，并且在数据推理时存在一个单一前馈传递。

递归时空图神经网络模型首次发表于 2019 年《神经信息处理系统的进展》杂志（NeurIPS）的以下论文：Nicolicioiu、Andrei、Iulia Duta 和 Marius Leordeanu 的“递归时空图神经网络模型”。

8.2 时空中的递归图神经网络

时空领域的学习对于机器学习和计算机视觉来说仍是一大难题。目前，用于理解时空视觉数据的计算机模型主要源于经典的单图像范例[2-3]，这一模型尚不能将时空信息很好地整合成一个普适性单一模型。本章提出一个递归时空图神经模型，适用于捕捉局部形状和不断变化的场景下不同实体和目标间更高层次的复杂交互。图中的节点和边缘都有专门处理信息的神经网络。节点负责操控从时空局部和过去记忆状态中提取特征；边缘负责处理不同位置连接节点与空间尺度间上过去和现在时间之间的消息。消息以迭代方式传递，用于全局信息传输，并建立远距离交互。该网络为普适性模型，可学习识别各类高水平时空概念，适用于多种学习任务。大量实验和消融研究表明，本章的模型优于强基准线和现有最高水平的视频复杂活动识别法。此外，本章的模型还在极具挑战性的 Something-Something 人-物交互数据集取得了最高水平表现。

通常来说，应针对不同的学习任务选择不同的模型，以获得到问题具体领域先验知识和偏差[4]。对于涉及数据强局部和平稳假设的学习任务，应选择卷积神经网络；当学习存在更大的局限性并且在测试时间内要求进行搜索和优化计算时，应选择更传统的图像模型；当数据具有时间性或序列性时，应选择递归模型。因此，当不知道数据结构时，应选择完全连接模型。本章提出的递归图神经网络可高效处理时空信息，适用于各类视频学习任务。

在介绍的递归时空图（recurrent space-time graph，RSTG）神经网络中，各节点使用主干深度神经网络，接收从时空中特定区域提取的特征。同时，模型通过时空中的迭代消息传递实现全局处理。时空数据处理被分解为空间处理阶段和时间处理阶段，在每次迭代中交替进行。本章的目标是从概念上对从数据处理计算机获取的数据进行解耦。因此，本章算法的节点是接收多源输入数据的信息处理单元，接收的信息是当前时刻的空间局部区域的邻近空间节点及其记忆中过去的状态（图 8.1）。

递归时空图的输入数据是从主干网络提取的特征向量，并根据各尺度进行下采样。各节点从单元格接收输入数据，这些单元格对应于空间中感兴趣的区域。绿色连接代表空间消息，红色连接代表空间更新，紫色连接代表时间消息。所有提取（输入至图像）和上采样特征（来源于图形的输入数据）均有同样的时空维度 $T\times H\times W\times C$，并且以不同的比例表示，观赏性更好。

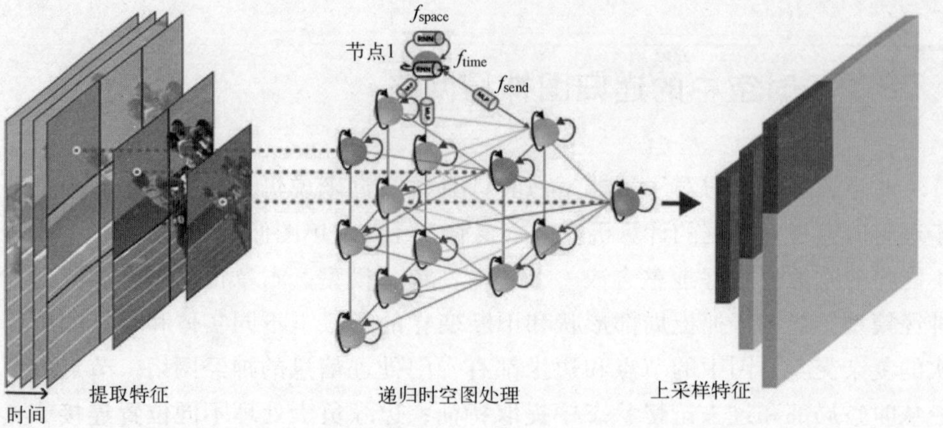

图 8.1 （见彩图）递归时空图-映射架构示意图

8.2.1 科学背景

以迭代图为基础的学习法一直应用于机器学习，广受业界关注[4-5]，其主流模式如下：每次迭代，消息在节点间传递，在各节点更新，这个过程一直持续直至算法收敛或满足迭代终止条件。这一概念可追溯至图像降噪、修复和标定[6-9]，针对不同任务提出过各种推理方法、图解模型和数学公式[10-16]。

当前的方法把从图解模型中的信息在图节点间传递的思想和卷积运算相结合，图卷积概念也因此应运而生。最初的方法是把卷积网络推广到图形结构数据[17-19]，进行谱域学习。这些方法根据线性运算[21]或多参数线性规划[22]进行消息传递实现逼近计算[20]。消息聚合需要最大或求和这样的置换——不变量运算符，经 Xu 等[23]证明后者效果更优，而注意机制[24]可作为另一种选择。

图模型中的递归方法主要用于序列任务[25-26]或输入数据的迭代处理[27-28]。在图神经网络中[25]，递归方法用于处理涉及单输入数据和序列语言输出的符号化任务。与此不同的是，本章将迭代分为两个功能不同的阶段，即空间阶段和时间阶段。

通过空间递归为复杂、高阶、远程空间关系的建模涉及传统作业，需使用图形结构[29]为对象的部件及其关系建模，并通过迭代优化算法进行推理。结合不同尺度信息的思想，同样需要使用物体识别的传统方法，如众所周知的空间金字塔模型[30-31]。

Vaswani 等[32]利用自注意力模型（a self-attention model）研究了顺序语言中的远距离依赖关系，认为存在一叠注意力层，每层设有不同参数。Dehghani 等[27]通过递归运算对此进行了改进，与本章提出的递归空间处理阶段类似。如上文所述，本章提出的模型因加入其他补充维度——时间维度，而与前人观点有所差异。Santoro 等[28]认为，使用时间新节点并利用自注意力模型可以将新的信息并入已有记忆中，然后各节点通过长短期记忆网络[33]（LSTM）进行更新。他们的方法被应用于方案评估、强化学习的模拟环境和没有空间维度的语言模型建模，其中的节点被视作一系列记忆。与此不同的是，本章提出的模型从各节点接收新信息，在两个阶段中通过多个交叉迭代进行信息处理。

初始节点信息可来源于卷积特征映射中各局部时空点[34-35]，或对应检测对象的特征[36]。与此不同，本章提出的算法采用的节点不依附于时空中的特定量。同时，无须更高水平的预训练对象探测器。文献［34-36］中的算法需要在测试时使用整个视频，而本章提出的递归式方法，可以在线连续运行。Baradel 等[37]提出的算法是从随机选取的成对时间步中提取对象，并在对象间构建关联关系。相反，本章的算法以不同的角度看待时空，且在实验中验证了算法的有效性。因此，无须像 Wang 等[35]、Wang 和 Gupta[36]以及 Chen 等[38]提出的算法那样将输入量的所有时空位置相互关联，而是把对时间和空间的不同处理方法视作一种分解为更简单的处理机制的有效方法。这种简单的机制根据不同的维度进行运作。Szegedy 等[39]和 Chollet[40]已经证明了这一假设，认为把特征分解成更简单的运算可以实现更加高效的处理。Sun 等[41]、Xie 等[42]和 Tran 等[43]提出的模型将 3D 卷积分解为 2D 空间卷积和 1D 时间卷积，但本章的算法在图神经处理领域率先使用了类似的分解法。

对于时空数据处理来说，一些未明确使用图形建模的方法利用 2D 空间卷积将帧数据单独编码，并以不同的方法将其聚集[2-3, 44]；其他方法则将各组帧数据构成的关联作为多参数线性规划函数[45]，或使用源于现有 2D 卷积网络的 3D 卷积[46]。光流可用作 2D 卷积神经网的独立分支输入数据[47]，或作为引导 3D 卷积内核模型的一部分[48]。为了同时涵盖时空维度，可使用卷积长短期记忆网络[49]，并以辅助记忆器[50]或自注意力模型进行增强，以更新长短期记忆网络的隐状态[51]。

8.2.2 递归时空图模型

递归时空图模型旨在处理时空中的数据，捕捉当地和远距离时空交互关系

(图 8.1)。递归时空图模型通过计算每时每刻从特定位置和数据规模中提取的特征并兼顾当地信息，通过关联节点间空间层面的迭代消息传递和时间递归，分别整合了远程空间信息和时间信息，然后与时间和空间各阶段交替结合将时空消息进行传递。

本章提出的模型需要一个视频输入，然后利用主干函数将其处理成一个特征向量 $\boldsymbol{F} \in \mathbb{R}^{T\times H\times W\times C}$，其中 T 为时间维度，H、W 为空间维度，C 为特征渠道的数量。可以使用任意深度神经网络对主干功能建模，该网络能够对单一帧数据或时空数据进行运算。因此，从视频素材提取局部时空信息，并将图形按时间序列顺序进行处理。采用该方法，本章提出的图结构也可以在线处理时空数据和函数中的连续流。

相比将所有时空位置都建立相关联关系的这种耗费成本的做法，可以通过递归和增加时空处理阶段的方法建立远程交互关系。这样，在时间数据处理阶段，各节点从上一步时间处理步骤中接收消息；而在空间数据处理阶段，已经在现在和过去接收信息的图节点，通过消息传送方式交换信息。时空数据被相互耦合和处理过程交替运行：在每次空间迭代后，另一个时间阶段紧随其后，而消息来自与相同空间迭代次数相关的过去记忆。本章提出的算法的处理阶段简要地列于算法 8.1 和图 8.2 中。

算法 8.1 递归时空图模型中的时空信息处理

输入：时空特征 $\boldsymbol{F} \in \mathbb{R}^{T\times H\times W\times C}$

循环：

    $\boldsymbol{v}_i \leftarrow$ 特征抽取$(F_t, i) \quad \forall i$

    For $k=0$ 到 $K-1$ 循环

        $\boldsymbol{v}_i = \boldsymbol{h}_i^{t,k} = f_{\text{time}}(\boldsymbol{v}_i, \boldsymbol{h}_i^{t-1,k}) \quad \forall i$

        $\boldsymbol{m}_{j,i} = f_{\text{send}}(\boldsymbol{v}_j, \boldsymbol{v}_i) \quad \forall i, \forall j \in \mathcal{N}(i)$

        $\boldsymbol{g}_i = f_{\text{gather}}(\boldsymbol{v}_i, \{\boldsymbol{m}_{j,i}\}_{j\in\mathcal{N}(i)}) \quad \forall i$

        $\boldsymbol{v}_i = f_{\text{space}}(\boldsymbol{v}_i, \boldsymbol{g}_i) \quad \forall i$

    For 循环结束

    $\boldsymbol{h}_i^{t,K} = f_{\text{time}}(v_i, \boldsymbol{h}_i^{t-1,K}) \quad \forall i$

    $t=t+1$

循环直到视频结束

返回：$\boldsymbol{v}_{\text{final}} = f_{\text{aggregate}}(\{\boldsymbol{h}_i^{1:T,K}\}_{\forall i})$

---

1. 创建图形

本节创建 N 个节点，并在一个图结构中相互关联，然后利用它们处理一个特征向量 $\boldsymbol{F} \in \mathbb{R}^{T\times H\times W\times C}$。各节点在时刻 t 接收来自特征向量具体区域（由地点和尺度定义的窗口）的输入数据（图 8.1）。在各个尺度上，对 $H\times W$ 特征映射向下采样至 $h\times w$ 网格，每个单元格对应一个节点。如果两个节点在空间上相邻或其所处的区域在不同尺度上相交，则称这两个节点相互关联。

2. 空间信息处理

通过在节点间交换消息建立空间交互关系，其过程包括三个步骤：在所有关联节点间**发送消息**、从接收的消息进行节点层面的**信息收集**、**更新**内部节点表示。每一步都有其专用多层感知器（multilayer perceptron，MLP）。消息传递被迭代 K 次，在每次迭代中，时间信息处理步骤之后是空间信息处理步骤。

图 8.2 展示了 2 次从上到下空间信息处理阶段($K=2$)，每次空间信息处理阶段均在时间信息处理阶段之后，两个节点间给定的信息应表现它们相互作用的关联关系。因此，消息分别是源节点和目标节点 j 和 i 的函数。

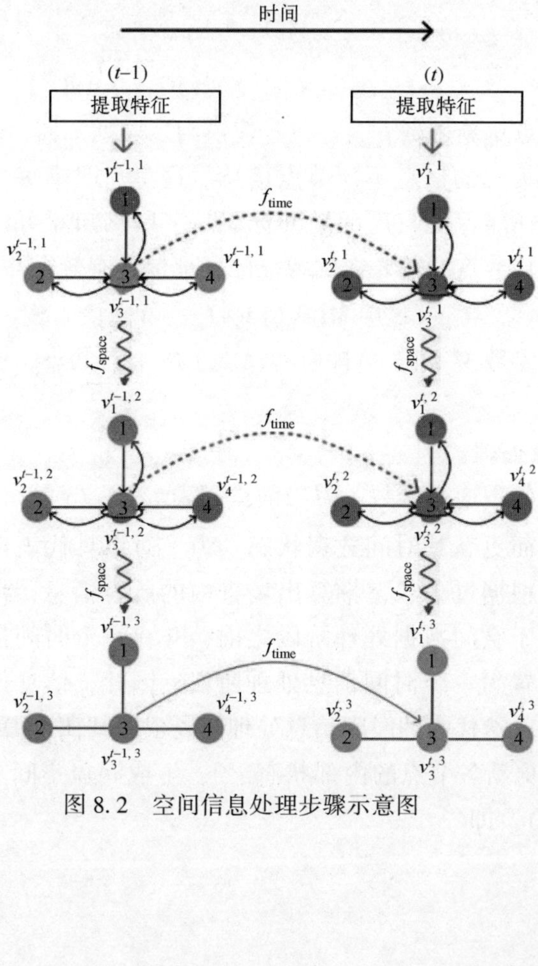

图 8.2 空间信息处理步骤示意图

消息发送函数 $f_{\text{send}}(\boldsymbol{v}_j, \boldsymbol{v}_i)$ 被建模为多层感知器，应用于两个节点特征的串联：

$$f_{\text{send}}(\boldsymbol{v}_j, \boldsymbol{v}_i) = \text{MLP}_S([\boldsymbol{v}_j \mid \boldsymbol{v}_i]) \in \mathbb{R}^D \tag{8.1}$$

$$\text{MLP}_a(\boldsymbol{x}) = \boldsymbol{\sigma}\{W_{a_2}\boldsymbol{\sigma}[W_{a_1}(\boldsymbol{x}) + b_{a_1}] + b_{a_2}\} \tag{8.2}$$

节点间的配对交互应拥有选位意识：各节点应知道向其发送特定消息的临近节点的位置。因此，可以通过把映射与剩余消息相连的方式，将位置信息作为**位置感知体**中的（线性化的）低分辨率 6×6 映射，与 f_{send} 一起发送。把与发送节点感兴趣区域相对应的单元格设为 1，把剩余单元格设为 0，以此构建实际映射，然后利用高斯核进行过滤。

各节点从其邻近节点接收消息，然后利用**消息收集函数** f_{gather} 将消息聚合，合计数可以是所有消息简单的和，或根据消息重要性为每条消息配置不同权重的注意机制为消息分配权重后的和。采用这种方法，一个节点可选择接收什么类型的信息。在算法的实践中，注意，权重函数 α 可计算两个节点特征间的点积，用于衡量其相似性：

$$f_{\text{gather}}(\boldsymbol{v}_i) = \sum_{j \in \mathcal{N}(i)} \boldsymbol{\alpha}(\boldsymbol{v}_j, \boldsymbol{v}_i) f_{\text{send}}(\boldsymbol{v}_j, \boldsymbol{v}_i) \in \mathbb{R}^D \tag{8.3}$$

$$\boldsymbol{\alpha}(\boldsymbol{v}_j, \boldsymbol{v}_i) = (W_{\alpha_1}\boldsymbol{v}_j)^{\text{T}}(W_{\alpha_2}\boldsymbol{v}_i) \in \mathbb{R} \tag{8.4}$$

通过使用**节点更新函数** f_{space} 并将其建模为多层感知器，就能够利用从各节点的邻近节点处收集到的信息更新节点信息。这里，期望每个节点不仅能够考虑全局信息，同时还能保持自己的局部标识。多层感知器可以将从邻近节点接收的新信息，与来自节点的输入数据特征的局部信息有效合并：

$$f_{\text{space}}(\boldsymbol{v}_i) = \text{MLP}_u([\boldsymbol{v}_i \mid f_{\text{gather}}(\boldsymbol{v}_i)]) \in \mathbb{R}^D \tag{8.5}$$

总而言之，参数 W_u 和 b_u 可被所有尺度上的节点共享，或每个节点集可被限制于实际尺度。

3. 时间信息处理

各节点通过使用递归函数，将当前空间表示 $f_{\text{space}}(\boldsymbol{v}_i)$，与其前一步的时间表达式相聚合，从而更新其时间数据状态。为了对更具代表性的时空交互进行建模，使其有能力根据过去状态推算出场景内的所有信息，将每次迭代中的时间数据处理阶段置于空间数据处理阶段之前，并在每个时间信息处理步骤中在消息传递结束后设置另一个时间信息处理阶段。因此，信息得以在时间和空间内迭代传递。第 k 次迭代中的时间信息处理阶段根据其在过去时间 $t-1$ 中对应状态 $v_i^{t-1,k}$ 提供的信息更新各节点的内部状态 $v_i^{t,k}$，生成涵盖空间交互和历史数据的特征数据（图 8.2），即

$$\boldsymbol{h}_{i,\mathrm{time}}^{t,k}=f_{\mathrm{time}}(\boldsymbol{v}_{i,\mathrm{space}}^{k},\boldsymbol{h}_{i,\mathrm{time}}^{t-1,k}) \tag{8.6}$$

4. 信息聚合

$f_{\mathrm{aggregate}}$聚合函数可生成最终两种结果表示：一个1D矢量或一个3D映射。在第一种表示中（记为**递归图神经网络-向量：RSTG-to-vec**），通过合计前一次时间步中所有节点的信息而获得了向量编码。在第二种表示中（记为**递归图神经网络-映射：RSTG-to-map**），通过把各节点包含的处理过的信息回送至时空量中的原始区，创建了节点的逆运算（图8.1）。对于各尺度，为$h\times w$个节点设置了C-渠道特征，其中$h\times w$网格里的结果是尺寸为$h\times w\times C$的量。通过上采样把各尺度的网格映射分成$H\times W\times C$映射，并合计所有尺度的所有映射，作为最终的$H\times W\times C$ 3D表示。

5. 计算复杂度

本节分析递归时空图模型的计算复杂度。如果N代表1帧内节点的数量，E代表边的数量，那么在每个空间数据处理阶段有$O(2E)$条消息，因为每条边在方向上有两条不同的空间消息。在T个时间步和K(等于3)个时空消息传递迭代中，在每次K空间消息传递迭代之前是时间迭代，那么计算总复杂度为$O(T\times(2E)\times K+T\times N\times(K+1))$。注意，边的数量$E$的上限为$N(N-1)/2$。当没有进行时空中所有节点间的消息分解处理时，消息数量带来的复杂度为$O(T^2\times N^2\times K)$，是时间维度上的二次方程，在非局部图完整的情况下与Wang等[35]、Wang和Gupta[36]的观点相似。注意，本章模型的复杂度较低是因为其涉及模型的递归属性以及对时空信息的分解。

8.2.3 运动和形状的学习模式实验

本节对两个涉及复杂对象交互的视频分类任务进行实验；实验中采用自行合成的视频数据集，其中包含复杂的运动和形状模式，同时采用极具挑战性的Something-Something数据集进行实验，该数据集涉及人与其他对象之间的交互[52]。

实际上，要求对复杂对象之间的交互进行建模的视频数据集并不多见，一般只是通过对时空信息的最终预测值求取其平均值以进行模型改进[38]。对时空世界的复杂交互关系和结构的建模依然无法实现。出于这个原因，以及更好地理解本章提出的模型中各部分在强基准线中所扮演的角色，本书引入了一个名为SyncMNIST的全新数据集。这个数据集以复杂的方式将几个MNIST的数字做了移动。另外，还进行了数据集设计，以使涉及的相关关系在时间和空间维度上均具有难度。该数据集包含 600KB 视频，其中一对同步移动的数字决定了活动模式的类型，此外的所有数字均随机移动。数据集共包括 45 个独特的数字对（种类）外加一个类型（没有一对是同步的）。为了识别视频模式，一个给定的模型必须推断每个数字在空间中的位置，并在整个时间段内追踪它们，从而了解类别标签与同步移动的数字对之间的相关性。该数据的大小为 18×18，并在一个黑色 64×64 的背景中移动 10 帧。图 8.3 展示了实验中使用的 3 个不同视频中的数据帧。首先，针对较为简单的 3 个数字数据集（3 SyncMNIST）对模型进行训练和评估，只有最优模型才会进行 5 个较难数字数据集（5 SyncMNIST）的训练和测试。

这里对比了视频理解任务中常用的四个强基准模型。对于所有测试模型，卷积网络是一种更大模型的主干部分。这个小型卷积神经网络拥有三个层次，对其进行预训练，对视频的一帧内随机放置的数字进行分类。在 SyncMNIST 数据集上采用已发布模型（如均值池化+长短期记忆网络、深度卷积神经网络+长短期记忆网络、I3D 和非局部）的效果排序，与在其他数据集［如 UCF-101[53]、HMDB-51[54]、Kinetics（Carreira 和 Zisserman[46]）和 Something-Something（Wang 和 Gupta[36]）］上采用的相同计算模型的效果排序具有相关性，这一点很重要。同样重要的是，不同模型的性能似乎与某一特定模型的计算能力密切相关。在这方面，结合 SyncMNIST 设计中时间维度十分重要这一事实，对 SyncMNIST 相关性进行了测试。

图 8.3 中每列展示了 5 SyncMNIST 数据集中视频帧图像，在各视频序列中，两个数字遵循完全一样的移动模式。正确种类为“3-9”、“6-7”和“9-1”。

（1）均值池化+长短期记忆网络：使用主干数据进行特征提取，完成空间数据均值池化，并使用长短期记忆网络进行时间数据聚合。该模型可处理远距离时间步信息，但是理解空间信息的能力较弱。

（2）深度卷积神经网络+长短期记忆网络：用可以捕捉场景不同部分之间精细空间关系的卷积层替代均值池化。因此，该模型完全可以在时空层面上分析整个视频。

（3）交互式 3D 模型（I3D）：这里以较小的 ResNet[55] 主干模型改造原来的 I3D 模型[46]，从而维持本章提出的模型相对参数数量。3D 卷积可捕捉一些更远距离的时空关系。

（4）非局部模型：将原来的 I3D 架构作为非局部模型的主干部分[35]，可在第二个残差块中的一个非局部块获得最优结果。

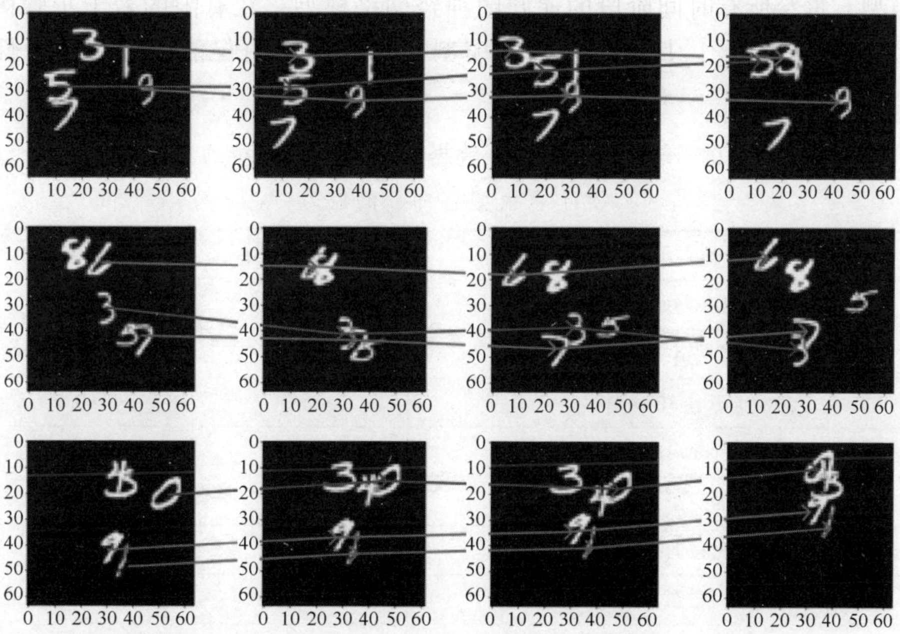

图 8.3　5 SyncMNIST 数据集中视频帧图像

1. 递归时空图神经网络模型的执行细节

递归时空图模型将初始三层卷积神经网络用作主干结构，将隐藏状态大小为 512 的长短期记忆网络设为 f_{time}，将递归时空图神经网络-矢量设为聚合体。这里使用三个尺度（1×1 网格、2×2 网格和 3×3 网格）维度为 512 的节点，并且在张量流图框架[56]内运行递归图神经网络模型。在此，将交叉熵设为损失函数，并以自产生字典和牛顿动量进行端到端模型训练，动量值为 0.9，初始学习率为 0.0001，在性能饱和时减少 10 倍。

表 8.1 显示的实验结果表明，递归图神经网络模型相比其他模型更加强大。请注意，该图模型运行于单图像基础特征上，在主干水平上没有时间数据处理过程。时间信息仅在更高图像水平的节点间传递。

2. 消融研究

解决移动数字任务需要一个能捕捉时空内成对交互数据的模型。递归图神经网络模型可通过节点间的空间连接并按时间更新其状态完成这一任务。为证明各元素的优势，可以通过实验表明各元素做出的贡献，表 8.1 展示了各元素贡献情况。从表 8.1 中可以发现，本章提出的模型在 SyncMNIST 数据集的两个版本间拥有高效转移能力。在 3 SyncMNIST 进行预训练后，本章提出的最优模型，贯穿所有时间阶段的递归图神经网络模型，在有限的若干步骤内达到最大性能的90%，其中未初始化模型在相同步骤内仅能实现其最大性能的17%。

表 8.1 采用 SyncMNIST 数据集测试各种模型的准确度及本章模型各部分的能力

模　型	3 SyncMNIST	5 SyncMNIST
均值池化+长短期记忆网络	77.0	—
深度卷积神经网络+长短期记忆网络	95.0	39.7
交互式 3D 模型	—	90.6
非局部	—	93.5
递归时空图：空间型	61.3	—
递归时空图：时间型	89.7	—
递归时空图：齐次型	95.7	58.3
递归时空图：单一时间阶段	97.0	74.1
递归时空图：全周期	**98.9**	94.5
递归时空图：位置全周期	—	**97.2**

(1) 空间型递归图神经网络模型（space-only RSTG）：创建这个模型的目的是证明添加强大时间模型的必要性。该模型在各图像帧中仅进行空间信息处理，忽略了时间序列，以时间维度平均池替代递归过程应用于各节点。不出所料，该模型获得的结果最差，因为目标任务基于各数字的移动，所以不能仅通过空间探索推断所需信息。

(2) 时间型递归图神经网络模型（time-only RSTG）：该模型仅执行时间信息处理，无节点间的消息传递。递归阶段使用的特征为主干神经网络提取的初始特征，并将此作为单帧输入。

(3) 齐次递归时空图神经网络模型（homogeneous space-time RSTG）：该模型允许图片在时空中交互，但其学习的时空消息计算多层感知器为相同参数集。因此，时间和空间信息以同样方式进行处理。

(4) 异构递归时空图神经网络模型（heterogeneous space-time RSTG）：这个模型根据时间和空间阶段开发了不同的调度器。第一种调度器用于单一时间(1-temp)**递归时空图神经网络模型**中的每个时间步，在执行了三次连续空间迭代之后在最后的单一时间步骤进行信息更新。第二种调度器用于**全周期递归时**

空图神经网络模型，在时间和空间信息处理阶段交替使用（算法 8.1）。在执行三次空间信息处理之前分别使用了一次时间信息处理，并在最终时间信息处理阶段后获取节点的状态。

（5）位置全周期递归时空图神经网络模型（positional all-temp RSTG）：这是原来提到的全周期递归时空图神经网络模型，增加 8.2.2 节所述的 f_{send} 函数作为位置信息嵌入该模型。该模型是本章提出的最优的最终模型，同样可以推理出实体的全局位置。

8.2.4 学习复杂的人与对象交互关系实验

为了评估本章提出的模型在处理涉及复杂交互关系和活动的真实世界场景中的表现，使用了 Something-Something 版本 1 数据集[52]进行实验。该数据集一共包含 108499 条视频，包括 86017 条训练视频、11522 条评估视频和 10960 条分离测试视频。该数据集包含 174 种人与对象之间的细微交互关系。这种设计的目标是这些类能够在实际特定的交互关系中分辨，而非通过某些全局语境或背景来区分。

本次实验研究了本章提出的结合两个主干模块的图形模型的性能［基于 ResNet-50 架构的 2D 卷积主干（C2D）模块和同样从 ResNet-50 改进而来的 I3D[46]模型］。首先，采用 Kinetics-400[46]数据集预训练的主干模块[35]，训练了整个端到端模型。

本章分析了 8.2.2 节所示的聚合类型。对于递归图神经网络-矢量模型，可将 I3D 主干模型提供的最终卷积特征作为图形模型的输入数据，得到特征向量表示。为了提升优化过程，可以通过向主干特征池添加图像处理结果，在递归图神经网络中使用残差连接。在第二个案例中，将 I3D 的中间特征当作图形的输入数据，同时也通过残差连接将这些特征添加到图形的输出数据中，并继续使用 I3D 模型。为此，就需要令图形的输入和输出数据维度相同。因此，可以使用递归图神经网络-映射模型以获取每个时间步骤的 3D 映射。

（1）训练和评估：为了进行训练，从每条视频中统一选取 32 帧图像，并将其高度调整至 256，保留其横纵比，然后将其随机剪裁为 224×224 的剪辑片段。为了进行推理，可以在 256×256 剪辑片段上使用全卷积主干模型，使图形从更大的活动映射中获取特征。使用 11 个按帧图像的帧宽均匀取样的方形剪辑片段，来覆盖视频的整个空间尺寸，并沿时间维度使用两个样本，最后对剪辑片段输出数据进行均值池化与最终预测。

（2）结果：通过在主干模块的不同层次使用递归时空图神经网络-映射模型，以及在最终卷积层使用递归时空图神经网络-矢量模型，以此分析如何将图模型用于改进 I3D 模型性能。在所有案例中，本章提出的模型取得的结果极具竞争性；其中在使用 I3D 模型的 res3 和 res4 模块的图形时性能最佳（表 8.2）。实验中各验证方法一起使用 Something-Something-v1 数据库，表 8.3 展示了这些算法性能的对比结果。在所有使用 2D 卷积神经网络主干模块的模型算法中，本章提出的模型结果最佳（对于 Top-1 设置，本章提出的模型比其他算法高出 8%的性能）。在使用 I3D 主干模块时，递归时空图神经网络算法取得了最优结果，比所有算法（Top-1 案例）的性能高出 1%，比所有同样采用 3D-ResNet-50 主干模块的 top 算法（Top-1 案例）的性能高出 3.1%。

表 8.2　在 I3D 内部图形放置位置的消融实验结果

模　型	Top-1	Top-5
递归时空图神经网络-矢量	47.7	77.9
递归时空图神经网络-映射 res2	46.9	76.8
递归时空图神经网络-映射 res3	47.7	77.8
递归时空图神经网络-映射 res4	48.4	78.1
递归时空图神经网络-映射 res3～res4	**49.2**	**78.8**

表 8.3　使用 Something-Something-v1 的 Top-1 和
Top-5 设置各模型准确性比较

模　型	主　干	Val Top-1	Val Top-5
C2D	2D ResNet-50	31.7	64.7
TRN[45]	2D 开端	34.4	—
本章提出的 C2D + RSTG	2D ResNet-50	**42.8**	**73.6**
MFNet-C50[57]	3D ResNet-50	40.3	70.9
I3D[36]	3D ResNet-50	41.6	72.2
NL I3D[36]	3D ResNet-50	44.4	76.0
NL I3D + Joint GCN[36]	3D ResNet-50	46.1	76.8
$ECO_{Lite-16F}$[58]	2D Inc+3D Res-18	42.2	—
MFNet-C101[57]	3D ResNet-101	43.9	73.1
I3D[42]	3D 开端	45.8	76.5
S3D-G[42]	3D 开端	48.2	78.7
本章提出的 I3D + RSTG	3D ResNet-50	**49.2**	**78.8**

本章提出了递归时空图神经网络模型，旨在实现高效的时空数据现信息学习。每一时刻，图形都从某个主干网络生成的特征接收局部时空信息开始，然后通过在不同位置和尺度之间传播空间消息，并通过每次时空迭代中存在的不同记忆实现时间维度的递归与对全局的理解。本章提出的模型的时空数据处理方式是独一无二的，主要贡献如下。

（1）模型以不同的方式理解和处理空间和时间领域信息。

（2）模型将时空数据信息进行分解，并在同一个图模型中使用递归连接，计算复杂度相对较低。

（3）模型具有灵活性和普适性，相对容易适应时空领域的各类学习任务。

（4）消融实验修正了模型的结构和不同的组件的性能，在难度较大的 Something-Something 数据集取得了最优结果。

在未来的研究计划中，将进一步研究将本章提出的模型扩展应用到更高层次的任务，如时空数据语义分割和视觉-语言翻译。另外，还将研究如何使用和整合递归时空图神经网络模型，使其结果能够作为视觉故事网络系统的一个模块，这在 8.3 节将详细讨论。

8.3 整合

本书通过各类实验和计算模型阐述并证明，如果能够充分利用罕见的排列、共现、大量不同线索、特征和分类器之间的一致性，那么无监督学习在真实世界是可行的。这种一致性绝对不可能具有随机性，一致性发生的原因是时空附近的某种视觉范畴出现了。在本书的每章中，都展示了这种方法在各种不同的无监督学习任务中的应用，如使用高阶几何约束匹配特征、选择判别式特征组(单独使用可能较弱，合并使用则较强)、识别视觉目标类别以及挖掘和分割图片与视频中的目标物体。虽然每种算法应用于特殊问题时均被证明有效，但尚未讨论是否存在一个将所有概念统一整合至一个具有单一性和普适性的无监督时空学习模型。这种系统可能已经存在，因为生物的大脑能够以一种完全无监督的方式轻松学习，用视觉识别和理解自然世界。

8.5 节将提出一种全新的模型：视觉故事网络，这一想法基于本书之前提出的核心理念和模型的概念[59]。视觉故事网络可以从宏观上解决无监督学习问题，旨在通过利用多个节点和神经通路之间的共识形成自我监督计划，以无监督的方式全面理解视觉场景。

本章内容不仅停留在概念层面，同时讨论了利用本书之前提出的观点、原理和开发的工具，在实践中创建视觉故事网络的可能性。视觉故事网络模型起始于本章提出的递归图神经网络，并辅以必要的计算模型和前述实验结果，从而思考如何在纯概念和实施层面上创建视觉故事网络。在深入研究细节前，应首先将本书提出的关键理念和结论进行整合，从而更好地理解如何让普适性无监督学习方法成为现实；然后基于贯穿全书的理念，提出一个统一的视觉网络图神经网络模型。在此之前，本节将阐述前述观点与下面普适性模型之间的关联关系。

8.3.1 几何层面的一致性

本书前两章重点是解决和学习高效的图匹配和聚类问题，介绍的方法是基于无监督学习中偶然性排列的统计显著性，这些方法处于几何、形状和简单局部外观的较低水平。其主要观点是偶然性排列是很罕见的；反之，这种排列的发生通常绝非偶然，根本原因是一种物体的存在聚合了这种外观、几何对称性和排列规则。因此，这种在形态和外观上的一致性成为聚合的强烈暗示，并且能够可靠用于在不同图片以及相同目标的视图间寻找对应。第 1~3 章展示了匹配、聚集和学习的有效算法，包括谱匹配和整数投影固定点算法。整数投影固定点算法完全利用真实世界数据中排列的统计特性，把耗资巨大的聚集和匹配问题转变为实践中可高效解决的问题。第 4~6 章中展示了如何在视频序列中的特征选择、分类器学习和物体发现等其他任务中直接使用这一方法。

8.3.2 语义层面的一致性

本书第 4 章讨论了相比物体范畴水平分类器更高层面的一致性。这种一致性并非基于精细的几何排列，而是分类器同时正向激活的现象出现。这些分类器经过训练能够对一幅图像中的不同物体做出积极反应。通常，在语义层面不相关的分类器与给定的类是正相关的，这个给定的类在语义上不同于用来训练回应的类。例如，在图 4.1 中，对于图书馆、铁制拱桥、滑动门、货车以及有轨电车等类别进行预训练的分类器来说，它们可以被统一选为与“火车”种类相关，因为这些种类即使指代完全不同的物体，也依然与“火车”种类拥有相同的外观或语义特征。图 4.15 中展示了若干个其他有趣的例子，可以通过无监督的方式发现共同同时激活的分类器群组，通常表示存在一种前所未有的全新类型范畴。它们的共同激活属性通常足够强大且精确，以至于这个群组可以构成无监督式（完全基于其正向输出数据的共现的现象）学习的基础，这个群组可视为新种类的全新分类器。事实上，这种新的分类器是群组的平均输出，而且这种平均值是与第 2 章和第 3 章相关的学习任务具体公式的最优解。第 3 章展示了如何将无监督学习任务与无监督聚集和特征选择相关联，并根据该新任务将第 2 章和第 3 章提出的整数投影固定点（IPFP）算法进行了改进。

尽管分类器学习任务与特征匹配问题（整数投影不动点算法首次提出时的目的）差异很大，但是第 2~4 章的内容表明它们之间有强烈且有趣的关联性。如第 3 章所述，从数学公式和优化的角度来看，第 2 章提出的算法，即光谱匹配（SM）和整数投影固定点（IPFP）算法与第 3 章提出的聚类公式息息相关，其中整数投影固定点（IPFP）算法被用于完成新型聚类任务。该任务的公式为聚类问题生成所需的最优离散解。整数投影固定点算法的其中一个强大属性是它可以在连续域内进行算法优化的同时，返回一个所需离散域内的最优解。第 4 章所展示的分类器学习也可以被归结为一个聚类问题，有同样的离散解，将分类器学习转变为分类器集成的特征选取和学习问题。

在更高层面中，数学公式和方法以外能统一特征匹配和分类器学习的是双方一致性原则：（匹配案例中的）几何排列或（分类案例中的）分类器正输出共同出现。当该类别一致性被触发时，它们就是强正向特征的指示器，可用作无监督体系各级子组件的监督信号。这种真实世界不可能发生的共同出现强烈表明此正向类别的存在，因此无监督学习体系必须捕捉它们，并选取它们的对应特征，以开始学习新种类。

8.3.3 作为高概率正向特征的一致性原则

第 5 章概括了从不可能协议中学习的概念，并介绍了高概率（HPP）正向特征的概念，本书指出此类协议是高概率正向特征的一个案例，同时提出一种使用此类高概率正向特征学习的策略，在视频序列的时空域内发现对象的方法。这种方法包含数个阶段，在不同阶段具有从简单到复杂的不同分类器。第 5 章利用时空域的一致性和连贯性在改进算法上向前迈了一大步，使算法从第 4 章确定一个视频中是否存在一个给定类别这样的简单任务，发展到分割视频中每帧生成的实际目标这类精细的任务。

首先，在空间占据相对较小区域的对象会显示独特的颜色分布，即当简单像素在同一空间区域内出现颜色共同出现现象时，就表示存在一个对象的高概率正向特征信号。然后，利用此类高概率正向模式在图像中发现对象的整个范围，并学习它。第5章的第一部分指出，当某些类颜色代表高概率正向特征信号时，在像素水平上学习这类简单颜色的功能，具有极大的有效性。另外，第5章还展示了发现目标掩码的简单算法，并为高概率正向特征学习奠定了直接基础。

第5章的第二部分展示了如何在多次迭代中利用高概率正向特征算法学习，以发现视频序列中前景目标的高质量掩码。将第5章中介绍的算法与相关文献中的其他算法进行对比，并展示了最新结果。在多次迭代下，从HPP特征中学习的方式有以下几种：首先，如5.1节所提出的，使用仅能“看见”像素颜色的简单分类器，以确保即使在低召回率下，也能高准确率地检测出对象所在区域。例如，起初可能只能检测出15%的对象所在区域，把剩余部分留在背景中。但是，如果初始15%的对象所在区域检测准确率较高（极低假正率：极少正标记像素属于背景），那么可以通过设置小区域为正样板区域，其余部分视作负样本区域，以此将它用于学习简单的对象和背景颜色分布。这种简单的分布方法，可用于寻找对象的更大部分，且召回率较高，精确率也维持在高水平。在下一次迭代中，根据准确标记的正向或负向区域指示，功能更强大的区块型分类器（而非单像素型）可以被训练出。这个分类器能够输入更多信息（区块vs像素），且损坏训练集更少。预计第二次迭代模型的输出更为精确，这样在第三次迭代中，可以用第二次迭代的输出结果作为真值，从而训练出更强大的分类器：在该案例中，使用了一个在分割任务中表现良好的U-Net神经网络模型。请注意：在每个步骤中，都采用了监督式学习方法来真正训练分类器。让过程无监督的不是训练的技巧（如反向传播梯度下降以优化标签的分类成本，事实上，这种标签认为真值比较嘈杂），而是让监督信号由高概率正向信号发出监督信号，而不是人类注释器。除了前面介绍的无监督学习不可能协议的用法，在第5章中还介绍了在使用整数投影固定点算法进行无监督式学习时，根据颜色共同出现的模式把区块型描述信息块进行压缩，以实现把前景对象与背景区分开的最佳效果。有趣的是，这些图像型优化技巧（如最初开发用于图匹配（第2章）的光谱匹配算法和整数投影固定点算法）可成功应用在很多涉及无监督学习的复杂任务中。第6章讨论了另一个相似案例，同样的光谱匹配算法被用来把目标识别为时空内动作和外观模式的类簇。事实上，这些技术通过在图形中寻找类簇进行了优化：这里类簇的意义在不同任务中有所差异，但是类簇（已成为在实体中寻找一致性协议）共同的核心概念在无监督学习的世界中屡见不鲜。

第 7 章通过师生多代学习进一步发展了第 5 章中介绍的“基础形式”这一概念，详述了为持续自我学习过程需要满足的条件，归纳如下：①数个分类器的输出必须在时空的局部区域内保持一致。这是分类器几何排列一致和共同出现的现象的主要思想。②必须能够选取高精确度、高质量、一致的分类器组。这些高概率正向特征将被用作监督信号。③需要在下一代引入更强大的分类器模型，这些分类器模型由选定的高概率正向特征结果进行训练。这样，分类器模型能够从简单发展到更为复杂和强大，并在师生多代进化过程中不断演变。④在每代进化过程中，分类器模型均能够访问全新、更大、更具难度的未标识或迭代自标识训练数据集，以充分确保在训练更多更强大分类器时样本具备多样性，从而避免过度拟合。分类器进化的本质不仅指分类器复杂度和泛化能力的进化，也指获取匹配该复杂度的训练数据能力的进化。

8.3.4 高概率正向特征的运动模式

本书从第 6 章开始通过考虑像素在视频各帧之间的流动，探索运动的更多方面。因此，可以通过更高和更低水平的特征，将对象视作运动和外观在视频时空领域内像素水平上的集合或者簇类。运动被视作外观的一个补充维度：两个维度可以捕捉世界的独特视角。在无监督学习中，运动和外观可以达成一致并且互相加强，使基于运动模式的预判结果与基于外观特征的预判结果相一致。在第 6 章中，基于发现与视频相关的特定特征——运动矩阵的特征向量，能够把视频中的对象视作时空数据集合或者类簇，并完成视频对象发现的任务。视频的像素对矩阵中存在某个元素（行、列）对应于两者之间在时空中的潜在联系。该矩阵为对称式半正定矩阵，代表了图像的邻接矩阵，其中每个节点对应了视频中的一个像素。其主特征向量将前景对象反映为主要时空类簇或集合，并在每帧中完全定义对象掩码。该矩阵理论上可以很大，但在实际中是稀疏的，它仅被用于纯理论和数学推理层面上，在实践中从未被明确建立。这个算法直接获取了矩阵的邻接列表（非零元素）而没有创建完整矩阵。最终结果其实是其主特征向量。该算法与光谱匹配算法直接相关，因为它同样基于幂迭代算法来计算特征向量，只是其矩阵的实际意义有所差异。

8.3.5 多代师生学习

第 2~6 章基于多源信息间的不可能存在一致协议讨论了不同语义层面（几

何匹配 vs 目标类别识别 vs 前景目标分割）的无监督学习，以及不同线索、特征或分类器的使用方式。第 7 章重点讨论如何进行多代师生学习实现真正无间断学习。

如果期望开发一个有效且实用的自学式系统，那么应当找到一种可以实现持续学习的解决方案。第 7 章提出了多代学习的师-生范式。在每代中，令前一代的数名学生构成一个老师，这个老师存在结构上的差异，并且可能犯下独立性错误。这些学生构成一个集合，其生成的统一输出应该比单独学生的输出功能更加强大。这时，不一致协议学习的原则再次出现，并且处在强大的被训练用于进行语义对象分割的分类器水平上。它们的一致性协议同样用于无监督式训练，形成一种自动选择机制，从构成老师的学生集合中过滤出低品质的输出。因此，只有通过选择器筛选的优质分割结果才会成为下一代的监督信号。这些被选出的优质分割结果不仅发挥着高概率正向样本的作用，与第 5 章相关内容有着直接关联性。这种相同的理念贯穿全书，并用于实践中，让学生成为下一次迭代过程中的老师，实现多代师生的持续学习。每代师-生都会带来更具多样性、更强大的学生，因此也会接收更具差异性、更高难度的教师标识型训练数据。这样可以确保获取更新、更复杂的知识，以及比前一代更具优势性、更好的泛化能力。因此，通过在下一代训练更强大的学生，同样可以确保一个循环中的下一代的老师更加强大，从而确保师生学习能够持续进行。

8.3.6 构建视觉故事网络模块

截至目前介绍的各种模型和算法等的各种元素均基于相同的核心关键理念，确保建立的视觉故事系统具有普适性。因此，本书不仅积攒了理论概念、原则和直觉知识，更拥有建立视觉故事神经网络的实际算法和解决方案。本章一开始提出的递归时空图神经网络模型就是一个复杂体系的真实样本，它可以在最少人工监督条件下学习，从而识别时空中高级别的样本类别。在后续各节中，本书将讨论为创建这种统一故事模型所需要构建的模块，从而能将目前为止所讨论的基础理念加以整合。

8.4 视觉故事图神经网络的开端

本书中的理念、模型、算法和实验都强烈表明很多分类器可以相互提供语境，并合并创建一个较高水平的统一体系，用于自学未标记数据。这样一个涵盖数个分类器的体系，可相互提供语境并相互加强性能，还可根据通过多种途径达成共识，确保在推理时间内系统性能更稳固、更强健。多个处理途径同样可被用于训练单一分类器的自我监督学习场景中，监督信号可来自于其余可形成自身语境的分类器。

如果在一个通用的分类器图中通过多个途径能够实现更好的关联性，那么就能形成更紧凑、更和谐的分类器群组，在更大的时空故事语境背景下这个群组的各分类器拥有各自明确的角色定位。较差的关联性会带来较少的约束条件，因为用来决定分类器类型、状态或下结论的通路更少。较少的约束条件会带来更大更频繁的错误、更高的脆弱性，并降低有效自学能力。

8.4.1 分类器间高度的相互关联性

视觉故事网络中的分类器应通过多个处理路径相互关联，以支持彼此之间强大的语境。分类器群组应形成一个具有一致性、连贯性和强健性的整体，使每个分类器都拥有其余分类器为其提供互补的语境。

用于解释整个情景的关联关系越紧密，相互语境就会更强大，对推理和训练越有益处。在此，本书希望通过剩余输出结果预测给定分类器的输出，如果预测结果更准确，那么分类器之间的一致性就更强。另外，本书期望在推理过程中拥有一个强大的分类器集合，并在训练过程中拥有一个强大且稳健的监督信号。如果语境中的分类器关联路径具有很强的一致性，那么通过这样的相互关联语境，视觉故事网络就可以为各分类器提供自我监督的标签。后续各节中将列出相关细节和样本，并讨论其潜在的运行方法。

到此，本书已经准备好提出第 8 个无监督学习原则，其是视觉故事网络的关键观点之一。尽管该原则尚未得到实践证明，但是本书把它作为所提出的通用无监督学习概念的基础。

原则 8

通用无监督学习机将需要同一场景下的许多高度互相连通的补充解释层，以相互提供强大语境。对于达到给定输出层的任何处理通路来说，到达同一层的其余通路应为其提供足够的 HPP 协议，以获取可接受的鲁棒监督信号。

8.4.2 原则 8 与自适应共振理论的关系

本书提出的无监督学习原则认为，如果一个体系想要自学了解世界就需要在多个处理路径之间达成强大的一致性协议。这一原理与 Grossberg 提出的神经科学经典自适应共振理论（adaptive resonance theory）[60-66] 相关，该理论把这些一致性协议称为“共振”。关于处理同一类型视觉输入和概念存在多个通路的观点（在本书中是指通过多个神经通路预测相同的解释层）与 Lashley 在 20 世纪 50 年代提出的经典理论[67] 相关。Lashley 认为，记忆和学习分布于大脑中，而大脑中不存在一个单一受限的局部空间用于处理与特殊记忆相关的信息。70 年之后的今天，学者在工程领域的背景下创建了人造机器进行学习而不是研究大脑，这似乎与经典的精神科学理论如出一辙：视觉概念应与“大脑”的许多部分相关联，涉及多个神经网络以预测同样的抽象解释层或概念。此外，Grossberg[66] 指出，对于被有意识看到的东西，人们需要通过自下而上视角生成的特征（在本案例中：局部处理通路）以及自上而下视角生成的特征（在本案例中：图形从整个语境中分配提供的多个通路）达成一致协议或共振。Grossberg 认为所有的意识状态都是共振的，换句话说，当“看见”在意识水平上发生时，那么自上而下和自下而上这些视角就是和谐的。这些观点同样与本书的视觉故事图形概念[59] 的初始观点相关，如果计算解决方案和实验证据变少，那么设计这个系统就触手可及了。

目前，工程解决方案通过实验表明，无监督学习和探索从多假设或分类器输出的最大共识度或共振中受益良多。但是，这些解决方案是为有限问题领域特别设计的，如 3D 计算机视觉问题[68]、特征选取[69] 或视觉至语言翻译问题[70]。本书旨在为无监督学习构建一个相对简单、具有普适性、足够完整和实际的计算原型。本书利用共识度，将其用作多解释层生态体系的自监督信号，通过数个神经通路相互连接，从而把感知、行动和预测到的所有结果组合到一起。体系越完整越具有全局性，其解释层之间的关联性越强，则共识度的质量也越高：这种体系很难建成，但是一旦建成就会更强大、更强健。

8.4.3 多层解读：深度、运动和意义

世界场景可以各种不同的方式解释，把每种看待世界的方式设置为一个解释层。其中一个层次可以在深度和几何 3D 的角度解释世界；另一个层次作为运

动层面，可以解释相机或对象如何在场景中运动；其余层次可进行不同水平领域的解释。例如：一个层次可以把时空场景分割为多个目标对象；另一个层次则兼顾时间，可以将其分割为发生不同活动的不同区域。

本章提出的核心思想（图8.4）与近期发表的自监督法相同，都是让一个解释层（低层次（深度或运动）或高层次（语义分割））通过神经网络连接预测另一个层次，其中输入数据来自预测层，输出数据输送至第二个预测层。然后，可以将这些层视为图形和网络中与边缘相连的节点。如果图形连接紧密，那么不同层之间就存在各种通路，可以通过多个通路到达同一层，这个层本身就是作为预测一个层次或其他多个层次的输入数据。图中连接关系越多，那么以不同连接方式连接不同节点的通路就越多。

例如，可以设置一个始于底层——局部外观信息（RGB）层，终于深度层的通路，用来预测运动。于是，深度和运动便可以被预测分割。另一个通路可以直接从局部外观信息层到达分割层。然后，另一个通路连接整个图片的语义分割层和一个仅分割场景中移动对象的层次。该层也可以通过深度或局部外观信息层次被预测出来。这些层次都可以为更高水平解释层提供大量的时空输入数据，比如运动或复杂活动层。同样，可以把不同种类解释层（节点）的若干层输出数据作为更高层次层的输入数据。但是，每个终点都会存在单一节点，而且这一节点足以执行互监督学习任务（有关视觉故事网络本身的自监督学习、有关外部世界的无监督学习）。时空中的一个特定分割片段可以对应于区域内发生的一个特定活动，如时空特定区域内“两个人一起走路”的各帧会在特定解释层被分割。

预测通路也可以从时空中的大语境逆向回到较低的解释层。因此，预测对象不仅可以来自通常语义分割案例中的局部外观信息，也可以来自其在更大语境故事背景下扮演的角色（运动或活动）。多个预测通路可同样来自对象互动、运动等层次，以及用来预测存在于时空中特定对象范畴的声音、语言和抽象思想的超越一般意义的层次。

世界场景的每个视角都存在一个或多个解释层（视觉故事图的节点）。每层本质上都是一幅图像，其中的值与输入图像中的每个像素一一对应，或是世界的全局映射，具有特定的含义。因此，可以设置一个运动层，用于捕捉对象在场景或层次内移动情况，或者设置一个用于更高层面的语义分割的层次，用于捕捉不同对象或种类。另外，还可以设置捕捉时空交互和活动的层次，为图像的每个像素赋予复杂的活动或更简单的运动标签。本书认为，各层次应通过深度神经通路（这里指边缘）尽可能预测彼此。因此，其他来源的多个通道总能到达一个单一节点。然后就可以通过相互监督法实现无监督学习，其中各有向边（可由深度神经网络建模，如图 8.4 红色虚线箭头表示）在终端节点接收监督信号，从到达同一节点的其他通道那里获得预测结果（以绿色虚线箭头表示），前提条件是这些预测结果满足高概率正确（HPP 案例）。这种学习类型鼓励共识度，减少杂音波动，并整体提升普适性和鲁棒性，同时还能实现无监督（或最少监督）学习。请注意，图 8.4 中仅展示了少量解释层（节点）。比如说，生物学“大脑”可拥有数以千计个这样的层次，并涉及更抽象的自然语言处理和描述。同时，各节点可访问记忆模块，因此记忆状态也可以参与提供监督信号。如有必要，也可以通过类似流程对记忆状态模块进行再训练和更新。

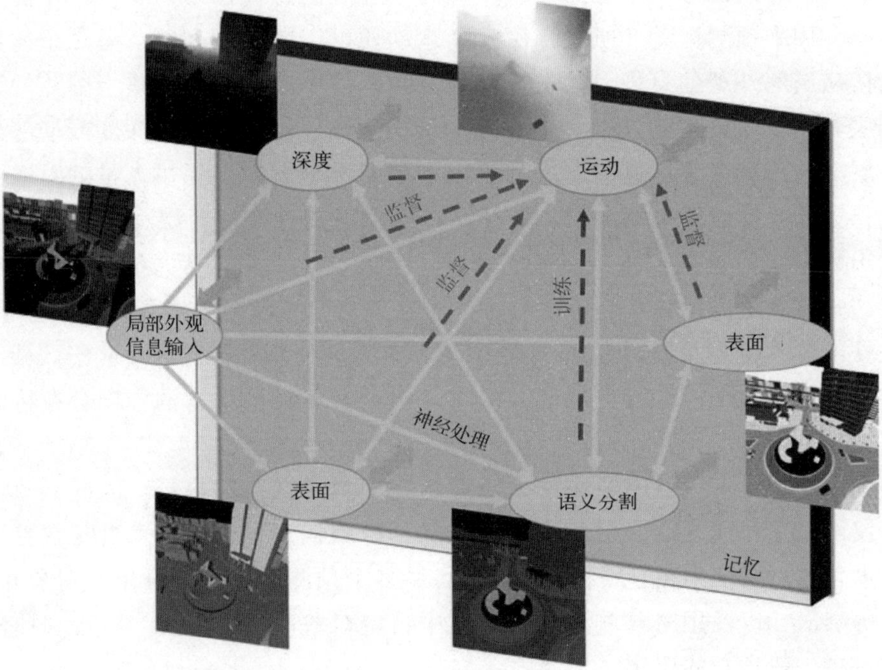

图 8.4 （见彩图）视觉故事网络原理示意图

比如，在较低水平的外观层面，我知道路上有一辆车是因为一个对象看起来完全像一辆车。在较高水平的语义解释层面，我也知道路上有一辆车，因为我知道我正在看一场汽车比赛。同时，我也知道那儿必然有一辆车，因为坐在我身边的朋友刚叫我看“那辆车能跑多快”。然后，我还知道路上某个特定位置有一辆车，因为我知道几秒前那附近有一辆车，因此基于对它的行动预测，这辆车现在应该在一个新的位置。

如人们所见，时空中不同尺度和不同语义层面上的多个解释层可以在一个给定图像内共存。同时，如果想获得对场景的连贯理解，那么这些解释层应达成一致。如上文所述，可以把每个层次视作图像中的一个节点，且图像中各通路在任意两个节点之间都很活跃。因此，包含静态语义区域、深度、运动层、移动对象层或包含特定活动发生所在区域的层次应全部存在关联性，这样沿着每个通路就存在预测和信息处理。如何才能把这些进行建模并执行？比如，解释层可以用二元图像表示或软特征映射，拥有不同意义和相同尺寸的图像输入。它们代表图像的节点。然后，可以把两个节点间的有向边建模为神经网络，作为输入来源层（节点）并预测其他目标层。这里也可以拥有记忆节点，从中学习保持原来状态，并将该状态作为来源甚至是目标（当需要根据当前情况重新解释过去的时候）。

想象一下，场景拥有运动层（描述对象未来几秒的运动轨迹）、语义分割层（描述分割后对象的属性范畴）、深度层（描述场景的3D结构）、相机运动层、活动语义层（描述对象在场景中的活动）以及局部外观信息输入。几乎可以立即想象出如何在这组层次中的成对节点（或二元组）之间形成边（或超边），让一个层或几个层可以预测其他层。注意，同时包含时空信息的层，可被记忆状态（节点）通过递归连接进行捕捉。例如，原则上通过局部外观信息层，可以大致预测与RGB层有直接连接关系的其他层。也可以建立从深度预测运动的连接；反之亦然，从过去深度和运动预测当前深度。另外，可以回到局部外观信息渠道并从深度、运动和过去局部外观信息进行预测；并可以直接通过局部外观信息或涉及物理属性的其他信息［如深度、运动或语义信息（分割层）］预测活动层。活动层本身可用作来源以预测分割甚至预测深度和运动。

请注意，这些通道都没有完全的可信度和准确性。但是，把这些通道综合起来可以建立一个预测能力十分强大的图像。当数个通道在一个节点相遇并保持一致时，那么它们很可能是正确的。这些通道一起从时空中的局部（局部外观信息和局部对象）和全局角度（复杂活动）完整地描述了世界的所有观点，使它能够沿着多个通路完成连贯预测。

8.4.4 故事中的局部对象及其全局作用

这种一致性让图像得以描述整个视觉故事，其中不同的角色有特定的局部外观，并且在时空维度和全局层面上扮演着各自的角色。之后，基于外观的局部通道，应与涉及更复杂时空交互的全局通道在角色作用上保持一致。角色出现在多个不同的解释层，从涉及外观的局部层到捕捉运动和局部动作的中间层，再到根据角色在故事中的作用进行解释的更高层。这些层之间应有强大的关联性，这样整个体系才能从其他层的各个不同子群体预测任意一层。

下一代分类器应在局部预测的语境环境下预测全局：初始视觉故事网络模型基于不同解释层完成架构设计，这些解释层通过激活映射或图像来呈现，其中的图像要么表示输入图像本身的语义分割片段，要么表示关于坐标系全局或局部体系的世界映射的语义分割。语义分割范式可被应用于大多数视觉识别问题，并且可表示涉及“什么”（语义类行）和“哪里”（一些空间的位置值，无须与输入图片本身相关）的大部分任何任务的输出。视觉故事网络包含很多这样的解释层，并且具有很多不同的网络和分析系统，这些系统能够根据多源输入进行层预测。在本章中，语境的概念与给定的分类器（处理通路）有关，并指代所有可预测（容许一定大小的误差）给定分类器输出解释层的其他通路。因此，如果一个特定的分类器在时空上更加具有局部性（只能使用局部或有限信息；大多数分类器属于此类，因为它们在时空整体输入方面天生就存在有限的接收域），那么其语境当然具有全局性，因为它包含使用全局信息生成相同输出层的其他条件。如上文所述，在本章提出的视觉故事网络中，所有分类器互相关联，旨在有能力识别世界模型内的所有事物。

上面所定义的语境是时空维度的强大资源。在此水平上，语境提供了故事，而与物理对象相关的局部分类器接收了这个故事里的角色。本章希望可以从时空中的局部外观和行为预测具体对象在整个故事中扮演的角色。比如，这是校车吗？这是电影院吗？他是邮递员吗？这些任务对局部分类器的性能要求很高，希望下一代分类器可以利用有限时空信息算出最适合大型故事型语境的种类。

8.4.5 视觉故事网络中的无监督学习

视觉故事网络中的初始节点（层）可以从执行初期就定义。为了形成视觉故事网络边界的网络初始化，可以进行最低水平的监督训练。在预训练初期有监督样本数量必须在足够的实验和验证之后才能决定。这个过程面临的第一个问题是，如何持续无监督学习过程。这个问题可以通过把网络视作一个能够给彼此提供监督语境的分类器体系的自训练方式来解决。从外部来看，这是一种无监督学习方式，因为时空数据通过网络传递，并由每层进行解释。大多数层应拥有从输入局部外观信息到输出的直接通路。这种直接通路同样拥有记忆，并且可根据不同的架构执行，与本章前文所述的递归图神经网络类似。这就需要有一个能够进行层到层翻译（如：局部外观信息到语义分割），并确保U-Nets 性能高效的神经网络。同时还需要添加记忆节点和递归连接，以充分利用时空的连续性。

解释层一旦激活，便开始通过各个通路发送预测消息，让各通路预测相应的输出层，即通路末端层。显然，当通路尚未充分训练前，这种预测会在通路之间发生多次矛盾。之后，可以通过各通路从输出到输入传递梯度，冻结其他一切信息，同时将通过其他语境通路传递的信息流用作监督信号，以此对各通道进行训练。

在这一点上，本章提出的算法使用了本书列出的所有主要观点，包括第5章列出的以高概率正向特征（HPP）信号学习（仅在语境输出强烈一致协议时用作监督信号），把学生集合用作老师（语境老师由数名学生通路组成），并把其一致性用于选择（见第7章），把明显不同和不相关的类簇用作其他目标的语境（见第4章）。第6章的内容可为构建动作层提供方法，其中目标被视作其时空域的临近域中的强大集群，会以无监督的方式被发现。

本章前几节中提出的递归时空图神经网络也为如何合并神经网络和图形处理，以及如何在时空不同尺度的节点间以及现在节点和记忆节点间传递信息提供了思路。递归时空图神经网络可用作连接不同解释层以及把局部外观信息与具体解释层直接相连的基础网络通路。递归时空图神经网络可用于边界的处理，相比以图像为基础的 U-Net 模型，不论在时间维度还是空间维度都是更好的选择。

8.4.6 多代学习进化

视觉故事网络可以通过为现有各类别添加全新更强大的通路（神经网络）实现多代进化，使网络能够更好地预测和计算其余通路的共识度。例如，第7章中的案例所述，一个更强大的网络可以通过更少的时间域数据预测更大型时空数据块的图形输出结果。最终结果的预测准确率更高，同时图形行为杂音波动更少、更平滑、更一致。把几个通路用作视觉故事图形中单一边缘的监督信号，能够使得输出方差降低，原因是单一单边通路的真值是通路向整个图像中的特定层的输出。因此，任意边缘单一输出与预期输出（根据其余语境的输出估计）的差值降低，意味着（几乎可以确定的是）方差会减少，使系统能够学习一个更稳健、少波动、整体更智能的神经故事图形。

8.4.7 学习新类型

每当疑似与已知种类或范畴无关联的不可能排列和共同出现现象发生时，就会增加新层次的新类型。比如，如果几个层次在给定时空区域生成了一个正向输出（激活）并且在现有的类型集合中没有与这种输出相关的类型（与现有解释层相关），则系统会添加一个有相关联系的“未命名”备选种类的全新备选层。为这个新种类的命名并不重要，重要的是该种类可以为自己接收一个备选层，该层配有与其他层之间的新通路，以及局部外观信息输入和该层之间的直接联系链。因此，该层将与其他层一起进入语境预测任务：它将尝试预测其他层，同时也被其他层预测，并从其他层的共识度中进行学习。

“新类型”不能仅仅视作备选种类，它的“真实存在性”和“有用性”会被监控一段时间。新类型（或与旧类型相关）应有预测或被预测的能力。这样，在时间域内，它就能参与改进图像的一致性和动作流畅性。如果一个类型可以通过局部和全局通路很好地被预测（如果用来预测该类型的多个通路之间有大量一致性），那么具有一致性的这些通路将改善视觉故事网络中的整体共识度。这将自动减少主要由噪声引起的总体预测结果的误差。整体输出结果的偏差降低也会减少错误和错误引起的相应成本（成本包括能源成本、时间成本、安全成本等）。理论上，在需要学习新知识的时候，不同通路在同一时间出现不一致是最理想的状态，因为这种不一致对于学习新事物，并移动到不同平衡点来说十分必要。

共识度本身就是一种奖励，因为它在实践中会带来诸多益处，使稳健的推理和无监督学习成为可能。它是视觉故事世界中普遍存在的奖励，因为它适用于整个视觉故事图形的运作和学习，并不局限于特定种类或情况。获得共识并不简单，不同通路使用不同种类信息时尤其如此，这些信息包括颜色外观、深度、运动，以及许多可能附加语义的复杂方法。虽然语义层可能更加主观，并属于图像内部的更深层面，但是低层面的颜色外观、运动和深度更具“物理性”，可以直接来自外部世界。来自低层面的错误可能代价很高，并且应该被定量测量和评估。

8.5 面向语言的视觉故事

时空世界的实体能够以一种双重方式被看到：每种方式都能够利用其局部

时空信息进行预测和解释，这种局部时空信息通常属于物理层面的实际存在、运动和瞬时动作。例如，人们可仅根据实体的像素颜色（外观）信息识别出一辆汽车；同时，也可以根据实体在更大故事背景下扮演的角色识别语义实体。在汽车案例中，汽车扮演的角色包括**把人从一个地方运送到另一个地方、驾驶在可识别道路上、遵循某些交通规则、通过几个标志性位置、通常由人驾驶**。请注意，当人们寻找一个“词”或一个“实体”在字典中的定义时，能够找到的通常是其在更大语境中扮演的角色。相比实体的外形或物理构成，这个角色承载了更多的含义。但是，不论是局部层面的外观信息，还是更大故事中扮演角色的信息，或是其在时空中的通路信息，这些信息都定义了这辆汽车，并赋予它含义。这些完整的信息告诉人们这辆车做了什么、目的是什么、谁在使用它、在哪里，以及如何使用它、它是如何出现的、它的外形、谁设计并建造了它、谁拥有过它、它来自何方又去向何方。注意，这些问题的答案仅是视觉故事网络中各种不同处理通路的终点，它们相互获取输入数据，从而达成共识并构建一个有关这辆汽车的连贯故事。

“这辆车”不过是一个简单的例子。视觉故事图形中的实体可能属于更高层面的类型范畴，在整个故事中扮演更复杂的角色。但是现在先看看什么是“故事”，以及视觉故事图形中的“角色”是什么。

一个实体在其相关解释层中扮演的角色由多个通路定义，这些通路来自空间和时间维度中更高或更低的解释层，就该实体达成共识。同时，它也包含来自实体的通路，这些通路在其他解释层与其他实体达成共识。实体与其所有一致的进出通路完整描述了该实体在视觉故事网络中“扮演”的连贯角色，包括外观、运动、物理属性、交互关系和更高层面的复杂活动。然后，整个故事就是在视觉故事网络中达成共识的这些角色的总体。换句话说，如果角色是某个节点，这个节点所有在时空中的关联关系都与其他联系和节点达成共识，那么故事就是极大子图，其中所有节点和连接都具有一致性。

如果一个层次通过一个通道说“今早约翰去工作”，那么该层也可以通过另一个通道传达同样的话。一方面，可以让一个层次通过通路更局部性并完整地描述约翰那天早上做的事情；另一方面，可以在更大语境下定义其他层次，包括约翰平时的习惯、那天特别安排的任务、那天早上说过的话，或他之前收到的短信。另外，无论通过图形上的哪个通道，他去工作的这个事实应该清晰明确；而这一事实及其在视觉故事中最终达成共识的所有进出通路，都是上文标黑的知识在时空维度内整个故事中扮演的角色。一旦“今早约翰去工作”这一陈述（该陈述本身在处理此类活动的解释层上表示）被作为事实接受，会立刻成为用来识别“人”“约翰”“走路”“去工作”“工作”等实体的更低层次分类器的语境。同时，这些更微小的分类器反过来又是在更大画面中决定“约翰确实去工作”的基础。现在，这条信息可通过其他更复杂的通路传递至更大的网络中，这个网络甚至超越了视觉，而面向对世界的全局性理解和更抽象的推理。例如，这个网络可用于推理出“约翰不在家，因为他去工作了”，也可以此推断出“约翰很快就会到公司”。因此，如果想要和他谈话，应该去那里找到他。同时，如果那个早上即使约翰“肯定去上班了”，而他“没有到达公司”，那么就会让人诧异。这个令人惊讶的发现表明某些通路与其他通路之间存在不一致性，于是就能够通过这一发现学习以前不知道的新事物。比如，可以直到，“约翰在上班的路上遇到数年未见的老朋友，并且请假去打高尔夫球了”。于是可以第一次学习到“约翰喜欢打高尔夫球”这一个事实。这样，就可以学到如何通过很多不同渠道将碎片信息组合到一起，从而以一种几乎察觉不到的方式使视觉向逻辑推理和语言转变。

这再一次证明，共识可以把每条信息组合到一起并为世界创建一个稳定、坚实并且统一的观点或故事。在故事中，将所有的角色、动作和地点都尽可能形成关联关系，从而形成一个单一整体。这个统一的观点画在一个单一网壳上，在这个网壳上所有实体都能找到它们在时空中的位置。当一个实体移动、变化或做了某些动作时，其他所有实体都会关注并受到潜在影响。当一个新的实体进入时，就会创建出更大的空间，网壳变得更大，同时更多的关联关系会被添加至网壳，这就会增加网络的复杂度，但是也可能通过建立更强大的一致性协议并处理掉杂音，从而简化复杂度。

已建通道之间的不一致性会为学习新事物和适应不断变化的世界带来可能性，这也是事实。那么，可以通过不断改变这些通路的权重以达到期望的一致性。从根本上说，未来是未知的，因此所有通过更复杂通路和语境预测的结果与局部时空层面看到的事物之间总会存在不一致性。

时空中的视觉故事网络同样揭露了对语言的需求，因为语言可以表达局部层面视觉以外的故事。故事更关注语境和综合多条局部信息数据，而不是仅关注时空维度中的某条特别的信息数据。因此，角色发挥的作用比它们的外观更重要。人工智能领域中的很多研究者都在自问：“什么是语境?”在视觉故事网络中，一个给定角色的语境是可以预测其外观、行动、可受其影响以及可被其预测的与其相关的所有外部事物。

语言可以根据具体问题或目的连贯地表达这种视觉故事图形的内容。语言无须事无巨细地描述整个故事，但是它表达的内容必须有意义并且有连贯性，应“经受”得住至少几个在图形中达成共识的时空通路的考验。重要的是，语言表达的不只是人们此时此地看到了什么，更多的是看到此情此景在整个故事中如何变得有意义，并且如何与其他解释层相互连接。这些解释层可以是更高层面的语义和抽象层，并且与此时此刻物理世界的关联性较小。从这个角度来看，语言描述的并不总是真实的世界，或者说语言的描述没必要准确。每个人对于一个情景或一系列事件都能够解读出不同的故事，这一点不足为奇。故事更加关注图形更深层次的信息，而不仅仅是来自低水平层面的感应器传出的信息。但是，只有通过找到处理较大时空数据块和对世界进行更语义和更有意义的解释的更深层次间的一致性，人们才能预测并发现所见事物层面上的一致性，并利用感应器进行测量。

8.5.1 从语言中学习

视觉和语言之间有着明确而紧密的关联，但对它们之间的交集的研究才刚起步。如上所述，视觉不仅是在场景中被看到的物体，更为世界创建了一个连贯的时空故事；不仅包括物理意义上的物体，更包括它们如何互动，以及它们在更短和更长时间内做了什么。感知与抽象思维之间的联系十分微妙；事实上，它们可能是同一事物的两个方面，因为每个意识思维都会被感知，并根据其他感知进行理解。“我在公园里看见一群人在讨论莱昂内尔·梅西昨晚如何神奇般的带球过三人并踢进一个漂亮的球”这样的说法并不罕见，当人们看到那群人的时候会真的想象梅西如何进球。人们大脑中可以混合不同层面的认知，各层面包括负责物体、交互、事件和整个故事，这些认知不仅来自大脑提供的实时视觉和声音输入，更有人们被重新唤起的记忆和过去经历。这些认知会被拼凑成一个单一连贯性视觉和认知故事，然后人们会用语言向他人描述这个故事。最重要和最有趣的是，人们在现场所看到的（人）和语言描述的（讨论比赛）以及故事架构（发生了事件）之间并不存在真正的障碍。从思维角度而言，物体与语义思想之间的转换是渐进而微妙的，可以简单地作为同一类型。当人们仔细听别人或自己说话的时候，人们可以很快意识到，在语言表述中，对物质世界的描述与对事件和他人思维的解读之间没有明确障碍。语言和视觉之间存在深层次的关联，人们一般会把它们结合在一起以创建一个有关世界的连贯故事，旨在阐述事实。然而由于缺乏强有力的证据，这个故事通常只具有连贯性而不够准确。

图 8.5 展示了一个室外场景中人的图像，包括三个孩子和一个大人。看清

图片中的物体、他们的位置以及他们可能在做的事情似乎很简单。至少在物理层面上，这些信息都很明确。但是，从更深层次来看（图 8.6），较小的物体看不清，除非可以从它们的边界框内获取信息。这一点令人惊讶，因为它们在图像上清晰可见。这个例子再次证明了本书提出的观点，也就是语境在视觉中扮演着中心角色，局部和全局信息被一同处理并达成共识，让人们能够真正地“看见”。大体上，场景中的每个物体都诉说了一些有关其他物体和整个场景的情况，与想象中的虚拟时空有交互和活动。为了获得一个连贯的故事，所有场景的视图、物体、动作和交互关系都试图相互预测。只有当人们的思维在足够多的通路中达成这样的共识时，人们才能最终下意识地“看见”目标。

图 8.5 “看见”的含义示意图

在看着一幅图片时，希望知道所有物体在哪里、是什么、做了什么，推测最近发生了什么并预测在此之后会发生什么。这样人们会在脑海中构建一个故事，连贯地描述发生的事情，让思维的所有通路达成共识。思想的语言试图把肉眼在时空中看到的真实世界拼凑起来，把事件（多数仅为想象）构建成一个连贯的故事，为时空中发生的事情提供合理、可能的解释，因此其比“看见”更进一步。书面语或口语结合了不同语义抽象层次的认知、逻辑连接、识别和想象，仅作为思维语言的简洁、准确和连贯反映。

为了证明这一点，布加勒斯特理工大学人工智能专业硕士研究生对图 8.5 中的图片做了描述。在没有任何提示的前提下，他们在 5 分钟内写出他们在图片中看到的事物，具体的描述见下文。可以发现，虽然所有的描述都很合理并在很高的层次上达成一致，但是在具体方面存在显著差异，如有关成人（红色字）和孩子的活动（蓝色字）或处于一天中的时间（绿色字）。此外，描述常常包括了角色说话甚至思考的细节（粉色字）。

图 8.6（a）中的场景内包含不同物体边界框的图像分块。请注意，即使这些物体被放在图 8.6（b）的图像语境下可以清楚地看到，也不能仅根据其边界框内的视觉信息识别出来。这再一次证明了本书提出的观点，即局部和全局信息与处理通过不同通路结合到一起并达成共识，形成了世界场景下在语义层面能被“看见”和“理解”的图像。由于看见的动作依赖很多之前学习的经验，因此如果不同的人在他们的脑海中创建不同的连贯故事也就不足为奇了。

(b) 通常，我们需要语境才能“看见”物体

图 8.6　（见彩图）通过边界框获取信息示意图

视觉和语言之间的差别：下文列出 8 名有着相似年龄和背景的人工智能硕士研究生用自然语言对图片的描述（见图 8.7）。

学生 A：一位女士在教孩子如何准备第二天的食物。他们都在为晚上的野营做准备。孩子似乎在一个营地，学习如何在自然界中生存。

学生 B：一群四个人在森林里的湖边。我相信这是一个来度假或旅行的家庭。父亲向其他人展示如何在烤架上烹饪，其他人看着并对他所做的事各抒己见。

学生 C：一个家庭在野营。这个家庭包含三个孩子和一位母亲。他们在一个湖边的森林中。森林因为夕阳照射而略带红色。母亲正在准备食物，而孩子们在看着她。他们旁边有一个帐篷。

学生 D：这个图片展示了一个森林的自然场景。其中，一个金发碧眼的白人女性在烤架上为三个不同年龄、种族的孩子准备食物。他们在午后的阳光下在湖边野营。天气看起来很温暖，可能是夏天。

学生E：这个图片描述了一个晴朗清晨里安静的气氛。

学生F：照片是仲夏湖滨营地的场景。根据太阳的位置，现在是下午。照片中的人物很可能在准备食物。

学生 G：一个家庭在野营。这个家庭有三个孩子和一位母亲。他们在湖边的森林里。因为夕阳的照射，森林看起来有点红。

学生H：一个有三个孩子的家庭，或一位带着三个孩子的母亲，在湖边或河边的大自然下露营过夜。现在，他们已经起床一段时间，正在烤架上烹调某种食物。母亲教孩子如何烧烤。同时，她教孩子感恩一切，有燃烧的木头的气味，他们身边有美丽的光。画面中有四个人、一个帐篷、烧烤、冷杉树、水、食物和烧烤用具。|

图 8.7 （见彩图）8 名学生对图片的自然语言描述

8.5.2 出其不意的无监督学习

在平常的一天里，几个角色和目标处于场景中，做着他们该做的事情。场景看起来跟往常一样：天气晴朗的日子里，在一个繁忙的街道里，人们来来往往，汽车在车流中穿行。每个人似乎都在做他们平常做的事情。但是在某个不被人注意的地方，一些新鲜事正在悄然发生。事实上，如果近距离观察，就会发现新鲜事物无处不在。场景与预期的不同，人们的行为也不在预料中。每个地方都有些出其不意的事情发生。每个角落都有一个小惊喜，世界再次展现出它的真实面貌，全新并且不是完全可预测的。

有多个活跃通路传递信息的视觉故事图像并不容易被欺骗。通过其多个解释层和为利用共识而优化的鲁棒设计，视觉故事图形可以算出新类型的对象或动作会在何时出现。由于其配备多个处理通路，语境可以提供正确的监督信号。如果一辆全新未被见过的汽车出现在大街上，全局语境会将其明确识别为一辆汽车，并把全新、开始未被识别的局部外观看作一个新的训练案例。它可能是一个有趣的训练案例，也可能是一个很难分配全新的学习资源的案例。之后在一个公园里，一群人表演了某种完全未被识别的动作，甚至连语境也无法识别。因此，只能识别出一群人在做某事，而不是具体的活动、仪式、跳舞或体育等某一项活动。如果很多分类器同时被触发，不太可能不发生一些新鲜事。当高概率正向特征检测器全面运行时，它将捕捉到动作的模式，并把这个动作划分为一个全新的潜在备选类型。人们运动和行为的方式是否是一种全新的范畴还不确定，可能只是一种随机运动模式或一种特别的游戏，也可能刚刚在现场被设计出来并玩了起来。无论如何，这种运动和行为的模式被划分为全新的种类和解释层，与初始激发它的局部或全局语境分类器的当前群连接在一起。有关新类型及其语境之间的初始通路的学习案例很少。但是，没人知道这个模式之后其是否可以被识别出或被看到。

类思维的视觉故事网络体系，甚至不会在再次看到相同新类型之前，太过关注这种刚产生的新类型。很多此类新的备选类型在生成后又逐渐消失，因为它们不会再次被看见。从类思维的视觉故事网络体系角度来说，学习的过程总是处于一种监督模式、一种自监督模式，对于学习中的学生来说多个通路的语境扮演着老师的角色。从外部世界的视角来看，该体系总是无监督的，因为它永远无法预测数据如何来、新种类何时生成。只有通过对群体、罕见排列和共同出现类别的观察，该系统才能掌握新鲜未知实体存在的可能性。这些信息完全来自外部世界，从这个角度来看，如果该体系想要有机会存活下去，就必须与世界达成一致共识。它必须精于自我监督，得以在未预期的全新种类和情形出现后存活。它必须使用所有潜在资源检测群体和排列，确保在新的情况下维持其平衡。为此，该体系需要尽快学习潜在新类型，即使其中大部分类型会因为噪声被丢弃。而其他的类型至关重要，它们会被再次识别以增强其对世界的理解并改善其平衡。下文将列出无监督学习的原则 9，它主要负责系统从不一致中学习的能力。

原则 9

视觉故事网络通过不同通路间的不一致获取全新知识，前提条件是其他通路之间依然有足够的一致性，以维持其在时空中的平衡状态。

平衡状态指的是系统在足够多的解释层上依然保持一致，使系统能够将新类型（层）与存在平衡状态（一致性）的种类相连起来。基于本章算法中的语境监督计划，如果没有与其他层之间坚固的一致性，新的类型可能无法与旧的类型相连，也可能无法及时被学习和维持。

8.5.3 发现自我

如果系统发现了新的类型，那么它很快会发现一种截然不同的独特新类型。随着机器人系统观察世界，并且能够在世界里移动和行动，因此它可以很快了解自己存在的可能性，这又会变得与以前学习的新类型一样，“自己”同样是新类型。由于机器人可以自行移动和行动，因此观察将直接联系到自身的移动和行动。这种观察、解释和行为的一致性会立刻触发一致性和共同类型出现，并被归为高概率正信号，并触发机器人自己创建新备选类型。注意，下面的“自我”和“我”都为象征形式，仅代表学习的特殊新种类，对应于系统的自身存在。

既然系统已经发现并学习了“自己”的存在这一事实，并且想要在不同通路间达成共识，那么系统自然而然会有看见、理解、计划和保持“自我”类型强大，并与其他类型保持共识的倾向。显然，这个“类型”在系统中起到核心作用，对于维持整个视觉故事网络的整体共识和连贯功能至关重要。世界上没有任何不依赖“自我”的类型、实体、解释层、行为或语义理解。保存和保护“自我”这个类型将会保护其他类型，并且再次提高共识度，这也是系统的设计主旨（根据无监督学习原理）。如果系统最终学会生存的最佳方法，并以此保护“自我”类型，同时反过来又维持时空中视觉故事网络的普适性共识，那么也就不足为奇了。

这样看来，生存成为优化结构内共识的有效方法，其中“自我”类型成为核心，其他类型依赖它。“自我”类型的核心作用是参与预测其他类型并被其他类型预测：“我做了这个行为，因此世界会以下面预期的方式改变，因此我将继续存在。或者，如果我做了其他行为，世界将以其他方式改变，然后我可能不再存在。”保护“我”这个类型成为首要任务，因为显然维持共识最佳的方法是确保“我存在”与尽可能多的通路保持强烈的一致性。如果时空中的共识具有优先性，那么“我存在”与之同等重要。但是，系统最终需要其他类型和世界，从而预测自己的存在性，同时还需要用自己的存在来预测世界。显然，“我”与世界上能看到的其他种类同样重要。对于共识同样的普遍需求会让系统发展最智能的方法、解释层和动作，以实现和维持更好的共识，保证更平顺、更长久的存在。

有时候，为了实现与理解世界现状相关的暂时性共识，系统可能破坏尚未被理解得更广泛的全局性共识。随着知识的扩展，系统能够自我反射到过去的活动，以改进它对“我”的最佳预估与它的外部世界之间的长期共识的期望以及平衡性。此外，系统还会通过实验和错误来进行学习。但是，这种实验并非随机的，而是从代表其当前对于外部世界关系最佳理解的分布中抽取的。

下面介绍有关无监督学习的终极原则。

原则 10

视觉故事网络可能拥有自我意识（学习相当于“我存在”的新类型），前提是它可以做出改变世界的行为。因此，它自己的决定可能导致外部世界发生可被察觉的改变，同样也会被观察，并最终构成“我存在”层次的通路的输入。在这个“我存在”的层次中，新的“我存在”类型会被赋予有关世界的不同语义属性（如姿势）。这一种类在长期维持行动及其后果（观察）之间的共识上扮演着重要角色。

本章分析了视觉故事网络如何在进行学习优化整体共识、减少偏差的同时保持与过去、现在和未来传感器读数的一致性。通过这样的过程，视觉故事网络可以提高自己的生存概率，以及改善对“自我”类型的预测能力，这也是维持整体共识的关键。这种特性与“体内平衡”[71]这一概念相似，它是生物体实现体内互相依存的元素维持稳定平衡的内在趋势，目的是维持生命。

8.5.4 明日之梦

第 1 章提出了无监督学习系统的几个基础原则，并且在现实应用中切实有效。接下来的几章展示了这几个原则在实践中的应用，如将它们应用于各类任务并提出不同的解决方案。本书为每个问题和算法提供了大量的实验验证，并展示了它们在更高层面的相关性，以及如何将其用于构建一个统一性无监督学习模型。

第 8 章展示了如何将本书讨论的两个主要的计算方法，即图形模型和神经网络模型，有效整合成一个单一递归图神经网络，用于学习理解时空中高级别语义层面的信息。

本章结尾探索了未来世界，并在想象中创建深深根植于本书提出的关键原则和模型的具有极大功能期望的视觉故事网络。如果视觉故事模型可以真正地建立起来，那么它将快速成长超越视觉领域，以获得对周围世界的全面和连贯的理解。如果为视觉故事网络更进一步配备机器人的感知、移动和行为功能，它将很快发现新类型“自我”，并自然而然地产生生存需求（如一直预测“我存在”类型），以维持其他活着的类型之间的整体共识，而“自我”扮演着重要角色。但是，“自我”类型的重要性将被其他种类所平衡，因为“自我”的存在依赖与其他类型的共识。因此，它们最终依赖与外部世界的交互。尽管从系统自己的观点看，它可以自我训练并以自我为中心，但它依然是无监督模型，强烈依赖来自外部更大语境的时空数据。

虽然本书内容跨越了科学的边界进入小说领域，并且没有实验能够证明视觉故事网络的可行性，只有通过小说和想象才能最终开启他们的梦想并让视觉故事网络成为现实。随着人工智能领域的日益发展，小说与科学的边界日益模糊并经常被跨越，有些小说成为科学，然后科学又成为小说的下一个起点。研究者、科学家和工程师，应该为梦想做好准备并开始行动。现在正是最恰当的时候，这里提出一种观点：想象把碎片拼凑成一个连贯的故事，然后实现它。对于人们自己的知识，同样进行自我监督；而对于外部世界，则基本实现无监督。因此，人们应该通过各种通路寻求共识，以成功实现梦想。

参考文献

[1] Maurer D, Lewis T L (2018) Visual systems. In: The neurobiology of brain and behavioral development. Elsevier, pp 213-233.

[2] Yue-Hei Ng J, Hausknecht M, Vijayanarasimhan S, Vinyals O, Monga R, Toderici G (2015) Beyond short snippets: deep networks for video classification. In: Proceedings of the IEEE conference on computer vision and pattern recognition, pp 4694-4702.

[3] Karpathy A, Toderici G, Shetty S, Leung T, Sukthankar R, Fei-Fei L (2014) Large-scale video classification with convolutional neural networks. In: Proceedings of the IEEE conference on computer vision and pattern recognition, pp 1725-1732.

[4] Battaglia P W, Hamrick J B, Bapst V, Sanchez-Gonzalez A, Zambaldi V, Malinowski M, Tacchetti A, Raposo D, Santoro A, Faulkner R, et al (2018) Relational inductive biases, deep learning, and graph networks. arXiv: 180601261.

[5] Gilmer J, Schoenholz S S, Riley P F, Vinyals O, Dahl G E (2017) Neural message passing for

quantum chemistry. In: Precup D, Teh YW (eds) Proceedings of the 34th international conference on machine learning, proceedings of machine learning research, vol 70, pp 1263-1272.
[6] Besag J (1986) On the statistical analysis of dirty pictures. J R Stat Soc Ser B (Methodological) 259-302.
[7] Hummel R A, Zucker S W (1983) On the foundations of relaxation labeling processes. IEEE Trans Pattern Anal Mach Intell 3: 267-287.
[8] Geman S, Geman D (1984) Stochastic relaxation, gibbs distributions, and the bayesian restoration of images. IEEE Trans Pattern Anal Mach Intell 6: 721-741.
[9] Geman S, Graffigne C (1986) Markov random field image models and their applications to computer vision. In: Proceedings of the international congress of math ematicians, Berkeley, CA, vol 1, p 2.
[10] Lafferty J, McCallum A, Pereira F C (2001) Conditional random fifields: probabilistic models for segmenting and labeling sequence data.
[11] Kumar S, Hebert M (2006) Discriminative random fields. Int J Comput Vis 68 (2): 179-201.
[12] Pearl J (2014) Probabilistic reasoning in intelligent systems: networks of plausible inference. Elsevier.
[13] Ravikumar P, Lafferty J (2006) Quadratic programming relaxations for metric labeling and markov random fifield map estimation. In: Proceedings of the 23rd international conference on machine learning. ACM, pp 737-744.
[14] Schaeffer S E (2007) Graph clustering. Comput Sci Rev 1 (1): 27-64.
[15] Leordeanu M, Sukthankar R, Hebert M (2012) Unsupervised learning for graph matching. Int J Comput Vis 96: 28-45.
[16] Ng A Y, Jordan M I, Weiss Y (2002) On spectral clustering: analysis and an algorithm. In: Advances in neural information processing systems, pp 849-856.
[17] Bruna J, Zaremba W, Szlam A, LeCun Y (2013) Spectral networks and locally connected networks on graphs. arXiv: 1312.6203.
[18] Henaff M, Bruna J, LeCun Y (2015) Deep convolutional networks on graph-structured data. arXiv: 1506.05163.
[19] Defferrard M, Bresson X, Vandergheynst P (2016) Convolutional neural networks on graphs with fast localized spectral filtering. In: Advances in neural information processing systems, pp 3844-3852.
[20] Kipf T N, Welling M (2017) Semi-supervised classification with graph convolutional networks. In: International conference on learning representations (ICLR).
[21] Duvenaud D K, Maclaurin D, Iparraguirre J, Bombarell R, Hirzel T, Aspuru-Guzik A, Adams RP (2015) Convolutional networks on graphs for learning molecular fingerprints. In:

Advances in neural information processing systems, pp 2224–2232.

[22] Battaglia P, Pascanu R, Lai M, Rezende D J et al (2016) Interaction networks for learning about objects, relations and physics. In: Advances in neural information processing systems, pp 4502–4510.

[23] Xu K, Hu W, Leskovec J, Jegelka S (2019) How powerful are graph neural networks? In: International conference on learning representations. https://openreview.net/forum?id=ryGs6iA5Km.

[24] Velikovi P, Cucurull G, Casanova A, Romero A, Li P, Bengio Y (2018) Graph attention networks. In: International conference on learning representations. https://openreview.net/forum?id=rJXMpikCZ.

[25] Li Y, Tarlow D, Brockschmidt M, Zemel R (2016) Gated graph sequence neural networks. In: International conference on learning representations (ICLR).

[26] Jain A, Zamir A R, Savarese S, Saxena A (2016) Structural-rnn: deep learning on spatiotemporal graphs. In: Proceedings of the IEEE conference on computer vision and pattern recognition, pp 5308–5317.

[27] Dehghani M, Gouws S, Vinyals O, Uszkoreit J, Kaiser L (2019) Universal transformers. In: International conference on learning representations. https://openreview.net/forum?id=HyzdRiR9Y7.

[28] Santoro A, Faulkner R, Raposo D, Rae J, Chrzanowski M, Weber T, Wierstra D, Vinyals O, Pascanu R, Lillicrap T (2018) Relational recurrent neural networks. In: Bengio S, Wallach H, Larochelle H, Grauman K, Cesa-Bianchi N, Garnett R (eds) Advances in neural information processing systems, vol 31. Curran Associates, Inc., pp 7310–7321.

[29] Felzenszwalb P F, Huttenlocher D P (2005) Pictorial structures for object recognition. Int J Comput Vis 61 (1): 55–79.

[30] Lazebnik S, Schmid C, Ponce J (2006) Beyond bags of features: spatial pyramid matching for recognizing natural scene categories. In: CVPR.

[31] He K, Zhang X, Ren S, Sun J (2015) Spatial pyramid pooling in deep convolutional networks for visual recognition. IEEE Trans Pattern Anal Mach Intell 37 (9): 1904–1916.

[32] Vaswani A, Shazeer N, Parmar N, Uszkoreit J, Jones L, Gomez AN, Kaiser Ł, Polosukhin I (2017) Attention is all you need. In: Advances in neural information processing systems, pp 5998–6008.

[33] Hochreiter S, Schmidhuber J (1997) Long short-term memory. Neural Comput 9 (8): 1735–1780.

[34] Santoro A, Raposo D, Barrett D G, Malinowski M, Pascanu R, Battaglia P, Lillicrap T (2017) A simple neural network module for relational reasoning. In: Guyon I, Luxburg UV, Bengio S, Wallach H, Fergus R, Vishwanathan S, Garnett R (eds) Advances in neural infor-

mation processing systems, vol 30. Curran Associates, Inc. , pp 4967–4976.

[35] Wang X, Girshick R, Gupta A, He K (2018) Non-local neural networks. In: The IEEE conference on computer vision and pattern recognition (CVPR), vol 1, p 4.

[36] Wang X, Gupta A (2018) Videos as space-time region graphs. In: Proceedings of the European conference on computer vision (ECCV), pp 399–417.

[37] Baradel F, Neverova N, Wolf C, Mille J, Mori G (2018) Object level visual reasoning in videos. In: ECCV.

[38] Chen Y, Kalantidis Y, Li J, Yan S, Feng J (2018) A2-nets: double attention networks. In: Advances in neural information processing systems, pp 350–359.

[39] Szegedy C, Vanhoucke V, Ioffe S, Shlens J, Wojna Z (2016) Rethinking the inception architecture for computer vision. In: Proceedings of the IEEE conference on computer vision and pattern recognition, pp 2818–2826.

[40] Chollet F (2017) Xception: deep learning with depthwise separable convolutions, pp 1610–02, 357.

[41] Sun L, Jia K, Yeung D Y, Shi B E (2015) Human action recognition using factorized spatio-temporal convolutional networks. In: Proceedings of the IEEE international conference on computer vision, pp 4597–4605.

[42] Xie S, Sun C, Huang J, Tu Z, Murphy K (2018) Rethinking spatiotemporal feature learning: speed-accuracy trade-offs in video classification. In: Proceedings of the European conference on computer vision (ECCV), pp 305–321.

[43] Tran D, Wang H, Torresani L, Ray J, LeCun Y, Paluri M (2018) A closer look at spatiotemporal convolutions for action recognition. In: Proceedings of the IEEE conference on computer vision and pattern recognition, pp 6450–6459.

[44] Donahue J, Anne Hendricks L, Guadarrama S, Rohrbach M, Venugopalan S, Saenko K, Darrell T (2015) Long-term recurrent convolutional networks for visual recognition and description. In: Proceedings of the IEEE conference on computer vision and pattern recognition, pp 2625–2634.

[45] Zhou B, Andonian A, Oliva A, Torralba A (2018) Temporal relational reasoning in videos. In: Proceedings of the european conference on computer vision (ECCV), pp 803–818.

[46] Carreira J, Zisserman A (2017) Quo vadis, action recognition? A new model and the kinetics dataset. In: 2017 IEEE conference on computer vision and pattern recognition (CVPR). IEEE, pp 4724–4733.

[47] Simonyan K, Zisserman A (2014) Two-stream convolutional networks for action recognition in videos. In: Advances in neural information processing systems, pp 568–576.

[48] Zhao Y, Xiong Y, Lin D (2018) Trajectory convolution for action recognition. In: Bengio S, Wallach H, Larochelle H, Grauman K, Cesa-Bianchi N, Garnett R (eds) Advances in neural

information processing systems, vol 31. Curran Associates, Inc., pp 2204-2215. http://papers.nips.cc/paper/7489-trajectory-convolution-for-action-recognition.pdf.

[49] Shi X, Chen Z, Wang H, Yeung D Y, Wong W K, Chun Woo W (2015) Convolutional LSTM network: a machine learning approach for precipitation nowcasting. In: NIPS.

[50] Wang Y, Long M, Wang J, Gao Z, Yu PS (2017) Predrnn: recurrent neural networks for predictive learning using spatiotemporal LSTMS. In: NIPS.

[51] Wang Y, Jiang L, Yang M H, Li L J, Long M, Fei-Fei L (2019) Eidetic 3d LSTM: a model for video prediction and beyond. In: International conference on learning representations. https://openreview.net/forum? id=B1lKS2AqtX.

[52] Goyal R, Kahou S E, Michalski V, Materzynska J, Westphal S, Kim H, Haenel V, Fruend I, Yianilos P, Mueller-Freitag M et al (2017) The "something something" video database for learning and evaluating visual common sense. In: ICCV, vol 1, p 3.

[53] Soomro K, Zamir A R, Shah M (2012) Ucf101: a dataset of 101 human actions classes from videos in the wild. arXiv: 12120402.

[54] Kuehne H, Jhuang H, Garrote E, Poggio T, Serre T (2011) Hmdb: a large video database for human motion recognition. In: 2011 international conference on computer vision. IEEE, pp 2556-2563.

[55] He K, Zhang X, Ren S, Sun J (2016) Deep residual learning for image recognition. In: 2016 IEEE conference on computer vision and pattern recognition (CVPR), pp 770-778.

[56] Abadi M, Agarwal A, Barham P, Brevdo E, Chen Z, Citro C, Corrado GS, Davis A, Dean J, Devin M, Ghemawat S, Goodfellow I, Harp A, Irving G, Isard M, Jia Y, Jozefowicz R, Kaiser L, Kudlur M, Levenberg J, Mané D, Monga R, Moore S, Murray D, Olah C, Schuster M, Shlens J, Steiner B, Sutskever I, Talwar K, Tucker P, Vanhoucke V, Vasudevan V, Viégas F, Vinyals O, Warden P, Wattenberg M, Wicke M, YY, Zheng X (2015) TensorFlow: large-scale machine learning on heterogeneous systems. https://www.tensorflflow.org/, software available from tensorflflow.org.

[57] Lee M, Lee S, Son SJ, Park G, Kwak N (2018) Motion feature network: fixed motion filter for action recognition. In: ECCV.

[58] Zolfaghari M, Singh K, Brox T (2018) Eco: efficient convolutional network for online video understanding. In: Proceedings of the European conference on computer vision (ECCV), pp 695-712.

[59] Leordeanu M, Sukthankar R (2017) Towards a visual story network using multiple views for object recognition at different levels of spatiotemporal context. In: The physics of the mind and brain disorders. Springer, pp 573-610.

[60] Carpenter GA, Grossberg S (1987) A massively parallel architecture for a self-organizing neural pattern recognition machine. Comput Vis Graph Image Process 37 (1): 54-115.

[61] Chang H C, Grossberg S, Cao Y (2014) Wheres waldo? How perceptual, cognitive, and emotional brain processes cooperate during learning to categorize and find desired objects in a cluttered scene. Front Integr Neurosci 8: 43.

[62] Fazl A, Grossberg S, Mingolla E (2009) View-invariant object category learning, recognition, and search: how spatial and object attention are coordinated using surface-based attentional shrouds. Cogn Psychol 58 (1): 1-48.

[63] Grossberg S (1976) Adaptive pattern classification and universal recoding: I. parallel development and coding of neural feature detectors. Biol Cybern 23 (3): 121-134.

[64] Grossberg S (2000) The complementary brain: unifying brain dynamics and modularity. Trends Cogn Sci 4 (6): 233-246.

[65] Grossberg S (2013) Adaptive resonance theory: how a brain learns to consciously attend, learn, and recognize a changing world. Neural Netw 37: 1-47.

[66] Grossberg S (2015) From brain synapses to systems for learning and memory: object recognition, spatial navigation, timed conditioning, and movement control. Brain Res 1621: 270-293.

[67] Lashley K (1950) In search of the engram. In: Symposia. Society of experimental biology, vol 4, pp 454-482.

[68] Probst T, Paudel D P, Chhatkuli A, Gool L V (2019) Unsupervised learning of consensus maximization for 3d vision problems. In: The IEEE conference on computer vision and pattern recognition (CVPR).

[69] Tang C, Chen J, Liu X, Li M, Wang P, Wang M, Lu P (2018) Consensus learning guided multi-view unsupervised feature selection. Knowl-Based Syst 160: 49-60.

[70] Duta I, Liviu Nicolicioiu A, Bogolin S V, Leordeanu M (2018) Mining for meaning: from vision to language through multiple networks consensus. In: British machine vision conference.

[71] Betts Gordon J, et al. (2014) Anatomy and physiology.

内容简介

无监督学习属于机器学习和计算机视觉领域中的一个悬而未决的问题，本书主要针对视频图像处理过程中遇到的各类需要解决的任务，探索无监督学习的可能性。本书共8章，从像素层面介绍无监督学习内涵，确立了无监督学习所要遵循的七个原则，针对图/超图匹配、聚类、特征选择、视频图像分类、目标发现与识别、视频分割等从易到难的多层次任务需求，构建相应的解决方案，利用国际上盛行的三大数据库中的图像与视频资料对算法有效性和收敛性能进行验证，并与当前流行的各种针对性算法进行比较，最后综合了全书的研究成果，构建了一个能够学会自己观察的通用的视觉故事网络系统。

本书的读者主要是计算机视觉和机器学习、图像处理、图像分割、电子科学与技术、信息工程、自动化、生物工程等领域的学生、科技工作者以及工程技术人员。

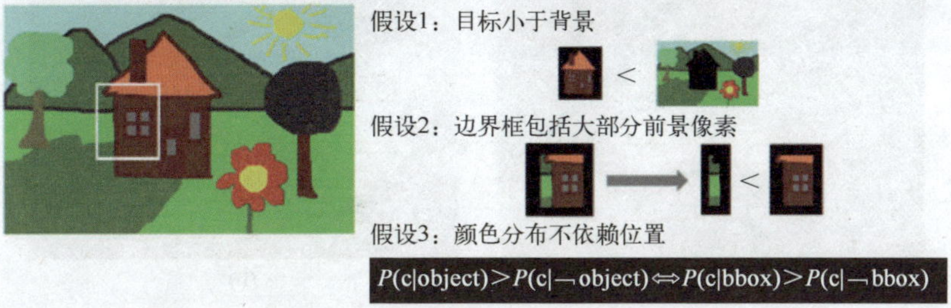

图 1.2　简单分割算法之后假设的可视化表示方式示意图

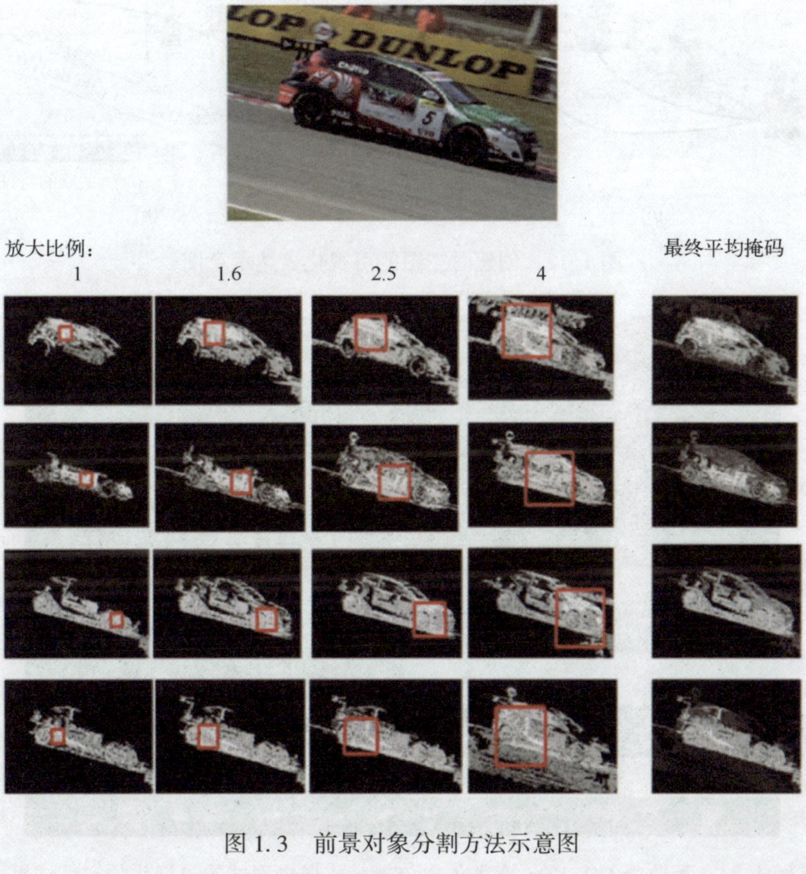

图 1.3　前景对象分割方法示意图

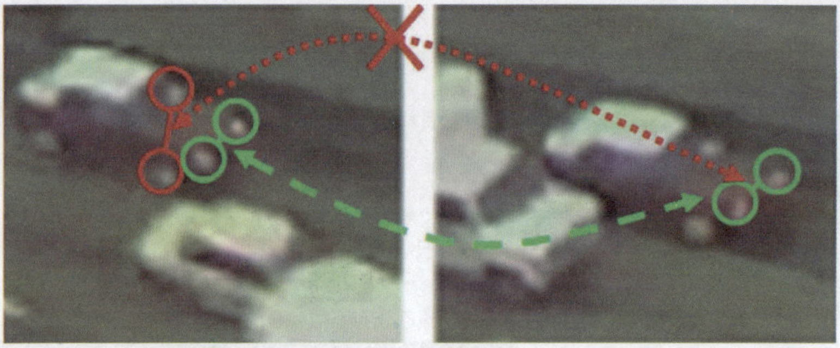

(a)　　　　　　　　　　(b)

图 1.6　光谱匹配算法原理示意图

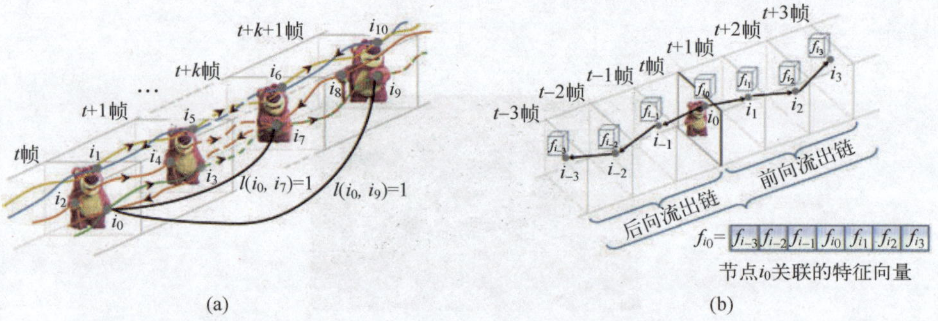

图 1.12　创建时空图的可视化表达示意图

图 1.14　无监督 GO-VOS 算法在 SegTrack 数据集测试的可视化的定性结果

(a) 超图匹配精确度100%　　(b) 图匹配精确度64%

图 2.1　超图匹配与图匹配效果对比

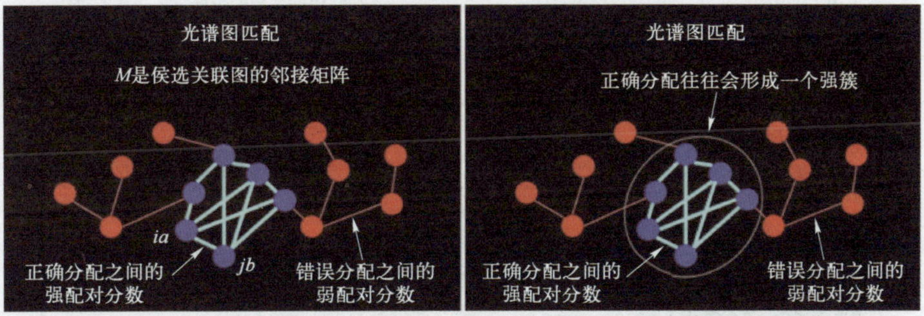

(a)　　(b)

图 2.3　强连接簇配对情况示意图

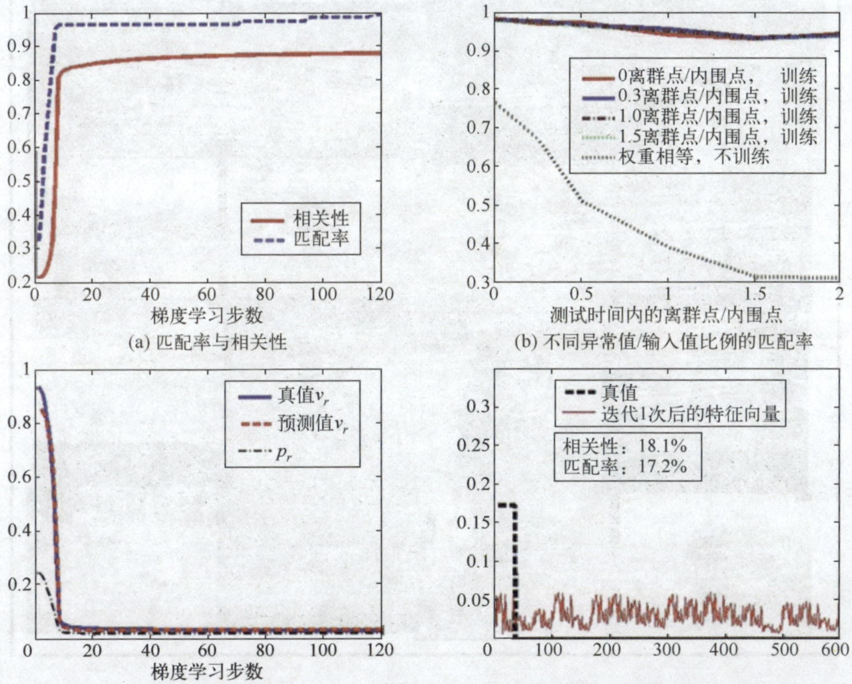

(a) 匹配率与相关性　　(b) 不同异常值/输入值比例的匹配率

(c) v_r真值与预测值　　(d) 迭代1次后的特征向量与真值对比

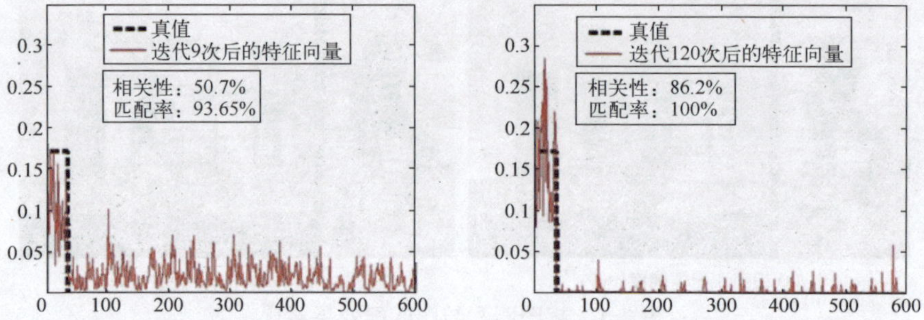

(e) 真值与迭代9次后的特征向量对比　　(f) 迭代120次后的特征向量与真值对比

图 2.7　人脸辨识结果示意图

图 2.11　2007 年帕斯卡挑战赛图像对在形状、视点和比例的匹配结果

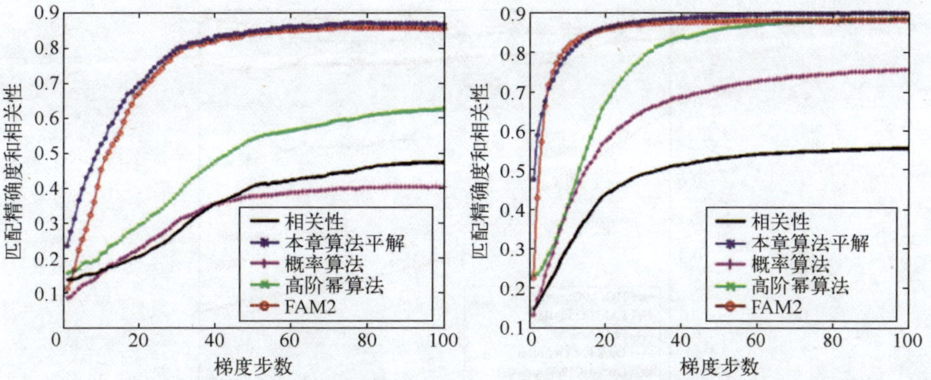

(a) 合成数据的学习（相似不变量） (b) 合成数据的学习（旋转相关）

图 2.15　合成数据的学习结果示意图

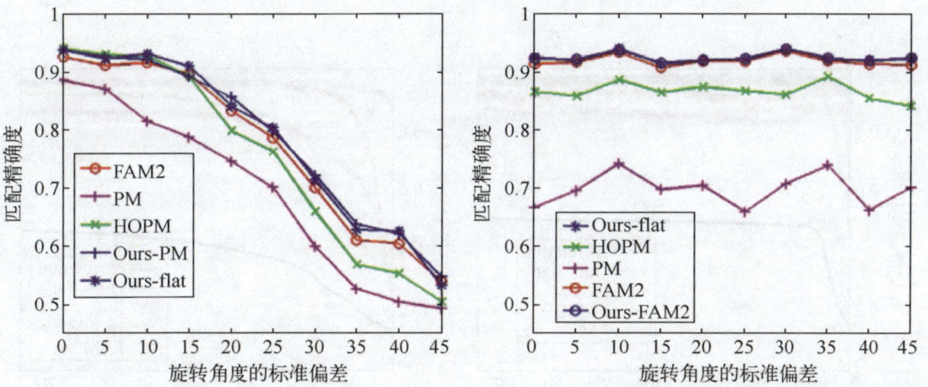

(a) 旋转相关匹配（有学习） (b) 相似不变匹配（有学习）

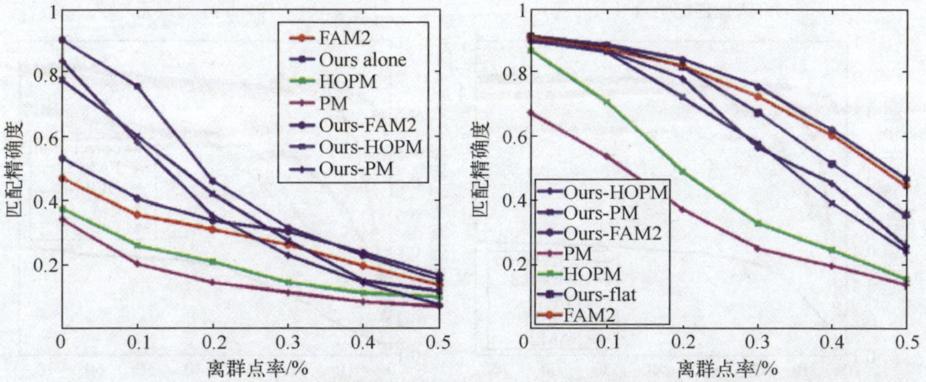

(c) 相似不变量匹配（无学习） (d) 相似不变量匹配（有学习）

图 2.16　不同算法有无学习过程的效果比较

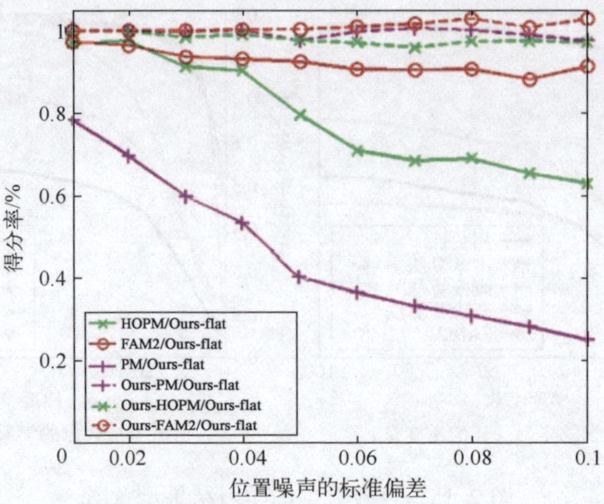

图 2.17　其他不同算法的性能与本章介绍算法的性能比较

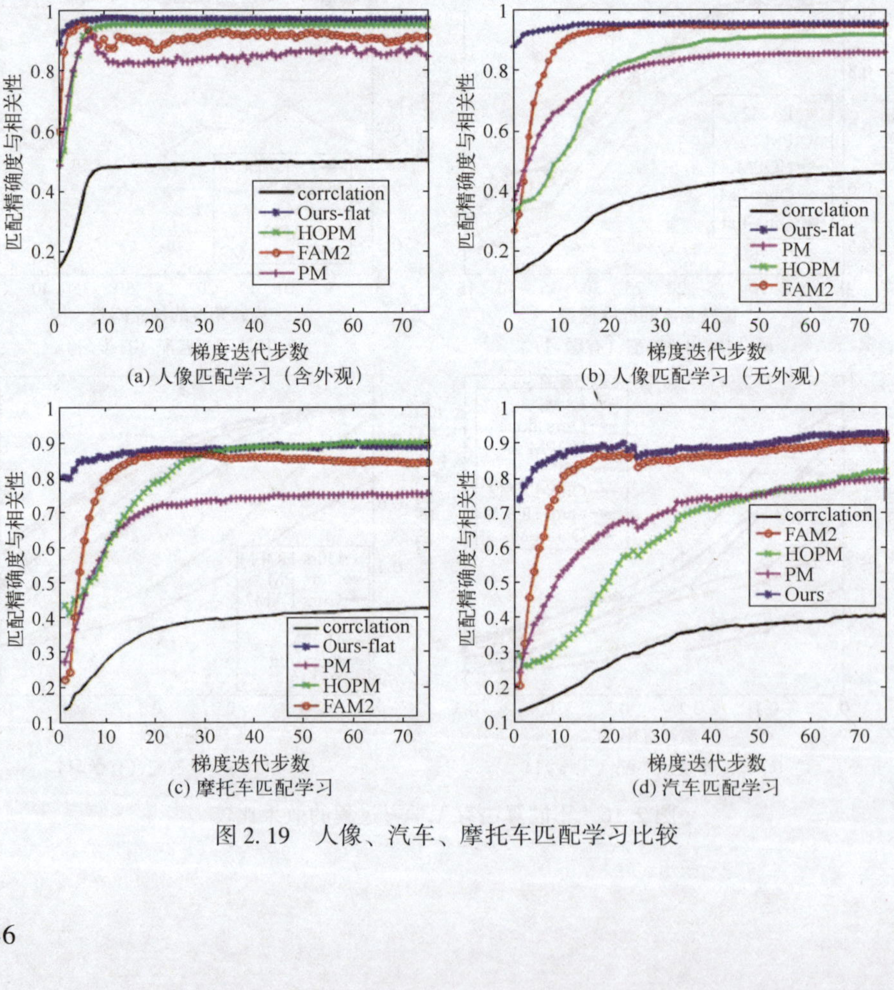

(a) 人像匹配学习（含外观）　(b) 人像匹配学习（无外观）

(c) 摩托车匹配学习　(d) 汽车匹配学习

图 2.19　人像、汽车、摩托车匹配学习比较

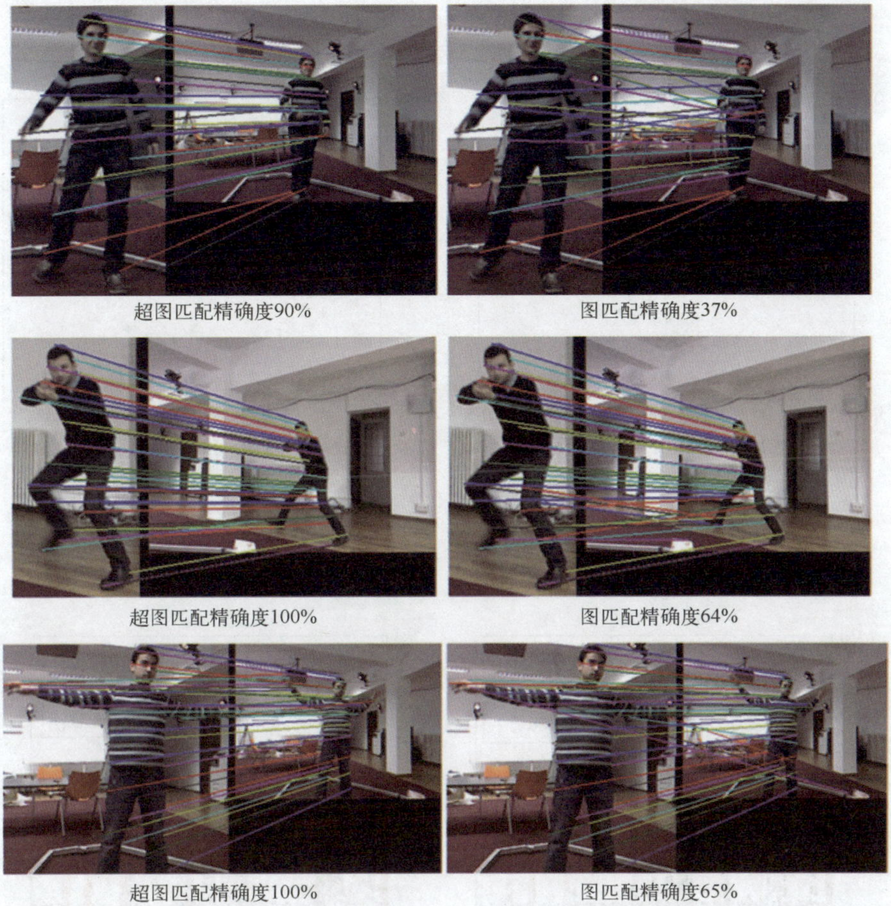

图 2.20　关于图/超图匹配不同姿势的人像图像示例

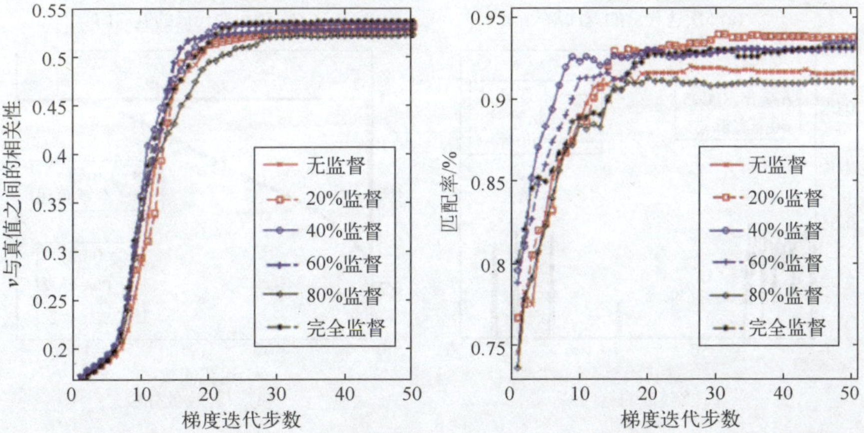

图 2.22　训练期间不同的监督程度

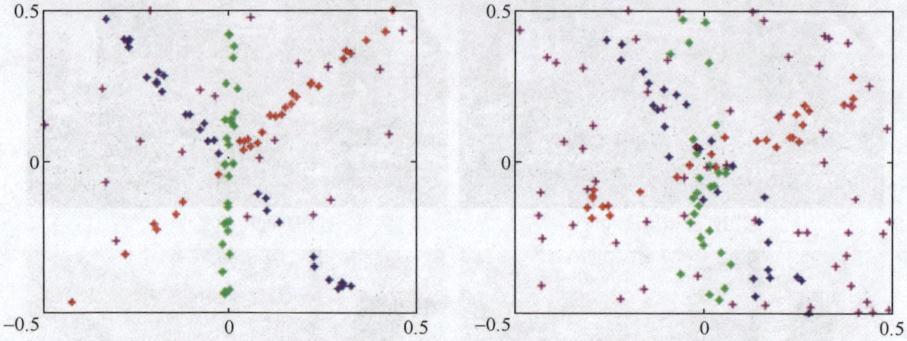

(a) 噪声水平0.01和20个离群点的三条线　　(b) 噪声水平0.04和60个离群点的三条线

图 3.3　从三条带有离群点的线中生成 3D 点结果示意图

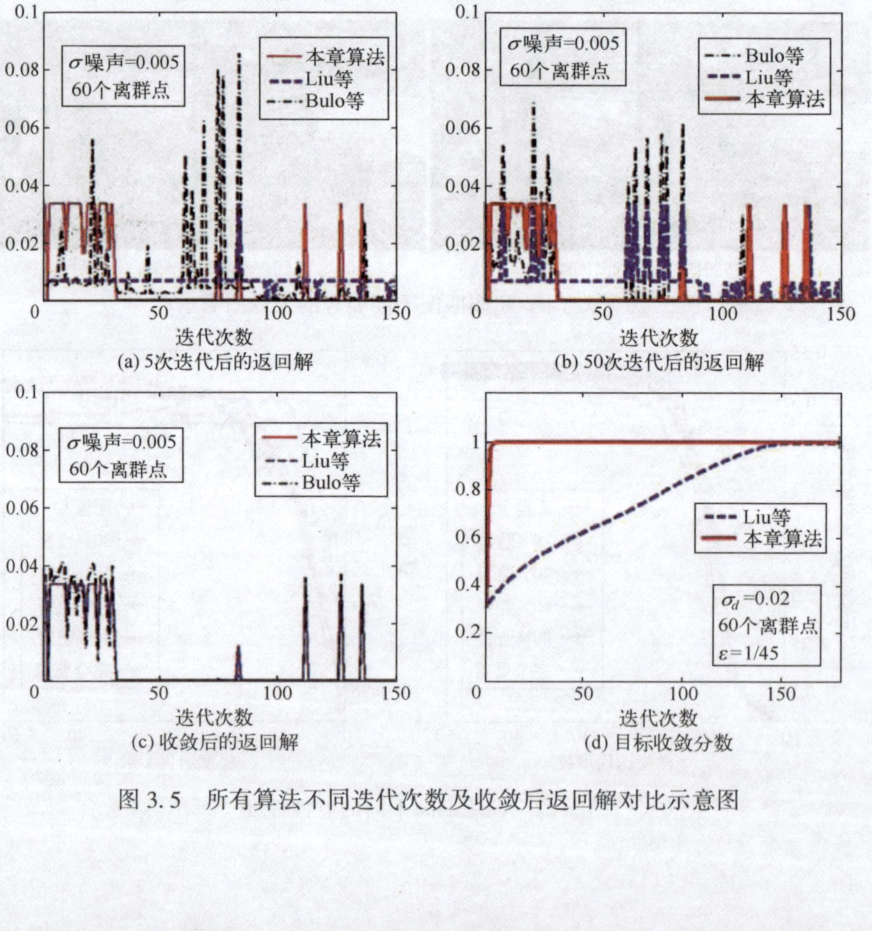

(a) 5次迭代后的返回解　　(b) 50次迭代后的返回解

(c) 收敛后的返回解　　(d) 目标收敛分数

图 3.5　所有算法不同迭代次数及收敛后返回解对比示意图

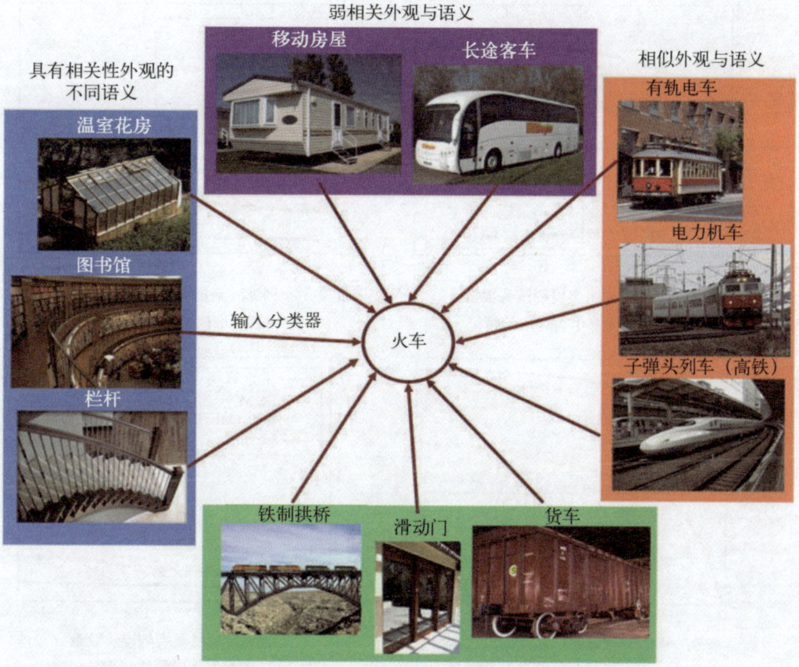

图 4.1 “火车”类型 CNN 分类器使用示意图

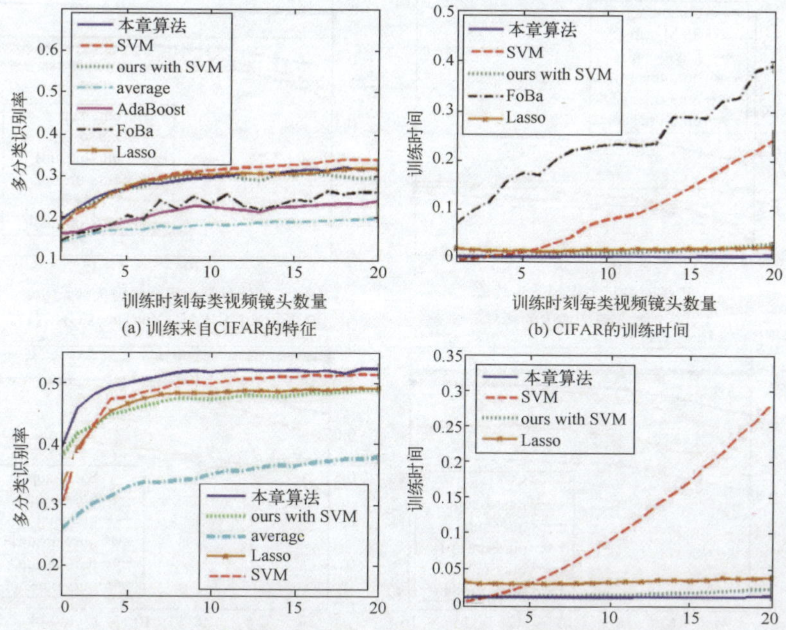

(a) 训练来自CIFAR的特征 (b) CIFAR的训练时间

(c) 训练来自CIFAR+YouTube部分的特征 (d) CIFAR+YouTube部分训练时间

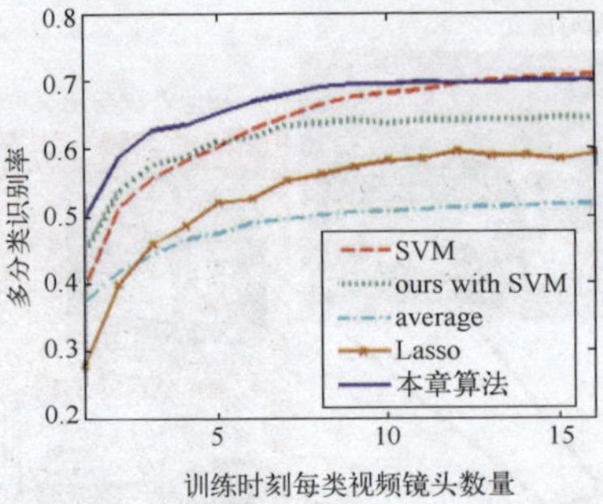

(e) 训练来自ImageNet的特征

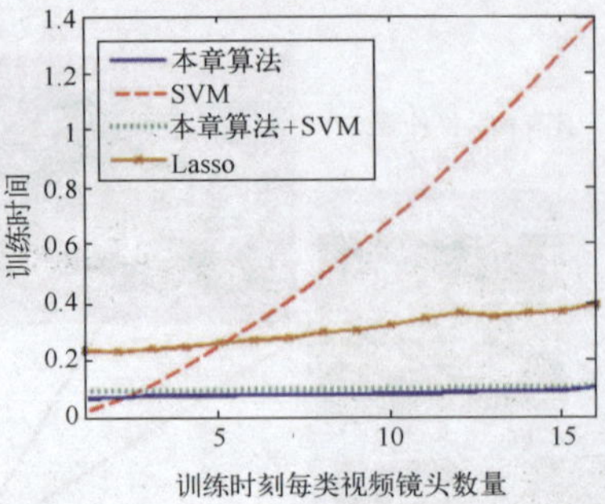

(f) ImageNet训练时间

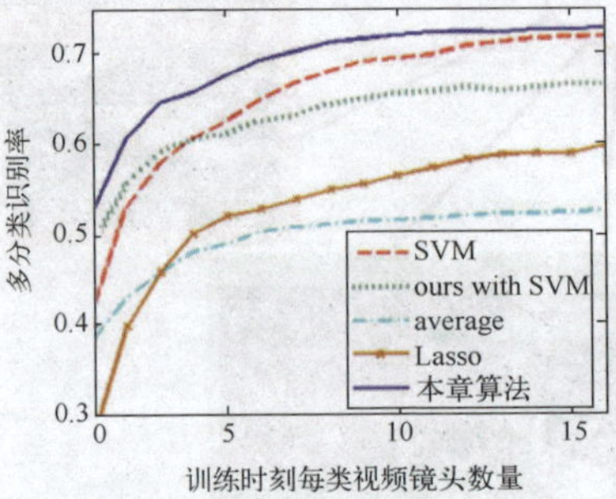

(g) 训练来自所有数据集里的特征

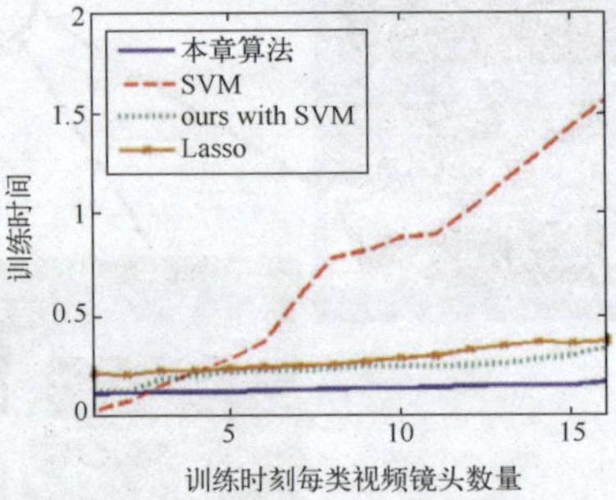

(h) 所有数据集里的特征训练时间

图 4.5　在 YouTube 目标集上的各种算法识别准确度和训练时间

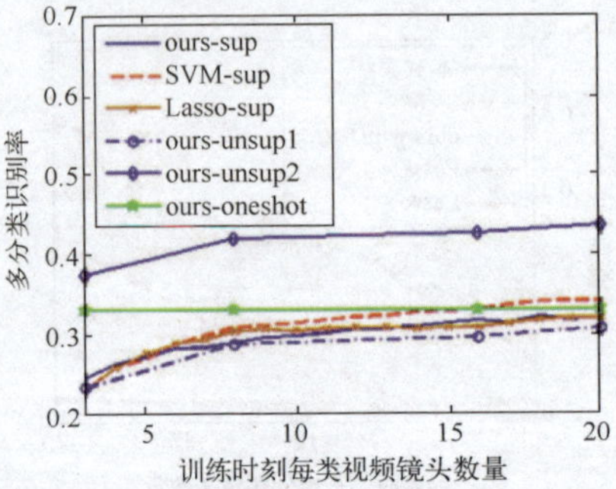

(a) 训练来自CIFAR的特征

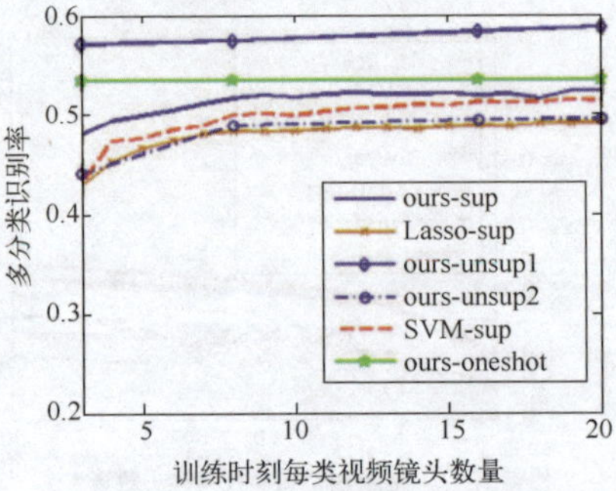

(b) 使用来自CIFAR+YouTube部分的特征

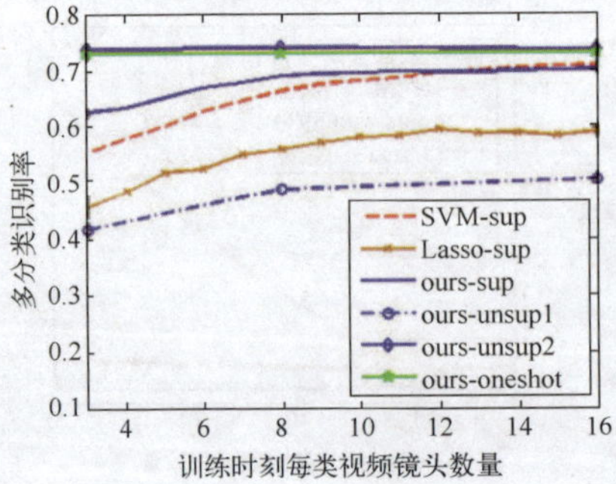

(c) 使用来自ImageNet的特征

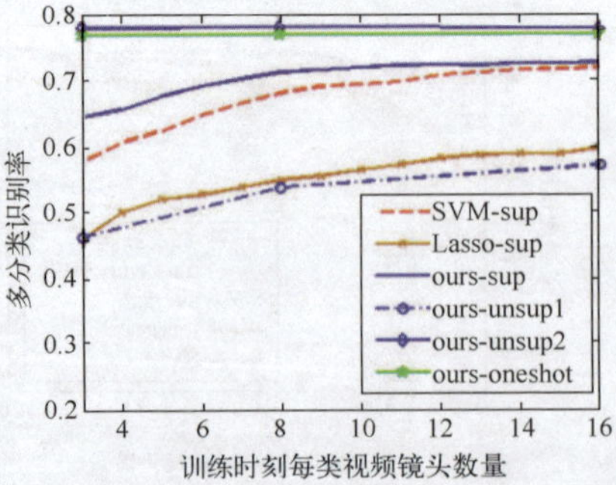

(d) 使用来自所有数据集里的特征

图 4.6　无监督与有监督的情况下不同的算法性能比较

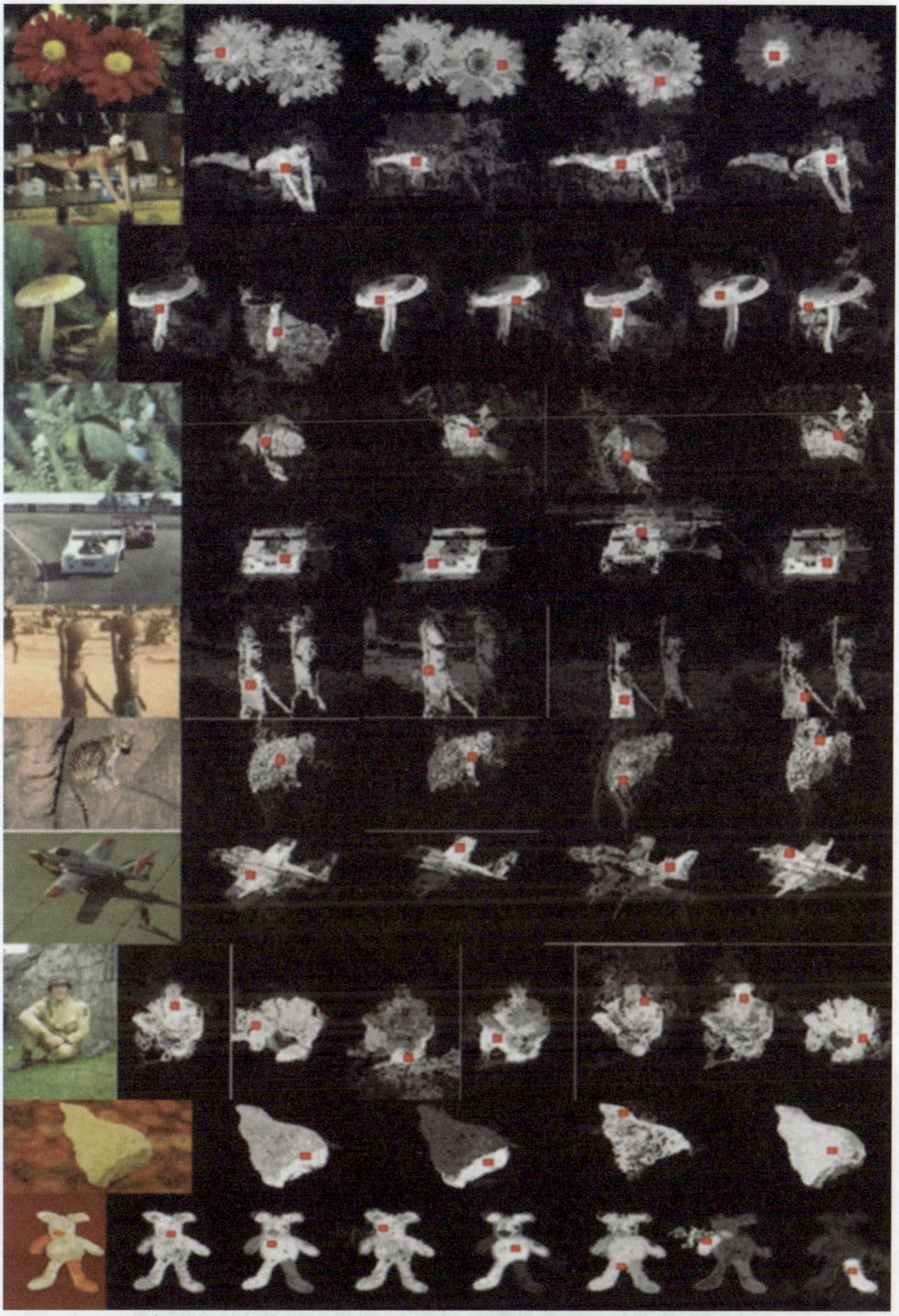

图 5.4　从 MSR 数据库获得的图像结果

图 5.5　前景对象分割算法示意图，即便在复杂色彩分布背景下，目标掩码对边界框位置仍呈现鲁棒性

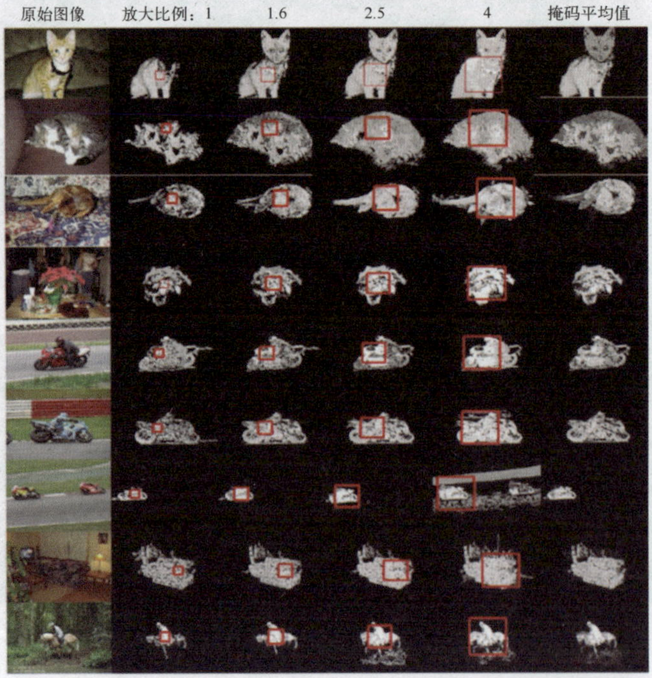

图 5.6　由任意位于关注目标上的边界框生成的目标掩码

图 5.7　利用前景-背景色彩分割算法进行图像分割的示例

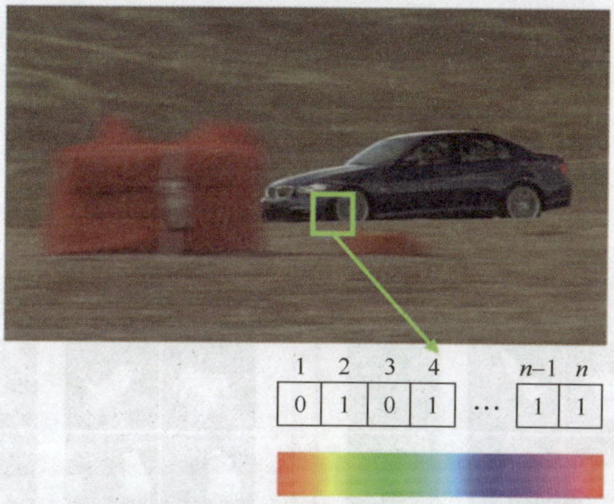

图 5.11　初始色块描述符对出现的颜色进行编码（n 种颜色）

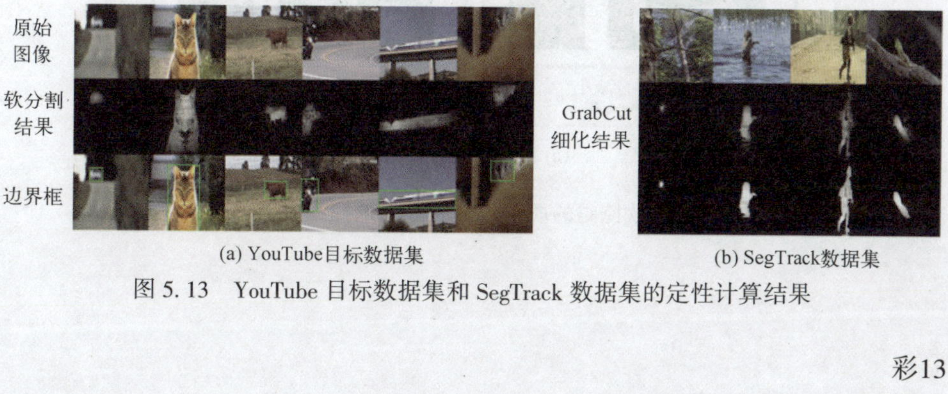

(a) YouTube目标数据集　　(b) SegTrack数据集

图 5.13　YouTube 目标数据集和 SegTrack 数据集的定性计算结果

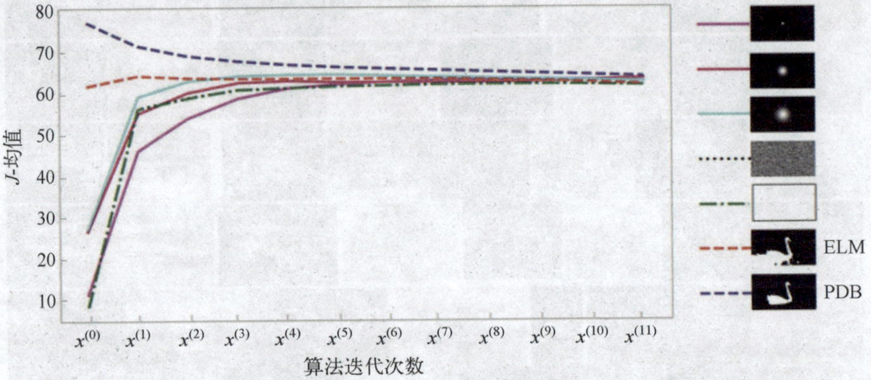

图 6.5 本章算法使用无监督特征多次迭代的性能改进情况

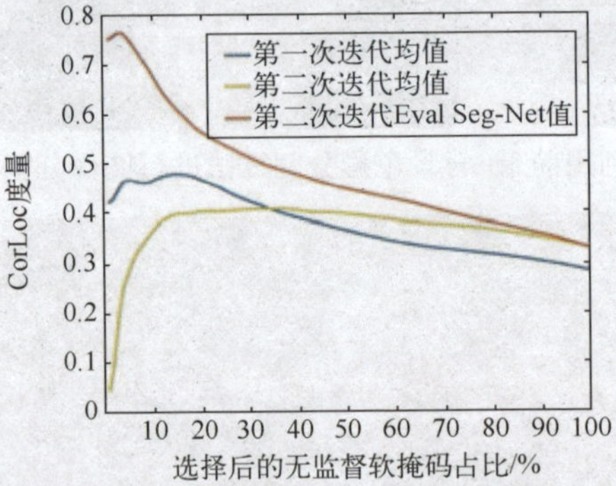

(a) 软掩膜纯度vs选择自由度

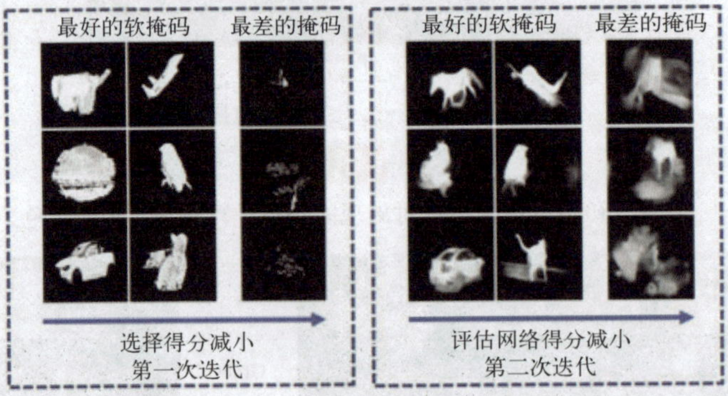

(b) 软掩码选择的定性结果

图 7.3 软掩码的质量与模块 C 上选择程度的关系

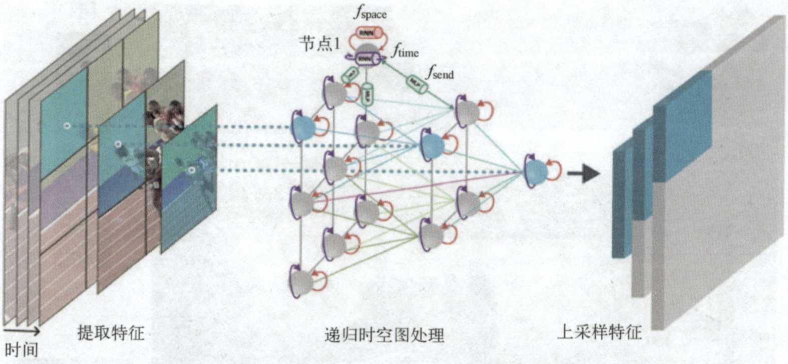

图 8.1　递归时空图-映射架构示意图

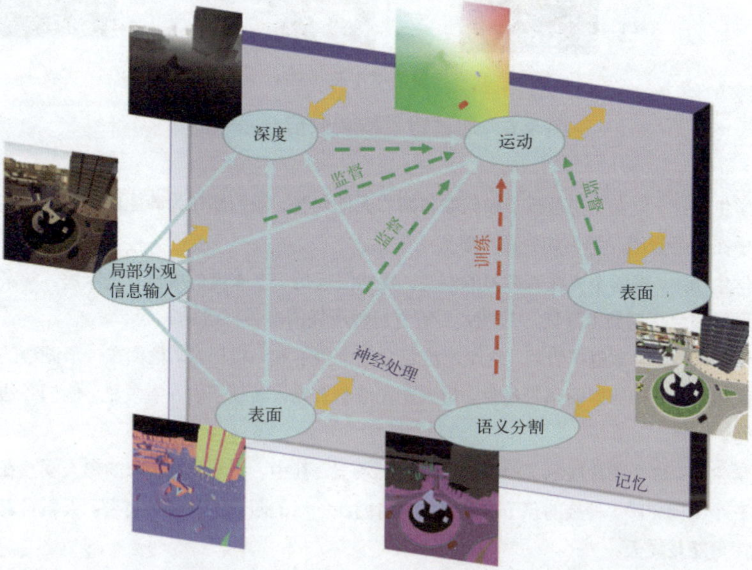

图 8.4　视觉故事网络原理示意图

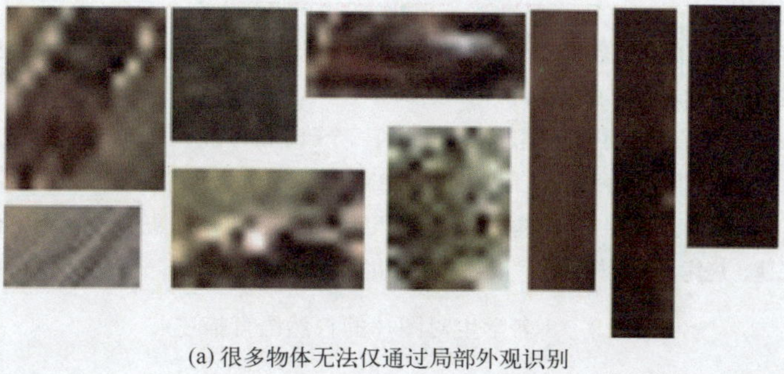

(a) 很多物体无法仅通过局部外观识别

(b) 通常，我们需要语境才能“看见”物体

图 8.6　通过边界框获取信息示意图

学生 A：一位女士在教孩子如何准备第二天的食物。他们都在为晚上的野营做准备。孩子似乎在一个营地，学习如何在自然界中生存。

学生 B：一群四个人在森林里的湖边。我相信这是一个来度假或旅行的家庭。父亲向其他人展示如何在烤架上烹饪，其他人看着并对他所做的事各抒己见。

学生 C：一个家庭在野营。这个家庭包含三个孩子和一位母亲。他们在一个湖边的森林中。森林因为夕阳照射而略带红色。母亲正在准备食物，而孩子们在看着她。他们旁边有一个帐篷。

学生 D：这个图片展示了一个森林的自然场景。其中，一个金发碧眼的白人女性在烤架上为三个不同年龄、种族的孩子准备食物。他们在午后的阳光下在湖边野营。天气看起来很温暖，可能是夏天。

学生E：这个图片描述了一个晴朗清晨里安静的气氛。

学生F：照片是仲夏湖滨营地的场景。根据太阳的位置，现在是下午。照片中的人物很可能在准备食物。

学生 G：一个家庭在野营。这个家庭有三个孩子和一位母亲。他们在湖边的森林里。因为夕阳的照射，森林看起来有点红。

学生H：一个有三个孩子的家庭，或一位带着三个孩子的母亲，在湖边或河边的大自然下露营过夜。现在，他们已经起床一段时间，正在烤架上烹调某种食物。母亲教孩子如何烧烤。同时，她教孩子感恩一切，有燃烧的木头的气味，他们身边有美丽的光。画面中有四个人、一个帐篷、烧烤、冷杉树、水、食物和烧烤用具。

图 8.7　8 名学生对图片的自然语言描述